植物显微图解

（第二版）

冯燕妮　李和平　主编

科学出版社
北　京

内 容 简 介

《植物显微图解》（第二版）是与《植物学》《植物学实验》《植物显微技术》配套使用的参考教材和工具书。全书共分三篇：第一篇被子植物，第二篇孢子植物，第三篇裸子植物。书中选用显微图片来诠释植物的形态解剖结构，展示了植物细胞组织和器官的形态特征与结构原貌。全书共有彩色显微图片 726 幅，涉及 57 个科 122 种植物，包括主要农作物、油料作物、观赏植物、果蔬林木等植物学实验教学常用植物。所有图片经过精心挑选，代表性强，显微结构特征明显，并附有相应的文字图注，图文并茂，一目了然。书前列出详尽的图片名录，使每一张图片均可直接从图片名录上快速查找；书后附有英汉名词对照表，便于读者查阅。

本书除供农业院校各专业学生使用外，还可供综合性大学、师范院校、中医药院校等相关专业师生及科技工作者参考。

图书在版编目（CIP）数据

植物显微图解 / 冯燕妮，李和平主编．—2 版．—北京：科学出版社，2020.10

ISBN 978-7-03-066618-5

Ⅰ.①植… Ⅱ.①冯… ②李… Ⅲ.①植物-显微解剖-图解 Ⅳ.① Q94-64

中国版本图书馆 CIP 数据核字（2020）第 210901 号

责任编辑：丛 楠 / 责任校对：郑金红
责任印制：赵 博 / 封面设计：无极视界

科学出版社 出版
北京东黄城根北街 16 号
邮政编码：100717
http://www.sciencep.com
北京建宏印刷有限公司印刷
科学出版社发行 各地新华书店经销
*
2013 年 3 月第 一 版 开本：787×1092 1/16
2020 年 10 月第 二 版 印张：15 3/4
2024 年 1 月第六次印刷 字数：373 000

定价：128.00 元

（如有印装质量问题，我社负责调换）

《植物显微图解》（第二版）编写人员

主编　冯燕妮　李和平

编委　华中农业大学生命科学技术学院植物学教研室

主审　孙蒙祥

第一版序

植物学是农、林、师范与综合性高等院校生物学、生态学专业的一门重要基础课程。植物学教学的主要目的在于使学生了解、掌握植物体的基本结构与功能，为进一步学习更深入的专业知识与技能奠定必要基础。植物学教授们多年的经验表明，在传授有关植物形态、结构知识的教学中，一幅精美的图常常胜过千言万语。因此，直观而易懂的《植物显微图解》就成为植物学课堂讲授与实验教学的重要辅助教材，历来为教师所重视，为学生所喜爱。尤其近年来显微成像技术飞速发展，为植物显微图像的摄制提供了有力工具，使其更真切地反映了植物细胞、组织和器官的形态结构原貌，甚至原有色彩，从而使植物显微图谱具有了更真实、更生动、更易于理解的，兼具科学与观赏性的魅力。对此，该书做出了很好的诠释。

《植物显微图解》一书以其丰富的内容，精美、清晰的彩色图片，以及简明扼要的文字说明展示了植物主要器官发育全过程的形态与结构。编者冯燕妮和李和平教授长期工作在教学第一线，深知植物学教学的重点、难点和学生的需要，她们将自己及老一辈植物学教师的教学经验凝结于该书，付出了大量的时间与努力，可以说，为我国的植物学教材建设做了一件有意义的工作。该书收集的切片大多数来自编者长期教学中积累的显微制片，并以国内重要的农、林作物和常见植物为材料，因此，非常适合我国植物学教学，并对植物学科研工作也有很好的参考价值。我谨以高兴的心情祝贺该书的出版，并将其推荐给植物学教师、学生和读者朋友们。

孙蒙祥

2013年2月26日于珞珈山

第一版前言

本书是作者根据研究生的植物显微技术课程教学需要而编写的一本以显微摄影图片为主的教材，可视为《植物显微技术》的姊妹篇。

植物显微结构是植物学、植物细胞生物学、植物发育生物学、植物功能基因组学、免疫蛋白质组学、植物与微生物分子互作等研究的重要内容。因此，讲授植物制片理论与技术的植物显微技术课程，已成为农林院校、综合性大学、师范院校、医药院校、工科院校生物学相关专业的重要基础课程。然而，植物显微技术是一门实验生物学课程，学习这一课程，需要理论与实践紧密结合；而配备与教学内容相适应的显微摄影图片，将增强感性认识，提高学习效率。为此，我们在 2009 年出版的《植物显微技术》教材后面附有供学习参考的图片，这种尝试给教学带来极大的方便，受到学生和读者的欢迎。但是受《植物显微技术》教材篇幅的限制，附件图片数量有限，远远不能满足本课程学习及不同专业的需要。为了提供一套系统、全面展示植物发育过程的典型形态，细胞、组织、器官结构的植物显微图片，我们专门编写了《植物显微图解》，以供教学和读者的需要。

全书共有显微摄影彩色图片 476 幅，涉及 49 个科、95 种植物，包括主要农作物（水稻、小麦、玉米、棉花等），油料作物（油菜、大豆、花生、芝麻、蓖麻、油茶、油橄榄、油桐等），果树（苹果、梨、桃、柑橘、柿、葡萄、板栗等），蔬菜（洋葱、番茄、马铃薯、辣椒、茄、南瓜、萝卜、胡萝卜、韭菜、蚕豆、扁豆、苦瓜、甘薯、莲藕、荸荠、芋头、生姜等），观赏植物（丝兰、百合、大丽菊、鸢尾、苏铁、仙人掌、玉帘等），林木（马尾松、湿地松、黑松、杉木、水杉、柏、竹、泡桐、悬铃木、鹅掌楸、银杏、桑树、柳树、楝树、刺槐、女贞、大叶黄杨、茶树、夹竹桃、合欢、棕榈等）和其他植物学实验教学常用材料（菊芋、椴树、荠菜、向日葵、蒲公英、毛茛、鸭跖草、菹草、甜菜、甘蔗、拟南芥、烟草等）。按照植物发育规律，细胞、组织、营养器官、生殖器官的顺序编排，并根据各部分的特点，以图表方式概述核心内容、展示各部分之间的相互关系，然后分别阐述各自的特点，引导学生在学习某一个内容时能与整体联系起来，提高学习效率及综合分析问题的能力；书中图片颜色与学生自己制作的图片颜色相近，并附有相应的图注，供学生制片后观察结构时参考。这种编排体系便于学生在学习植物显微技术、植物学和植物学实验课程中理论联系实际、融会贯通、学以致用，也有利于自学。

在本书完稿之际，我们要特别感谢扬州大学的王忠教授，为我们提供来之不易的小麦胚乳发育科研图片！感谢华中农业大学生命科学技术学院何凤仙教授审阅全部图片，黄燕文教授审阅营养器官图片，并提出宝贵意见！

感谢武汉大学生命科学学院孙蒙祥教授在百忙中审阅全书，并提出宝贵意见！

本书得到“华中农业大学研究生教育创新工程基金”及“国家重点基础研究发展计划（2013CB127801）”资助，特此感谢！

本书由冯燕妮负责彩色图片拍摄、编辑及文中表格的制作，傅丽霞负责部分图片的处理工作，李和平负责校对和修改。内容简介和前言由李和平执笔，细胞、组织、器官概述是根据李和平多年的植物学讲稿编写而来。在本书编写过程中，廖玉才教授承担了文字修改等工作。

由于我们的水平有限，错误和不当之处在所难免，恳请同行和读者批评指正。

李和平

2013年2月于武昌狮子山

目　录

图 片 目 录

第1篇　被子植物

1.1　植物细胞

1.2　植物组织

1.3　根的形态与结构

1.4 茎的形态与结构

1.5 叶的形态与结构

1.6　植物营养器官变态

1.7　花及花芽分化

1.8 雄蕊的形态与结构

1.9　雌蕊的形态与结构

1.10 开花传粉与受精作用

1.11 胚、胚乳、种子的形态与结构

第 2 篇　孢子植物

第 3 篇　裸子植物

第1篇
CHAPTER

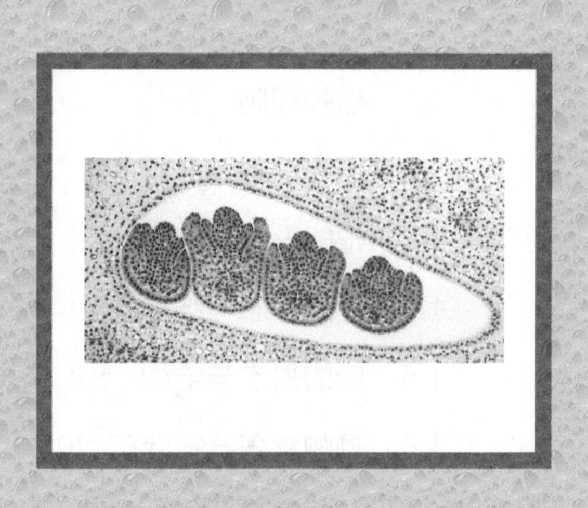

被子植物
ANGIOSPERM

材料

番茄　辣椒　马铃薯　烟草　颠茄　茄子
花生　豌豆　蚕豆　扁豆　刺槐　大豆
木豆　菜豆　苕子　合欢　苜蓿　蒲公英
菊芋　大丽菊　向日葵　拟南芥　油菜　萝卜
荠菜　南瓜　黄瓜　苦瓜　棉　苘麻　红麻
蓖麻　油桐　杨树　柳树　毛白杨　桃
梨　苹果　芹菜　胡萝卜　油橄榄　女贞
金桂　桑树　橡树　红薯　菟丝子　荞麦
蓼　辣蓼　板栗　栓皮栎　椴树　油茶　橘
泡桐　婆婆纳　大叶黄杨　茶　柿　夹竹桃
毛茛　葎草　苋　马齿苋树　梧桐　芝麻
甜菜　芋　仙人掌　苦楝　杜英　葡萄
莲藕　悬铃木　鹅掌楸　玉兰　猕猴桃
水稻　小麦　大麦　玉米　刚竹　毛竹
黑麦　茭白　甘蔗　香附子　荸荠　百合
洋葱　韭菜　丝兰　天门冬　棕榈　鸢尾
鸭跖草　菹草　玉帘　生姜　眼子菜

前页图片：棉（*Gossypium hirsutum*）胚珠（切片来自华中农业大学植物学教研室）

1.1 植物细胞

图 1.1-1～图 1.1-23

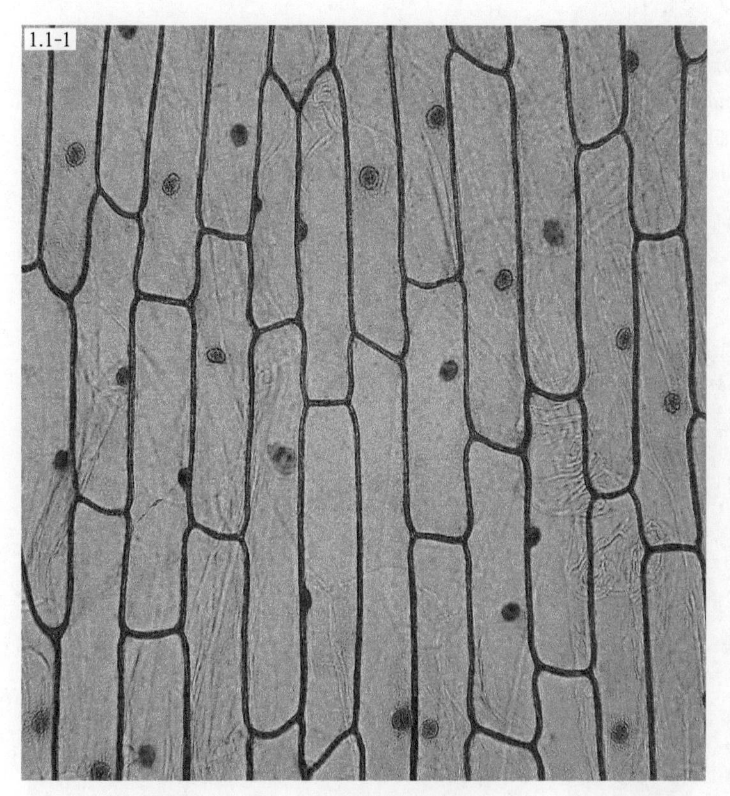

图 **1.1-1** 洋葱（*Allium cepa*）鳞片叶内表皮制片，示植物细胞的基本结构

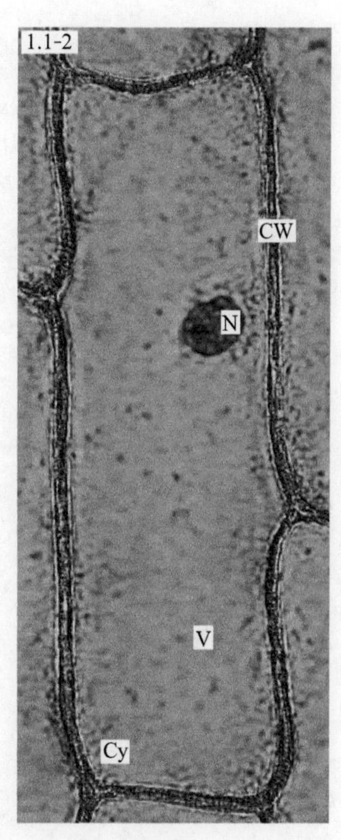

图 **1.1-2** 洋葱（*Allium cepa*）鳞片叶内表皮制片，示 1 个植物细胞的基本结构

CW. 细胞壁 N. 细胞核 V. 液泡 Cy. 细胞质

（本页装片来自华中农业大学植物学教研室）

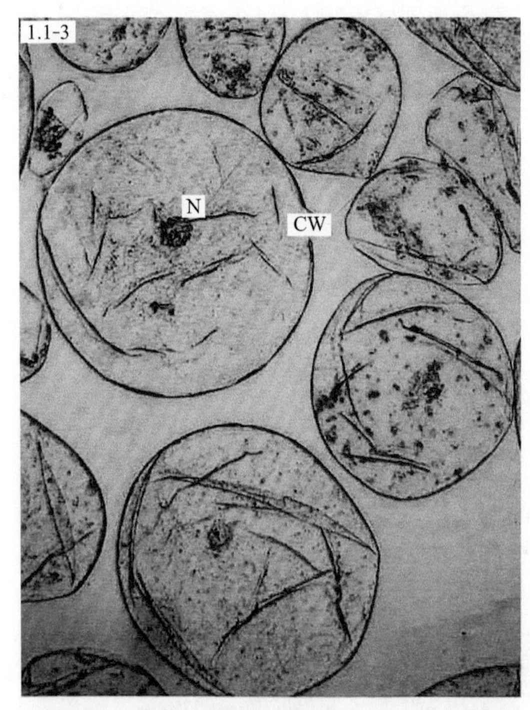

图 1.1-3　番茄（*Lycopersicon esculentum*）果肉装片，示分离的果肉细胞

CW. 细胞壁　N. 细胞核

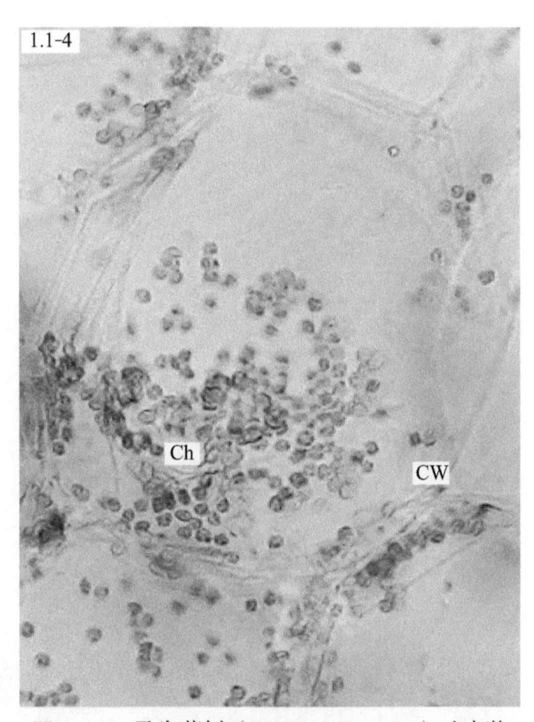

图 1.1-4　马齿苋树（*Portulacaria afra*）叶肉装片，示叶绿体

CW. 细胞壁　Ch. 叶绿体

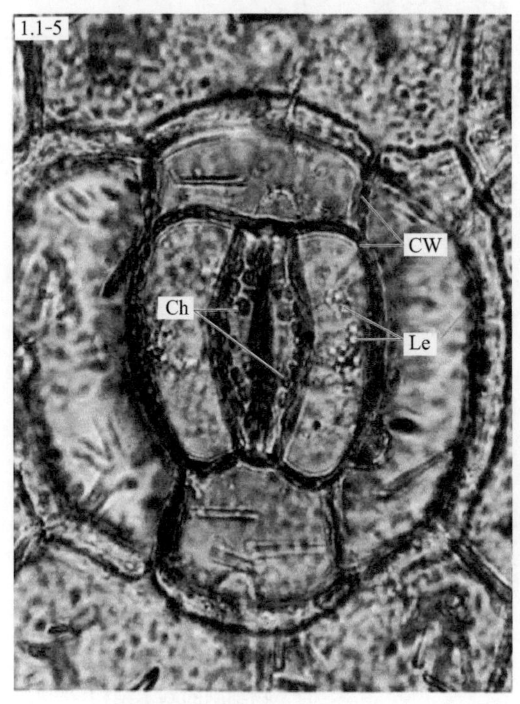

图 1.1-5　鸭跖草（*Commelina communis*）叶下表皮装片，示白色体

CW. 细胞壁　Le. 白色体　Ch. 叶绿体

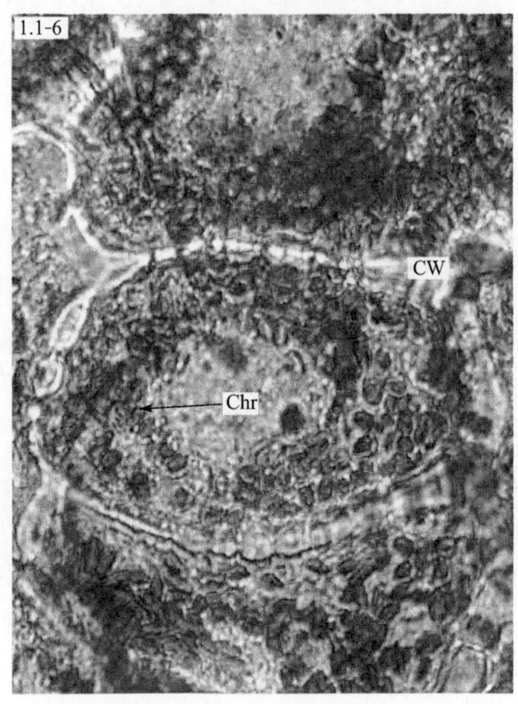

图 1.1-6　辣椒（*Capsicum frutescens*）果皮装片，示有色体

CW. 细胞壁　Chr. 有色体

（本页制片来自华中农业大学冯燕妮）

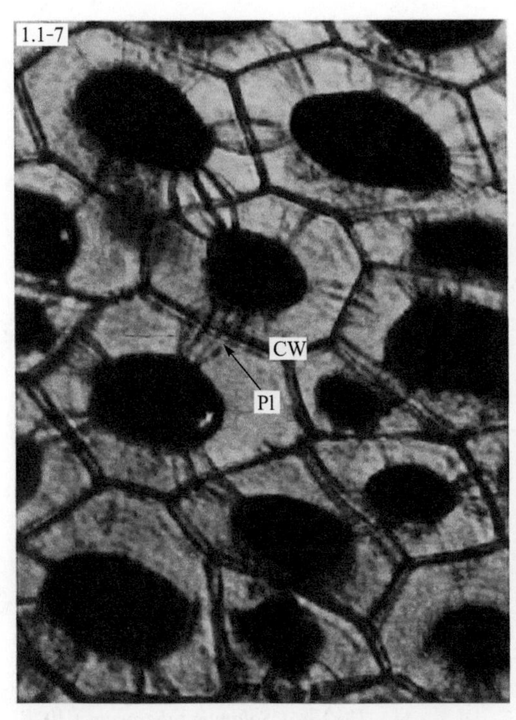

图 1.1-7 柿（*Diospyros kaki*）胚乳横切，示胞间连丝

CW. 细胞壁 Pl. 胞间连丝

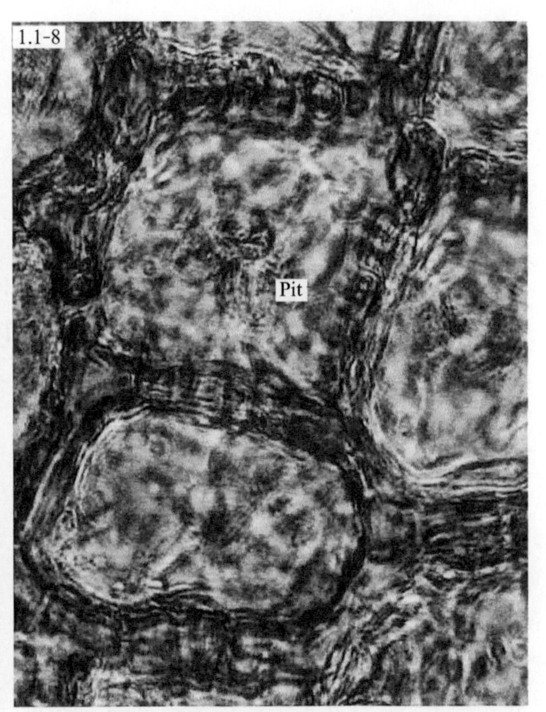

图 1.1-8 番茄（*Lycopersicon esculentum*）果皮装片，示纹孔

Pit. 纹孔

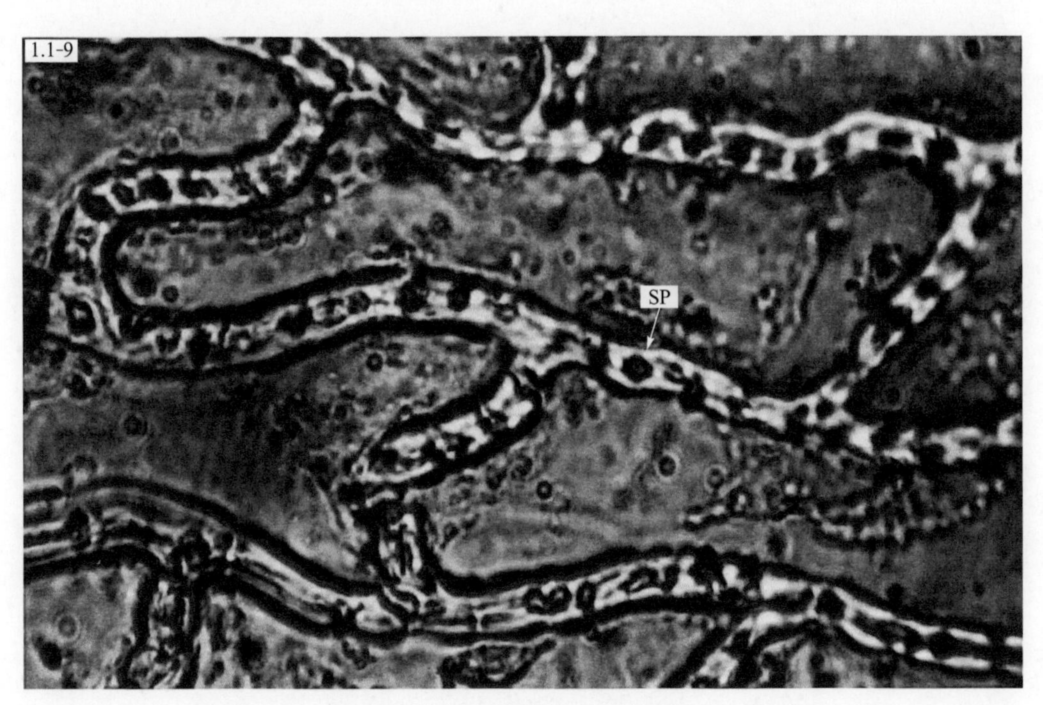

图 1.1-9 辣椒（*Capsicum frutescens*）果皮装片，示单纹孔

SP. 单纹孔

（柿胚乳切片来自华中农业大学植物学教研室，番茄、辣椒果皮制片来自华中农业大学冯燕妮）

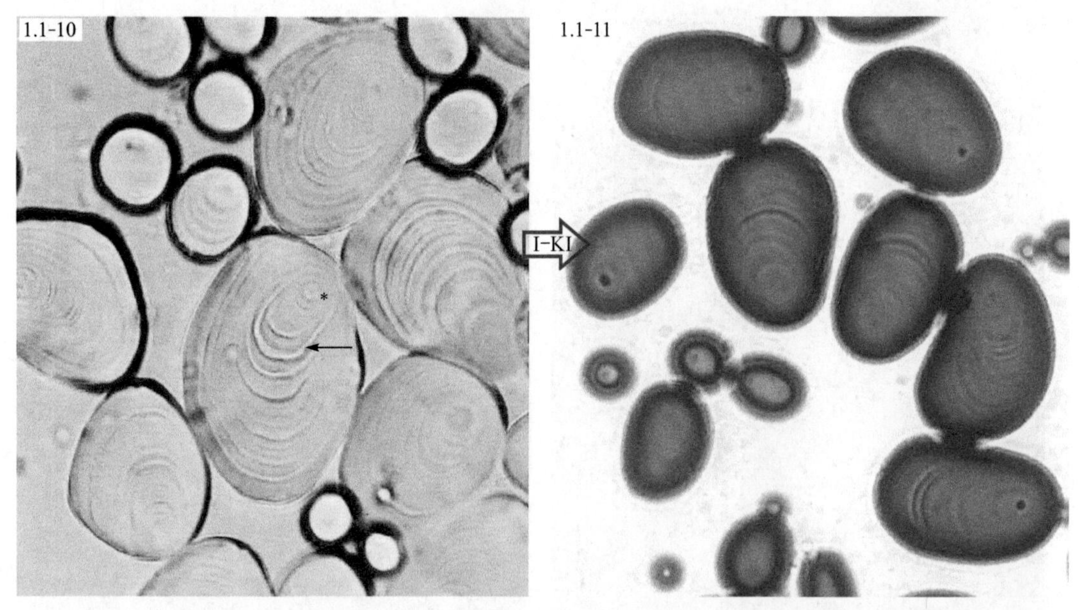

图 1.1-10　马铃薯（*Solanum tuberosum*）块茎装片，示淀粉粒

*. 脐点　←. 轮纹

图 1.1-11　马铃薯（*Solanum tuberosum*）块茎装片，示淀粉粒加碘变蓝

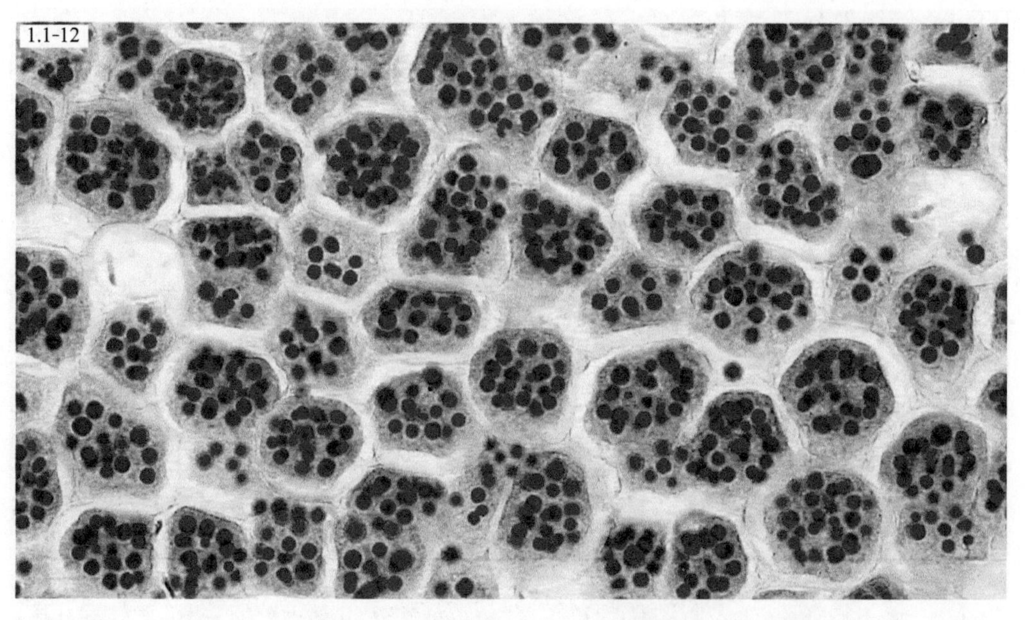

图 1.1-12　蓖麻（*Ricinus communis*）种子胚乳细胞，示糊粉粒

（本页切片来自华中农业大学植物学教研室）

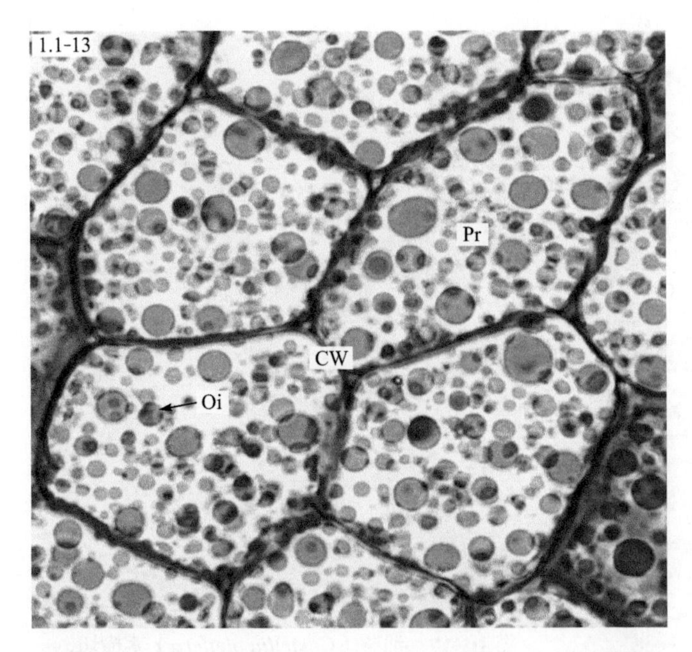

图 1.1-13 花生（*Arachis hypogaea*）
子叶纵切，示贮藏物质
CW. 细胞壁 Pr. 蛋白质（黄橙色）
Oi. 油脂（橘红色）

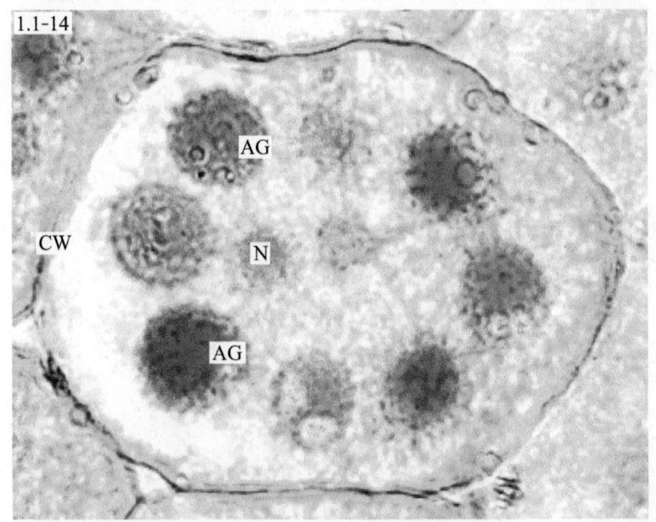

图 1.1-14 蓖麻（*Ricinus communis*）
种子横切，示糊粉粒
CW. 细胞壁 N. 细胞核 AG. 糊粉粒

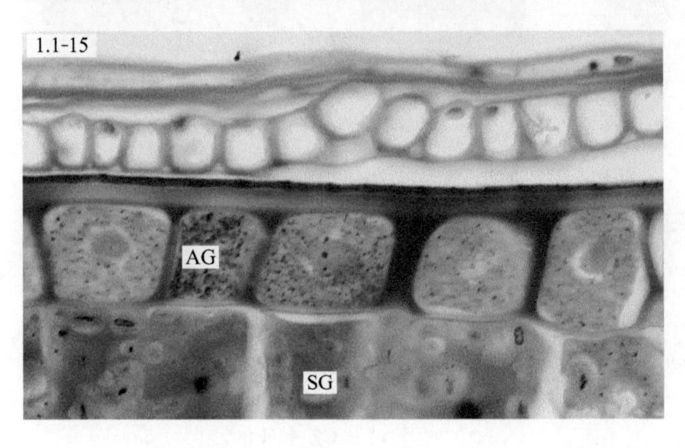

图 1.1-15 小麦（*Triticum aestivum*）
颖果纵切，示糊粉层
AG. 糊粉粒 SG. 淀粉粒

（本页切片来自华中农业大学植物学教研室）

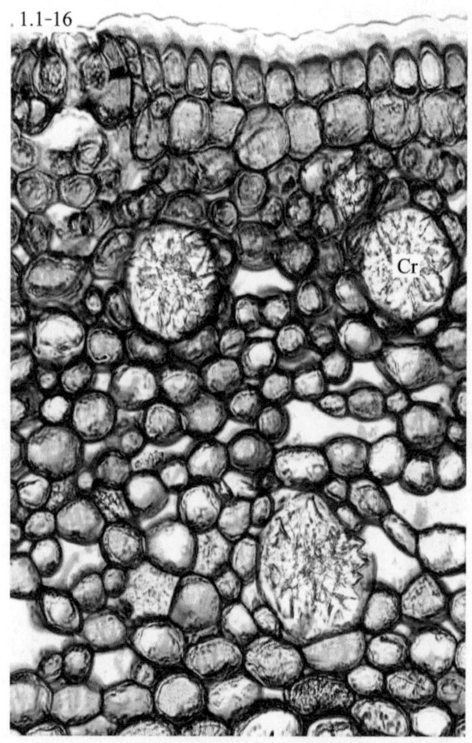

图 **1.1-16**　桃（*Prunus persica*）茎横切，示晶簇

Cr. 晶体

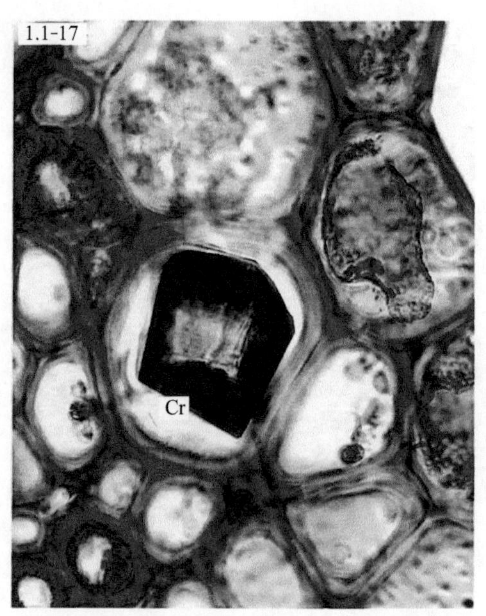

图 **1.1-17**　油茶（*Camellia oleifera*）茎横切，示单晶

Cr. 晶体

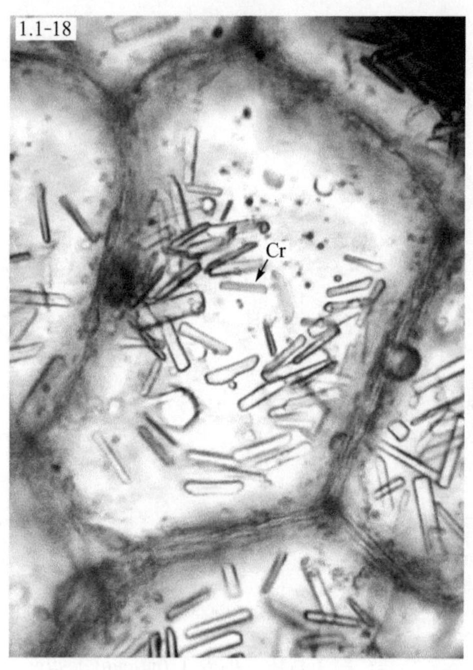

图 **1.1-18**　鸭跖草（*Commelina communis*）叶下表皮装片，示针晶

Cr. 晶体

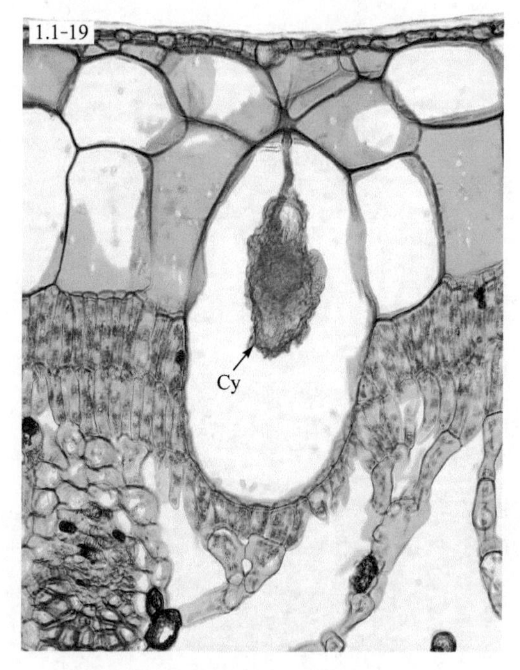

图 **1.1-19**　橡树（*Ficus elastica*）叶横切，示钟乳体

Cy. 钟乳体

（本页切片来自华中农业大学植物学教研室）

1.1-20

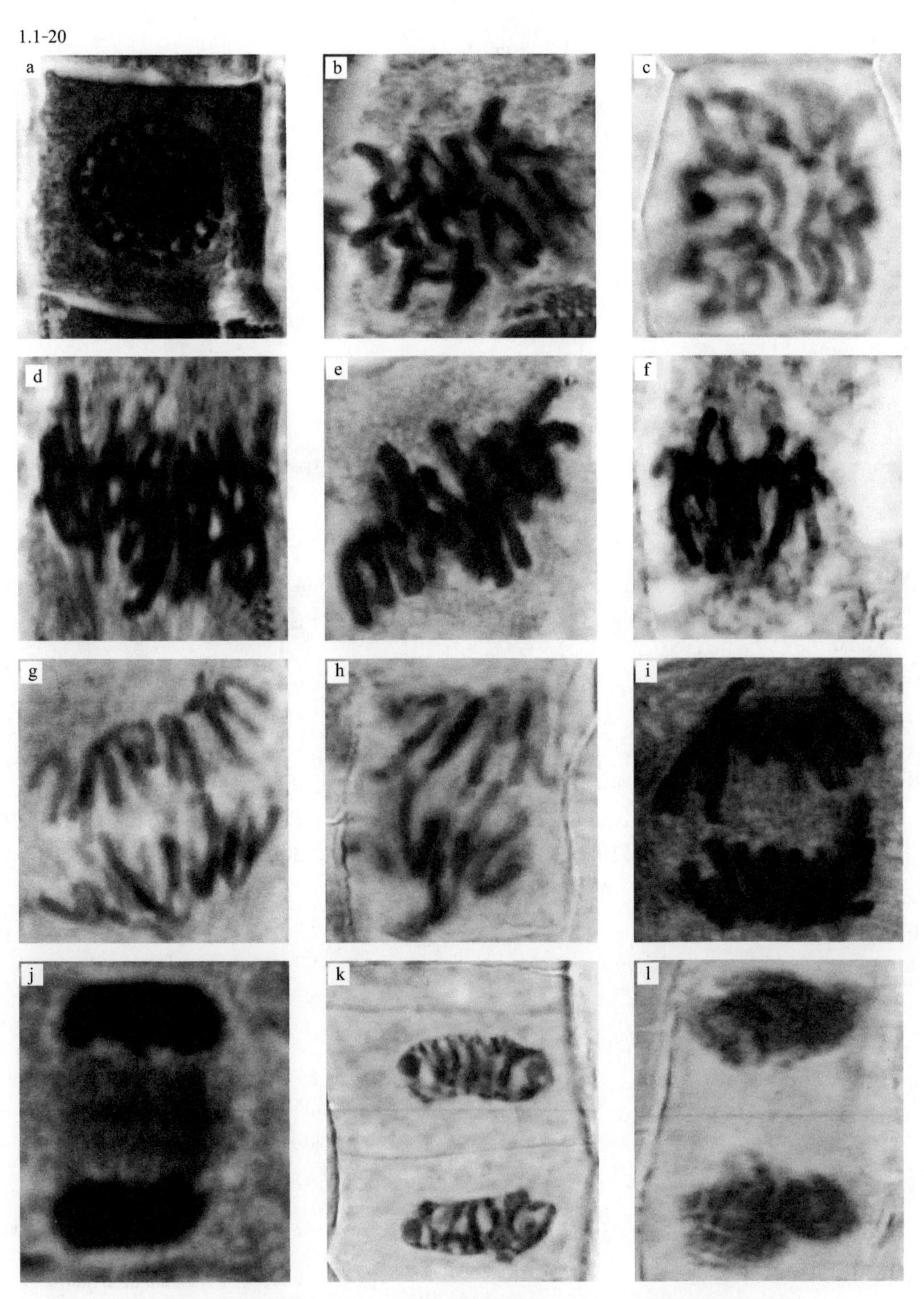

图 1.1-20　洋葱（*Allium cepa*）根尖纵切，示细胞有丝分裂过程

a～c. 前期　d～f. 中期　g～h. 后期　i～l. 末期

（本页切片来自华中农业大学植物学教研室）

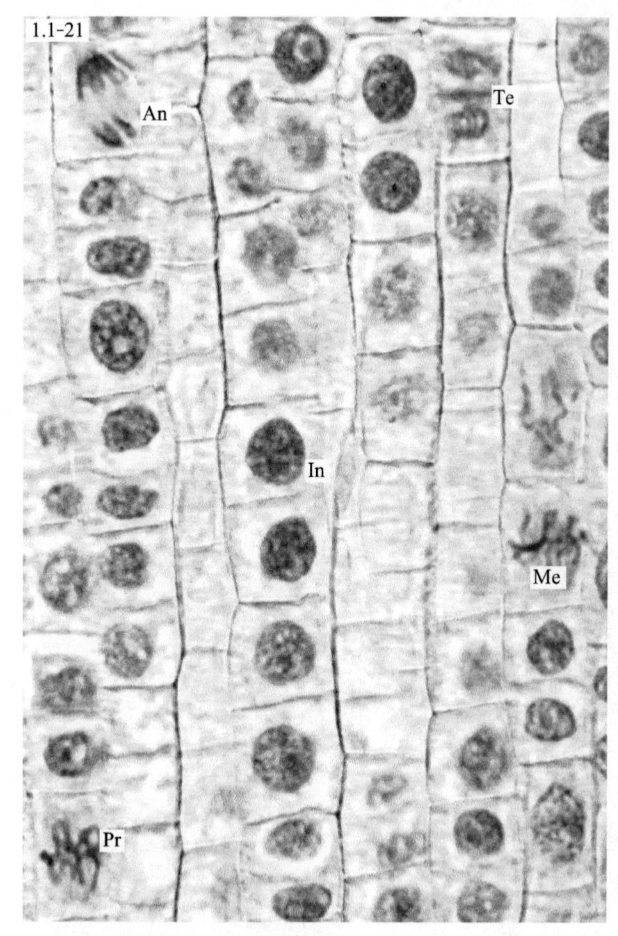

图 **1.1-21** 洋葱（*Allium cepa*）根尖纵切，示细胞有丝分裂状态

In. 间期 Pr. 前期 Me. 中期 An. 后期 Te. 末期

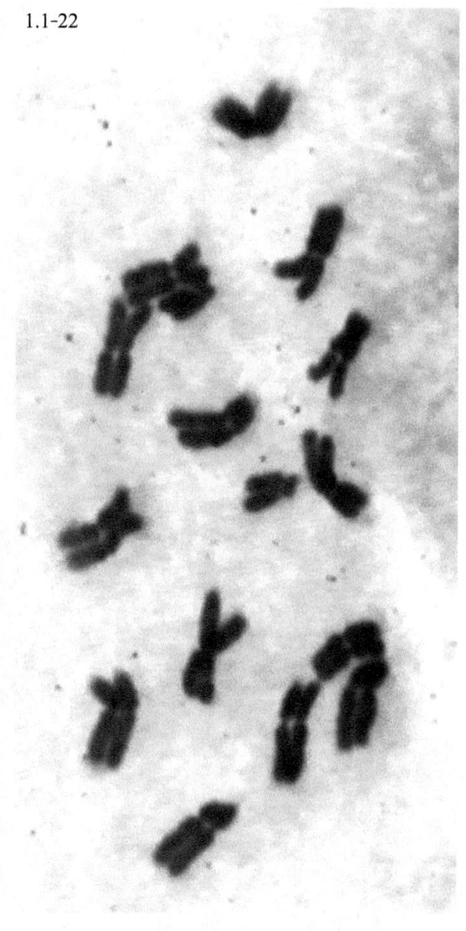

图 **1.1-22** 黑麦（*Secale cereale*）根尖压片，示分生区 1 个细胞的染色体形态

2*N*=16

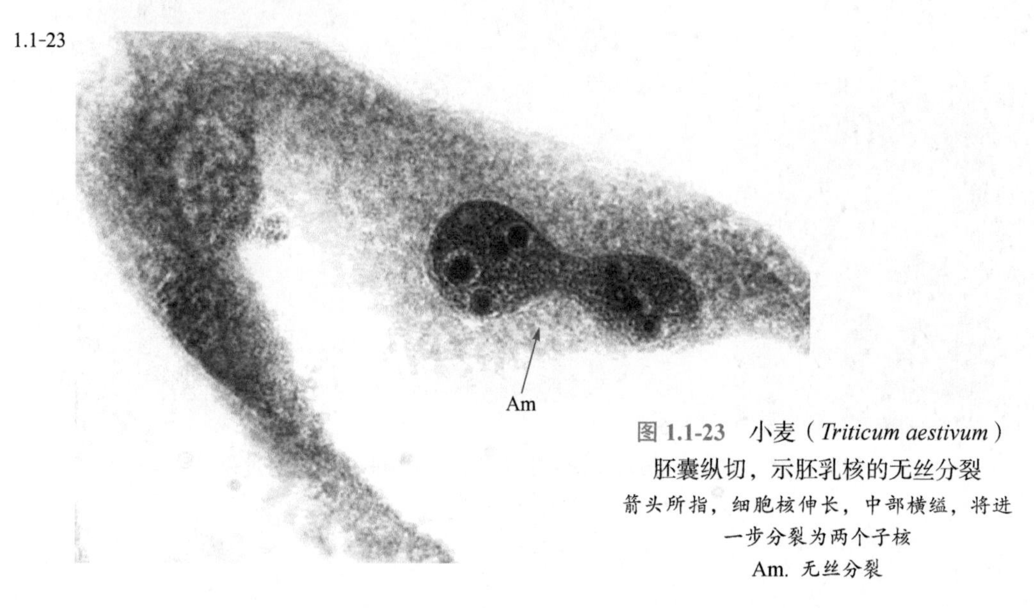

图 **1.1-23** 小麦（*Triticum aestivum*）胚囊纵切，示胚乳核的无丝分裂

箭头所指，细胞核伸长，中部横缢，将进一步分裂为两个子核

Am. 无丝分裂

（黑麦根尖压片来自龙鸿，洋葱根尖、小麦胚囊切片来自华中农业大学植物学教研室）

1.2 植物组织

图 1.2-1～图 1.2-59

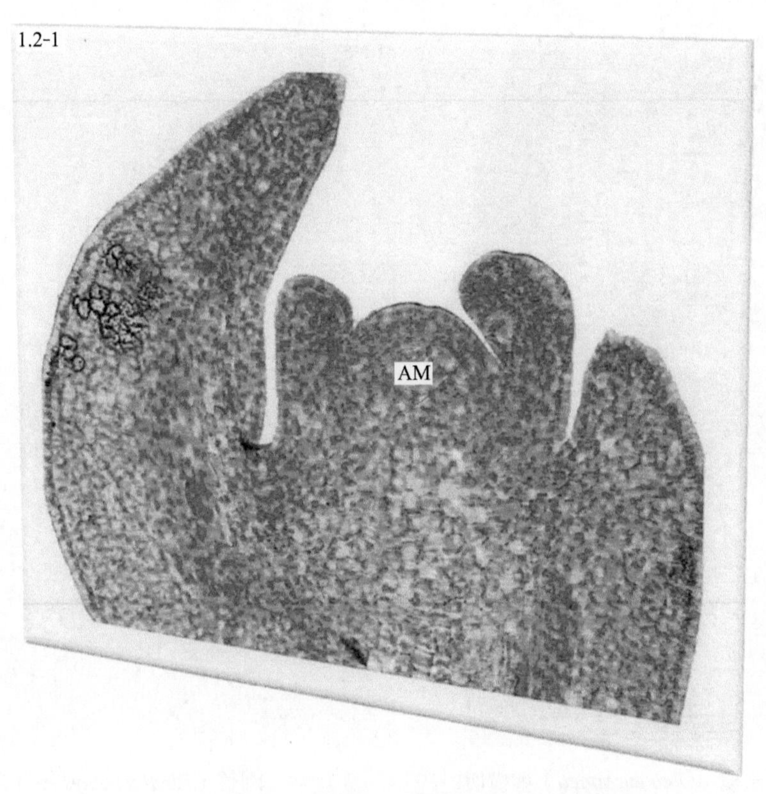

图 1.2-1 橘（*Citrus reticulata*）茎尖纵切，示顶端分生组织

AM. 顶端分生组织

（本页切片来自华中农业大学植物学教研室）

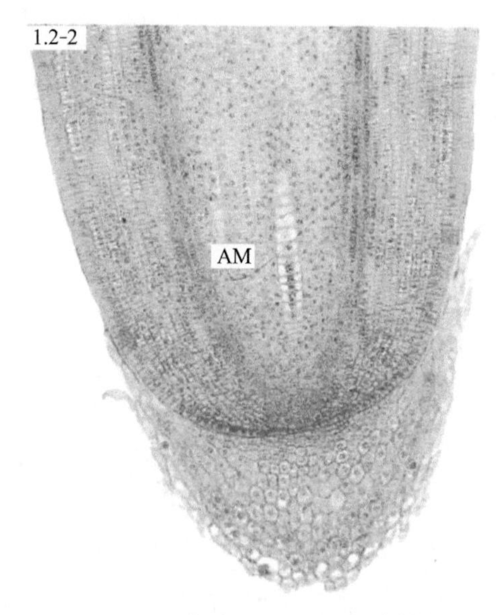

图 **1.2-2** 玉米（*Zea mays*）根尖纵切，示顶端分生组织

AM. 顶端分生组织

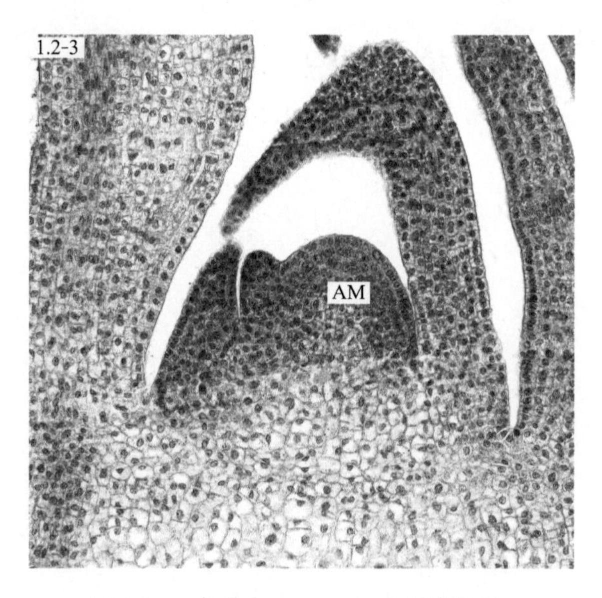

图 **1.2-3** 水稻（*Oryza sativa*）叶芽纵切，示顶端分生组织

AM. 顶端分生组织

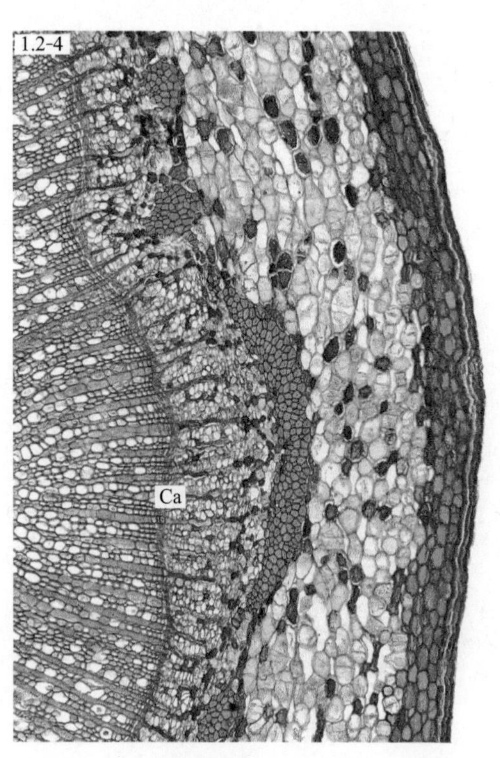

图 **1.2-4** 油橄榄（*Olea europaea*）茎横切，示侧生分生组织

Ca. 形成层（图中染成绿色）

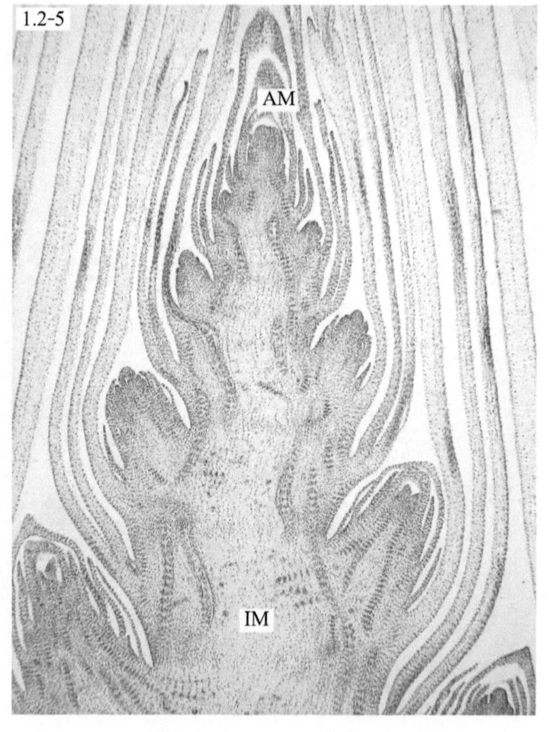

图 **1.2-5** 刚竹（*Phyllostachys* sp.）茎尖纵切，示居间分生组织

AM. 顶端分生组织　IM. 居间分生组织

（本页切片来自华中农业大学植物学教研室）

图 1.2-6 苘麻（*Abutilon theophrasti*）茎横切，示丛生表皮毛（箭头所指）

图 1.2-7 油橄榄（*Olea europaea*）叶芽纵切，示盾状表皮毛（顶面观）

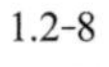
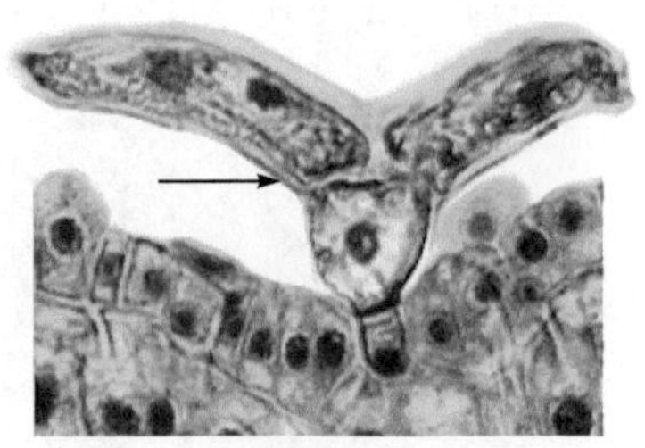

图 1.2-8 油橄榄（*Olea europaea*）叶横切，示盾状表皮毛（侧面观）

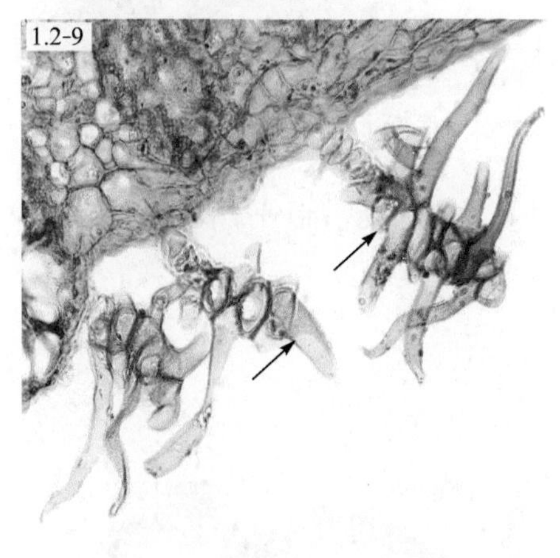

图 1.2-9 泡桐（*Paulownia tomentosa*）叶横切，示树状表皮毛（箭头所指）

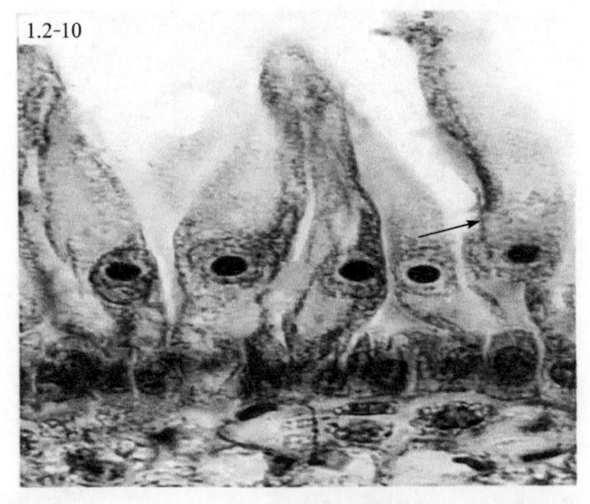

图 1.2-10 棉（*Gossypium hirsutum*）籽纵切，示纤维状表皮毛（箭头所指）

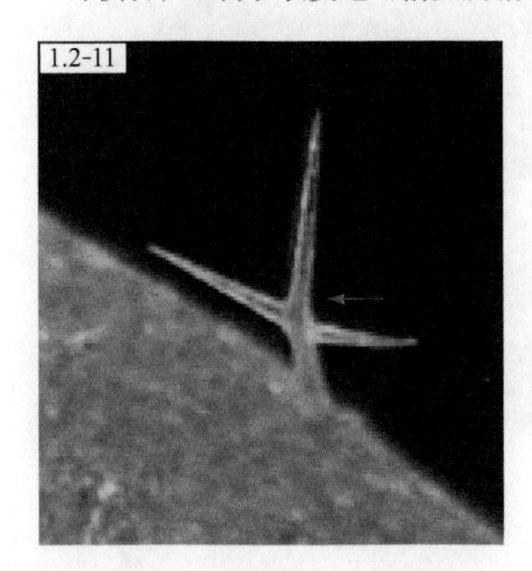

图 1.2-11 拟南芥（*Arabidopsis thaliana*）叶片制片，示叉状表皮毛（箭头所指）

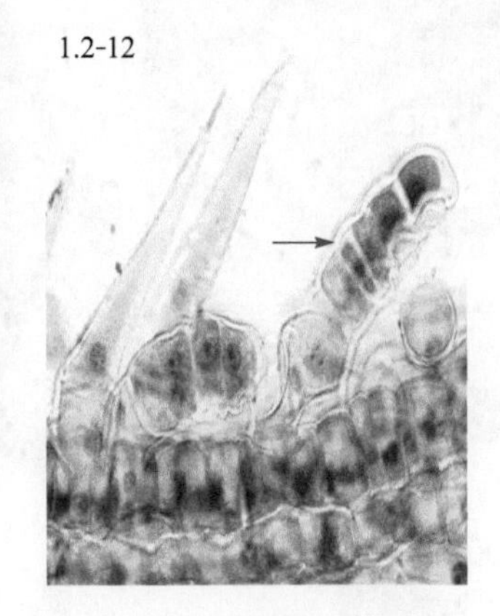

图 1.2-12 扁豆（*Lablab purpureus*）幼果纵切，示多细胞表皮毛（箭头所指）

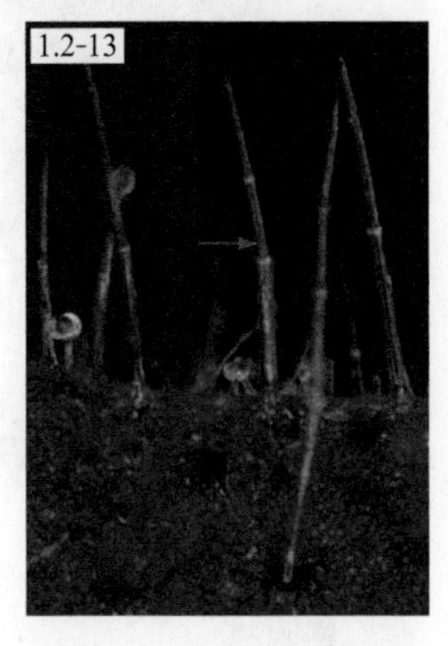

图 1.2-13 颠茄（*Atropa belladonna*）叶片制片，示节状表皮毛（箭头所指）

（拟南芥叶片制片、颠茄叶片制片来自华中农业大学冯燕妮，本页其他切片来自华中农业大学植物学教研室）

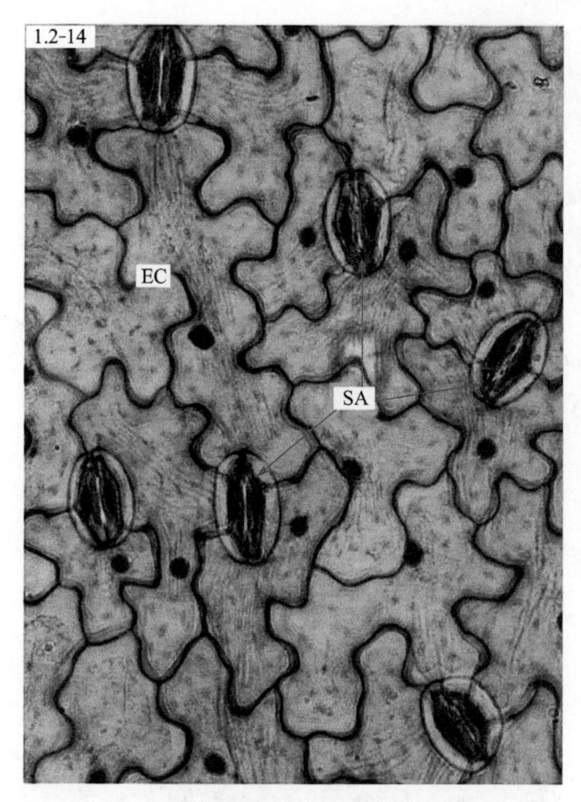

图 1.2-14　蚕豆（*Vicia faba*）叶下表皮装片，示表皮细胞及气孔器

EC. 表皮细胞　SA. 气孔器

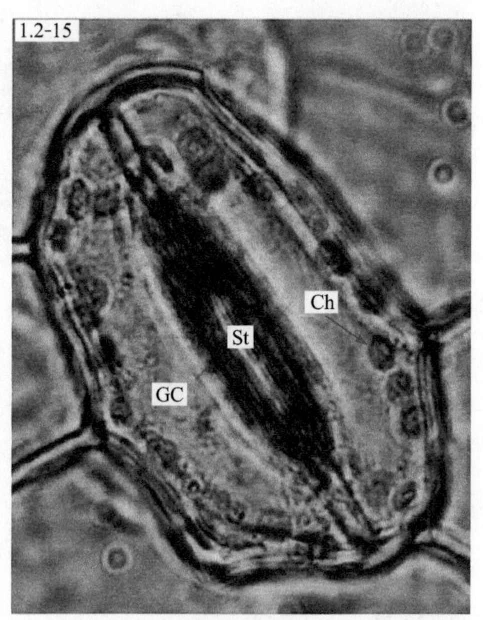

图 1.2-15　蚕豆（*Vicia faba*）叶下表皮装片，示 1 个气孔器

GC. 保卫细胞　Ch. 叶绿体　St. 气孔

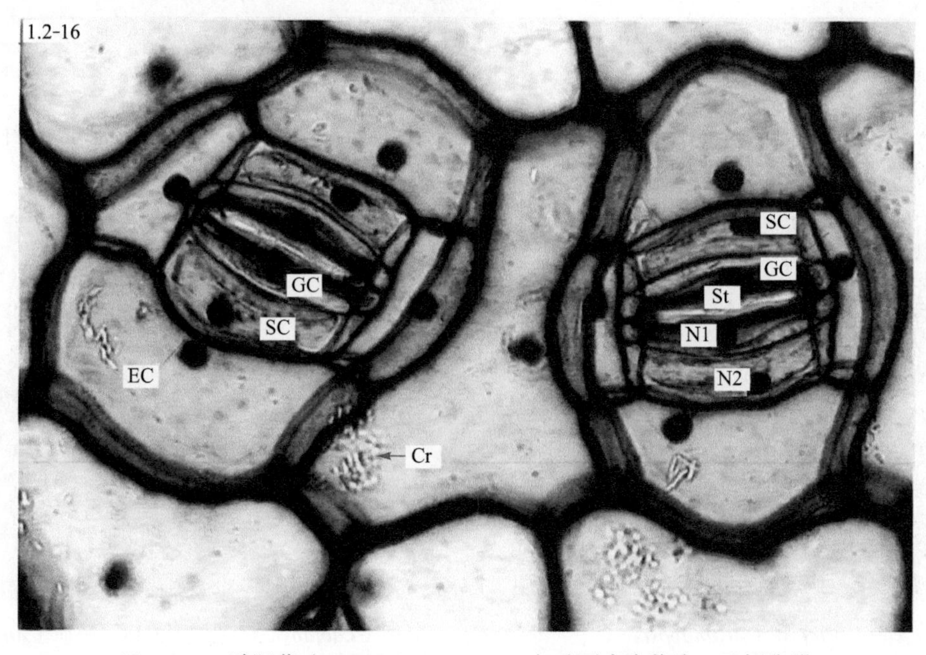

图 1.2-16　鸭跖草（*Commelina communis*）叶下表皮装片，示气孔器

EC. 表皮细胞　GC. 保卫细胞　N1. 保卫细胞核　SC. 副卫细胞　N2. 副卫细胞核　St. 气孔　Cr. 晶体

（本页切片来自华中农业大学植物学教研室）

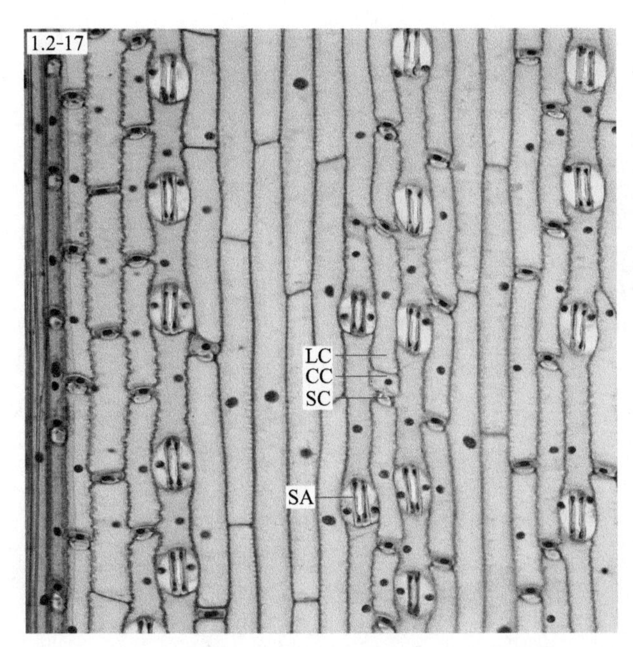

图 1.2-17　小麦（*Triticum aestivum*）叶下表皮制片，示表皮细胞及气孔器

LC. 长细胞　CC. 栓细胞　SC. 硅细胞　SA. 气孔器

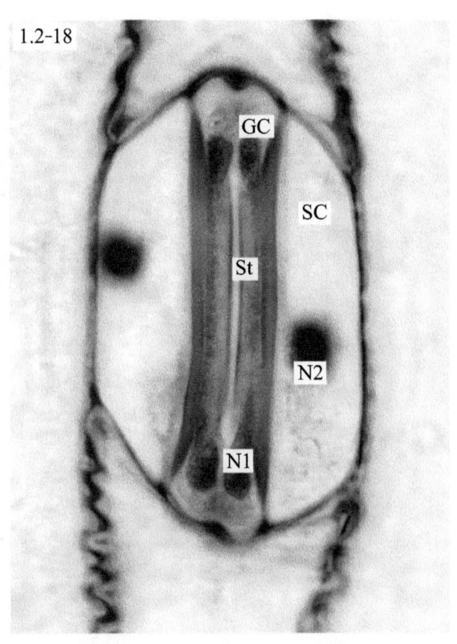

图 1.2-18　小麦（*Triticum aestivum*）叶下表皮的 1 个气孔器

GC. 保卫细胞　N1. 保卫细胞核哑铃形　SC. 副卫细胞　N2. 副卫细胞核　St. 气孔

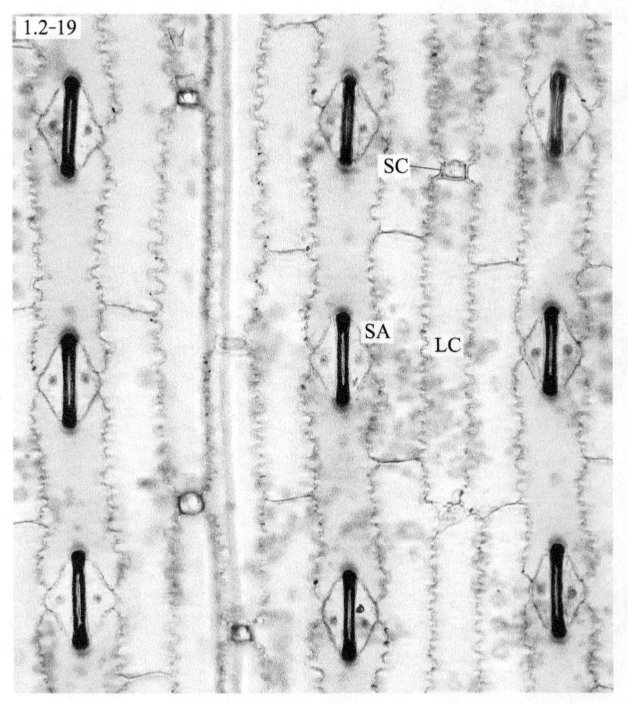

图 1.2-19　玉米（*Zea mays*）叶下表皮制片，示表皮细胞及气孔器

LC. 长细胞　SC. 短细胞　SA. 气孔器

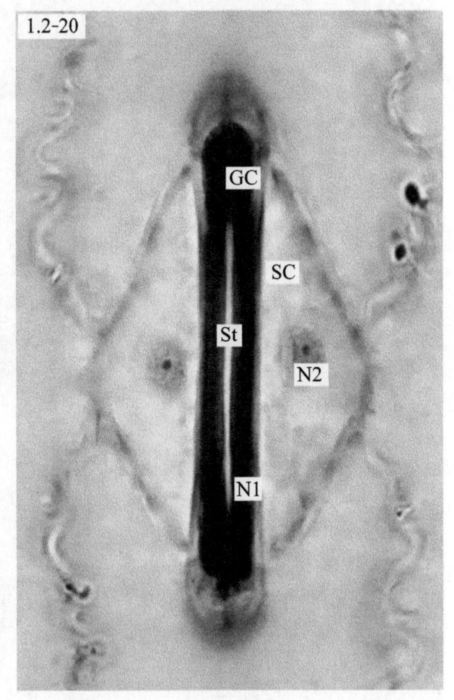

图 1.2-20　玉米（*Zea mays*）叶下表皮的 1 个气孔器

GC. 保卫细胞　N1. 保卫细胞核哑铃形　SC. 副卫细胞　N2. 副卫细胞核　St. 气孔

（小麦叶下表皮整体制片来自华中农业大学李和平，1980 年，玉米叶下表皮制片来自华中农业大学植物学教研室）

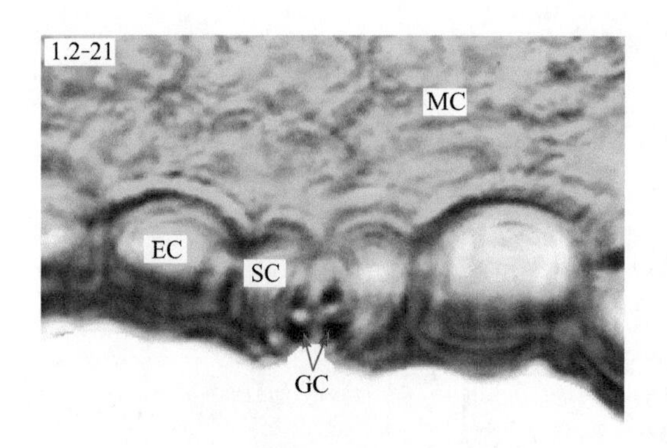

图 1.2-21 水稻（*Oryza sativa*）叶横切，示气孔器侧面观

EC. 表皮细胞 MC. 叶肉细胞
GC. 保卫细胞 SC. 副卫细胞

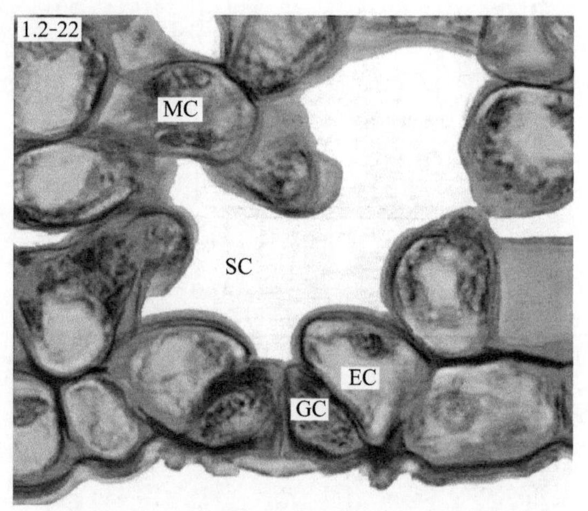

图 1.2-22 茶（*Camellia sinensis*）叶横切，示气孔器侧面观

EC. 表皮细胞 SC. 气孔室（孔下室）
MC. 叶肉细胞 GC. 保卫细胞

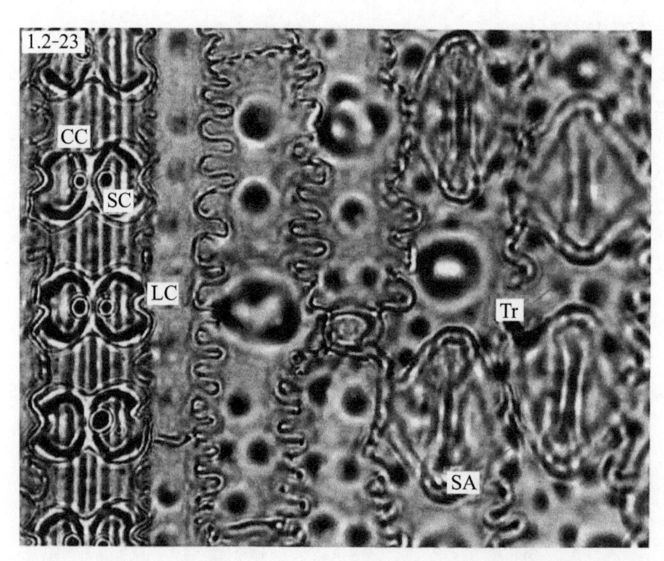

图 1.2-23 水稻（*Oryza sativa*）叶下表皮，示长细胞与短细胞

LC. 长细胞 CC. 栓细胞 SC. 硅细胞
Tr. 毛状体 SA. 气孔器

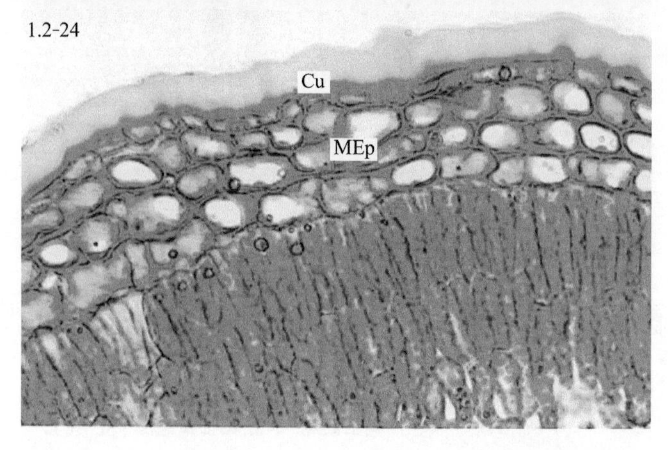

图 1.2-24 夹竹桃（*Nerium oleander*）叶横切，示角质层

MEp. 复表皮 Cu. 角质层

（本页切片来自华中农业大学植物学教研室）

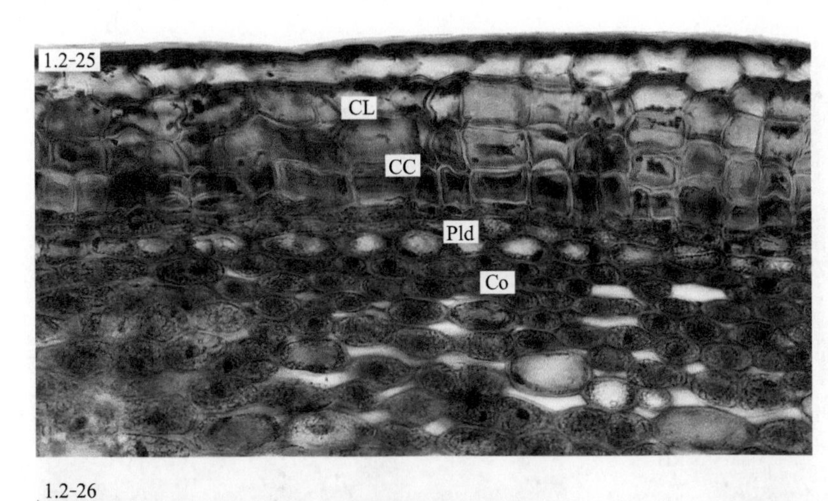

图 1.2-25　杨树（*Populus* sp.）茎横切，示周皮结构
CL. 木栓层　CC. 木栓形成层
Pld. 栓内层　Co. 皮层

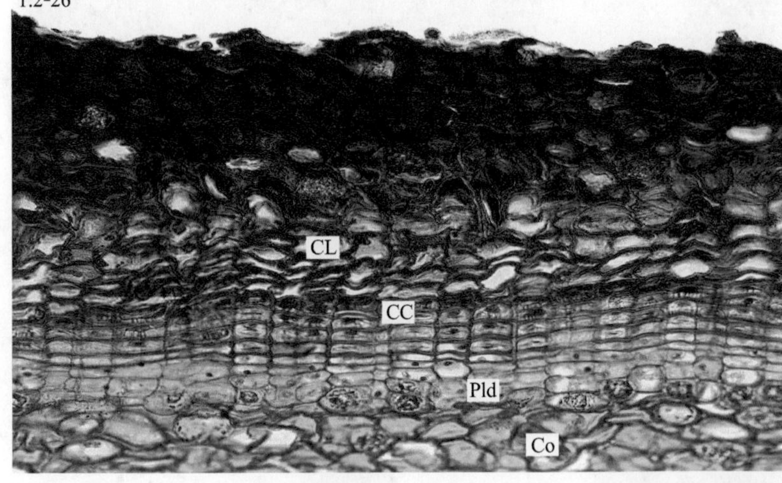

图 1.2-26　梧桐（*Firmiana simplex*）茎横切，示周皮结构
CL. 木栓层　CC. 木栓形成层
Pld. 栓内层　Co. 皮层

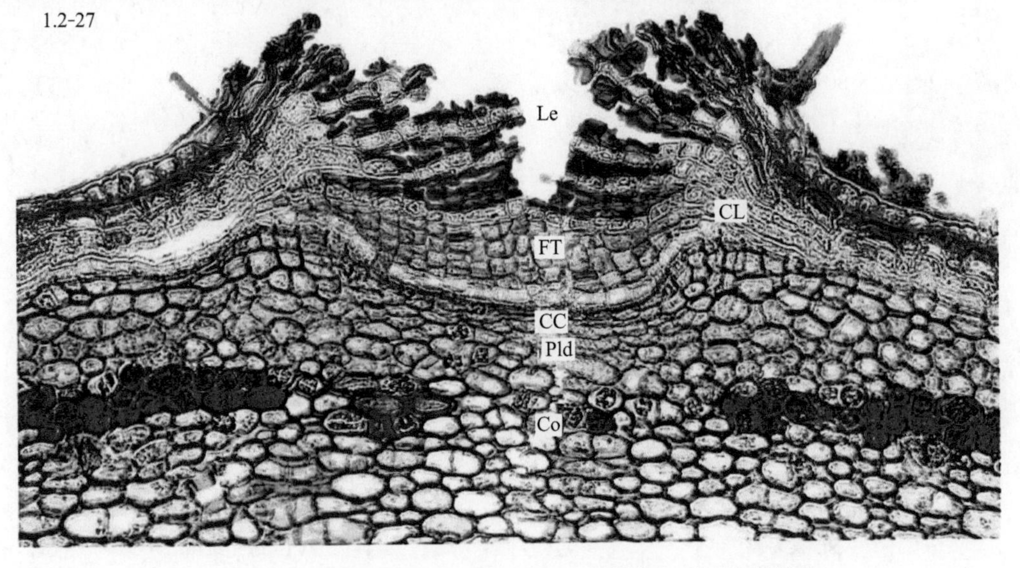

图 1.2-27　女贞（*Ligustrum lucidum*）茎横切，示皮孔的结构
Le. 皮孔　CL. 木栓层　CC. 木栓形成层　Pld. 栓内层　FT. 填充组织　Co. 皮层

（杨树茎切片来自南林植物组，梧桐茎切片来自华中农业大学植物学教研室，女贞茎切片来自福建漳州市农校生物切片厂）

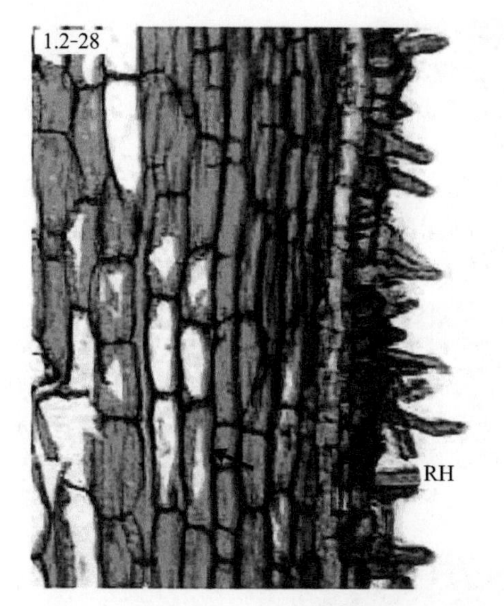

图 1.2-28 橘（*Citrus reticulata*）幼根纵切，示吸收组织

RH. 根毛

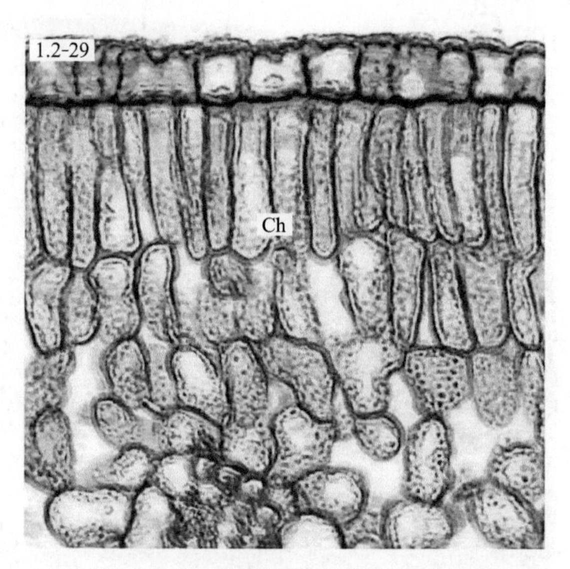

图 1.2-29 茶（*Camellia sinensis*）叶横切，示同化组织

Ch. 叶绿体

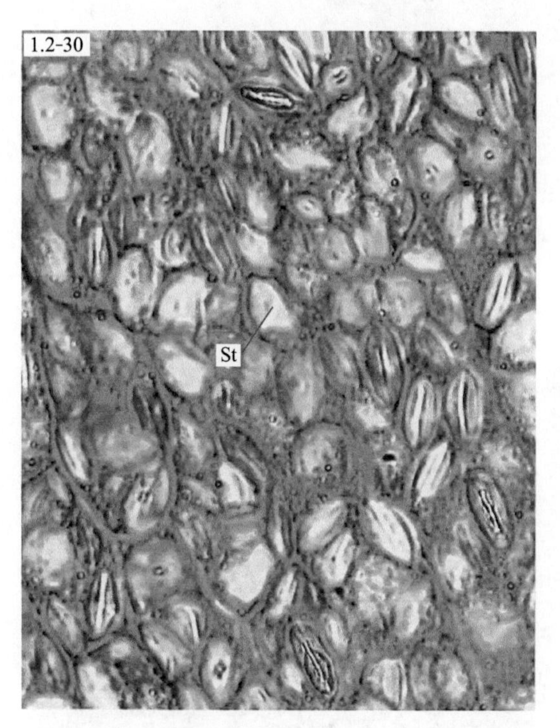

图 1.2-30 小麦（*Triticum aestivum*）颖果纵切，示贮藏组织（内胚乳）

St. 淀粉粒

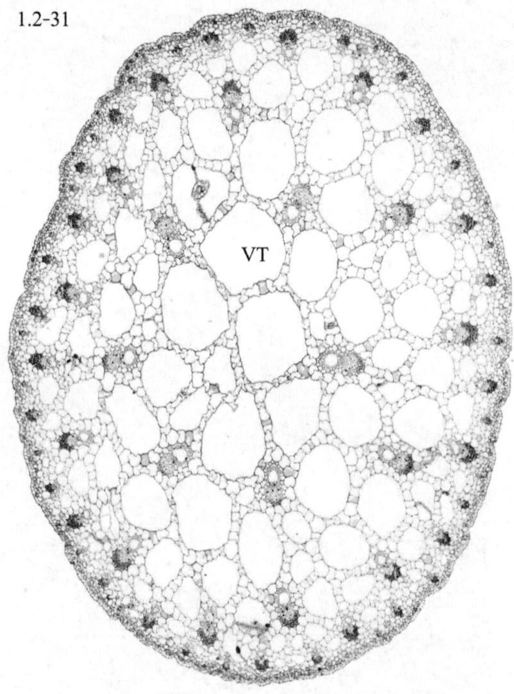

图 1.2-31 眼子菜（*Potamogeton distinctus*）叶柄横切，示通气组织

VT. 通气组织

（眼子菜、茶叶横切片来自福建漳州市农校生物切片厂，橘、小麦切片来自华中农业大学植物学教研室）

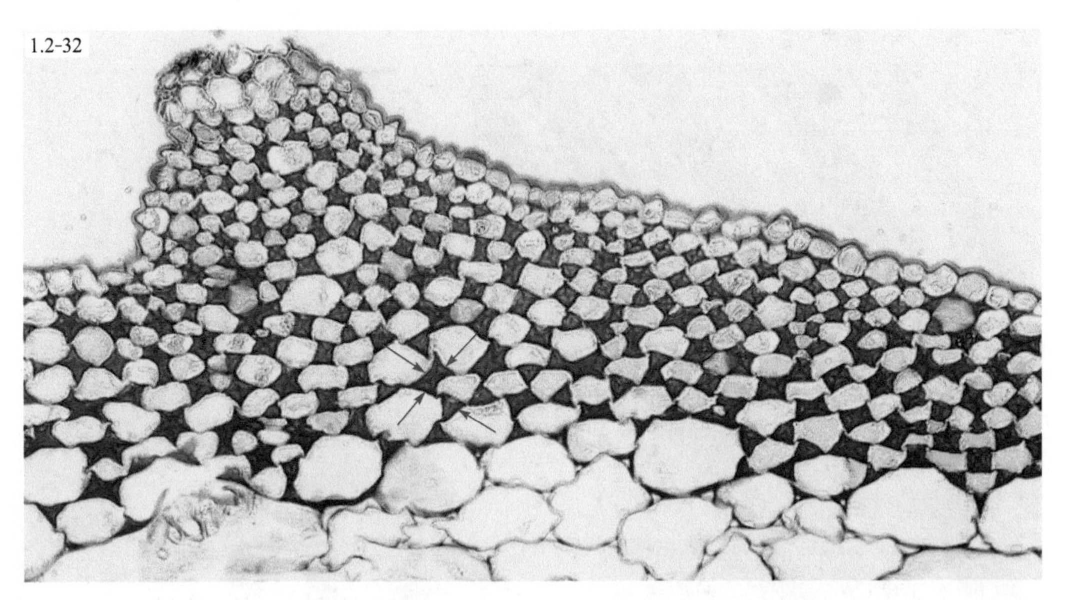

图 1.2-32 苋（*Amaranthus tricolor*）茎横切，示厚角组织

箭头所指的黑色多边形，即几个相邻细胞的角隅加厚

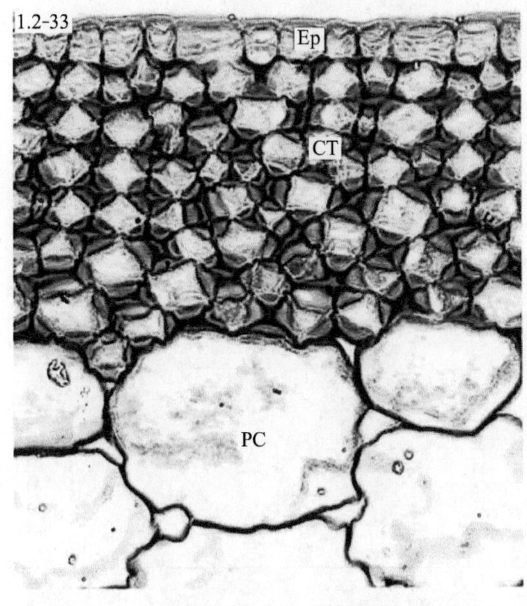

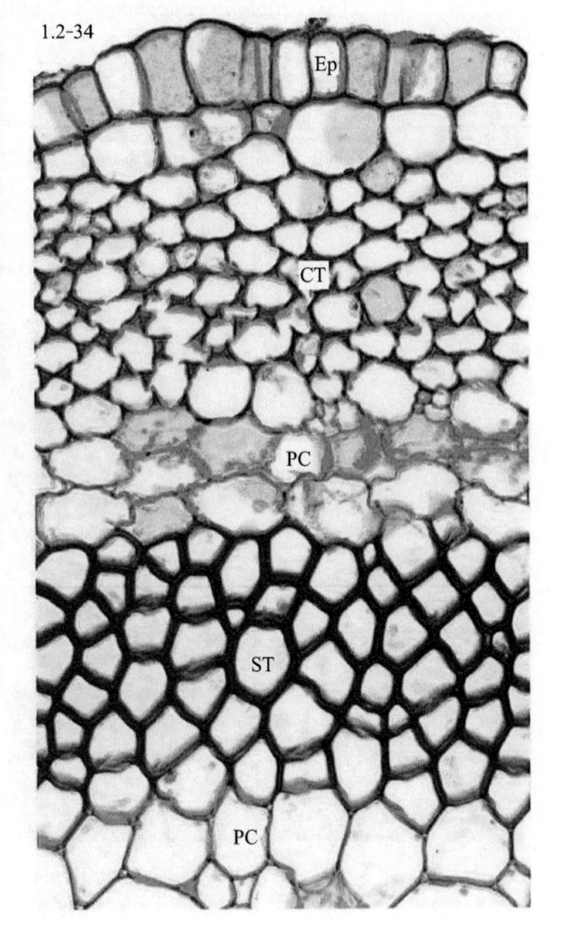

图 1.2-33 苋（*Amaranthus tricolor*）茎横切，示厚角组织与薄壁细胞

Ep. 表皮 CT. 厚角组织 PC. 薄壁细胞

图 1.2-34 南瓜（*Cucurbita moschata*）茎横切，示几种组织细胞的特征

Ep. 表皮（保护组织） CT. 厚角组织
PC. 薄壁细胞 ST. 厚壁组织（纤维）

（苋切片来自福建漳州市农校生物切片厂，南瓜切片来自华中农业大学植物学教研室）

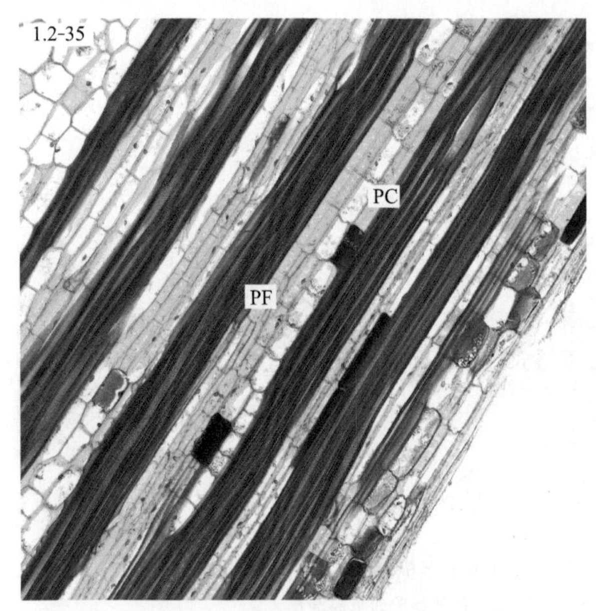

图 **1.2-35** 红麻（*Hibiscus cannabinus*）茎纵切，示韧皮纤维
PC. 薄壁细胞 PF. 韧皮纤维

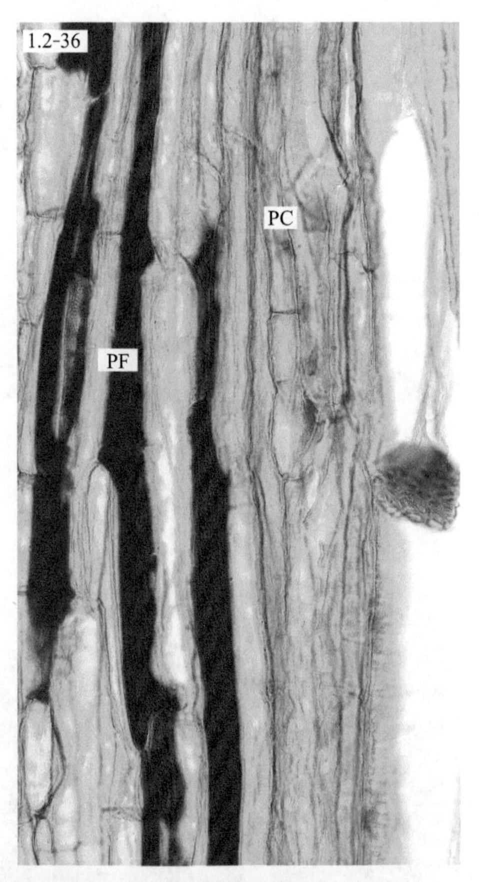

图 **1.2-36** 南瓜（*Cucurbita moschata*）茎纵切，示韧皮纤维
PC. 薄壁细胞 PF. 韧皮纤维

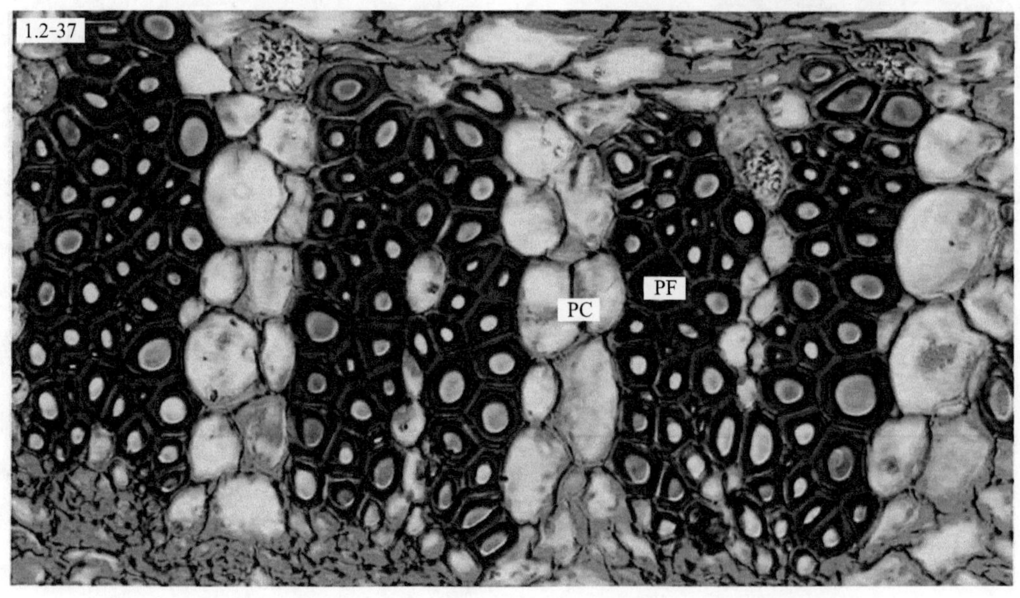

图 **1.2-37** 苘麻（*Abutilon theophrasti*）茎横切，示韧皮纤维
PC. 薄壁细胞 PF. 韧皮纤维

（本页切片来自华中农业大学植物学教研室）

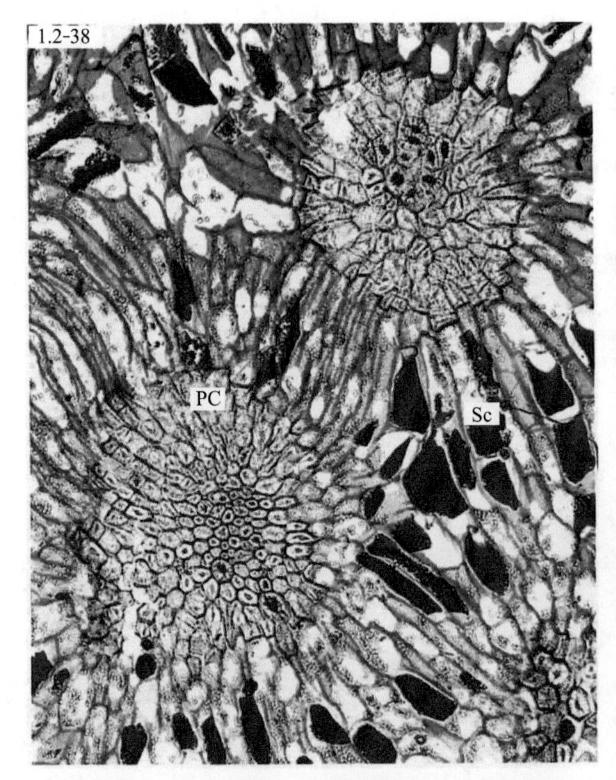

图 1.2-38 梨（*Pyrus* sp.）果肉横切，示石细胞群

PC. 薄壁细胞 Sc. 石细胞

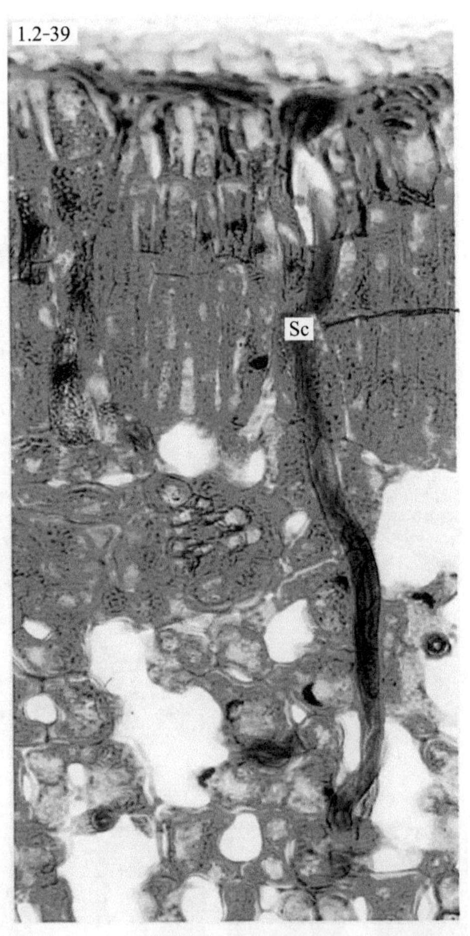

图 1.2-39 油橄榄（*Olea europaea*）叶横切，示纤维状石细胞

Sc. 石细胞

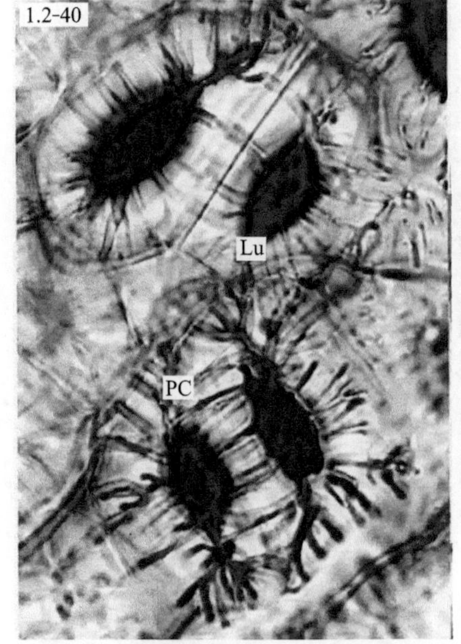

图 1.2-40 梨（*Pyrus* sp.）果肉横切，示石细胞

Lu. 细胞腔 PC. 纹孔道

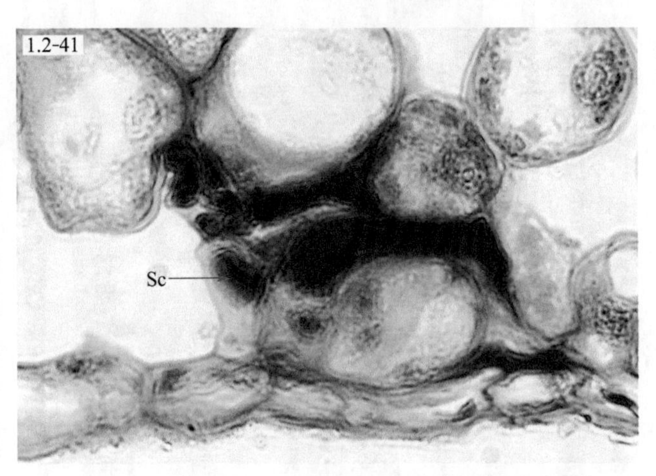

图 1.2-41 茶（*Camellia sinensis*）叶横切，示石细胞

Sc. 石细胞

（本页切片来自华中农业大学植物学教研室）

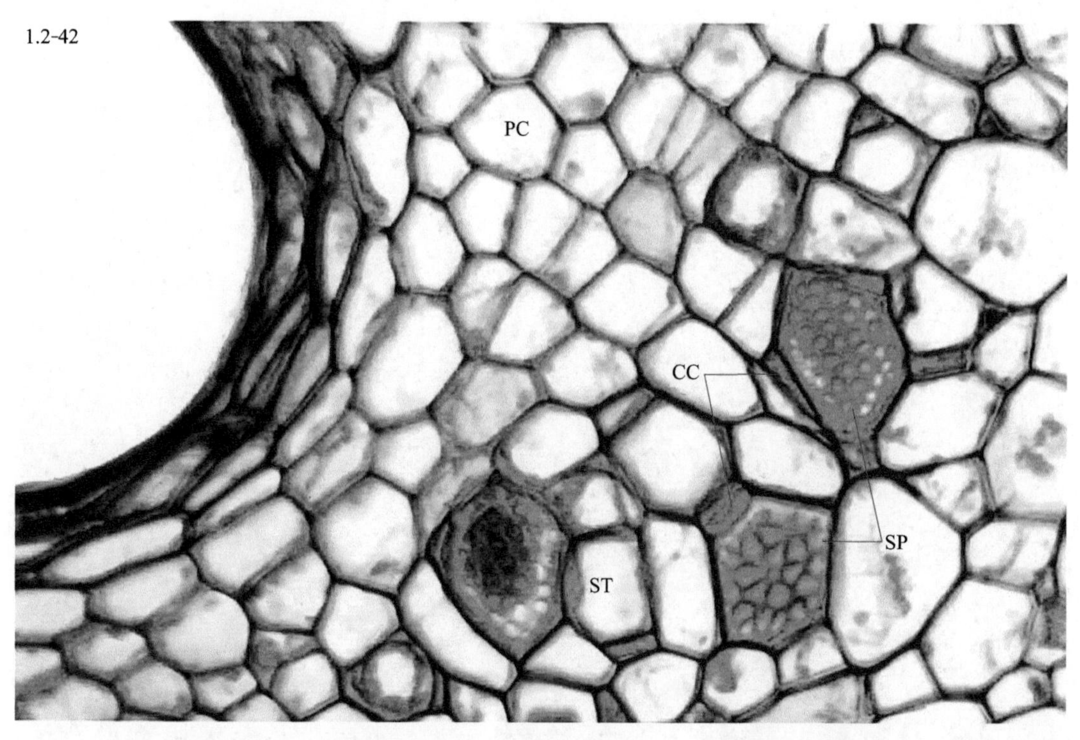

图 **1.2-42**　南瓜（*Cucurbita moschata*）茎横切，示外韧皮部筛板
PC.（韧皮）薄壁细胞　ST. 筛管　CC. 伴胞　SP. 筛板，其上有筛孔

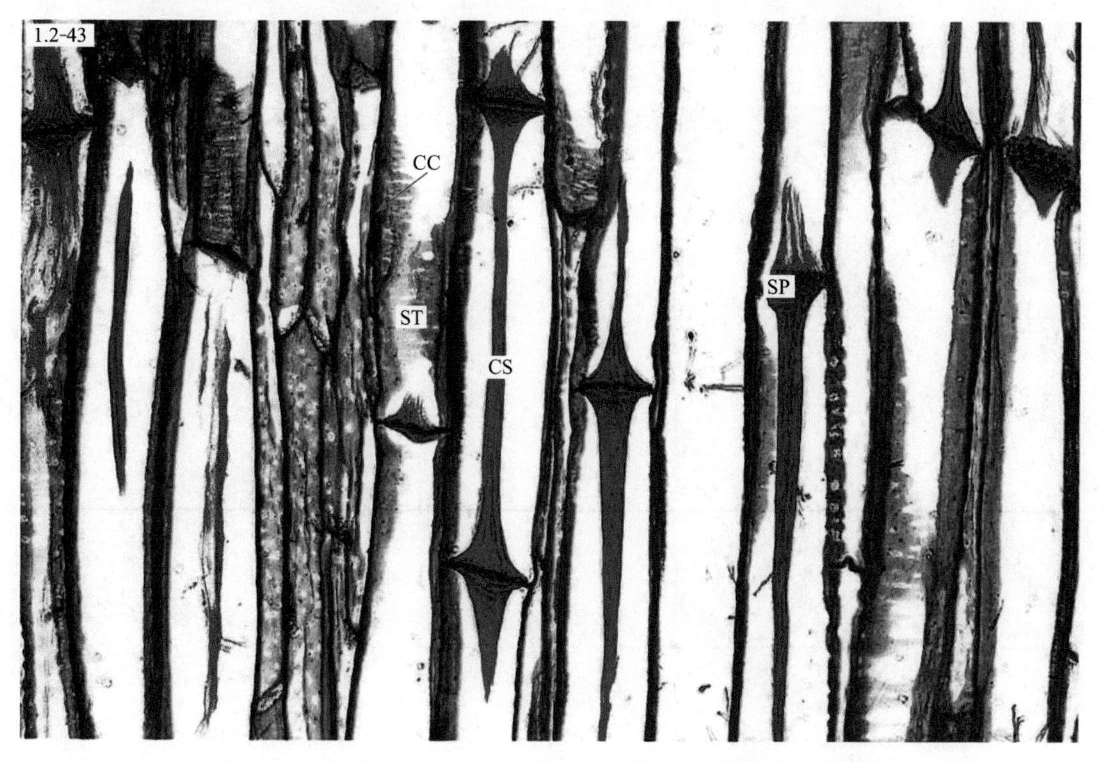

图 **1.2-43**　南瓜（*Cucurbita moschata*）茎纵切，示筛管中的联络索
ST. 筛管　CC. 伴胞　SP. 筛板　CS. 联络索

（南瓜茎横切片来自华中农业大学植物学教研室，南瓜茎纵切片来自福建漳州市农校生物切片厂）

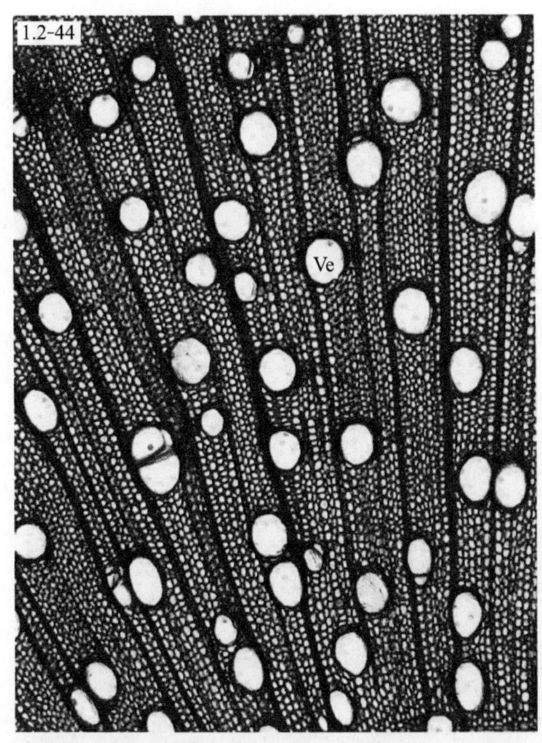

图 1.2-44　桑树（*Morus alba*）茎横切，示导管
Ve. 导管

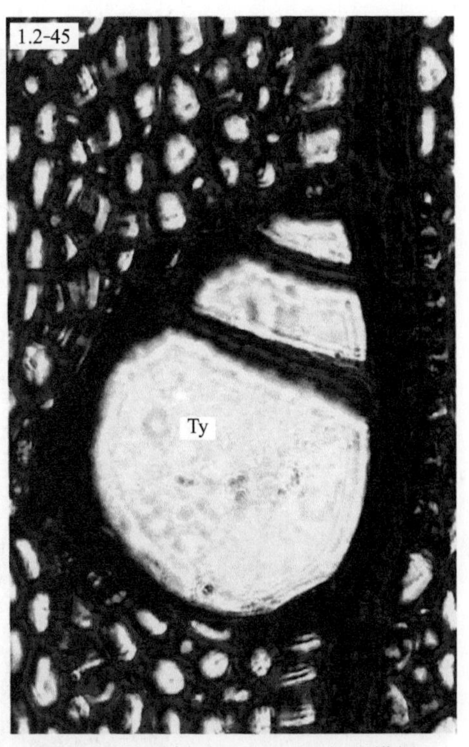

图 1.2-45　桑树（*Morus alba*）茎横切，示导管中的侵填体
Ty. 侵填体

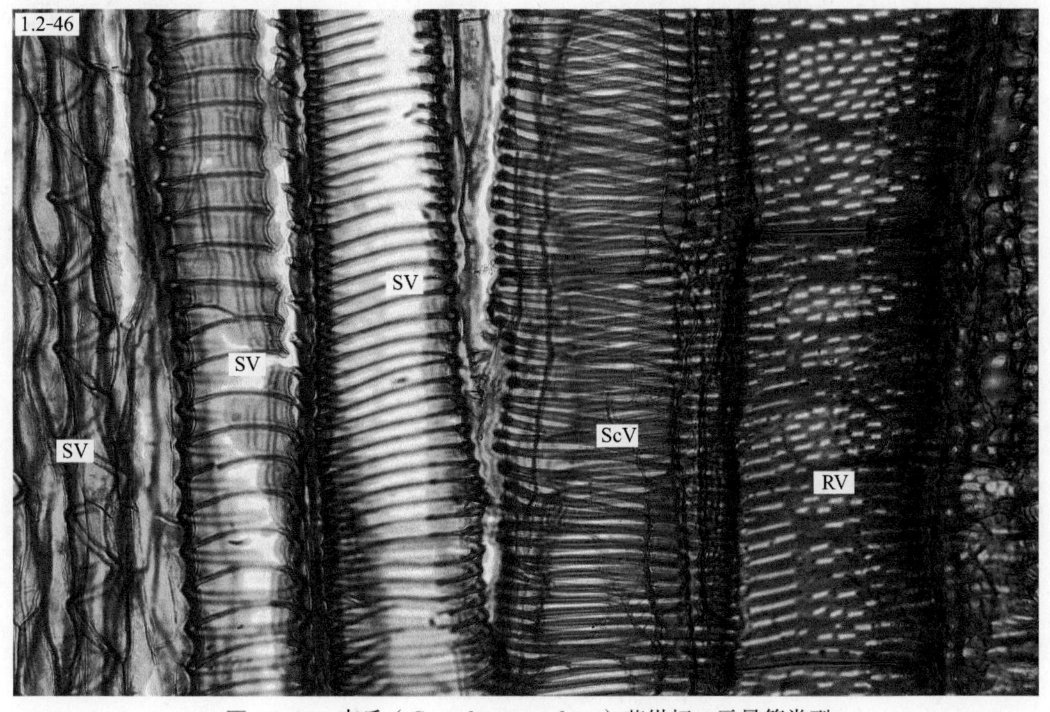

图 1.2-46　南瓜（*Cucurbita moschata*）茎纵切，示导管类型
SV. 螺纹导管　ScV. 梯纹导管　RV. 网纹导管

（本页切片来自华中农业大学植物学教研室）

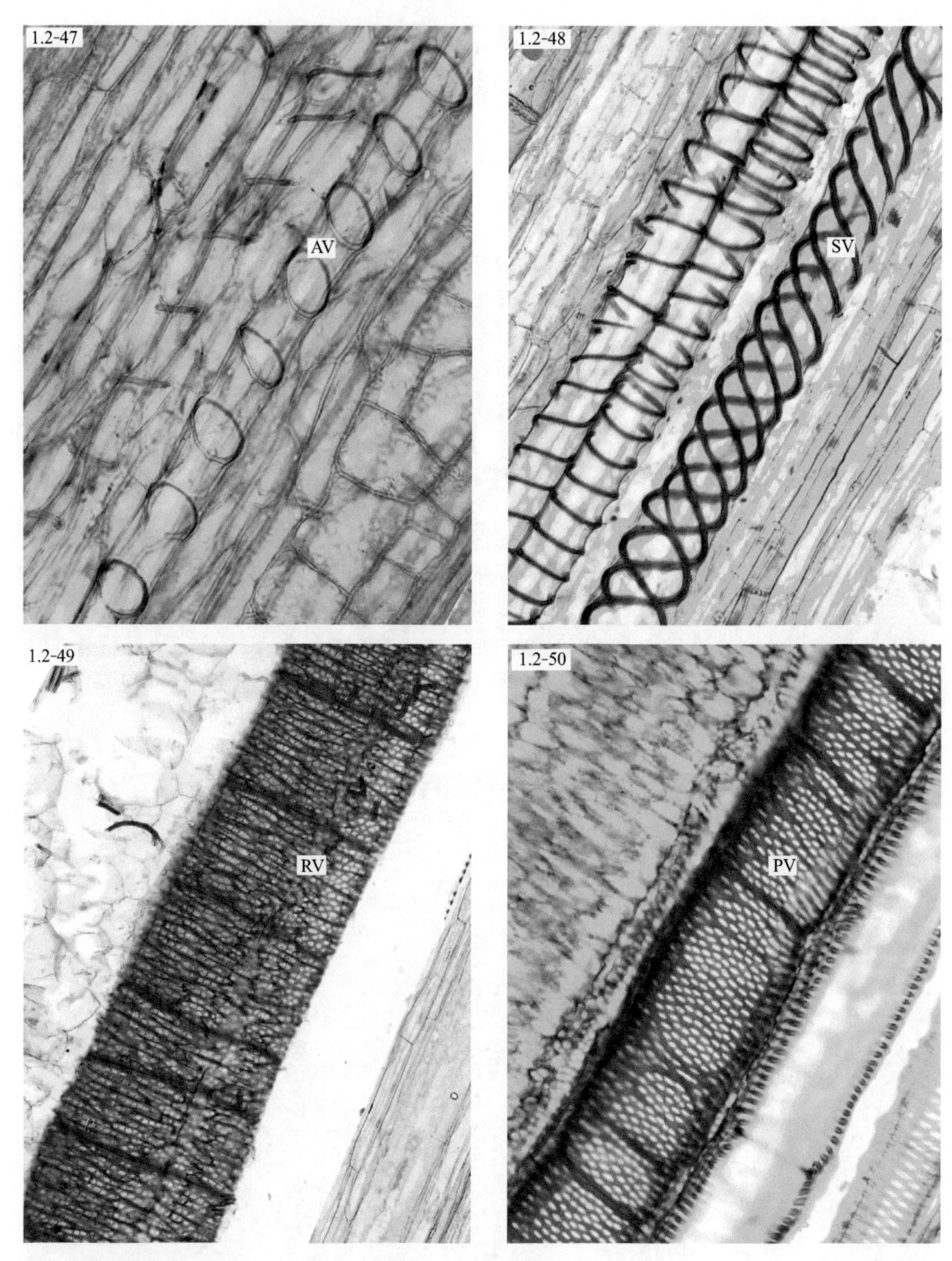

图 1.2-47 南瓜（*Cucurbita moschata*）茎纵切，示环纹导管
图 1.2-48 南瓜（*Cucurbita moschata*）茎纵切，示螺纹导管
图 1.2-49 南瓜（*Cucurbita moschata*）茎纵切，示网纹导管
图 1.2-50 南瓜（*Cucurbita moschata*）茎纵切，示孔纹导管
AV. 环纹导管 SV. 螺纹导管 RV. 网纹导管 PV. 孔纹导管

（本页切片来自华中农业大学植物学教研室）

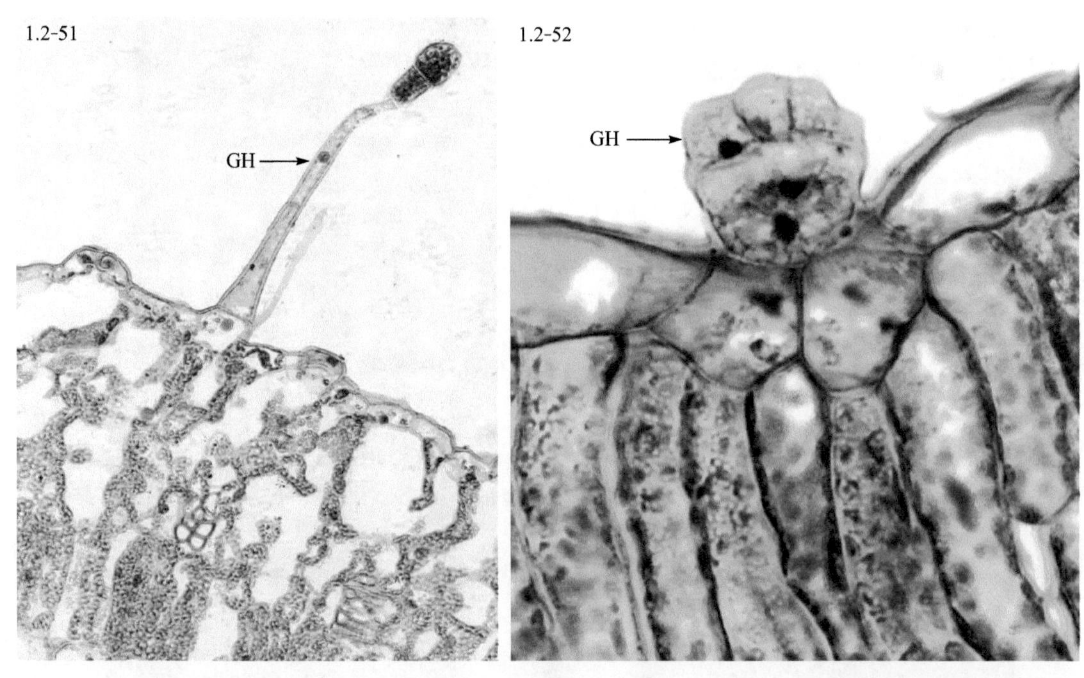

图 1.2-51 烟草（*Nicotiana tabacum*）叶横切，示腺毛

GH. 腺毛

图 1.2-52 棉（*Gossypium hirsutum*）叶横切，示腺毛

GH. 腺毛

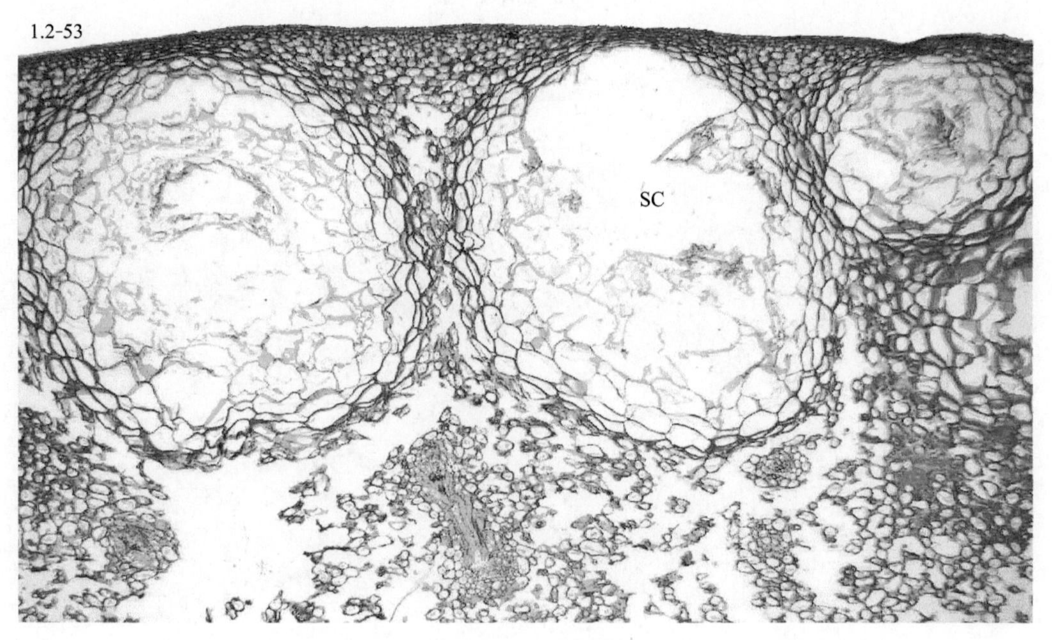

图 1.2-53 橘（*Citrus reticulata*）果皮横切，示溶生型分泌腔

SC. 分泌腔

（本页切片来自华中农业大学植物学教研室）

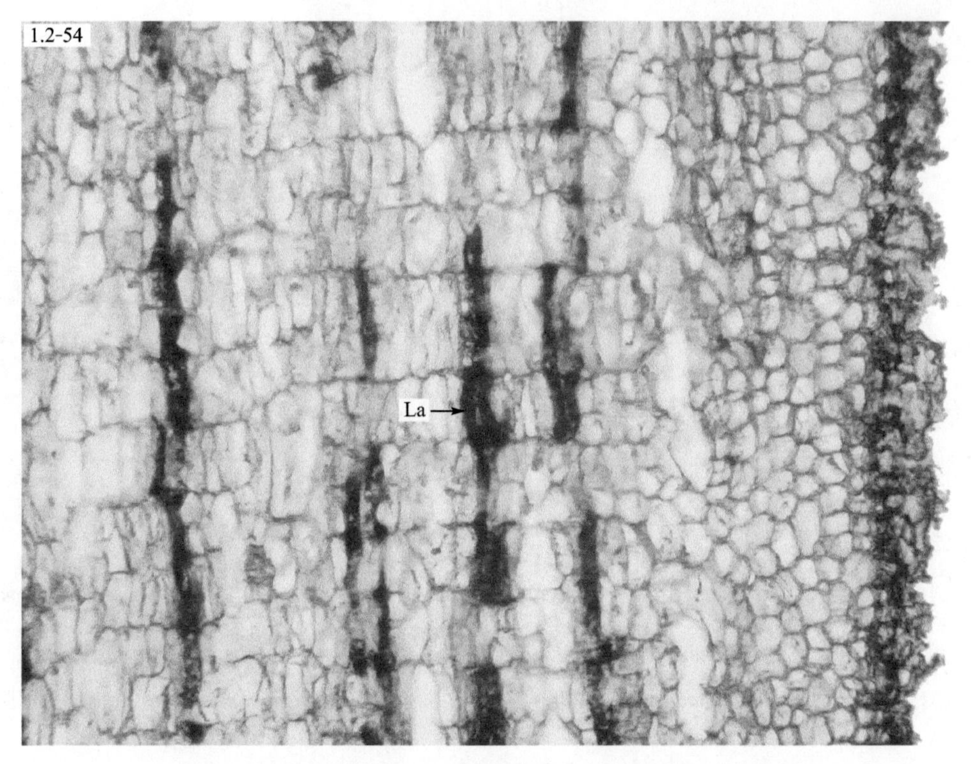

图 1.2-54　蒲公英（*Taraxacum mongolicum*）根纵切，示乳汁管

La. 乳汁管

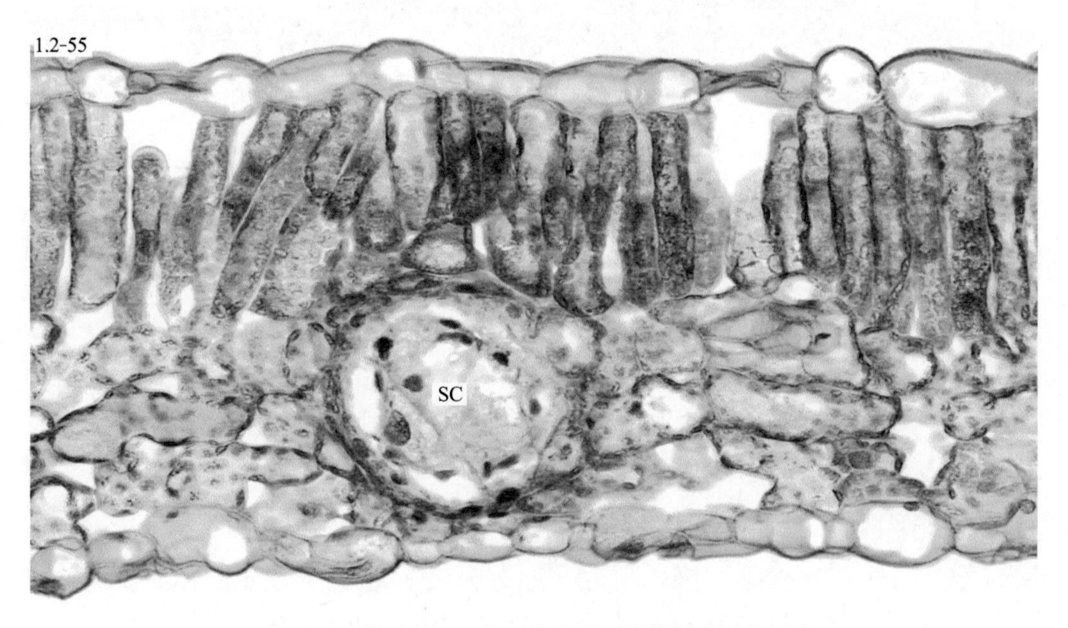

图 1.2-55　棉（*Gossypium hirsutum*）叶横切，示分泌腔

SC. 分泌腔

（本页切片来自华中农业大学植物学教研室）

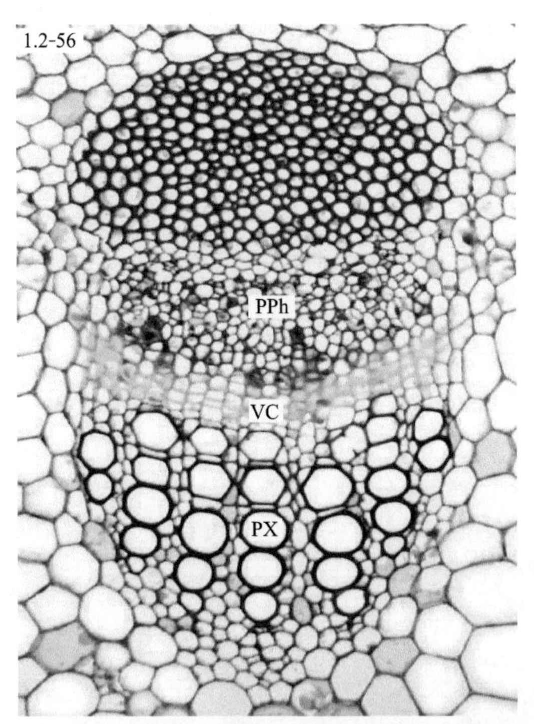

图 1.2-56 菊芋（*Helianthus tuberosus*）茎横切，示外韧维管束（无限维管束）

PX. 初生木质部 VC. 维管形成层 PPh. 初生韧皮部

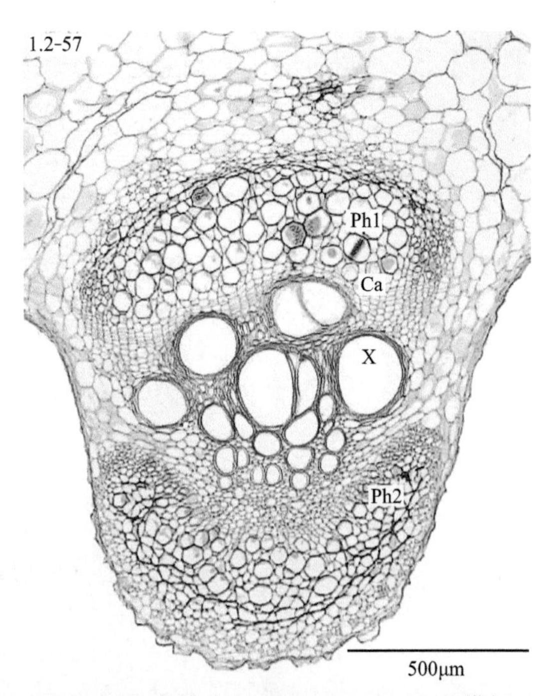

图 1.2-57 南瓜（*Cucurbita maschata*）茎横切，示双韧维管束

Ph1. 韧皮部（外） Ph2. 韧皮部（内） Ca. 形成层 X. 木质部

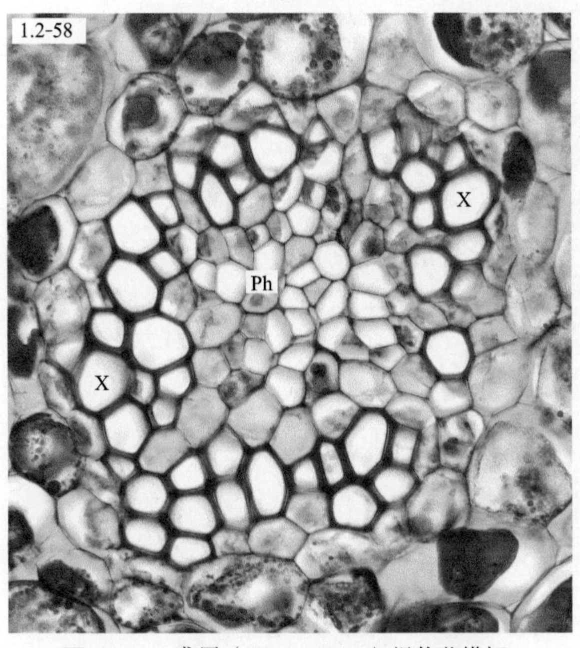

图 1.2-58 鸢尾（*Iris tectorum*）根状茎横切，示周木维管束

Ph. 韧皮部 X.（围绕韧皮部的）木质部

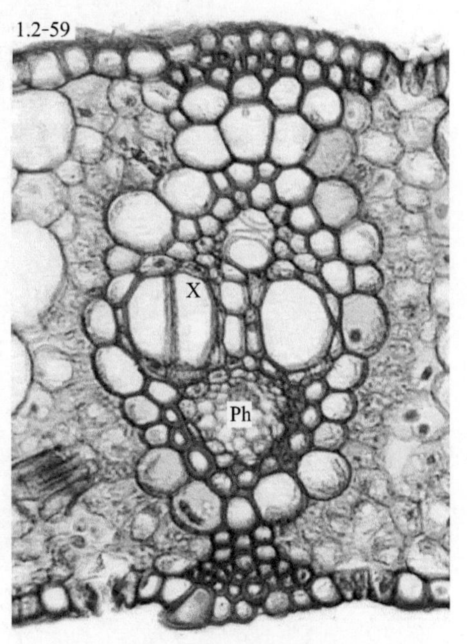

图 1.2-59 甘蔗（*Saccharum officinarum*）叶横切，示有限维管束

X. 木质部 Ph. 韧皮部

（甘蔗切片来自福建漳州市农校生物切片厂，菊芋、南瓜、鸢尾切片来自华中农业大学植物学教研室）

1.3 根的形态与结构

图 1.3-1～图 1.3-50

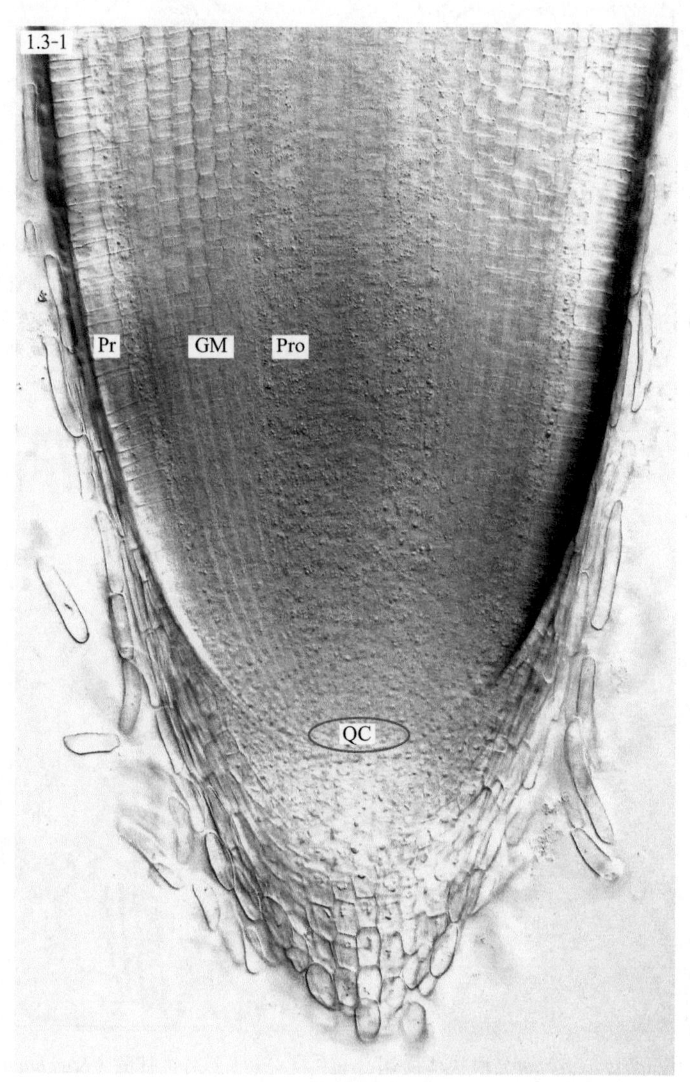

图 1.3-1 水稻（*Oryza sativa*）根尖纵切，示分生区及静止中心
Pr. 原表皮 GM. 基本分生组织
Pro. 原形成层 QC. 静止中心

（本页制片来自华中农业大学赵毓，2012 年）

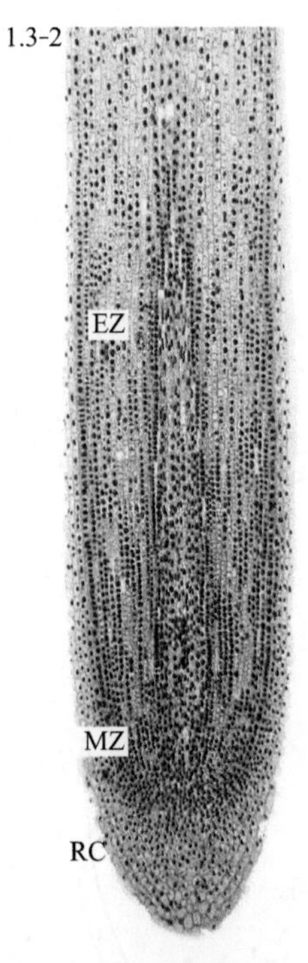

图 1.3-2 洋葱（*Allium cepa*）根尖纵切，示根尖分区
RC. 根冠 MZ. 分生区 EZ. 伸长区

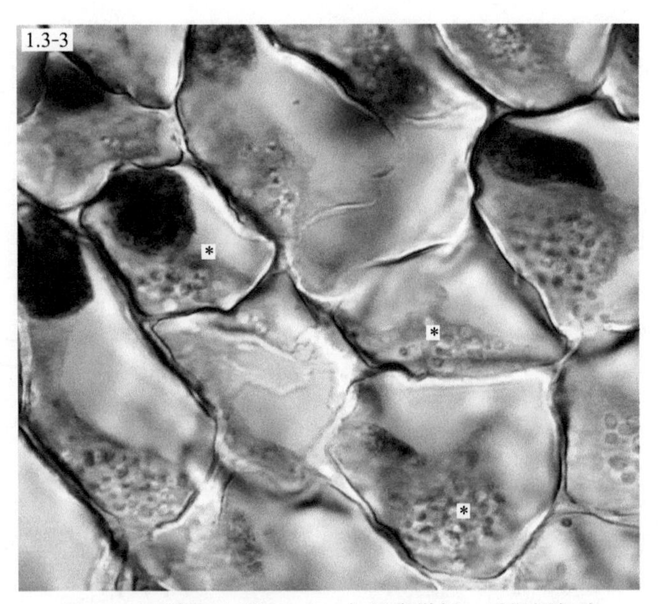

图 1.3-3 洋葱（*Allium cepa*）根尖纵切，示根冠细胞
其淀粉粒（*号处）的分布都在细胞底部向地的一端，起着平衡石的作用

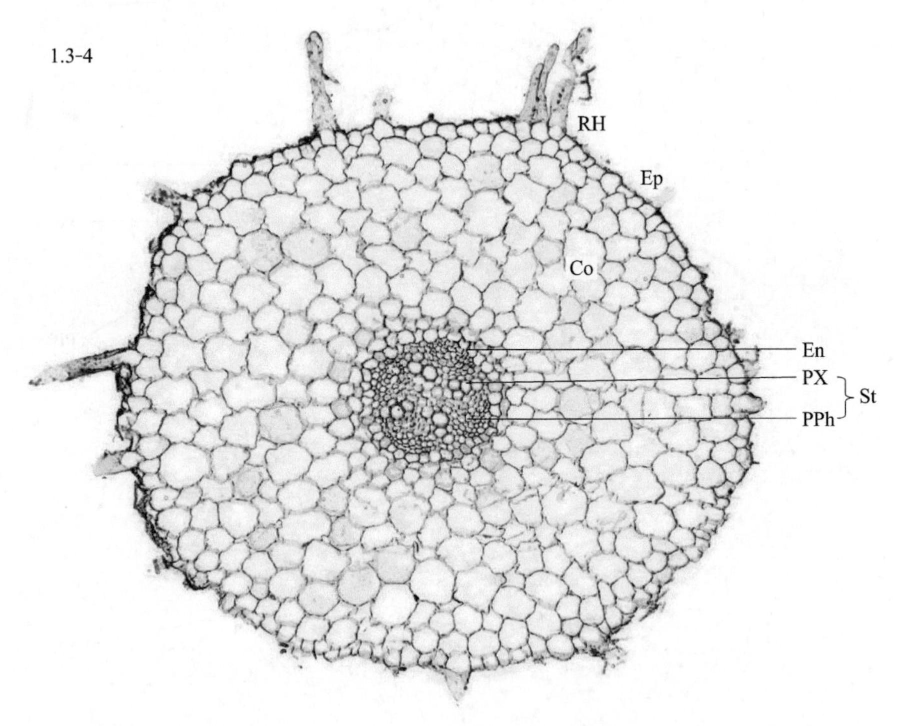

图 1.3-4 苜蓿（*Medicago sativa*）幼根横切，示双子叶植物根的初生结构
RH. 根毛 Ep. 表皮 Co. 皮层 En. 内皮层 St. 中柱 PX. 初生木质部 PPh. 初生韧皮部

（本页切片来自华中农业大学植物学教研室）

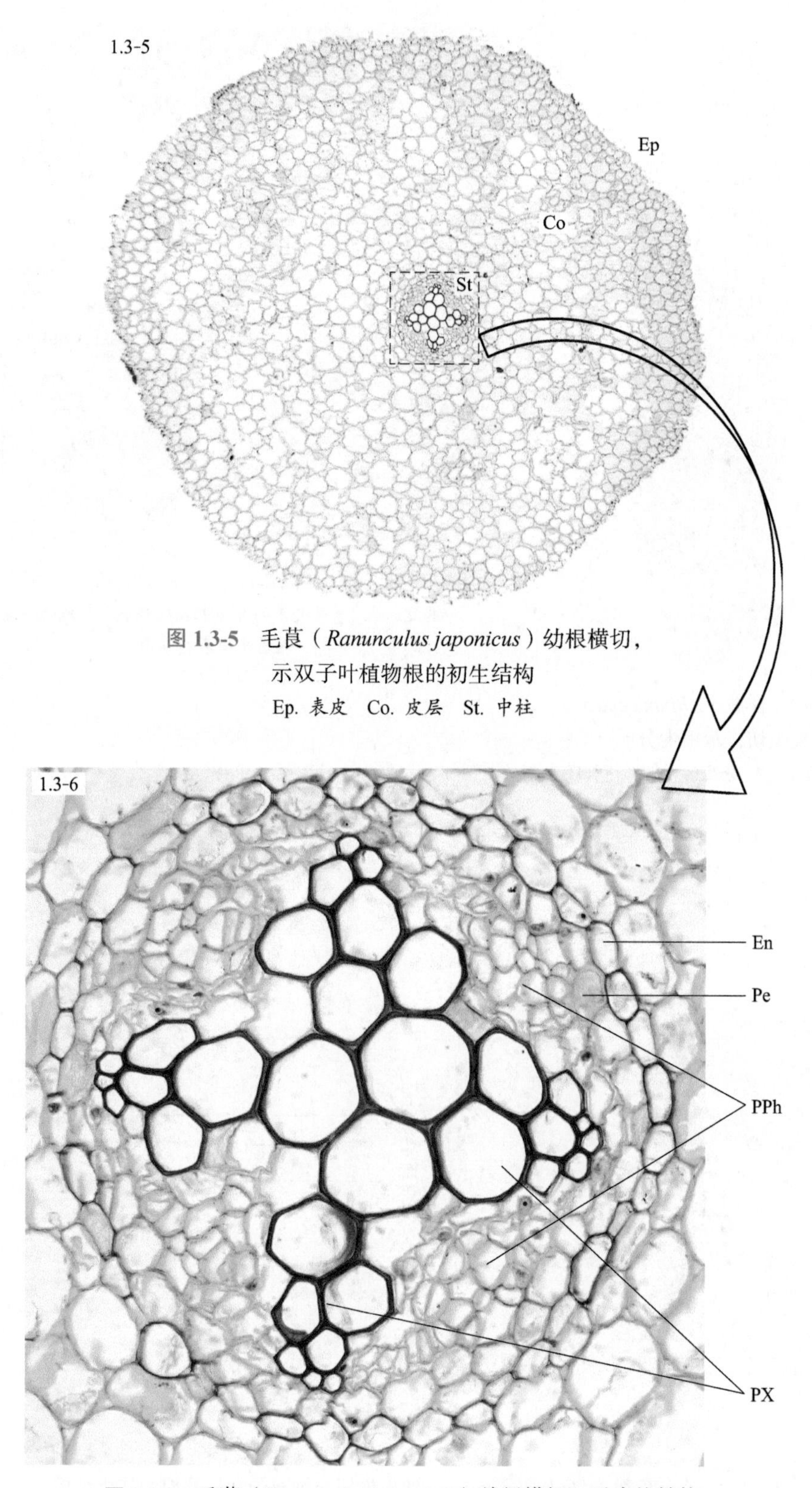

图 1.3-5　毛茛（*Ranunculus japonicus*）幼根横切，示双子叶植物根的初生结构

Ep. 表皮　Co. 皮层　St. 中柱

图 1.3-6　毛茛（*Ranunculus japonicus*）幼根横切，示中柱结构

En. 内皮层　Pe. 中柱鞘　PPh. 初生韧皮部　PX. 初生木质部（四原型）

（本页切片来自华中农业大学植物学教研室）

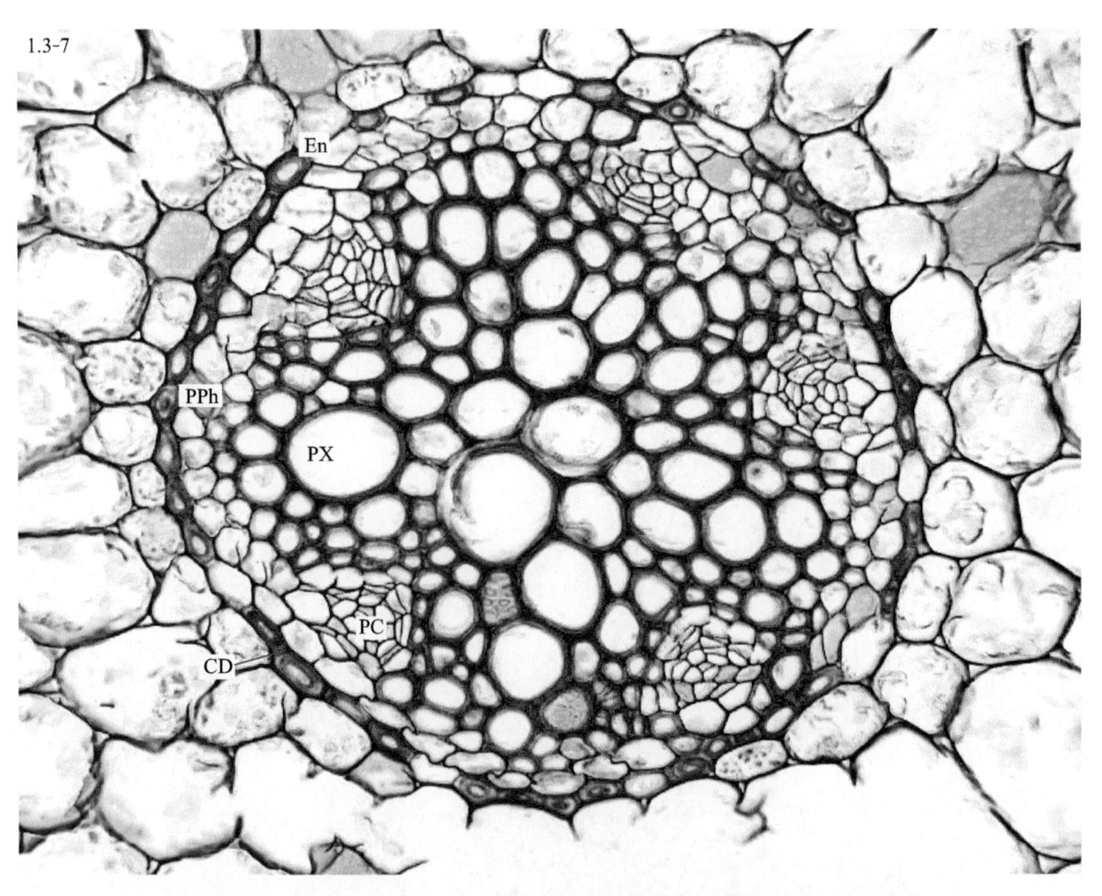

图 1.3-7　毛茛（*Ranunculus japonicus*）幼根横切，示内皮层与中柱的结构

En. 内皮层　CD. 凯氏点　PX. 初生木质部　PPh. 初生韧皮部　PC. 薄壁细胞

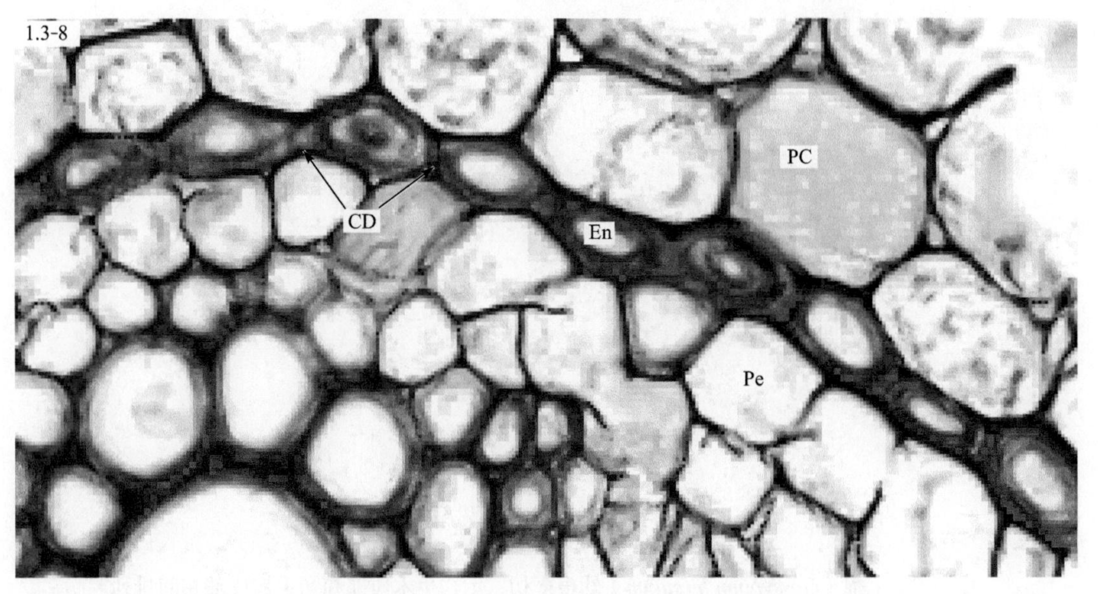

图 1.3-8　毛茛（*Ranunculus japonicus*）幼根横切，示内皮层细胞上的凯氏点

PC. 薄壁细胞　En. 内皮层　CD. 凯氏点　Pe. 中柱鞘

（本页切片来自华中农业大学植物学教研室）

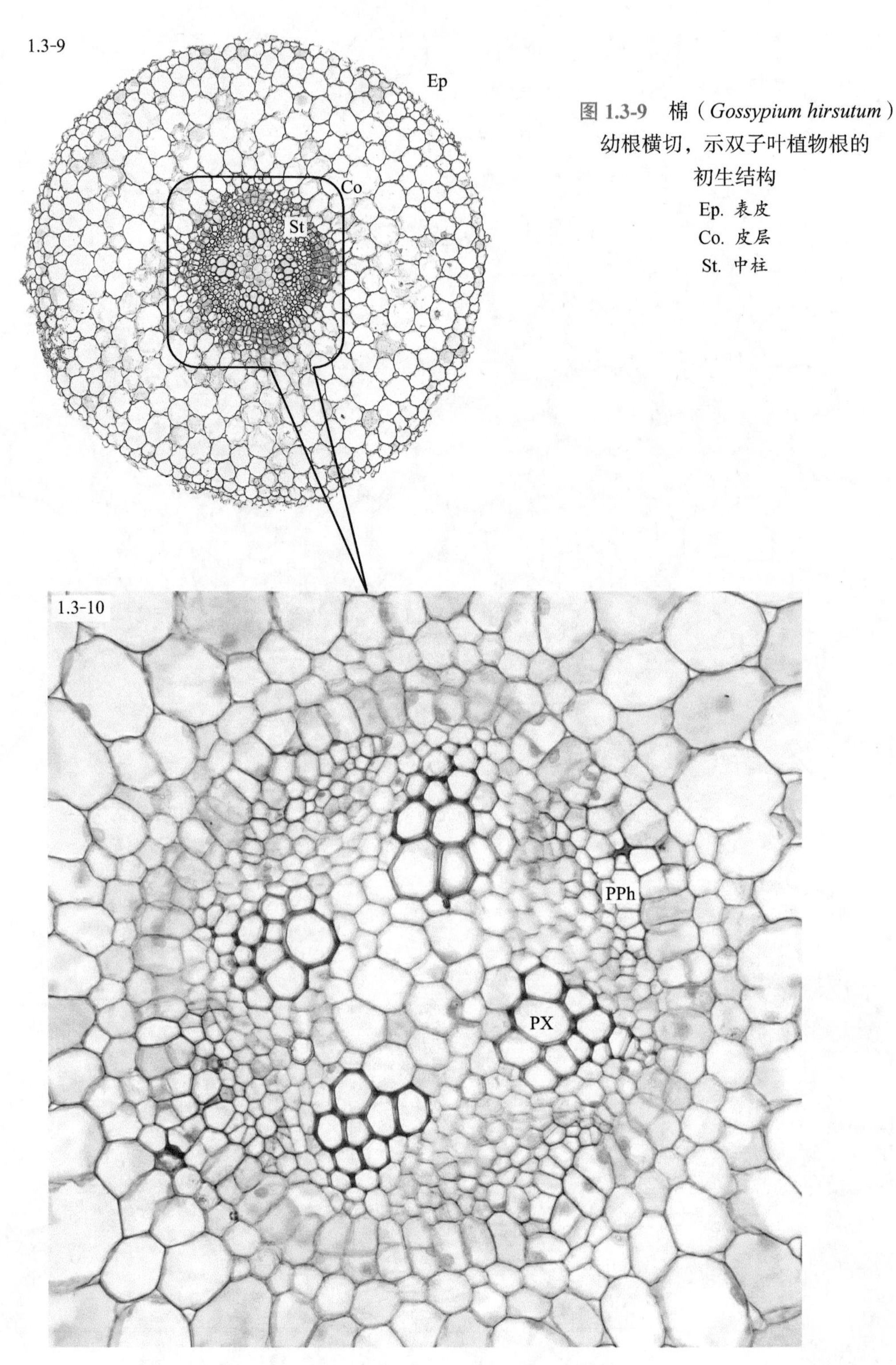

图 1.3-9　棉（*Gossypium hirsutum*）幼根横切，示双子叶植物根的初生结构

Ep. 表皮
Co. 皮层
St. 中柱

图 1.3-10　棉（*Gossypium hirsutum*）幼根横切，示初生木质部和初生韧皮部相间排列

PX. 初生木质部　PPh. 初生韧皮部

（本页切片来自华中农业大学植物学教研室）

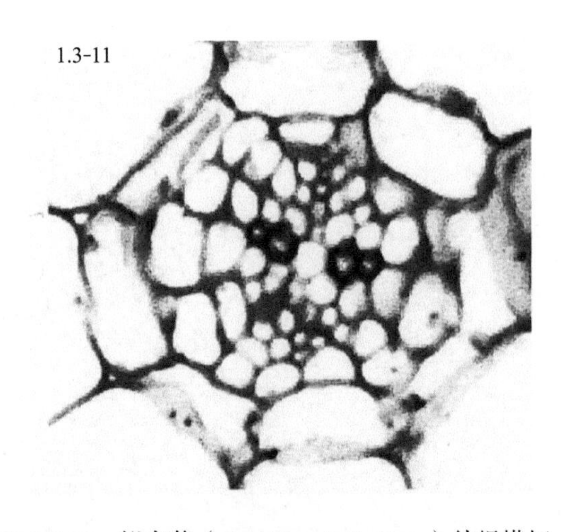

图 1.3-11 拟南芥（*Arabidopsis thaliana*）幼根横切，示二原型的根

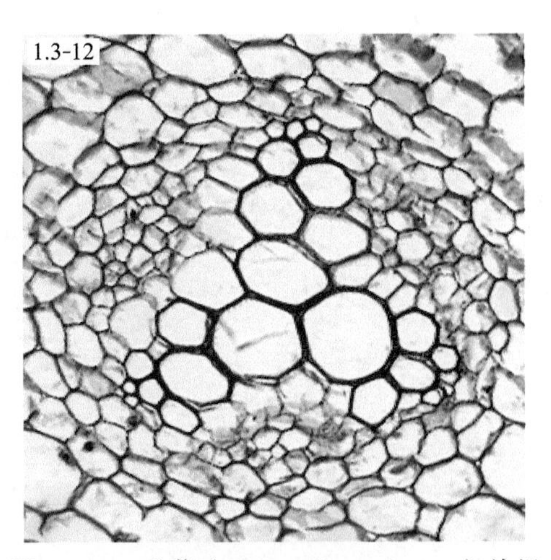

图 1.3-12 毛茛（*Ranunculus japonicus*）幼根横切，示三原型的根

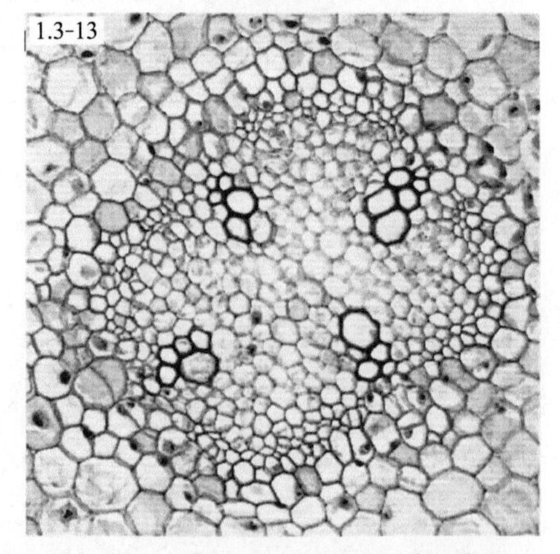

图 1.3-13 蚕豆（*Vicia faba*）幼根横切，示四原型的根

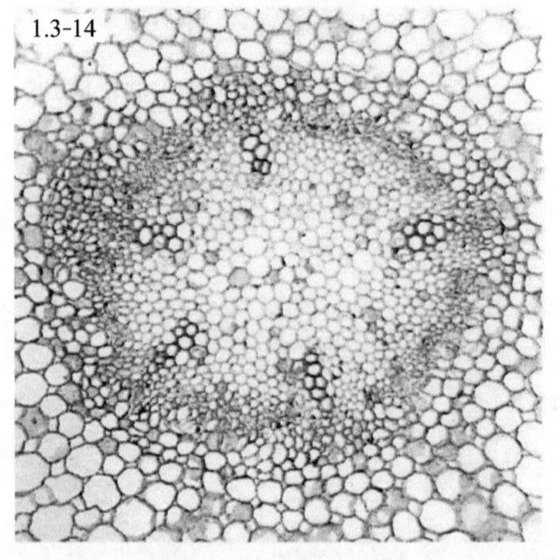

图 1.3-14 泡桐（*Paulownia tomentosa*）幼根横切，示五原型的根

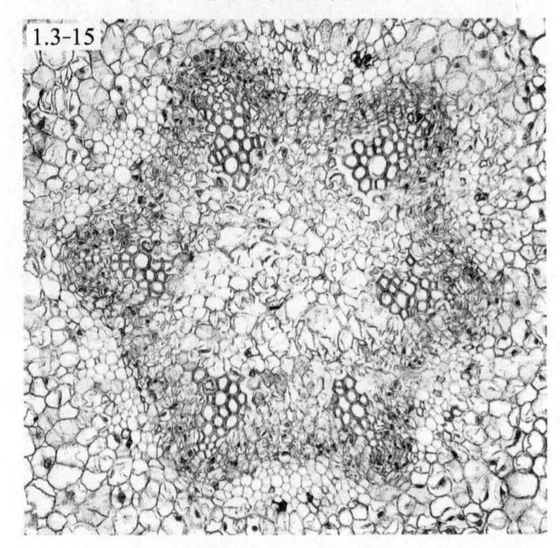

图 1.3-15 油橄榄（*Olea europaea*）幼根横切，示六原型的根

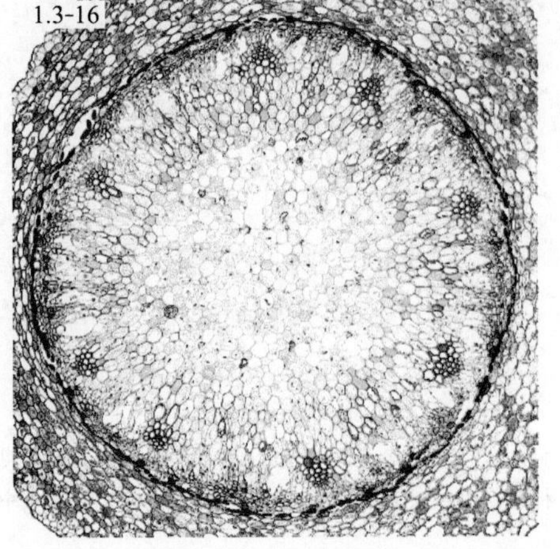

图 1.3-16 油茶（*Camellia oleifera*）幼根横切，示多原型的根

（拟南芥幼根、毛茛幼根切片来自华中农业大学冯燕妮，本页其他切片来自华中农业大学植物学教研室）

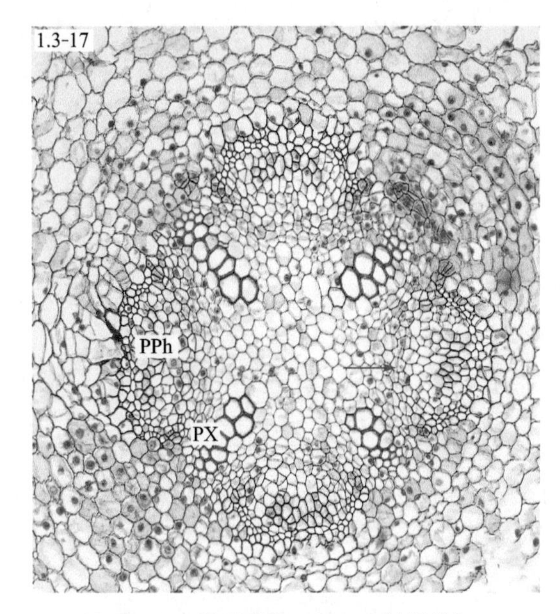

图 1.3-17　蚕豆（*Vicia faba*）幼根横切，
示形成层细胞的发生

PX 和 PPh 之间的薄壁细胞首先恢复分裂能力（箭头指处）

PX. 初生木质部　PPh. 初生韧皮部

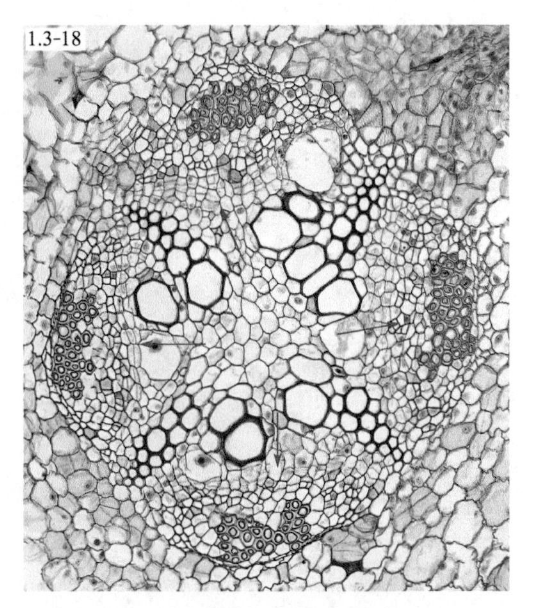

图 1.3-18　蚕豆（*Vicia faba*）幼根横切，
示片段状形成层

箭头示维管形成细胞向左右两侧扩展，分裂形成维管形成层片段

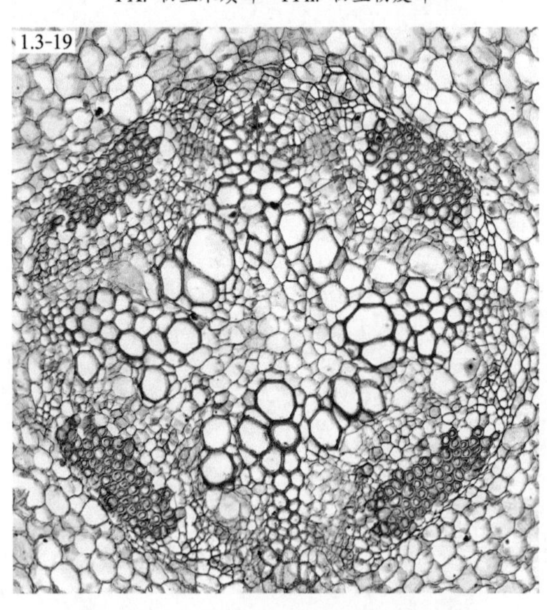

图 1.3-19　蚕豆（*Vicia faba*）幼根横切，
示波浪状形成层

箭头示片段状形成层与初生木质部对应的中柱鞘分裂细胞相连，形成波浪状形成层环，将整个木质部围在中间

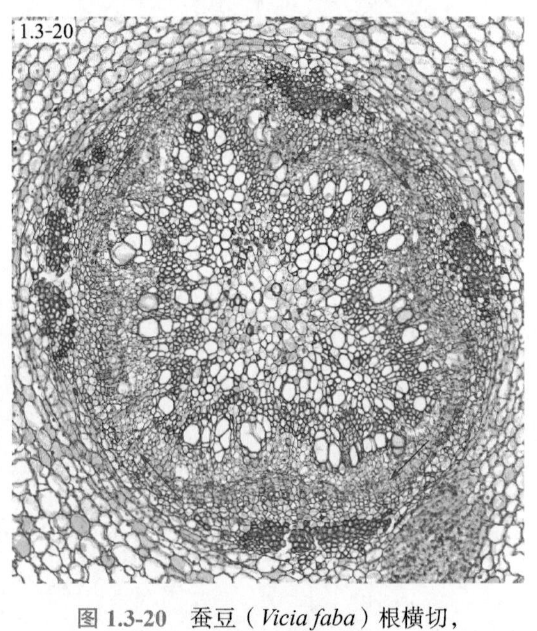

图 1.3-20　蚕豆（*Vicia faba*）根横切，
示圆环状形成层

箭头所示，由于木质部的次生组织量较多，使波浪状形成层环逐渐变为圆环状的形成层环

（本页切片来自华中农业大学植物学教研室）

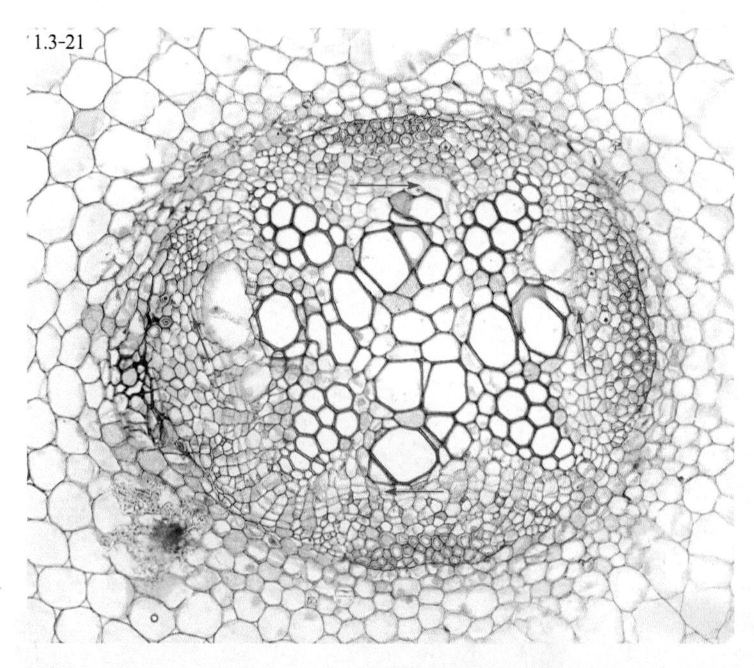

图 1.3-21　大豆（*Glycine max*）幼根横切，示维管形成层环（箭头所指）

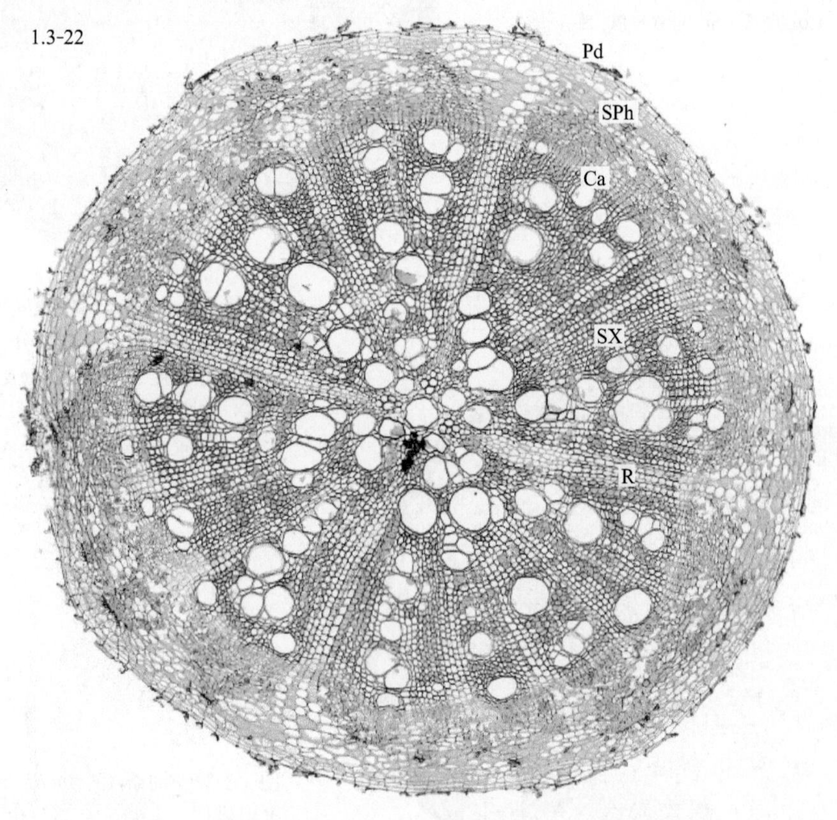

图 1.3-22　大豆（*Glycine max*）老根横切，示双子叶植物根的次生结构

Pd. 周皮　SPh. 次生韧皮部　Ca. 形成层　SX. 次生木质部　R. 射线

（本页切片来自华中农业大学植物学教研室）

1.3-23

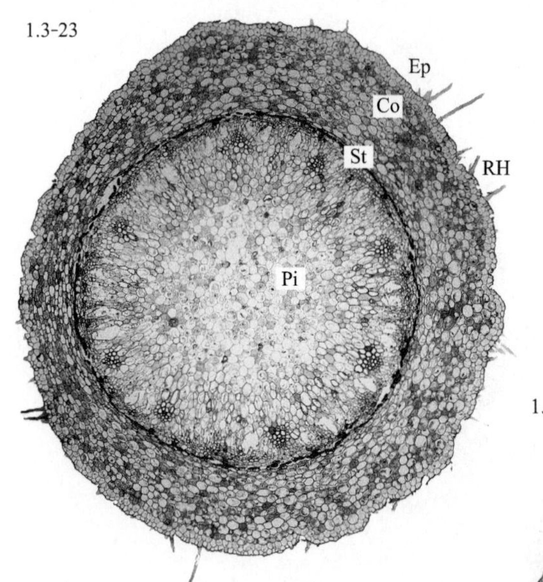

图 1.3-23 油茶（*Camellia oleifera*）
幼根横切，示髓
RH. 根毛 Ep. 表皮
Co. 皮层 St. 中柱 Pi. 髓

1.3-24

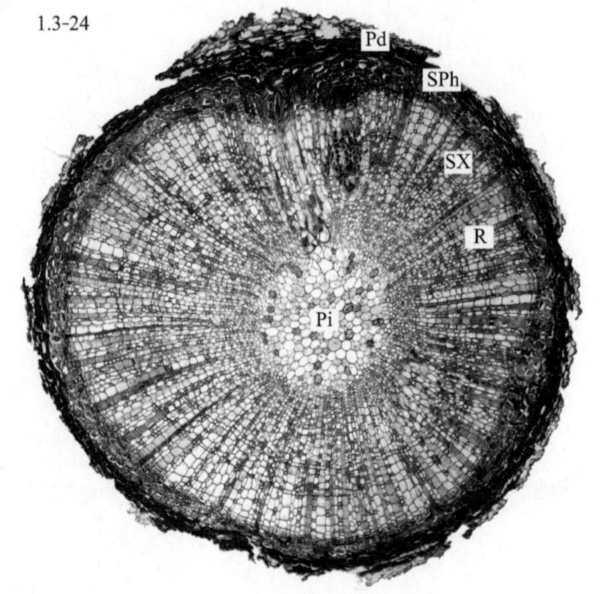

图 1.3-24 油茶（*Camellia oleifera*）
老根横切，示髓的分化
Pd. 周皮 SPh. 次生韧皮部
SX. 次生木质部 R. 射线 Pi. 髓

1.3-25

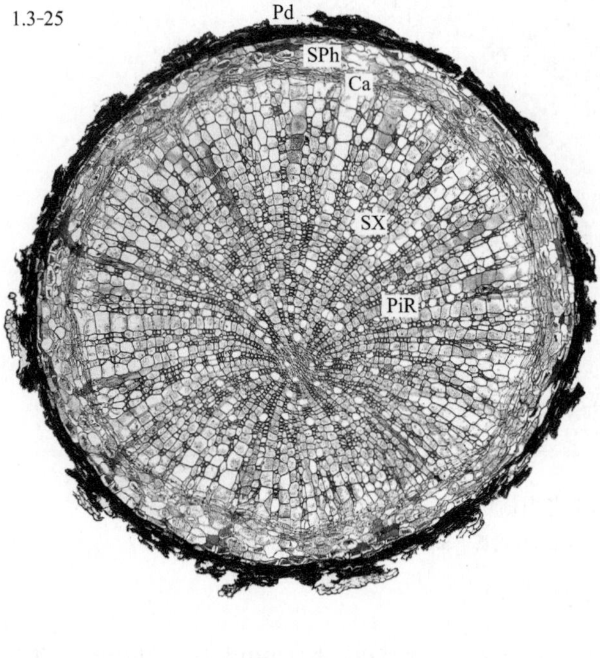

图 1.3-25 油茶（*Camellia oleifera*）
老根横切，示髓已全部分化（无髓）
Pd. 周皮 SPh. 次生韧皮部
Ca. 形成层 SX. 次生木质部
PiR. 髓射线

（本页切片来自华中农业大学植物学教研室）

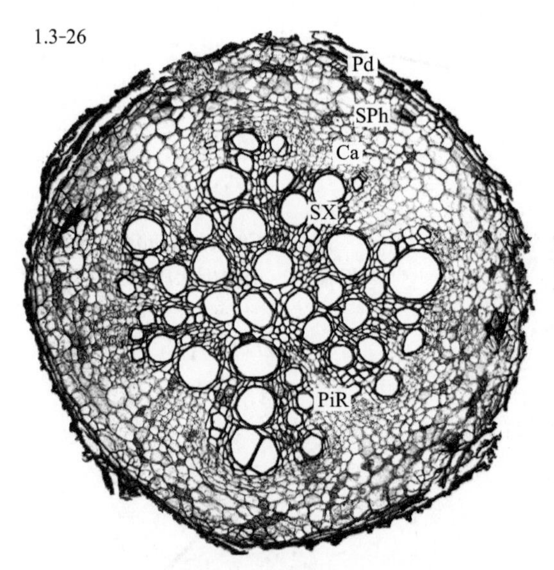

图1.3-26 棉（*Gossypium hirsutum*）老根横切，示双子叶植物根的次生结构

Pd. 周皮 SPh. 次生韧皮部 Ca. 形成层 SX. 次生木质部 PiR. 髓射线

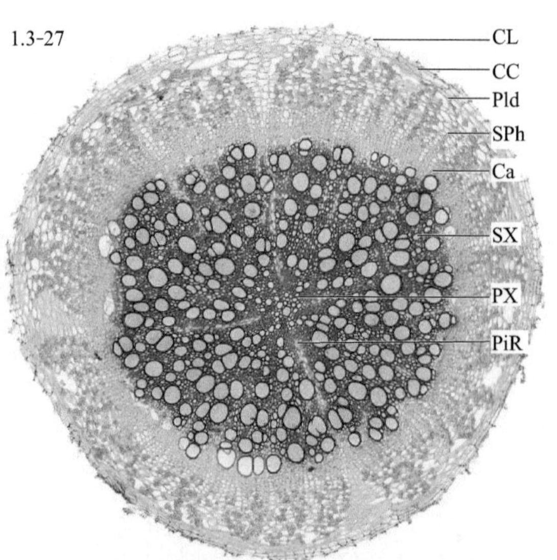

图1.3-27 苜蓿（*Medicago sativa*）老根横切，示双子叶植物根的次生结构

CL. 木栓层 CC. 木栓形成层 Pld. 栓内层 SPh. 次生韧皮部 Ca. 形成层 SX. 次生木质部 PX. 初生木质部 PiR. 髓射线

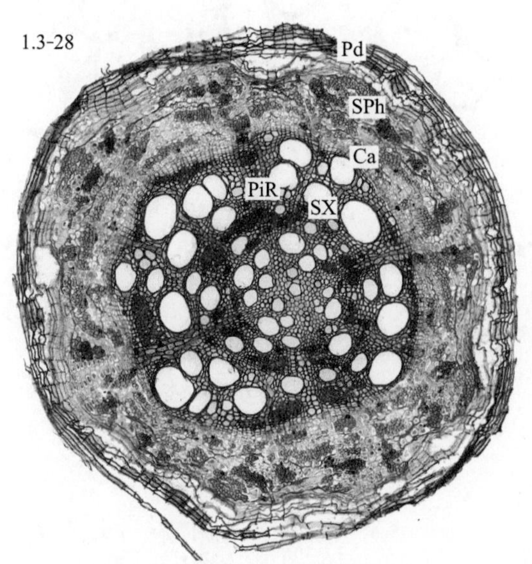

图1.3-28 刺槐（*Robinia pseudoacacia*）老根横切，示双子叶植物根的次生结构

Pd. 周皮 SPh. 次生韧皮部 Ca. 形成层 SX. 次生木质部 PiR. 髓射线

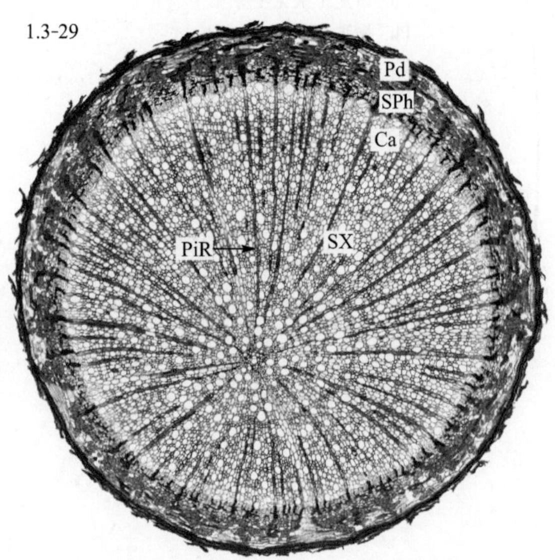

图1.3-29 梨（*Pyrus* sp.）老根横切，示双子叶植物根的次生结构

Pd. 周皮 SPh. 次生韧皮部 Ca. 形成层 SX. 次生木质部 PiR. 髓射线

（本页切片来自华中农业大学植物学教研室）

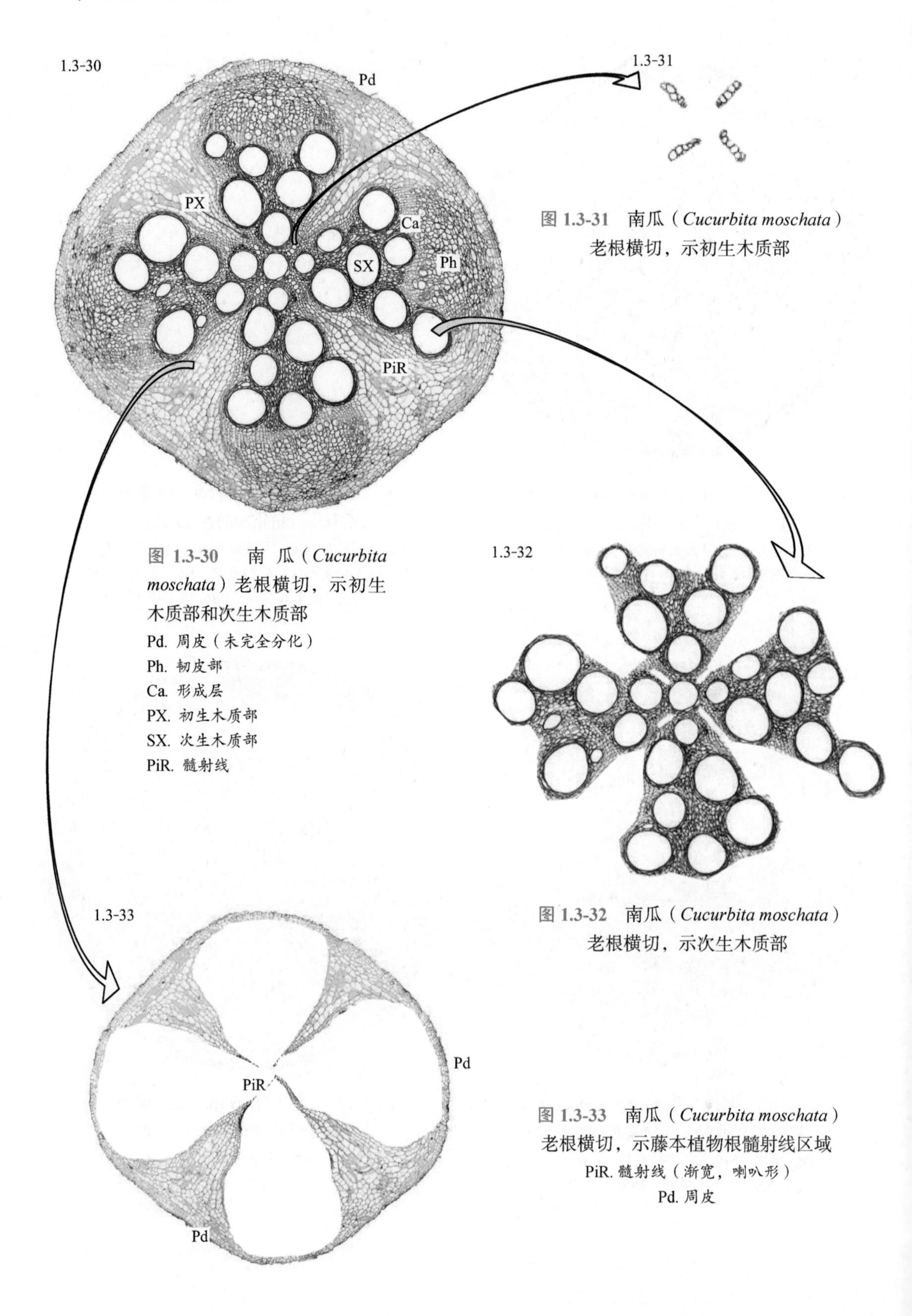

图 **1.3-30**　南 瓜（*Cucurbita moschata*）老根横切，示初生木质部和次生木质部

Pd. 周皮（未完全分化）
Ph. 韧皮部
Ca. 形成层
PX. 初生木质部
SX. 次生木质部
PiR. 髓射线

图 **1.3-31**　南瓜（*Cucurbita moschata*）老根横切，示初生木质部

图 **1.3-32**　南瓜（*Cucurbita moschata*）老根横切，示次生木质部

图 **1.3-33**　南瓜（*Cucurbita moschata*）老根横切，示藤本植物根髓射线区域

PiR. 髓射线（渐宽，喇叭形）
Pd. 周皮

（本页切片来自华中农业大学植物学教研室）

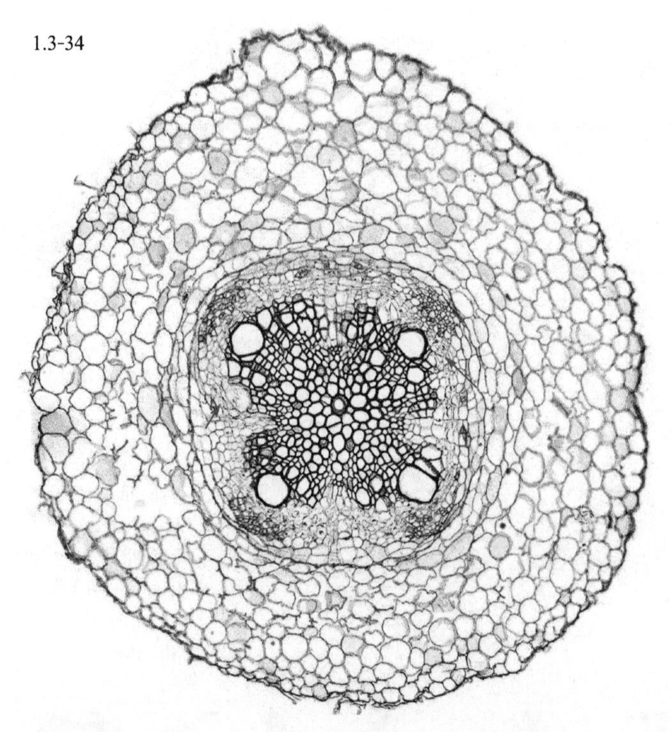

图 1.3-34 向日葵（*Helianthus annuus*）幼根横切，示维管形成层环（箭头所指）

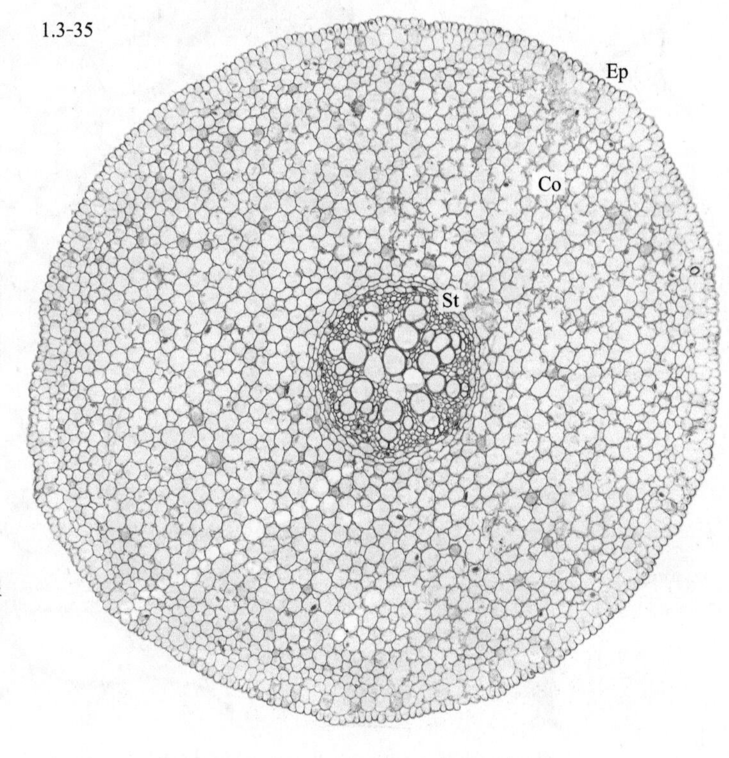

图 1.3-35 洋葱（*Allium cepa*）幼根横切，示单子叶植物幼根的结构

Ep. 表皮
Co. 皮层
St. 中柱

（本页切片来自福建漳州市农校生物切片厂）

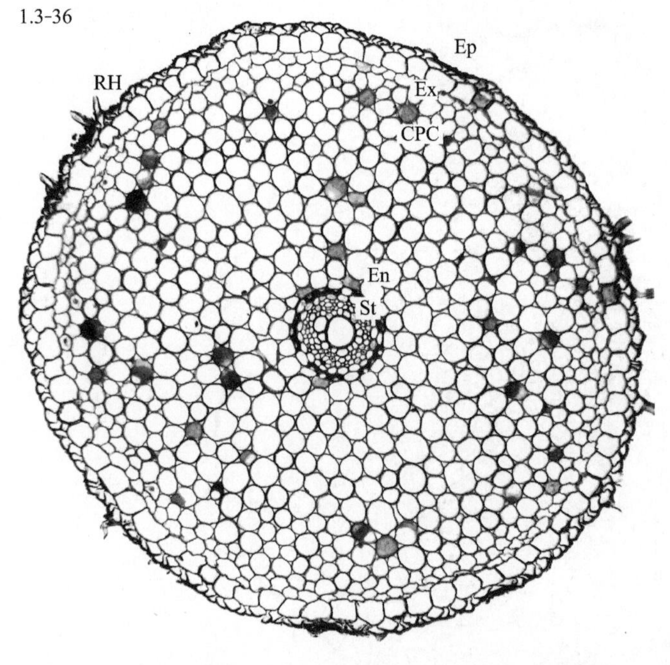

图 1.3-36　韭 菜（*Allium tuberosum*）幼根横切，示单子叶根的结构

RH. 根毛
Ep. 表皮
Ex. 外皮层
CPC. 皮层薄壁细胞
En. 内皮层
St. 中柱

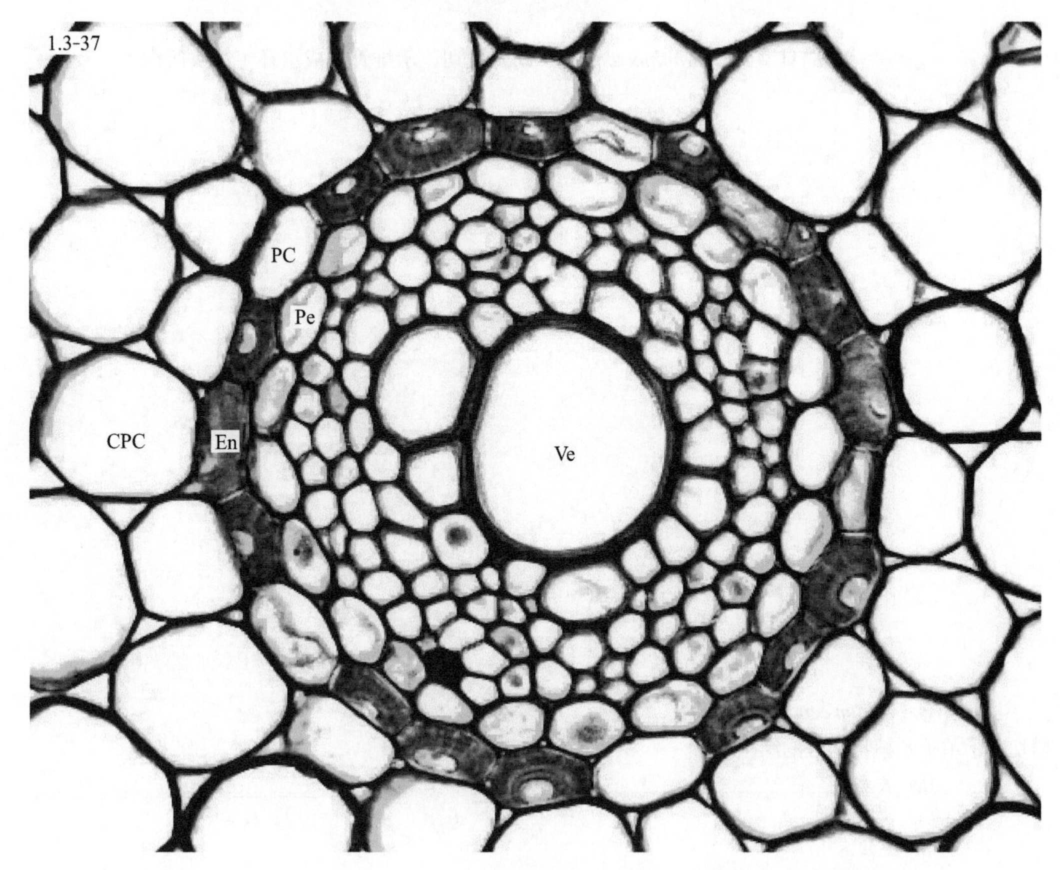

图 1.3-37　韭菜（*Allium tuberosum*）幼根横切，示单子叶植物内皮层及中柱结构

CPC. 皮层薄壁细胞　En. 内皮层（五面加厚）　PC. 通道细胞　Pe. 中柱鞘　Ve. 导管

（本页切片来自华中农业大学植物学教研室）

1.3-38

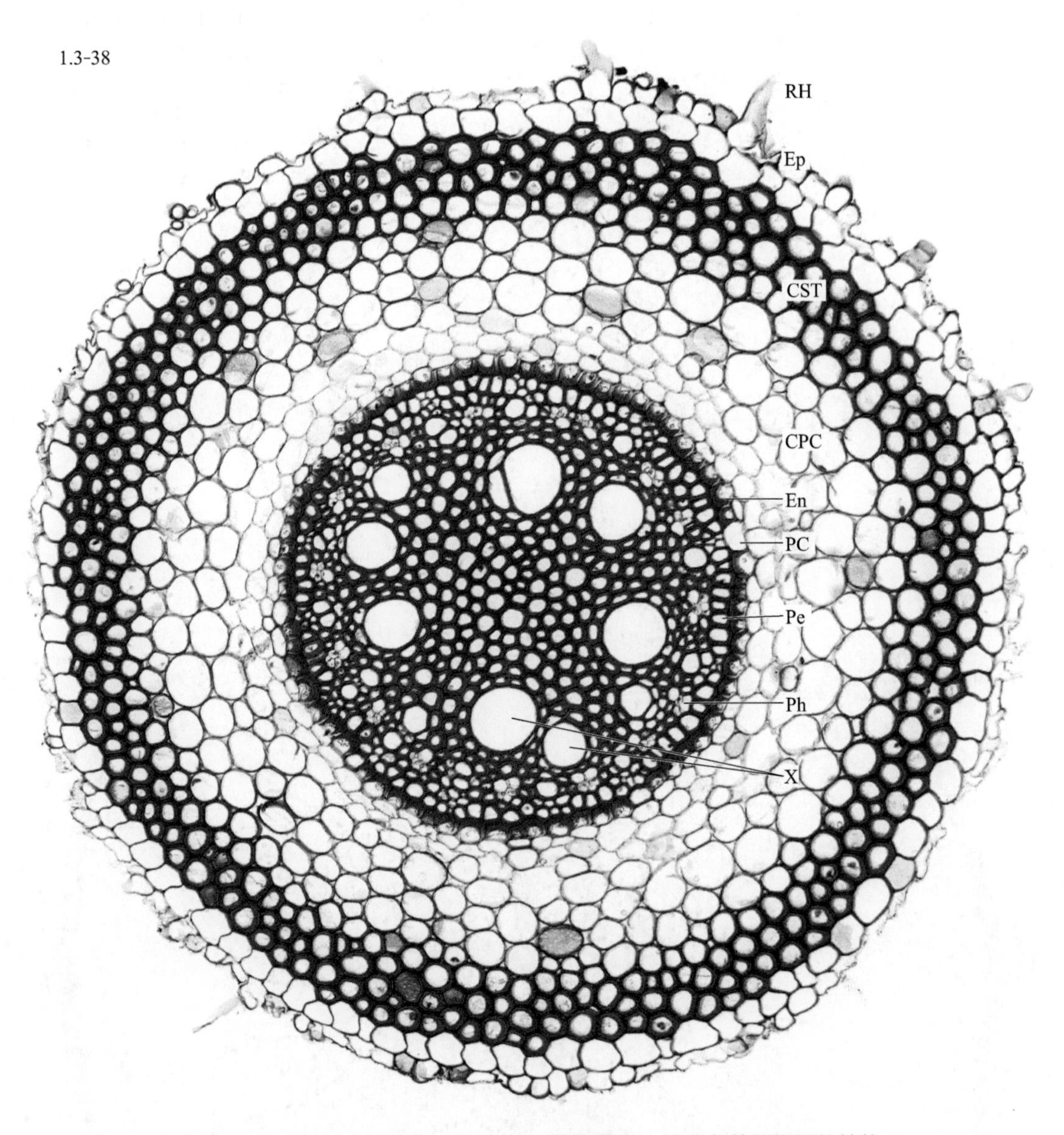

图 1.3-38　小麦（*Triticum aestivum*）老根横切，示禾本科植物根的结构

RH. 根毛　Ep. 表皮　CST. 皮层厚壁组织　CPC. 皮层薄壁细胞

En. 内皮层，细胞壁五面加厚，具通道细胞　PC. 通道细胞

Pe. 中柱鞘，中柱内除韧皮部细胞外，其他细胞壁都木化增厚　X. 木质部，木质部多原型

Ph. 韧皮部，木质部与韧皮部之间的细胞分化成熟，不再有分裂能力

（本页切片来自华中农业大学植物学教研室）

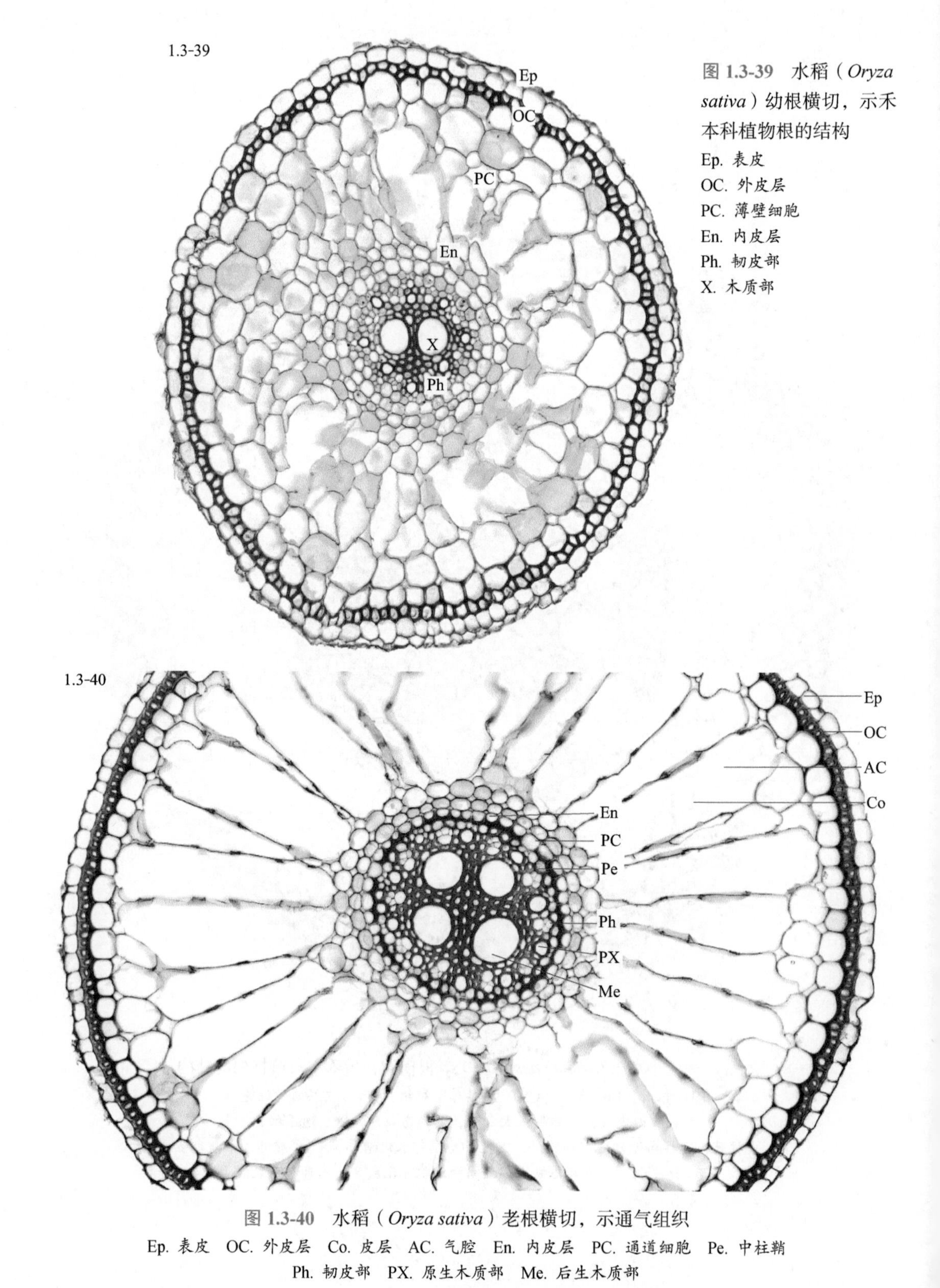

图 1.3-39 水稻（*Oryza sativa*）幼根横切，示禾本科植物根的结构
Ep. 表皮
OC. 外皮层
PC. 薄壁细胞
En. 内皮层
Ph. 韧皮部
X. 木质部

图 1.3-40 水稻（*Oryza sativa*）老根横切，示通气组织
Ep. 表皮 OC. 外皮层 Co. 皮层 AC. 气腔 En. 内皮层 PC. 通道细胞 Pe. 中柱鞘
Ph. 韧皮部 PX. 原生木质部 Me. 后生木质部

（本页切片来自华中农业大学植物学教研室）

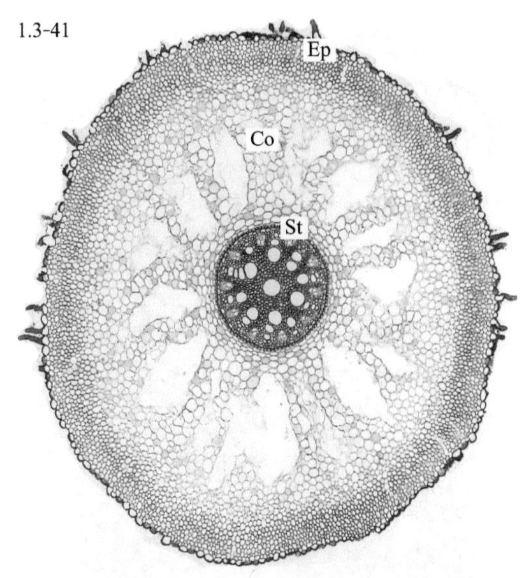

图 1.3-41　棕榈（*Trachycarpus fortunei*）根横切，示木本单子叶植物根的结构
Ep. 表皮　Co. 皮层（具气腔）　St. 中柱

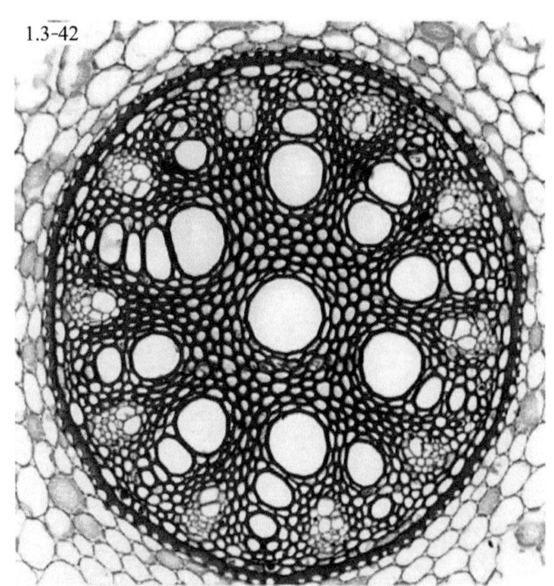

图 1.3-42　棕榈（*Trachycarpus fortunei*）根横切，示木本单子叶植物多原型的根

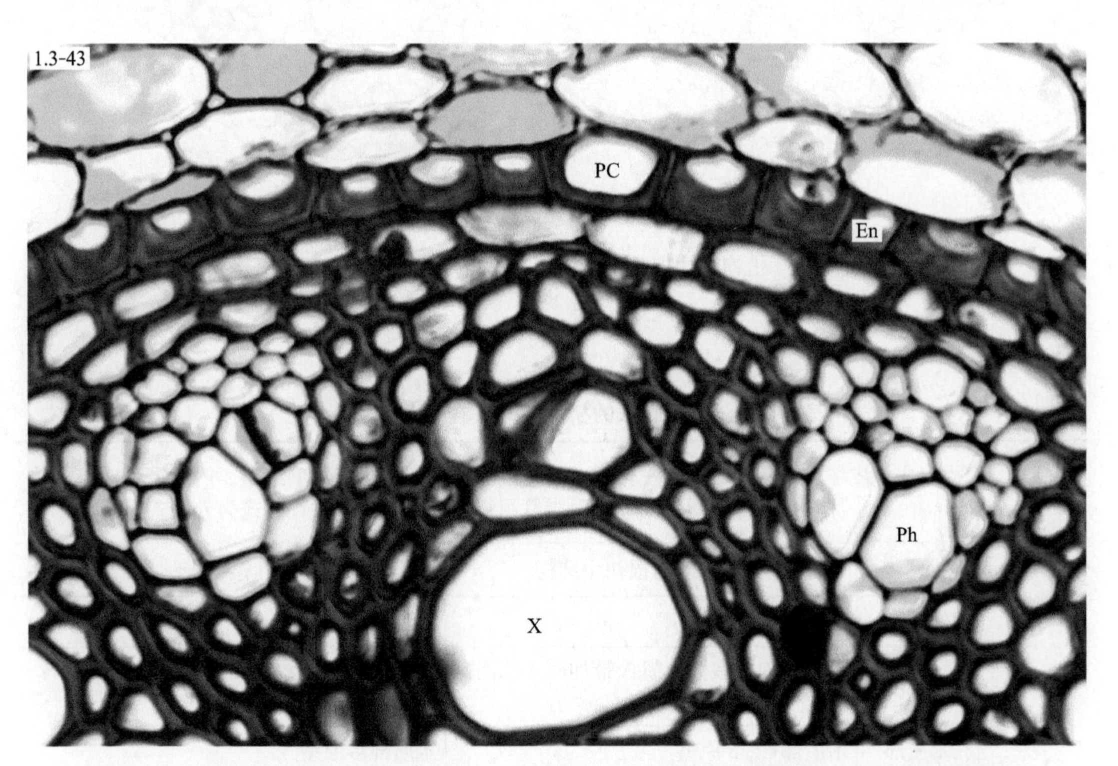

图 1.3-43　棕榈（*Trachycarpus fortunei*）根横切，示木本单子叶植物的内皮层及通道细胞
En. 内皮层　PC. 通道细胞　X. 木质部　Ph. 韧皮部

（本页切片来自华中农业大学植物学教研室）

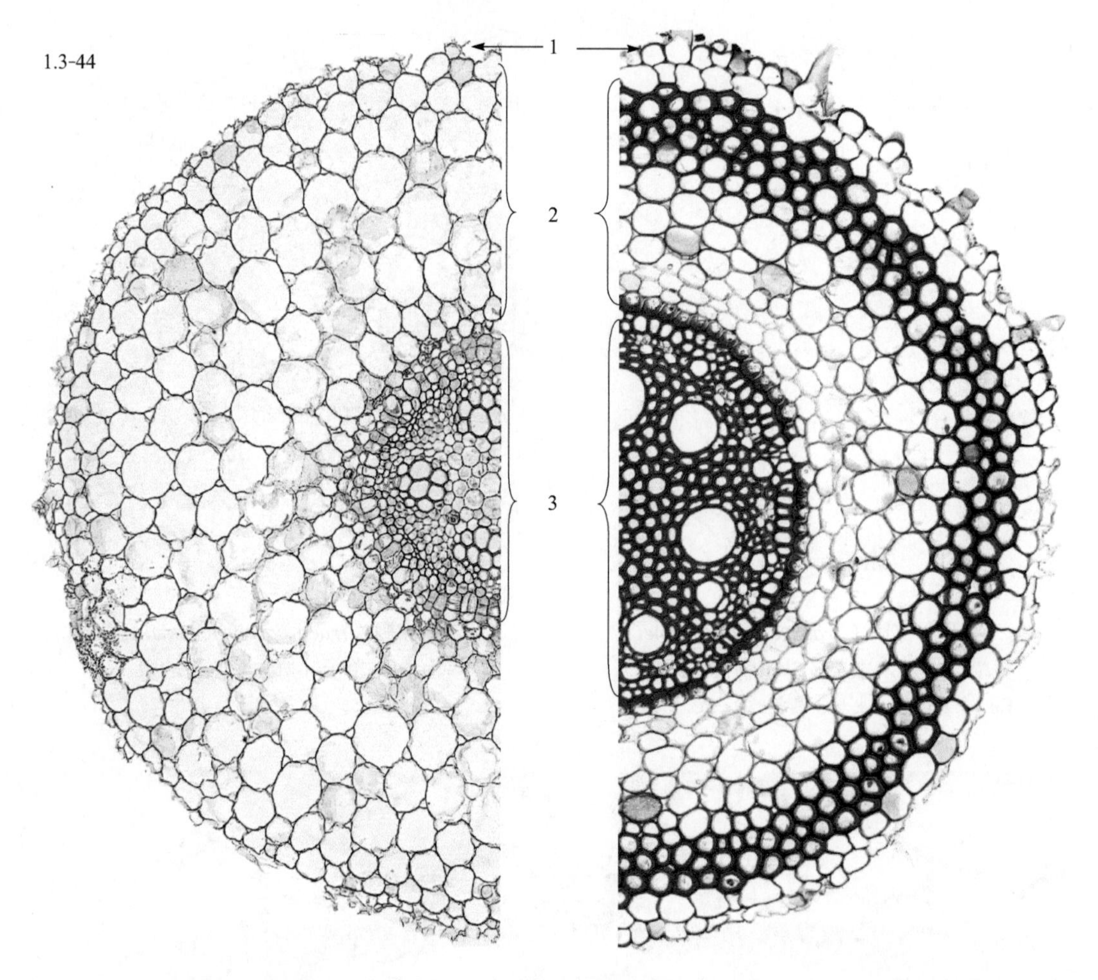

图 1.3-44　双子叶植物棉幼根（左）横切与单子叶植物小麦根（右）横切比较

1. 表皮　2. 皮层　3. 中柱

表 1　双子叶植物根的初生结构与单子叶植物根比较

相同点	由表皮、皮层、中柱构成。表皮具根毛。皮层由外皮层、皮层薄壁细胞、内皮层组成。木质部和韧皮部相间排列成辐射维管组织，初生木质部发育方式为外始式		
不同点		双子叶植物根初生结构	单子叶植物根结构
	外皮层	不发育成厚壁组织	发育成厚壁组织
	内皮层	内皮层细胞多数为凯氏带加厚（四面壁上带状加厚）	内皮层细胞多数五面加厚，横切面为马蹄形，有通道细胞
	木质部	木质部 2～5 原型	木质部多原型
	髓	少数植物有髓	多数植物有髓
	侧根发生处	侧根发生处，正对着木质部放射棱或两侧的中柱鞘部位	侧根发生处，正对韧皮部的中柱鞘部位

（本页切片来自华中农业大学植物学教研室）

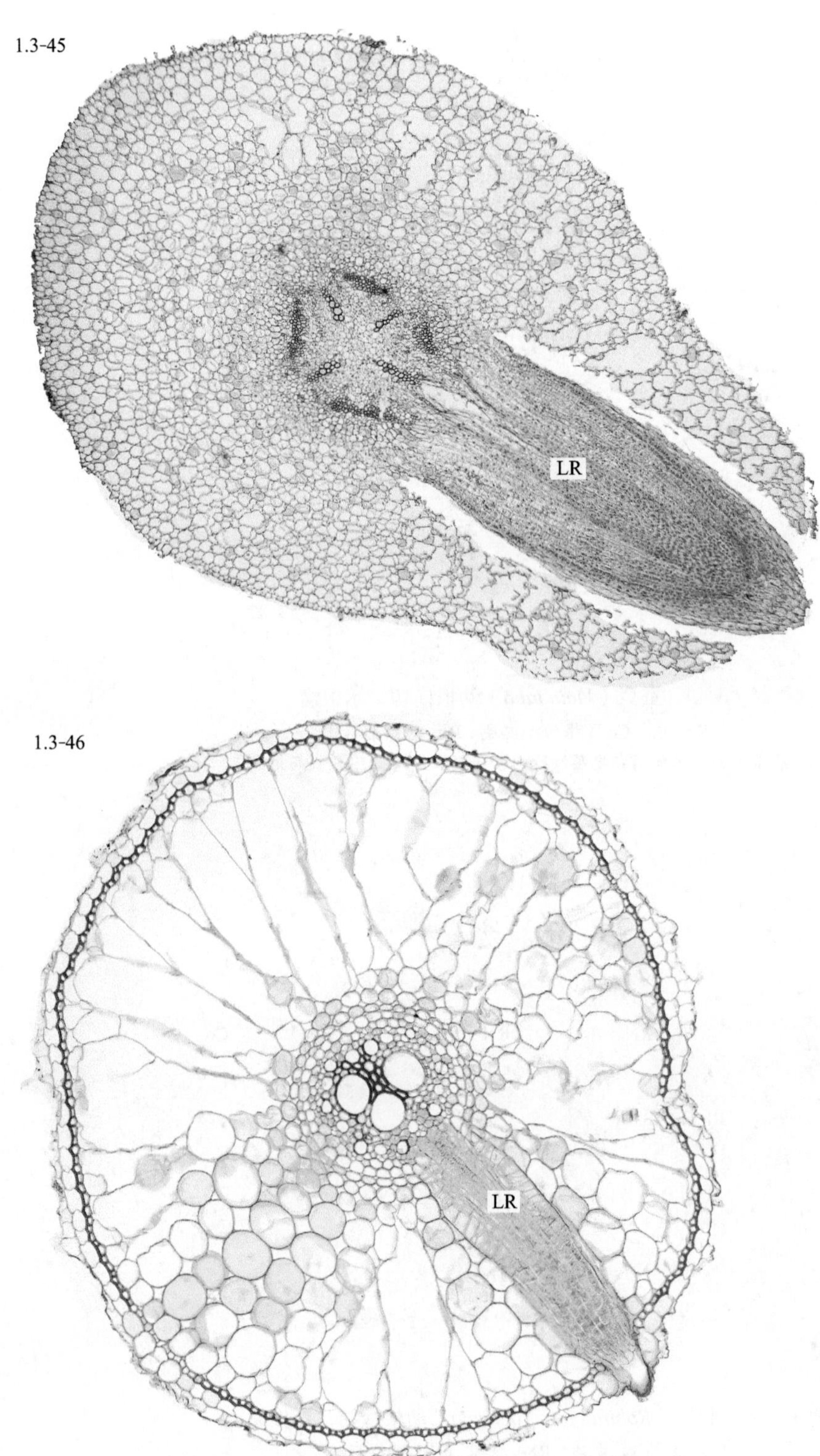

图 1.3-45 蚕豆（*Vicia faba*）幼根横切，示侧根发生

双子叶植物侧根发生处正对着初生木质部放射棱的中柱鞘部位

LR. 侧根

图 1.3-46 水稻（*Oryza sativa*）根横切，示侧根发生

单子叶植物侧根发生处正对着韧皮部的中柱鞘部位

LR. 侧根

（本页切片来自华中农业大学植物学教研室）

1.3-47

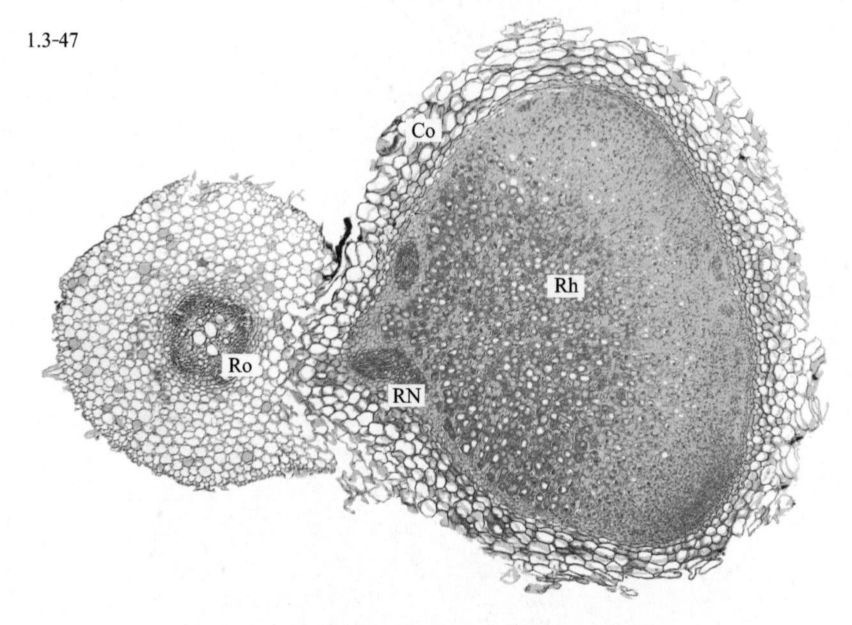

图 1.3-47　蚕豆（*Vicia faba*）幼根横切，示根瘤

Ro. 根　Co.（根的）皮层　Rh. 根瘤菌

RN. 根瘤（由于根瘤菌在皮层细胞内繁殖刺激皮层细胞分裂而形成）

1.3-48

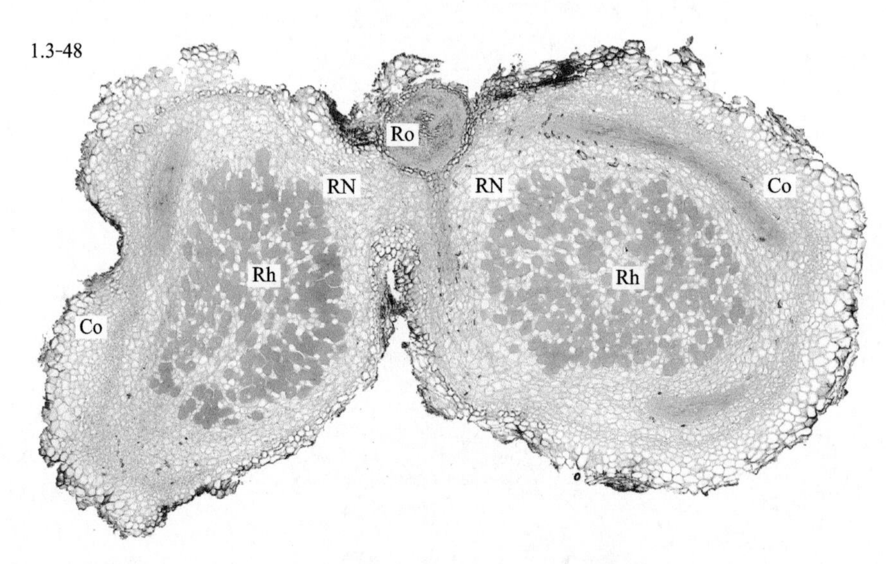

图 1.3-48　刺槐（*Robinia pseudoacacia*）幼根横切，示根瘤

Ro. 根　Co. 皮层　RN. 根瘤　Rh. 根瘤菌

（本页切片来自华中农业大学植物学教研室）

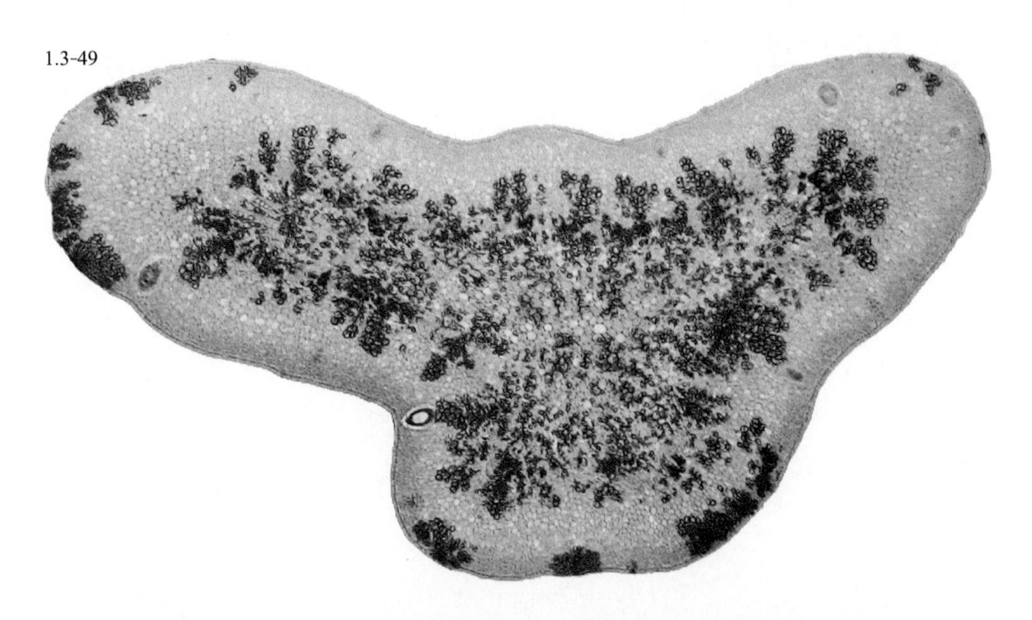

图 1.3-49　橘（*Citrus reticulata*）幼根横切，示内生真菌

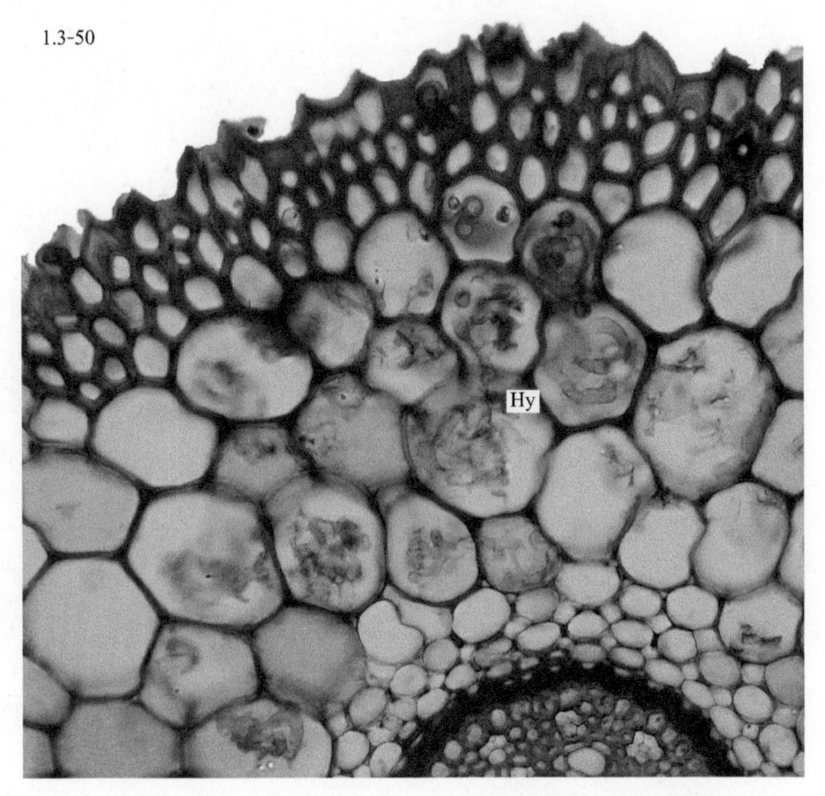

图 1.3-50　毛竹（*Phyllostachys edulis*）根横切，示内生菌根

Hy. 菌丝

（本页切片来自华中农业大学植物学教研室）

1.4 茎的形态与结构

图 1.4-1～图 1.4-75

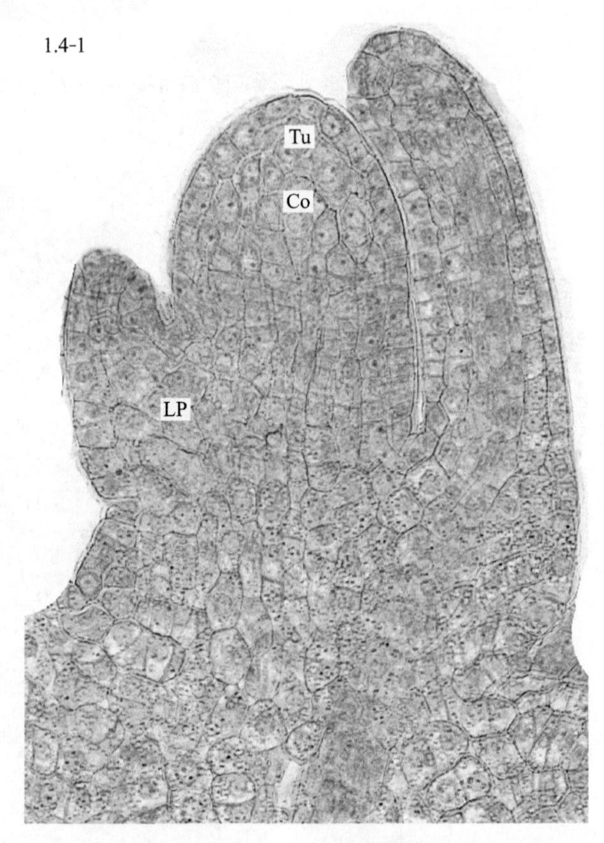

图 1.4-1 玉米（*Zea mays*）茎尖纵切，示顶芽原套原体

Tu. 原套 Co. 原体 LP. 叶原基

（本页切片来自华中农业大学植物学教研室）

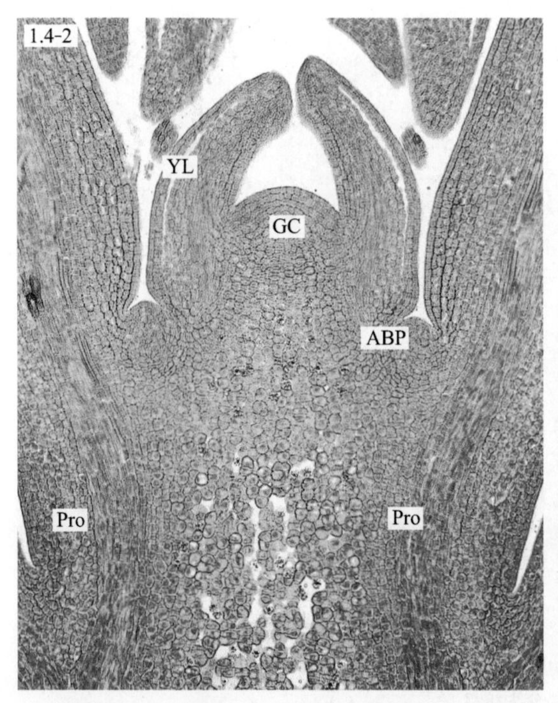

图 1.4-2 大叶黄杨（*Euonymus japonicus*）茎尖纵切，示叶芽结构

GC. 生长锥 ABP. 腋芽原基 Pro. 原形成层 YL. 幼叶

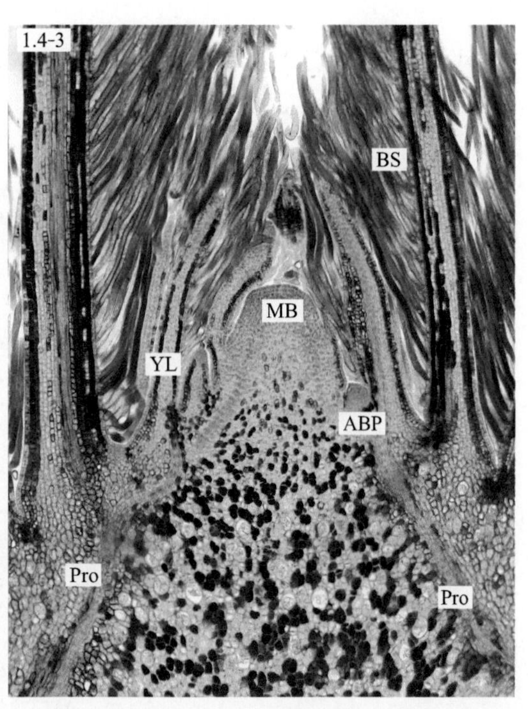

图 1.4-3 梨（*Pyrus* sp.）茎尖纵切，示混合芽结构

MB. 混合芽 ABP. 腋芽原基 Pro. 原形成层 YL. 幼叶 BS. 芽鳞

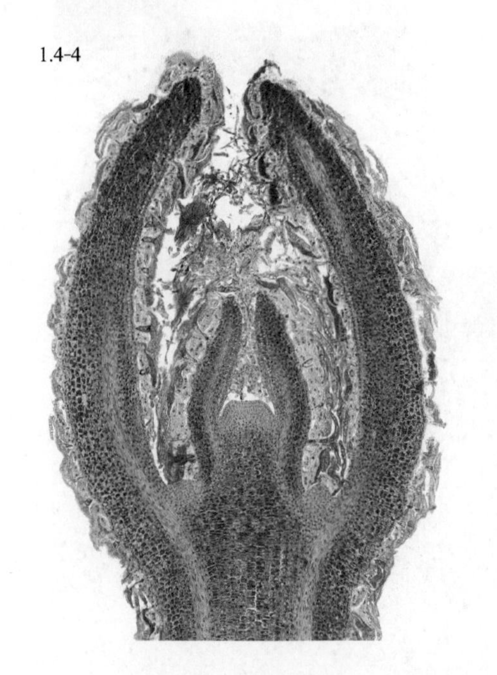

图 1.4-4 油橄榄（*Olea europaea*）叶芽纵切，示叶芽结构

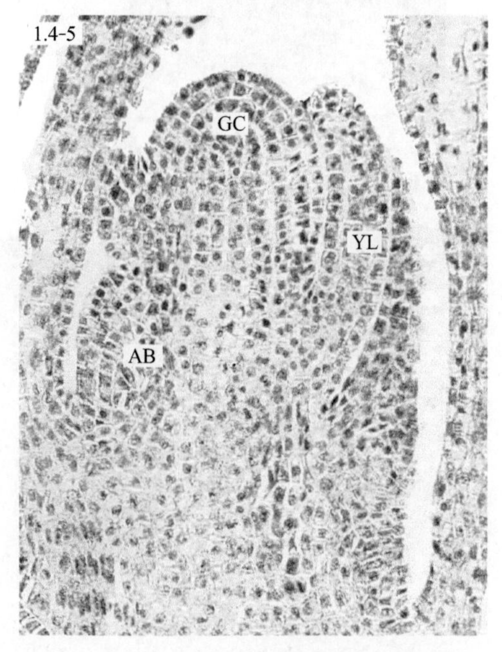

图 1.4-5 毛竹（*Phyllostachys edulis*）茎尖纵切，示茎尖生长锥

GC. 生长锥 YL. 幼叶 AB. 腋芽

（本页大叶黄杨茎尖切片来自河南雨林教育，梨茎尖、油橄榄叶芽、毛竹茎尖切片来自华中农业大学植物学教研室）

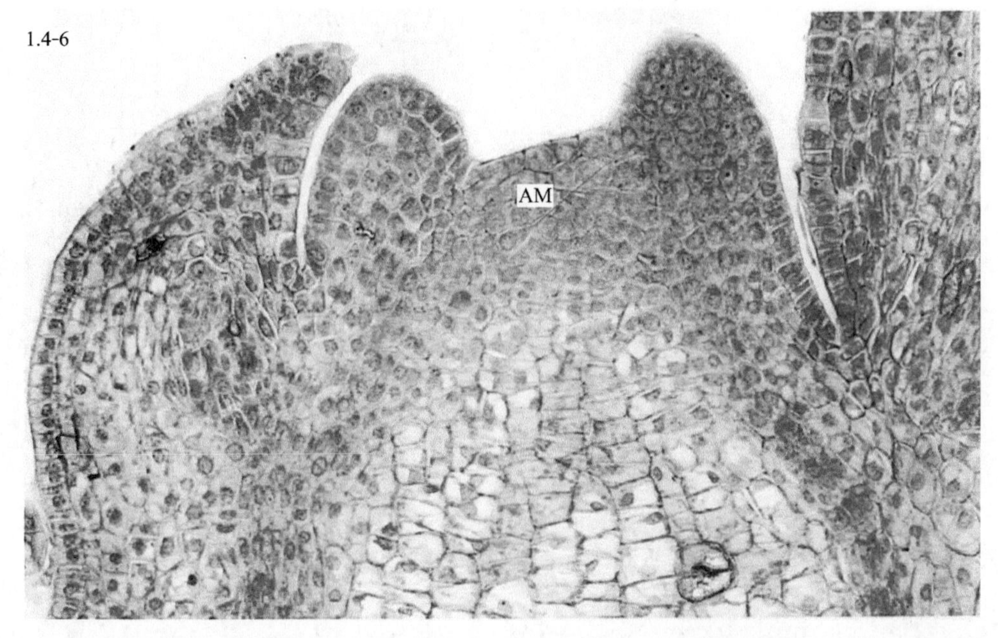

图 **1.4-6** 棉（*Gossypium hirsutum*）茎尖纵切，示顶端分生组织

AM. 顶端分生组织

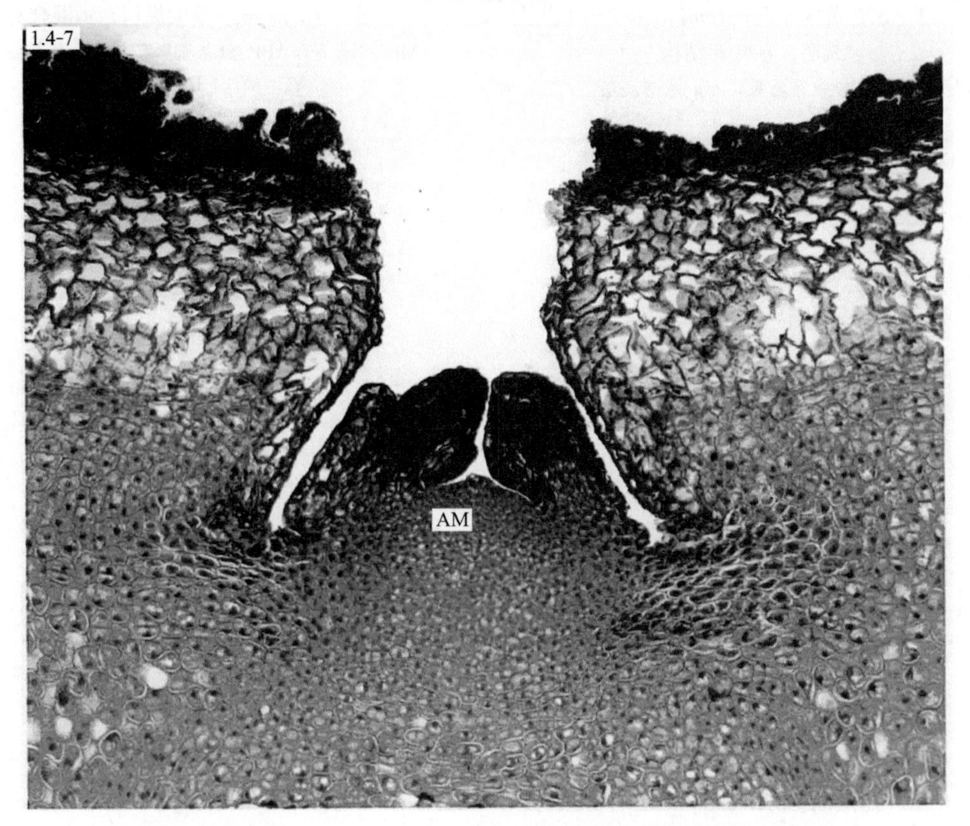

图 **1.4-7** 泡桐（*Paulownia tomentosa*）顶芽纵切，示顶端分生组织

AM. 顶端分生组织

（本页切片来自华中农业大学植物学教研室）

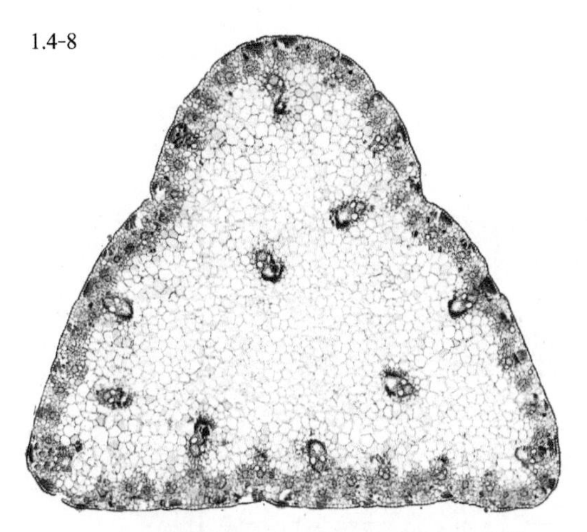

图 1.4-8 香附子（*Cyperus rotundus*）茎横切，示三棱形茎

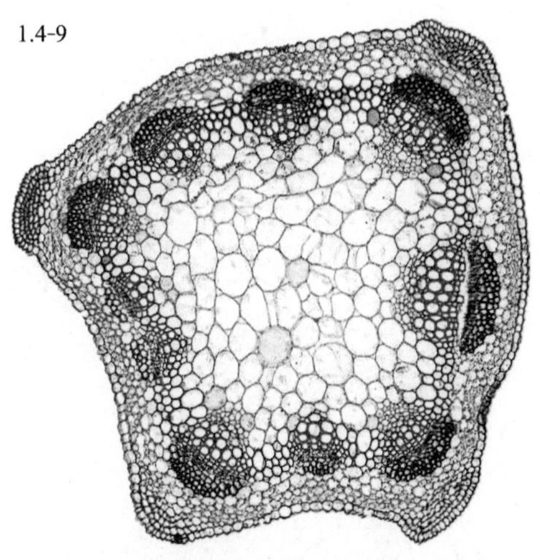

图 1.4-9 苜蓿（*Medicago sativa*）茎横切，示四棱形茎

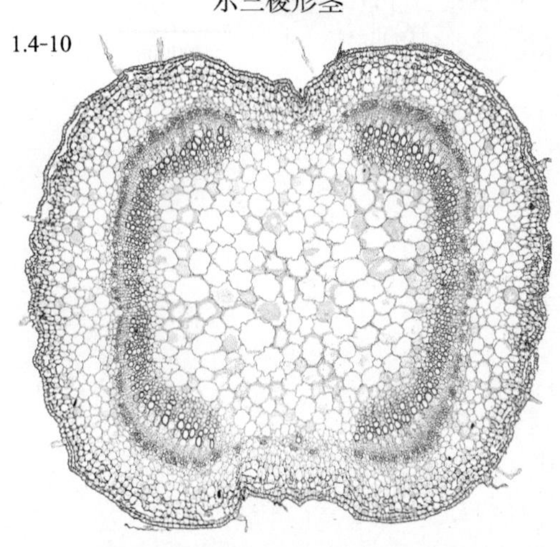

图 1.4-10 芝麻（*Sesamum indicum*）茎横切，示四方形茎

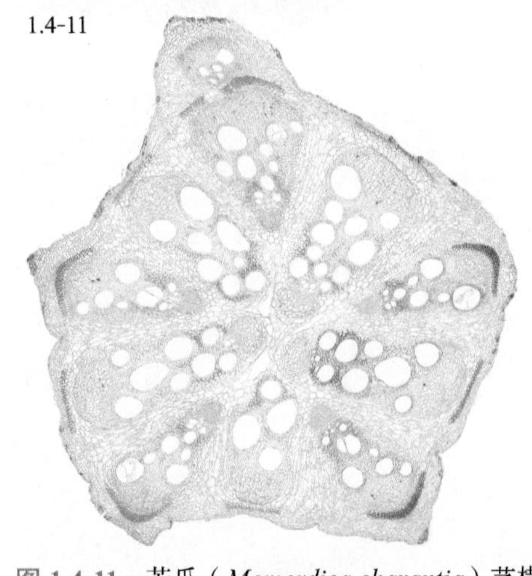

图 1.4-11 苦瓜（*Momordica charantia*）茎横切，示五棱形茎

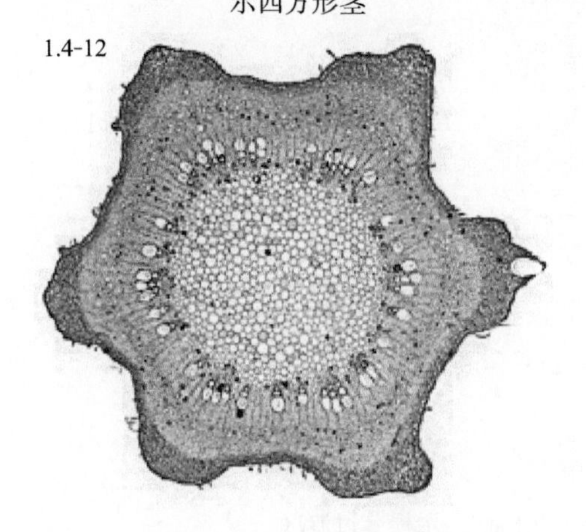

图 1.4-12 葎草（*Humulus scandens*）茎横切，示六棱形茎

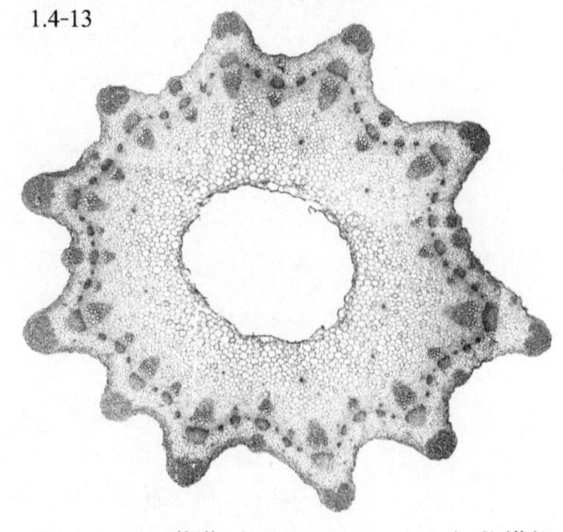

图 1.4-13 芹菜（*Apium graveolens*）茎横切，示多棱形茎

（香附子茎、葎草茎切片来自华中农业大学冯燕妮，苜蓿切片来自福建漳州市农校生物切片厂，芝麻茎、苦瓜茎、芹菜茎切片来自华中农业大学植物学教研室）

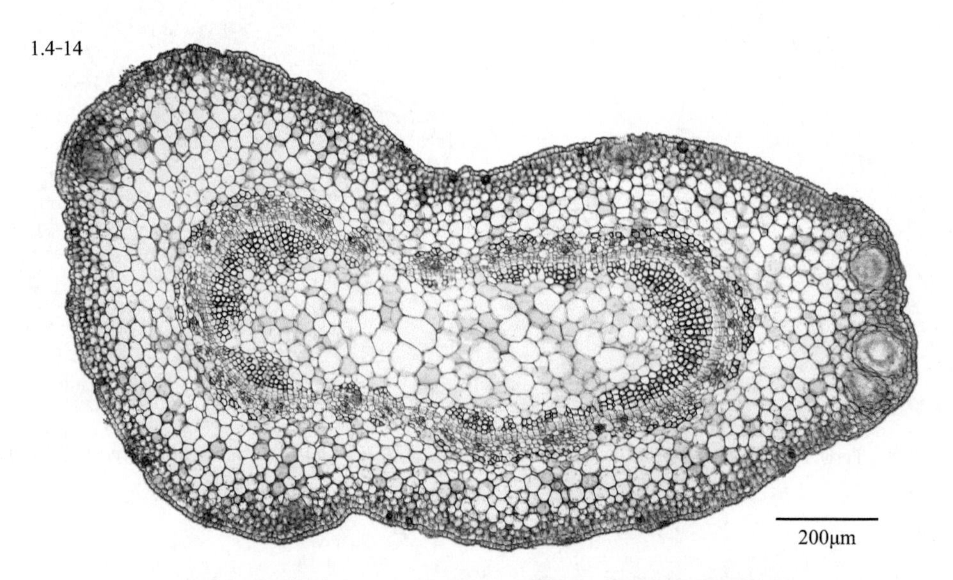

图 **1.4-14** 橘（*Citrus reticulata*）茎横切，示茎的不规则外形

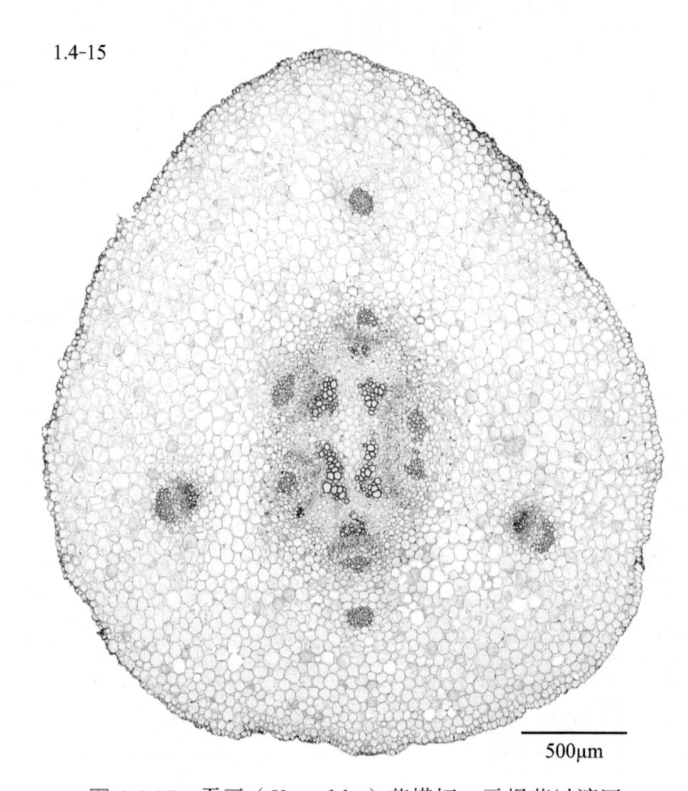

图 **1.4-15** 蚕豆（*Vicia faba*）茎横切，示根茎过渡区

（橘茎横切片来自福建漳州市农校生物切片厂，蚕豆茎切片来自华中农业大学植物学教研室）

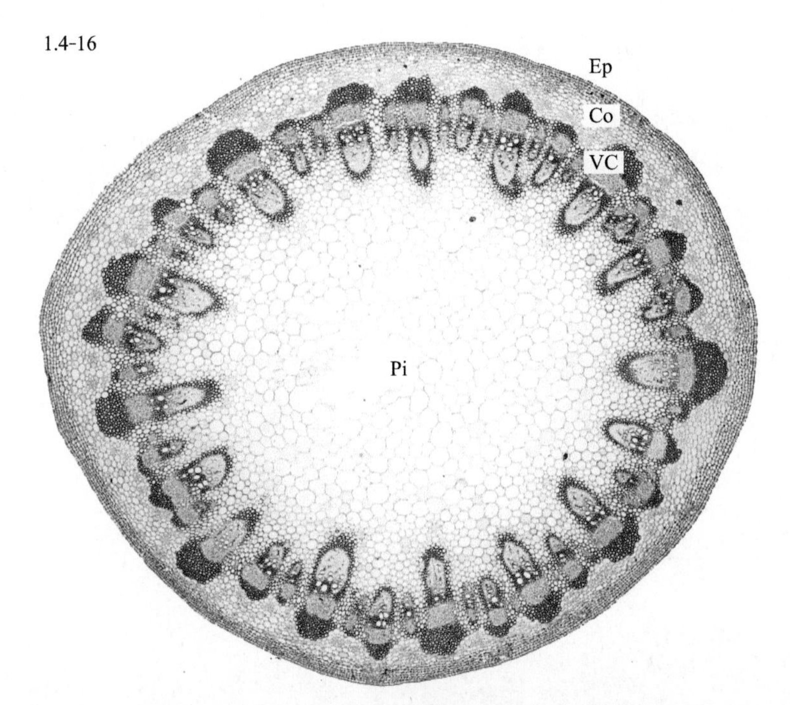

图 1.4-16　大丽菊（*Dahlia pinnata*）幼茎横切，示双子叶植物茎的初生结构

Ep. 表皮　Co. 皮层　VC. 维管柱　Pi. 髓

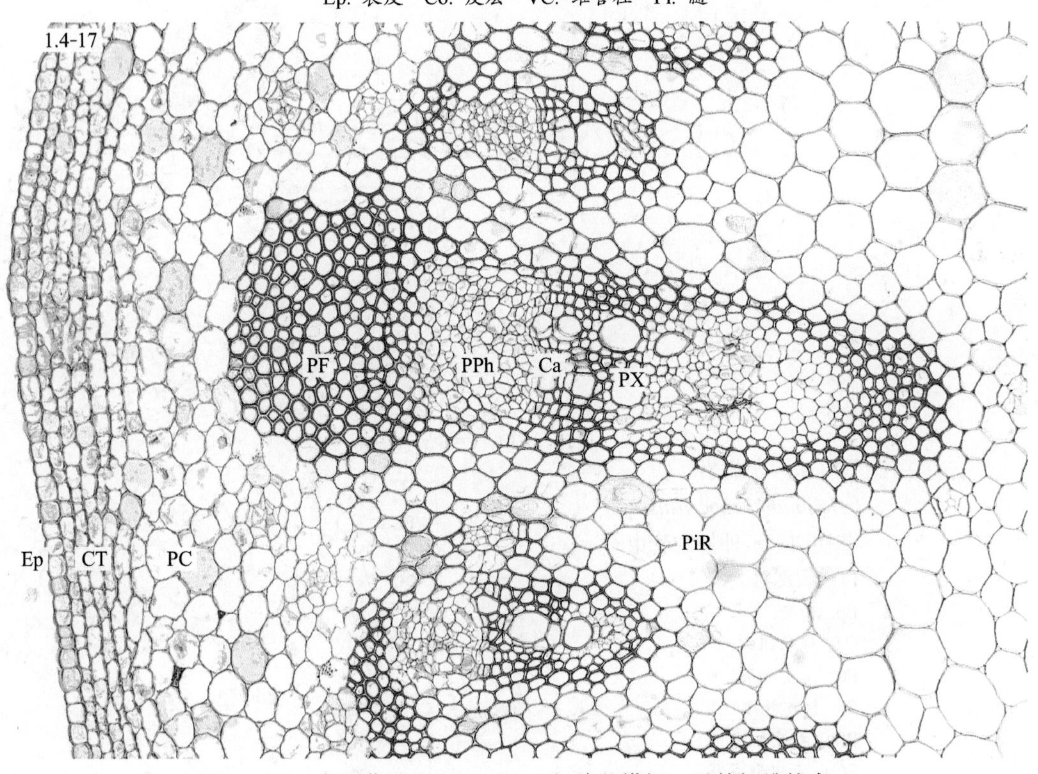

图 1.4-17　大丽菊（*Dahlia pinnata*）幼茎横切，示外韧维管束

Ep. 表皮　CT. 厚角组织　PC. 薄壁细胞　PF. 韧皮纤维　PPh. 初生韧皮部

Ca. 形成层　PX. 初生木质部　PiR. 髓射线

（本页切片来自华中农业大学植物学教研室）

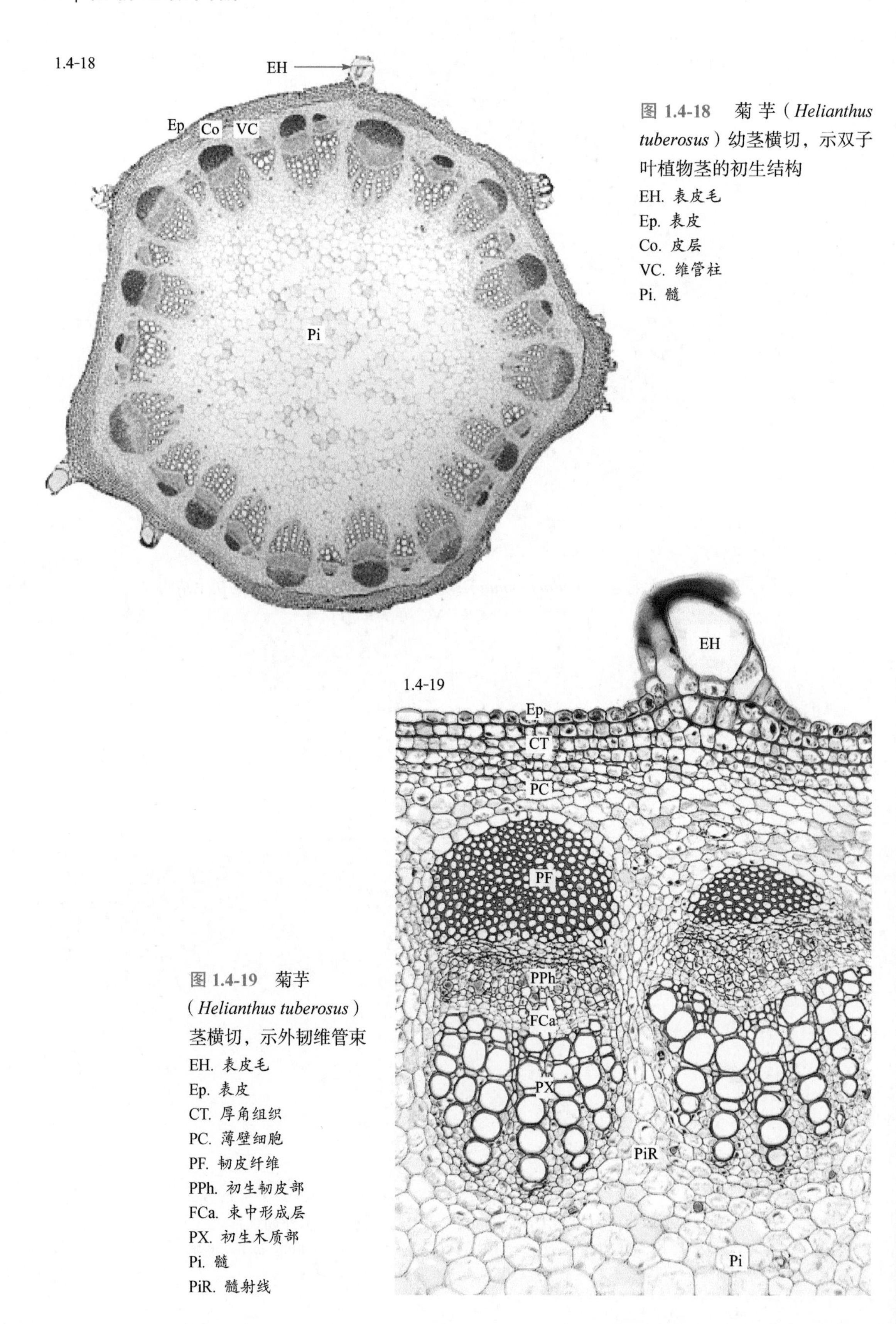

图 1.4-18　菊芋（*Helianthus tuberosus*）幼茎横切，示双子叶植物茎的初生结构

EH. 表皮毛
Ep. 表皮
Co. 皮层
VC. 维管柱
Pi. 髓

图 1.4-19　菊芋（*Helianthus tuberosus*）茎横切，示外韧维管束

EH. 表皮毛
Ep. 表皮
CT. 厚角组织
PC. 薄壁细胞
PF. 韧皮纤维
PPh. 初生韧皮部
FCa. 束中形成层
PX. 初生木质部
Pi. 髓
PiR. 髓射线

（本页切片来自华中农业大学植物学教研室）

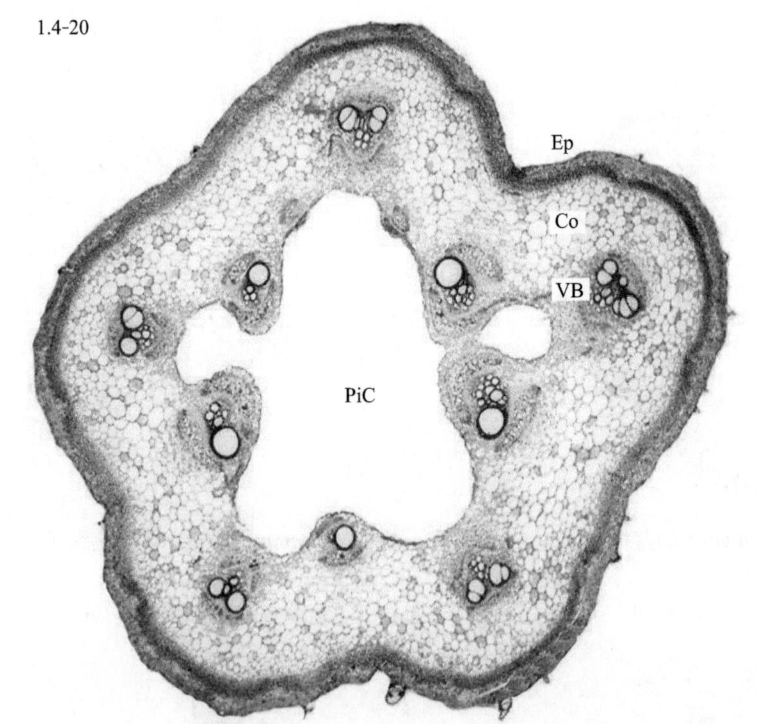

图 1.4-20 南瓜（*Cucurbita moschata*）茎横切，示葫芦科植物茎结构

Ep. 表皮 Co. 皮层
VB. 维管束 PiC. 髓腔

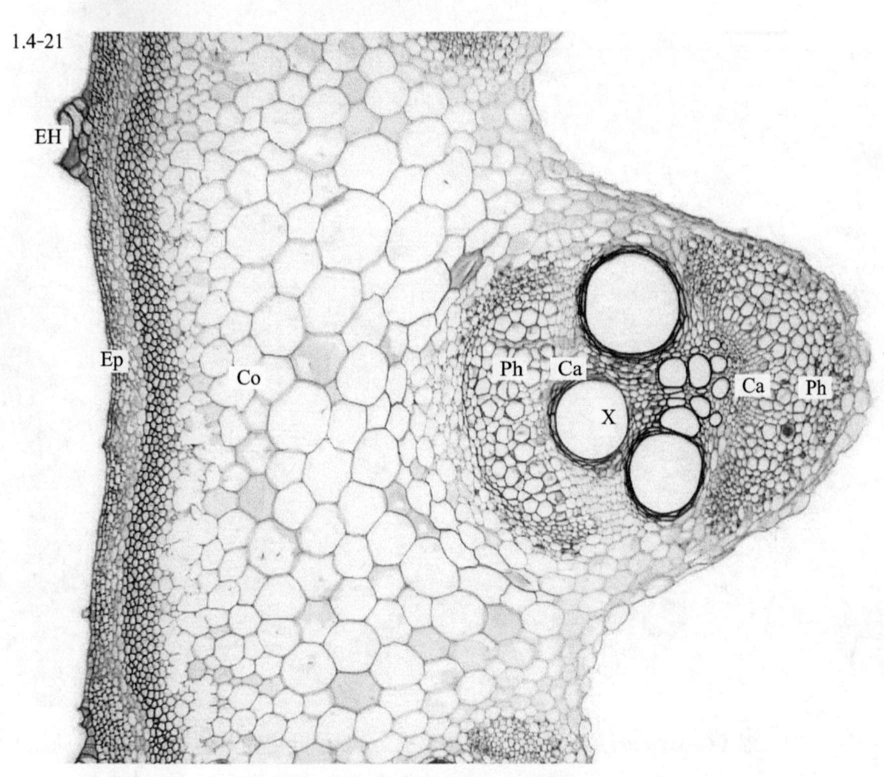

图 1.4-21 南瓜（*Cucurbita moschata*）茎横切，示双韧维管束

EH. 表皮毛 Ep. 表皮 Co. 皮层 Ph. 韧皮部 Ca. 形成层 X. 木质部

（本页切片来自华中农业大学植物学教研室）

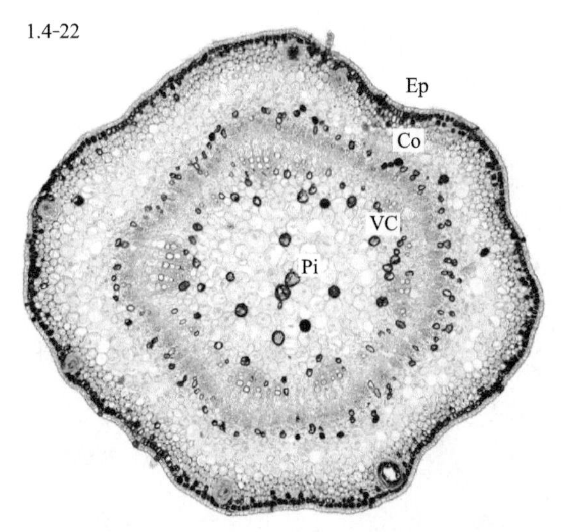

图 1.4-22　棉（*Gossypium hirsutum*）幼茎横切，示双子叶植物茎的初生结构

Ep. 表皮　Co. 皮层　VC. 维管柱　Pi. 髓

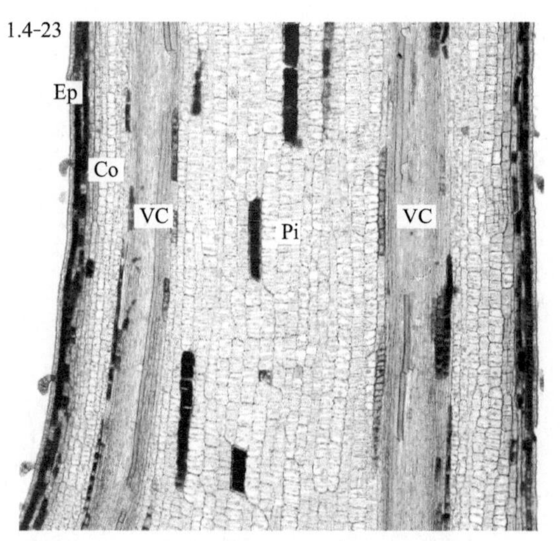

图 1.4-23　棉（*Gossypium hirsutum*）幼茎纵切，示双子叶植物茎的初生结构

Ep. 表皮　Co. 皮层　VC. 维管柱　Pi. 髓

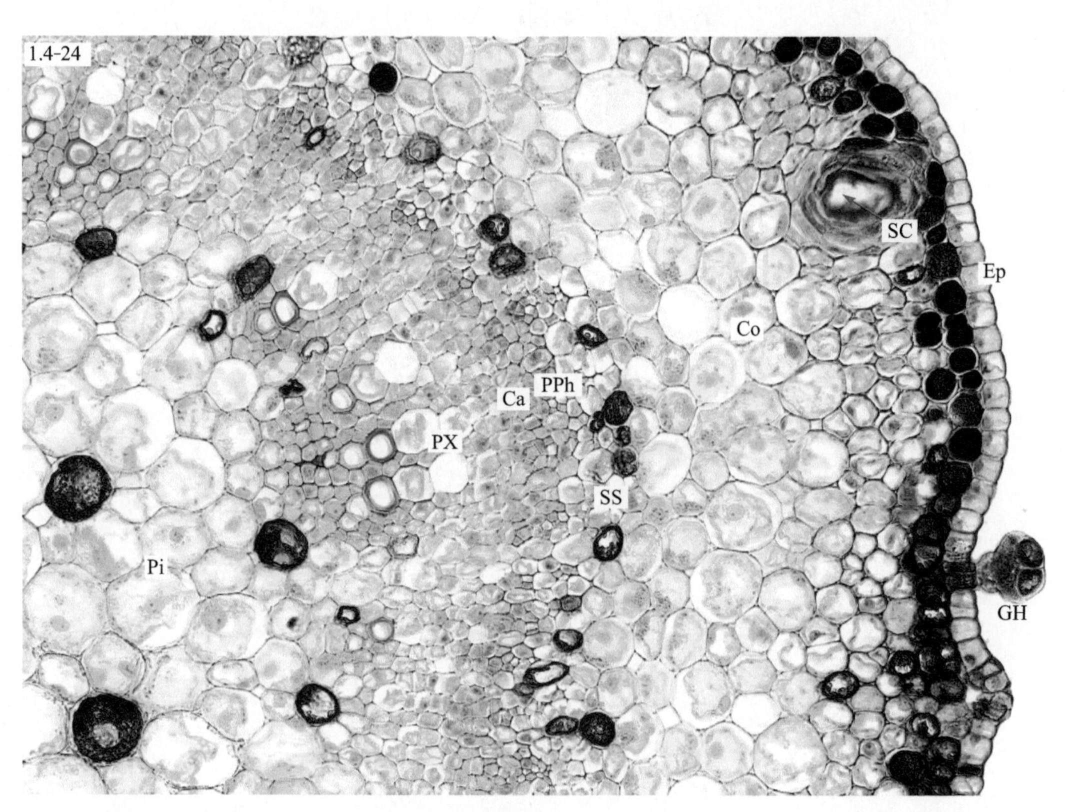

图 1.4-24　棉（*Gossypium hirsutum*）幼茎横切，示双子叶植物茎的初生结构（局部）

Ep. 表皮　Co. 皮层　SS. 淀粉鞘　SC. 分泌腔　PPh. 初生韧皮部　Ca. 形成层
PX. 初生木质部　Pi. 髓　GH. 腺毛

（本页切片来自华中农业大学植物学教研室）

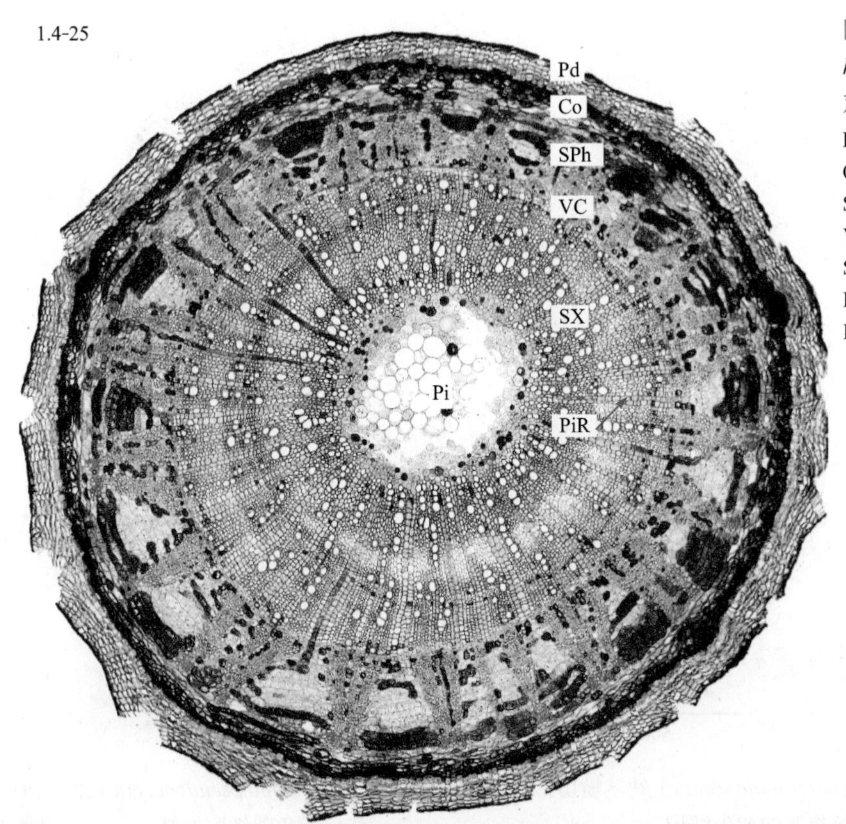

图 1.4-25 棉（*Gossypium hirsutum*）老茎横切，示双子叶植物茎的次生结构

Pd. 周皮
Co. 皮层
SPh. 次生韧皮部
VC. 维管形成层
SX. 次生木质部
Pi. 髓
PiR. 髓射线

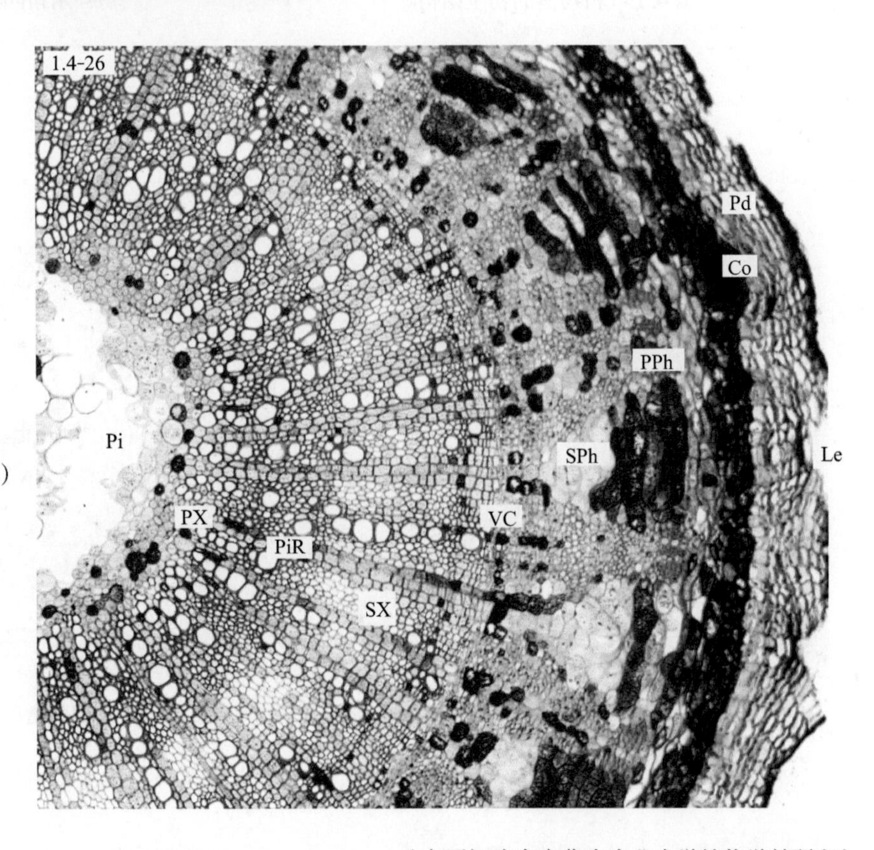

图 1.4-26 棉（*Gossypium hirsutum*）老茎横切，示双子叶植物茎的次生结构（局部）

Le. 皮孔
Pd. 周皮
Co. 皮层
PPh. 初生韧皮部
SPh. 次生韧皮部
VC. 维管形成层
SX. 次生木质部
PX. 初生木质部
Pi. 髓
PiR. 髓射线

（本页切片来自华中农业大学植物学教研室）

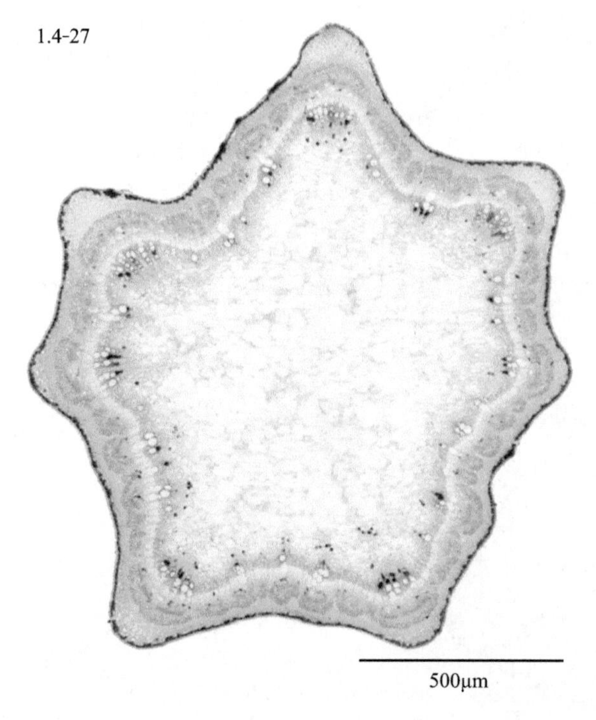

图 1.4-27　刺槐（*Robinia pseudoacacia*）幼茎横切，示双子叶植物茎的初生结构

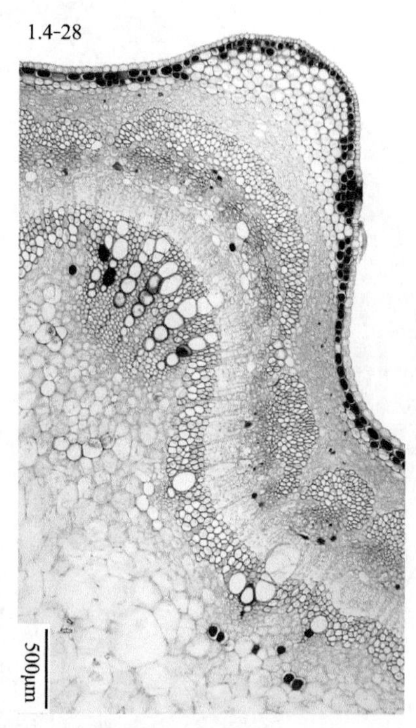

图 1.4-28　刺槐（*Robinia pseudoacacia*）幼茎横切，示角隅细胞增厚

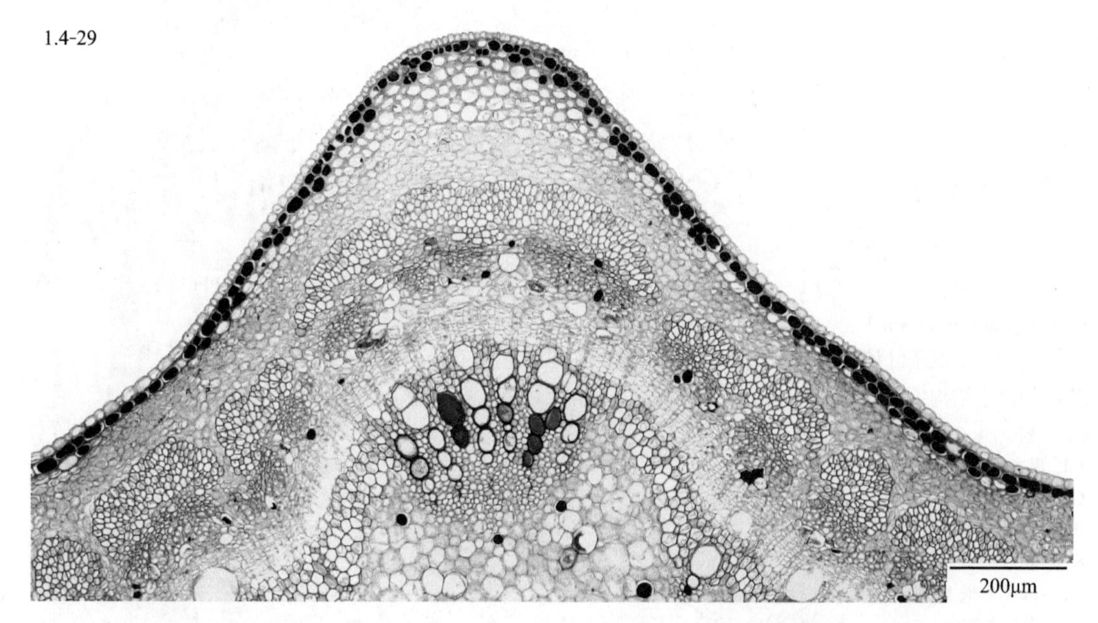

图 1.4-29　刺槐（*Robinia pseudoacacia*）幼茎横切，示角隅细胞增厚（局部）

（本页切片来自华中农业大学植物学教研室）

1.4-30

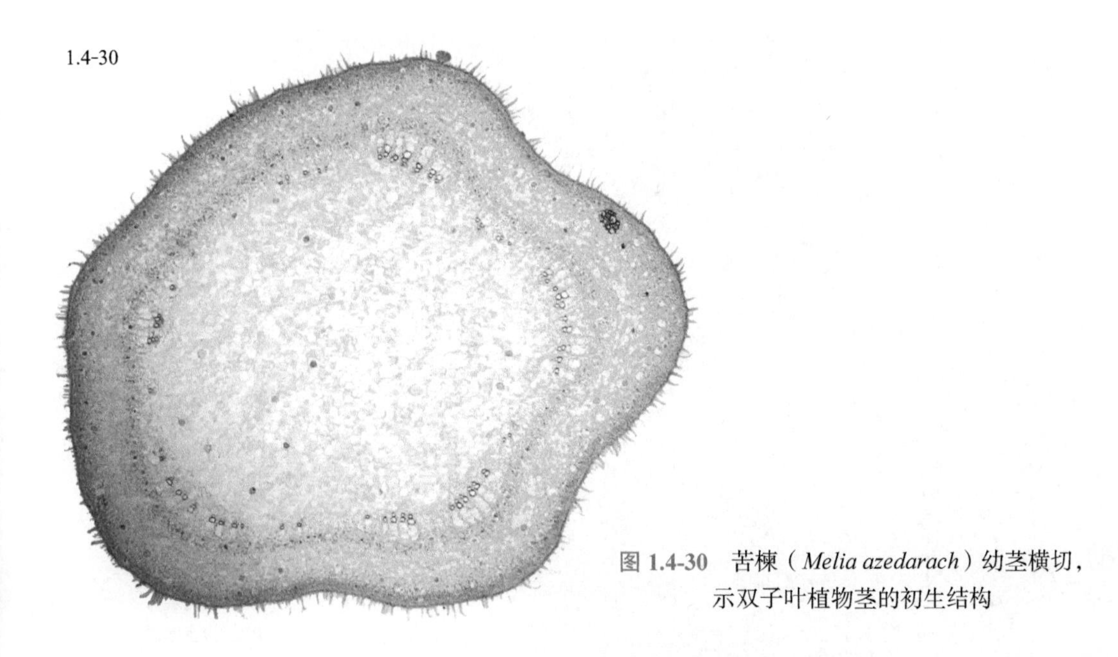

图 **1.4-30**　苦楝（*Melia azedarach*）幼茎横切，示双子叶植物茎的初生结构

1.4-31

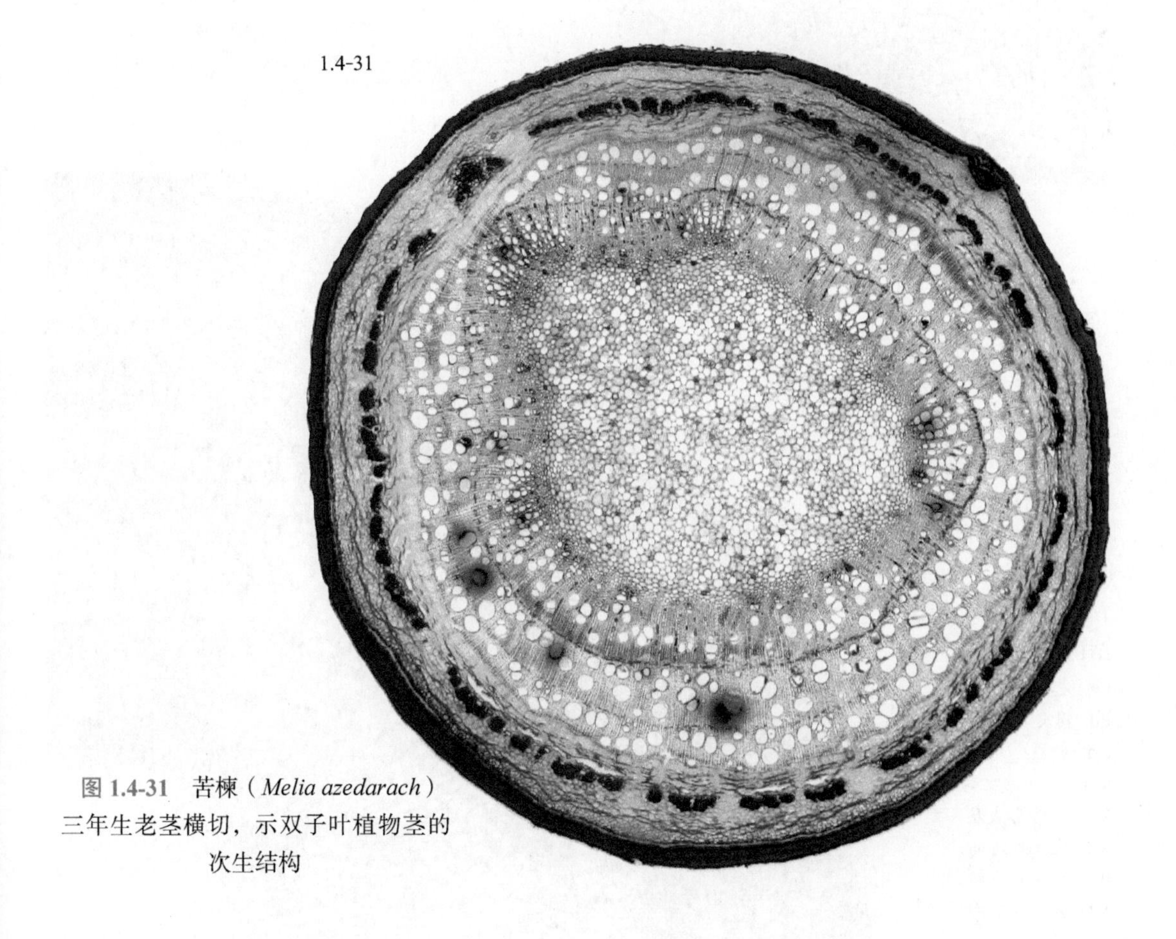

图 **1.4-31**　苦楝（*Melia azedarach*）三年生老茎横切，示双子叶植物茎的次生结构

（本页切片来自华中农业大学植物学教研室）

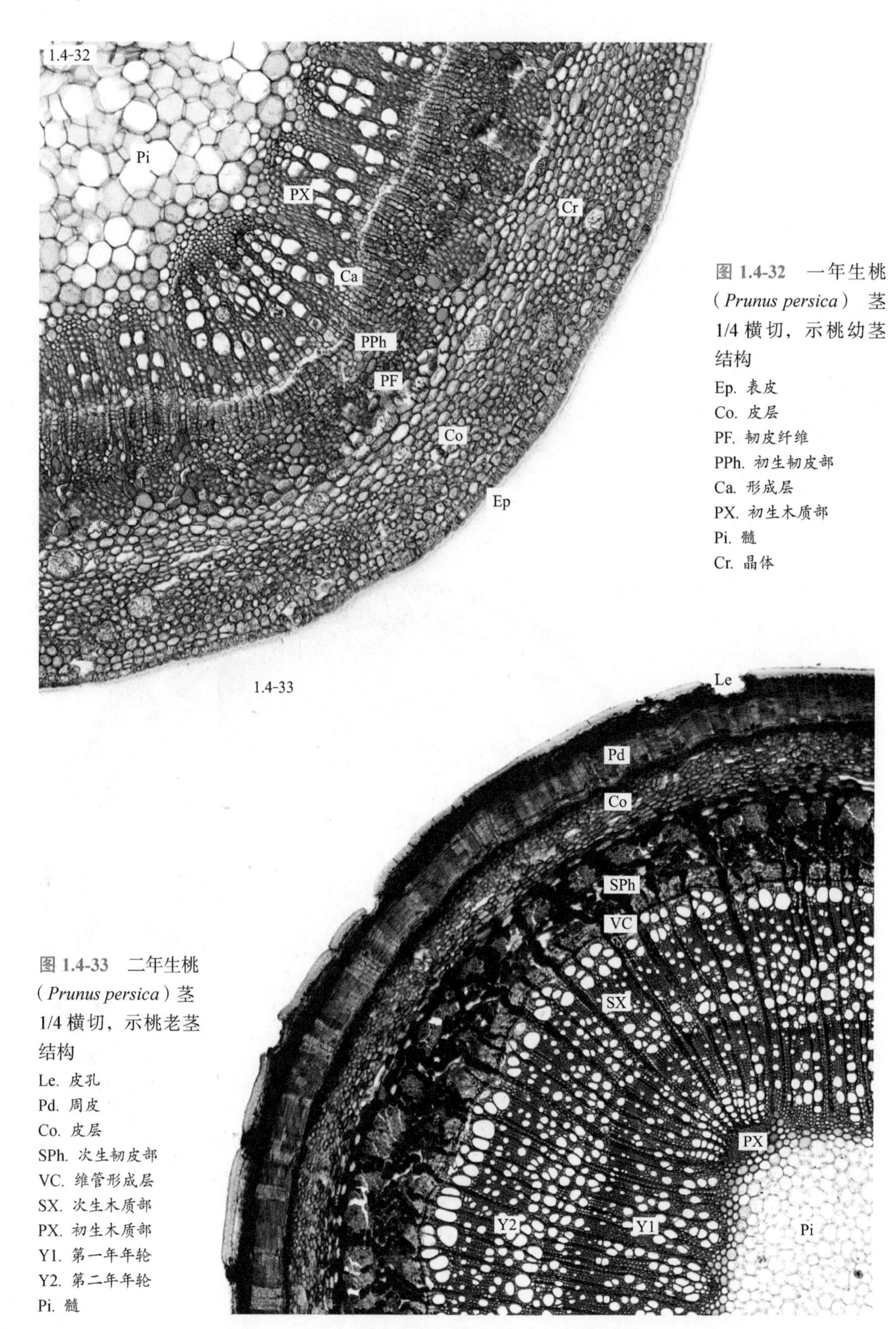

图 1.4-32　一年生桃（*Prunus persica*）茎 1/4 横切，示桃幼茎结构

Ep. 表皮
Co. 皮层
PF. 韧皮纤维
PPh. 初生韧皮部
Ca. 形成层
PX. 初生木质部
Pi. 髓
Cr. 晶体

图 1.4-33　二年生桃（*Prunus persica*）茎 1/4 横切，示桃老茎结构

Le. 皮孔
Pd. 周皮
Co. 皮层
SPh. 次生韧皮部
VC. 维管形成层
SX. 次生木质部
PX. 初生木质部
Y1. 第一年年轮
Y2. 第二年年轮
Pi. 髓

（本页切片来自华中农业大学植物学教研室）

1.4-34

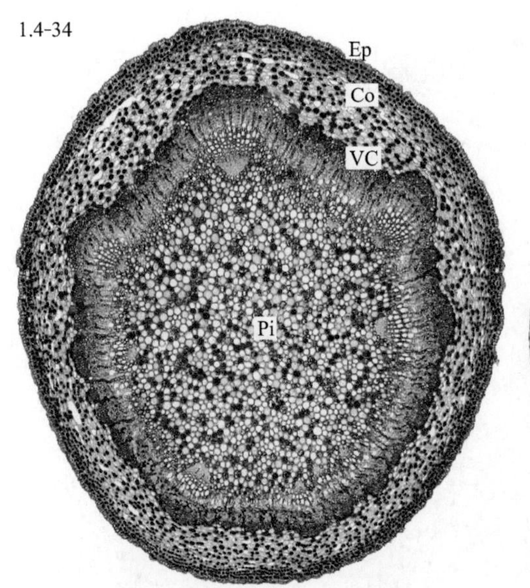

图 1.4-34 梨（*Pyrus* sp.）幼茎横切，示梨茎初生结构

Ep. 表皮 Co. 皮层 VC. 维管柱 Pi. 髓

1.4-35

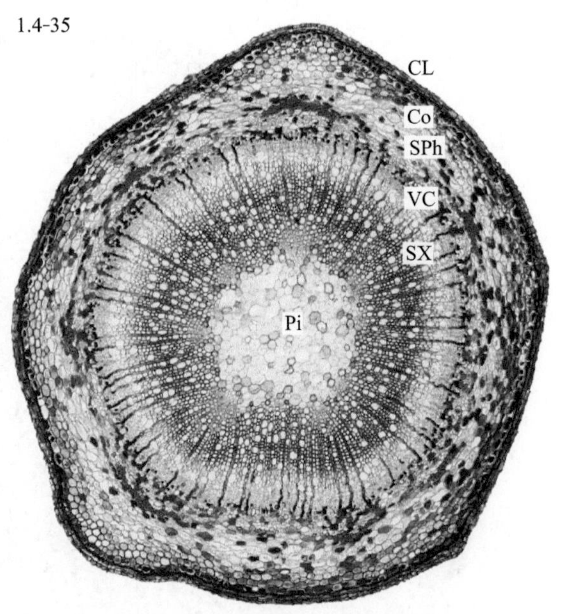

图 1.4-35 一年生梨（*Pyrus* sp.）茎横切，示梨茎结构

CL. 木栓层 Co. 皮层 SPh. 次生韧皮部 VC. 维管形成层 SX. 次生木质部 Pi. 髓

1.4-36

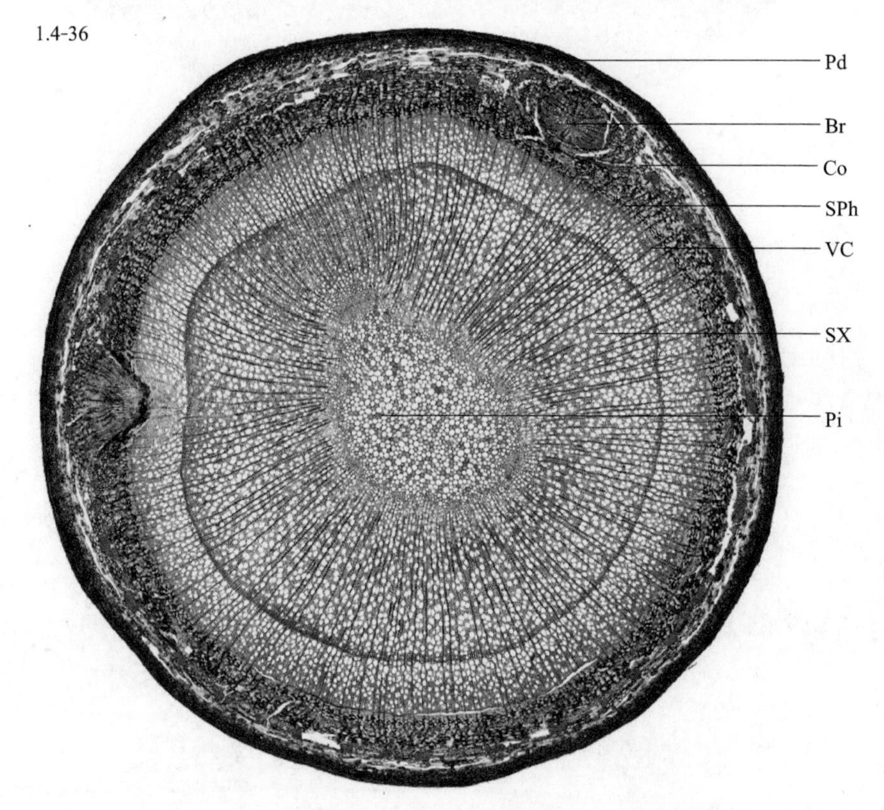

图 1.4-36 二年生梨（*Pyrus* sp.）老茎横切，示梨茎次生结构

Pd. 周皮 Br. 枝 Co. 皮层 SPh. 次生韧皮部 VC. 维管形成层 SX. 次生木质部 Pi. 髓

（本页切片来自华中农业大学植物学教研室）

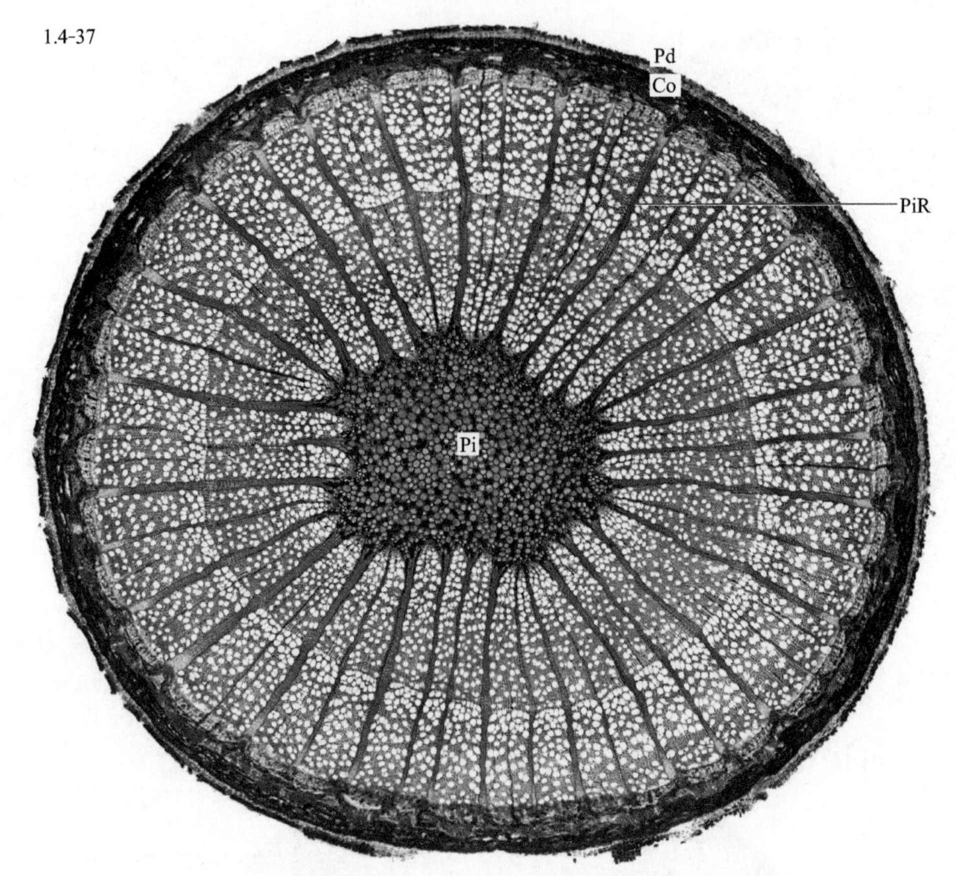

图 1.4-37 二球悬铃木（*Platanus acerifolia*）老茎横切，示髓射线

Pd. 周皮 Co. 皮层 Pi. 髓 PiR. 髓射线

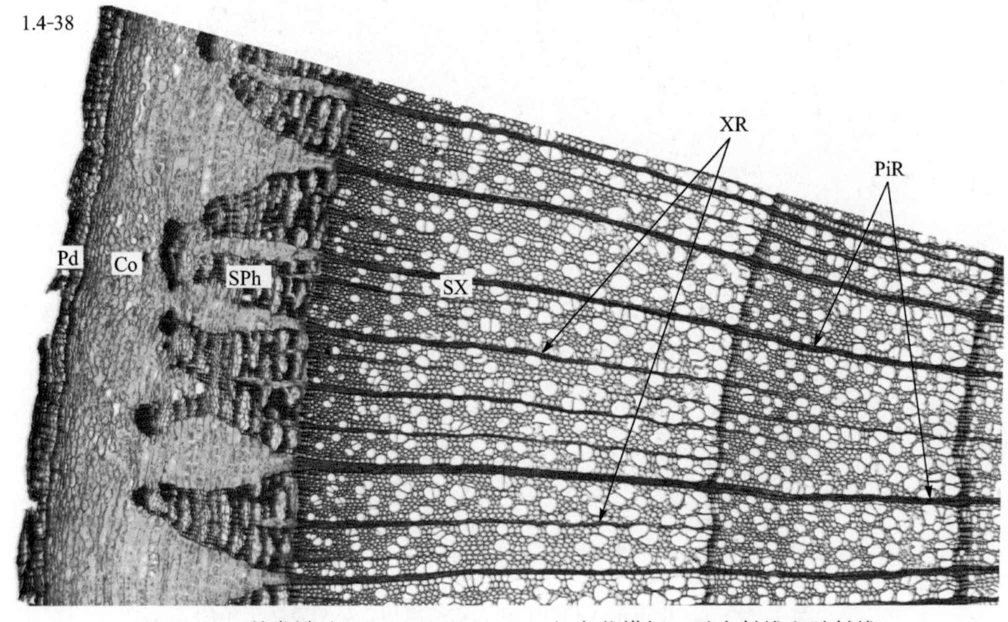

图 1.4-38 鹅掌楸（*Liriodendron chinense*）老茎横切，示木射线和髓射线

Pd. 周皮 Co. 皮层 SPh. 次生韧皮部 SX. 次生木质部 XR. 木射线 PiR. 髓射线

（二球悬铃木老茎切片来自南林植物组，鹅掌楸老茎切片来自华中农业大学植物学教研室）

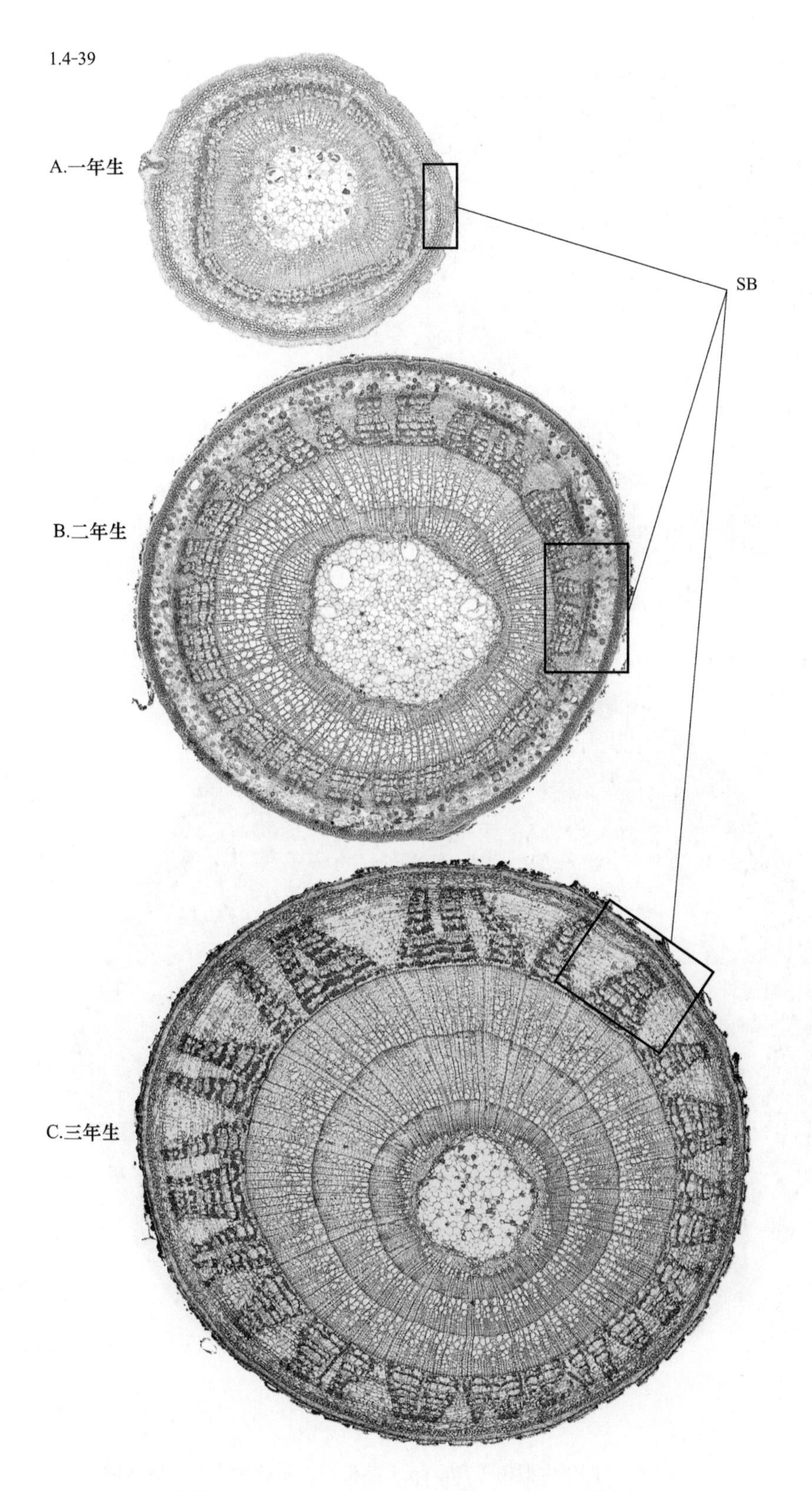

图 1.4-39 椴树（*Tilia* sp.）一年生、二年生、三年生茎横切，示软树皮

SB. 软树皮

（本页切片来自福建漳州市农校生物切片厂）

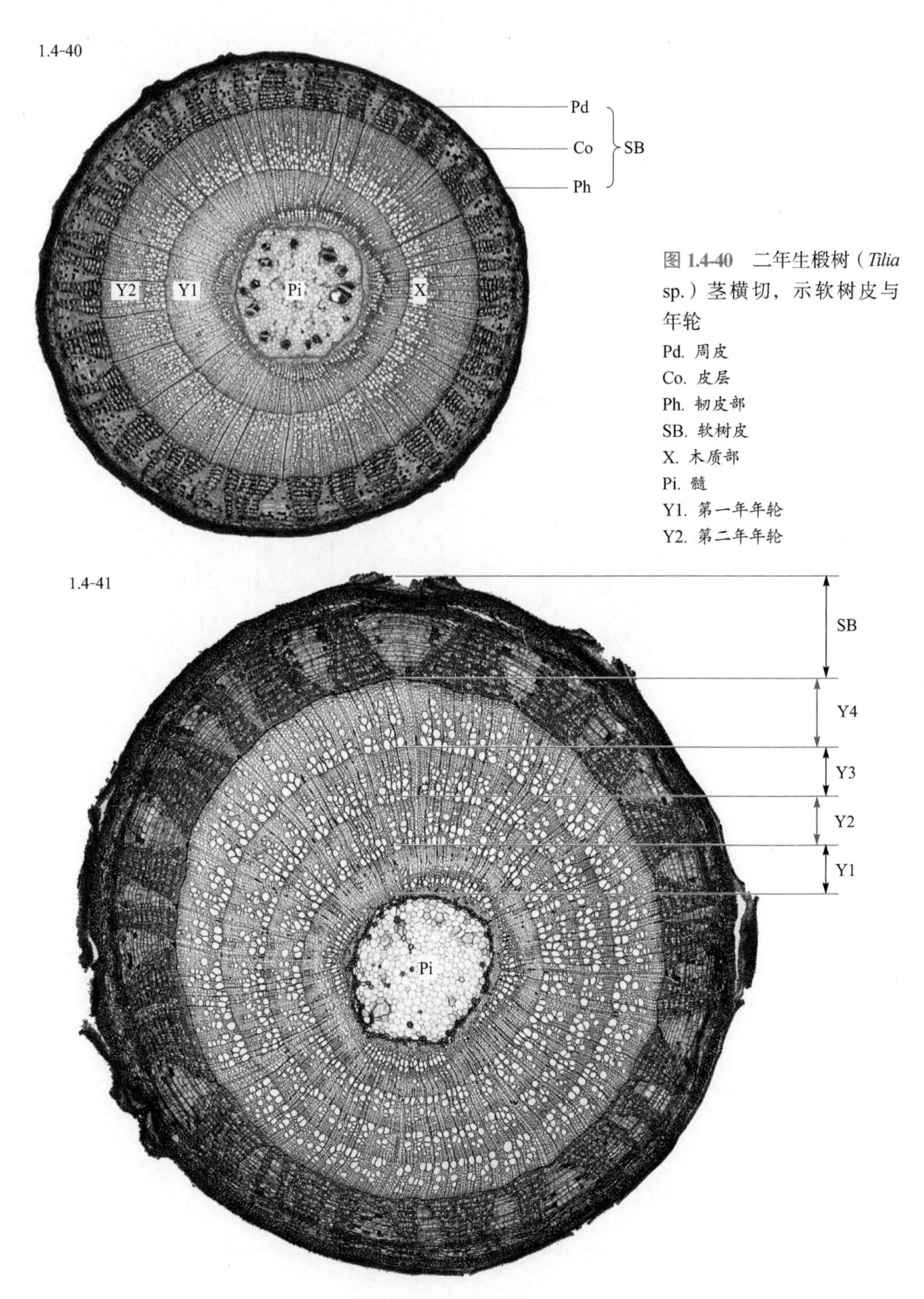

图 **1.4-40** 二年生椴树（*Tilia* sp.）茎横切，示软树皮与年轮

Pd. 周皮
Co. 皮层
Ph. 韧皮部
SB. 软树皮
X. 木质部
Pi. 髓
Y1. 第一年年轮
Y2. 第二年年轮

图 **1.4-41** 四年生椴树（*Tilia* sp.）茎横切，示软树皮及年轮区域

SB. 软树皮 Y1. 第一年年轮 Y2. 第二年年轮 Y3. 第三年年轮 Y4. 第四年年轮 Pi. 髓

（本页切片来自华中农业大学植物学教研室）

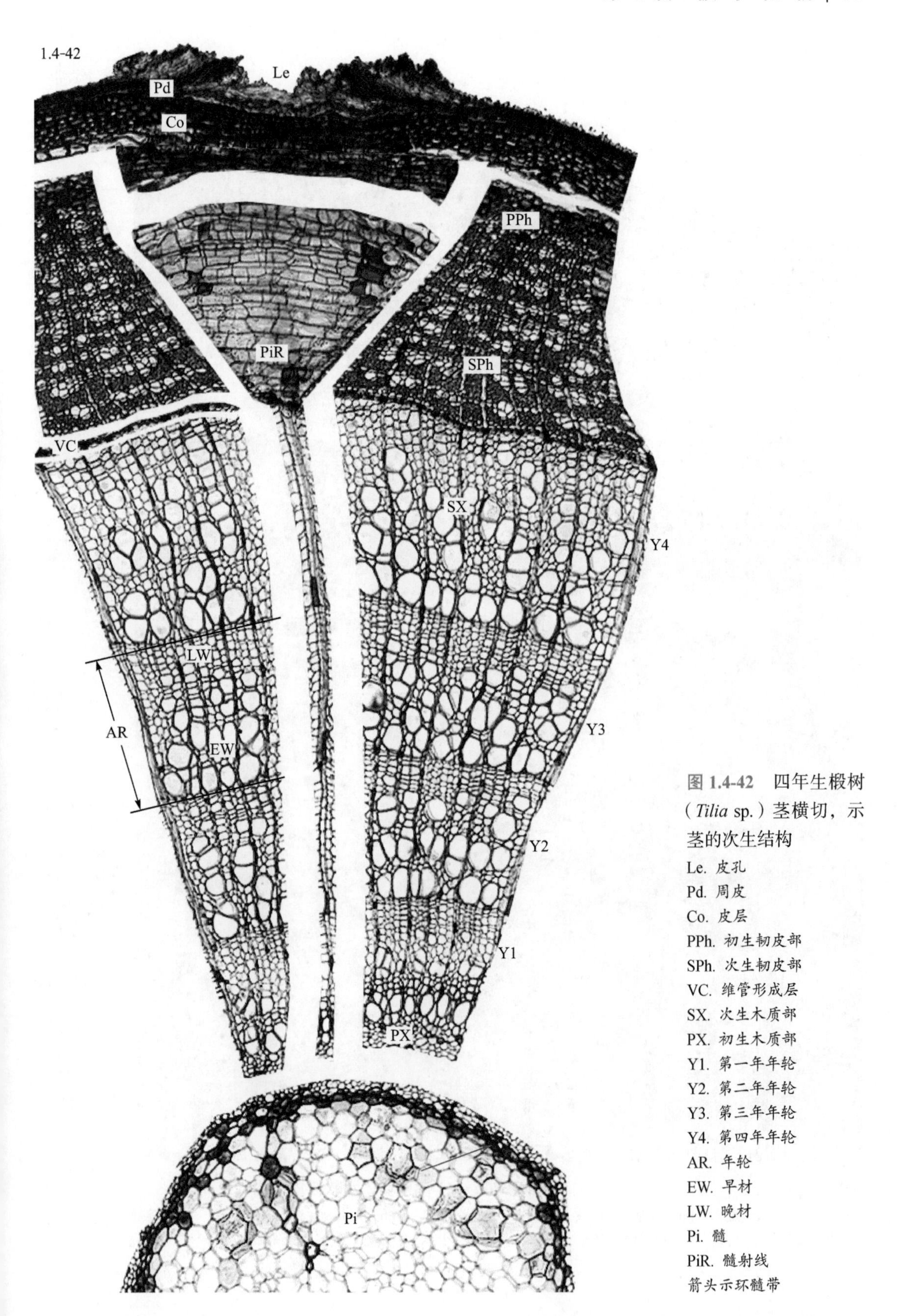

图 1.4-42 四年生椴树（*Tilia* sp.）茎横切，示茎的次生结构

Le. 皮孔
Pd. 周皮
Co. 皮层
PPh. 初生韧皮部
SPh. 次生韧皮部
VC. 维管形成层
SX. 次生木质部
PX. 初生木质部
Y1. 第一年年轮
Y2. 第二年年轮
Y3. 第三年年轮
Y4. 第四年年轮
AR. 年轮
EW. 早材
LW. 晚材
Pi. 髓
PiR. 髓射线
箭头示环髓带

（本页切片来自华中农业大学植物学教研室）

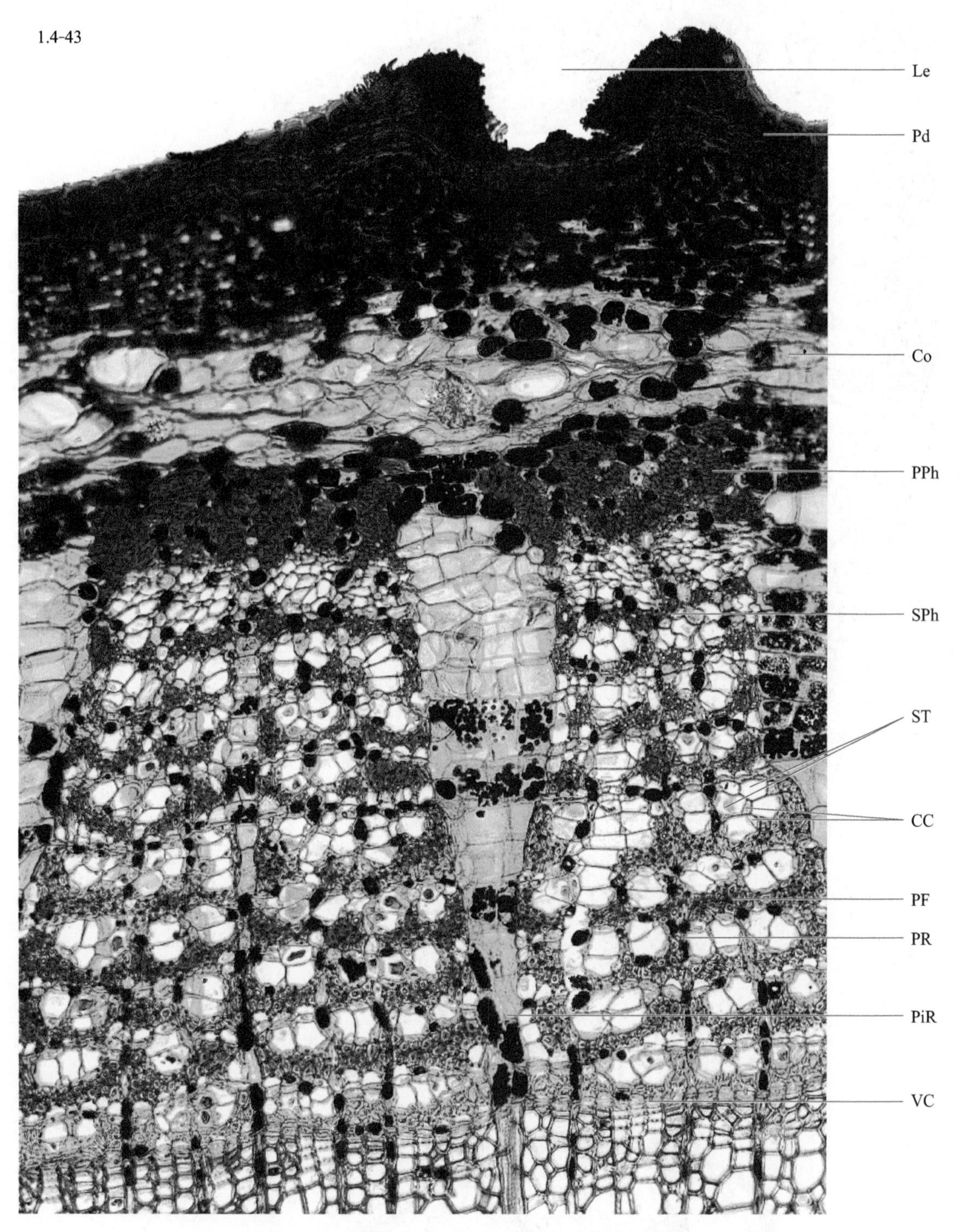

图 1.4-43 椴树（*Tilia* sp.）茎横切，示软树皮结构

Le. 皮孔 Pd. 周皮 Co. 皮层 PPh. 初生韧皮部 SPh. 次生韧皮部 ST. 筛管 CC. 伴胞
PF. 韧皮纤维 PR. 韧皮射线 PiR. 髓射线 VC. 维管形成层

（本页切片来自华中农业大学植物学教研室）

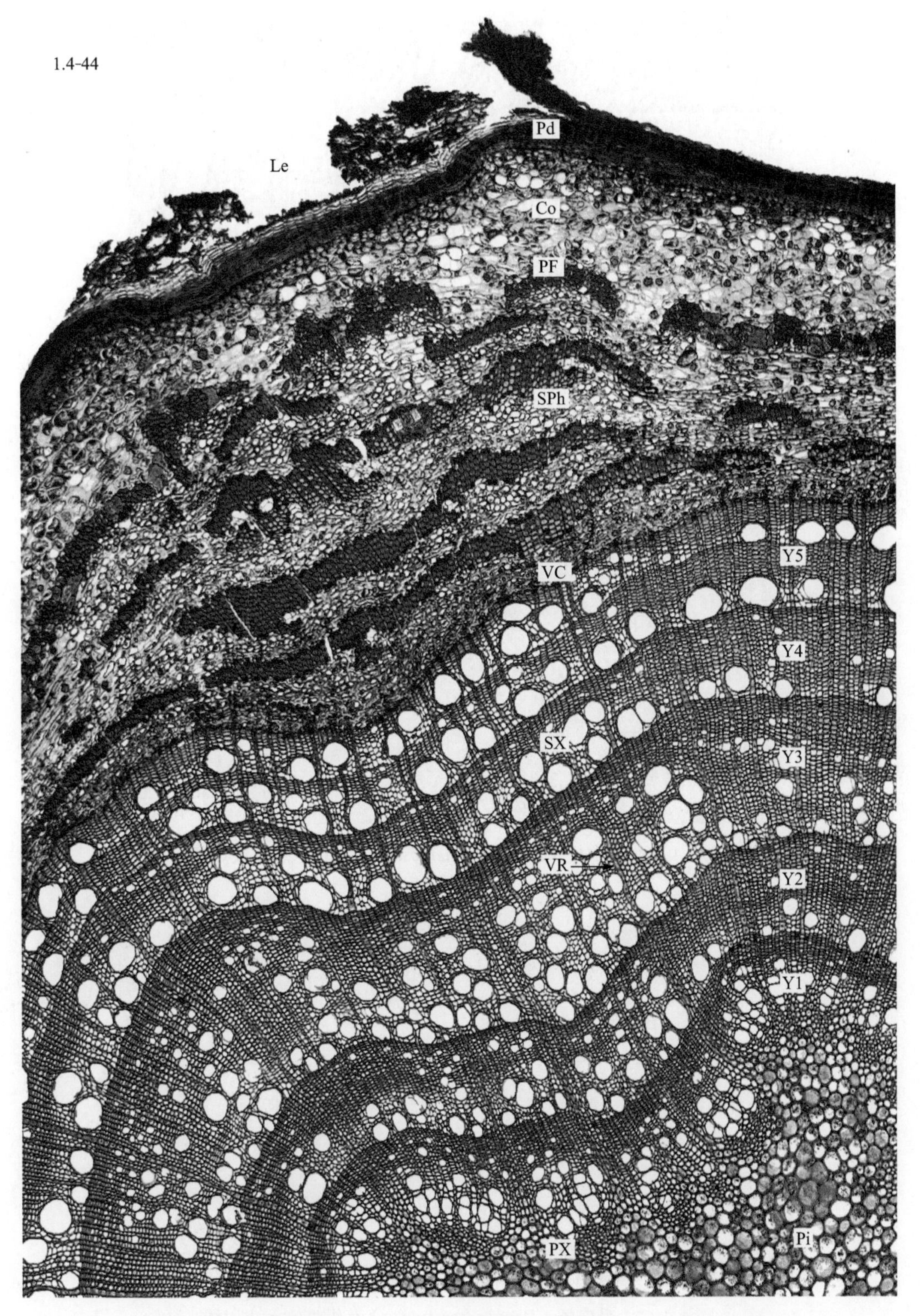

图 1.4-44 五年生板栗（*Castanea mollissima*）茎横切，示茎的次生结构

Le. 皮孔 Pd. 周皮 Co. 皮层 PF. 韧皮纤维 SPh. 次生韧皮部 VC. 维管形成层 SX. 次生木质部 VR. 维管射线 Y1. 第一年年轮 Y2. 第二年年轮 Y3. 第三年年轮 Y4. 第四年年轮 Y5. 第五年年轮 PX. 初生木质部 Pi. 髓

（本页切片来自华中农业大学植物学教研室）

图 **1.4-45**　毛白杨（*Populus tomentosa*）茎横切，示木纤维

XF. 木纤维　XR. 木射线　PV. 孔纹导管

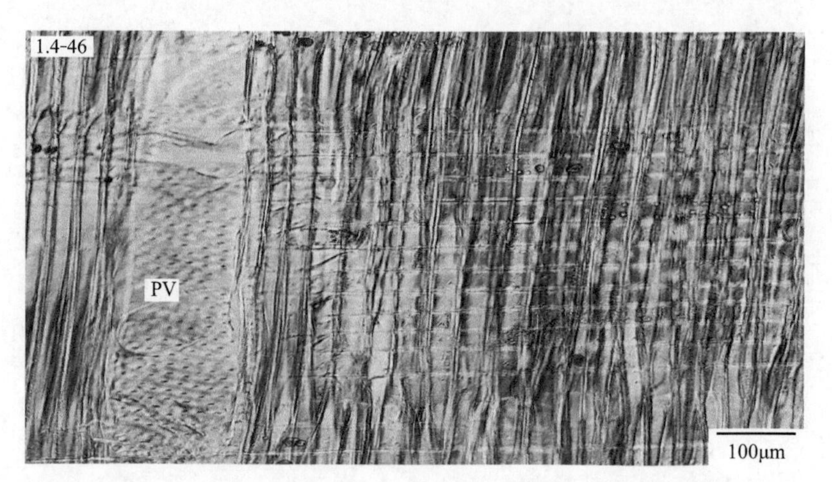

图 **1.4-46**　毛白杨（*Populus tomentosa*）茎纵切，示孔纹导管

PV. 孔纹导管

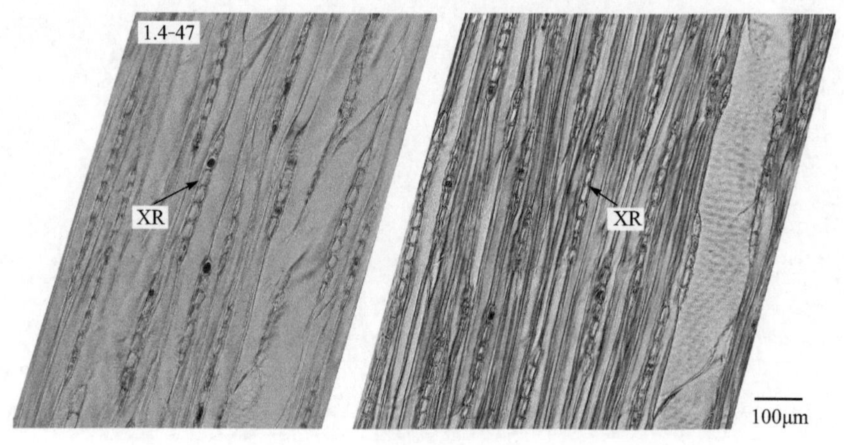

图 **1.4-47**　毛白杨（*Populus tomentosa*）茎纵切，示木射线

XR. 木射线

（本页切片来自华中农业大学植物学教研室）

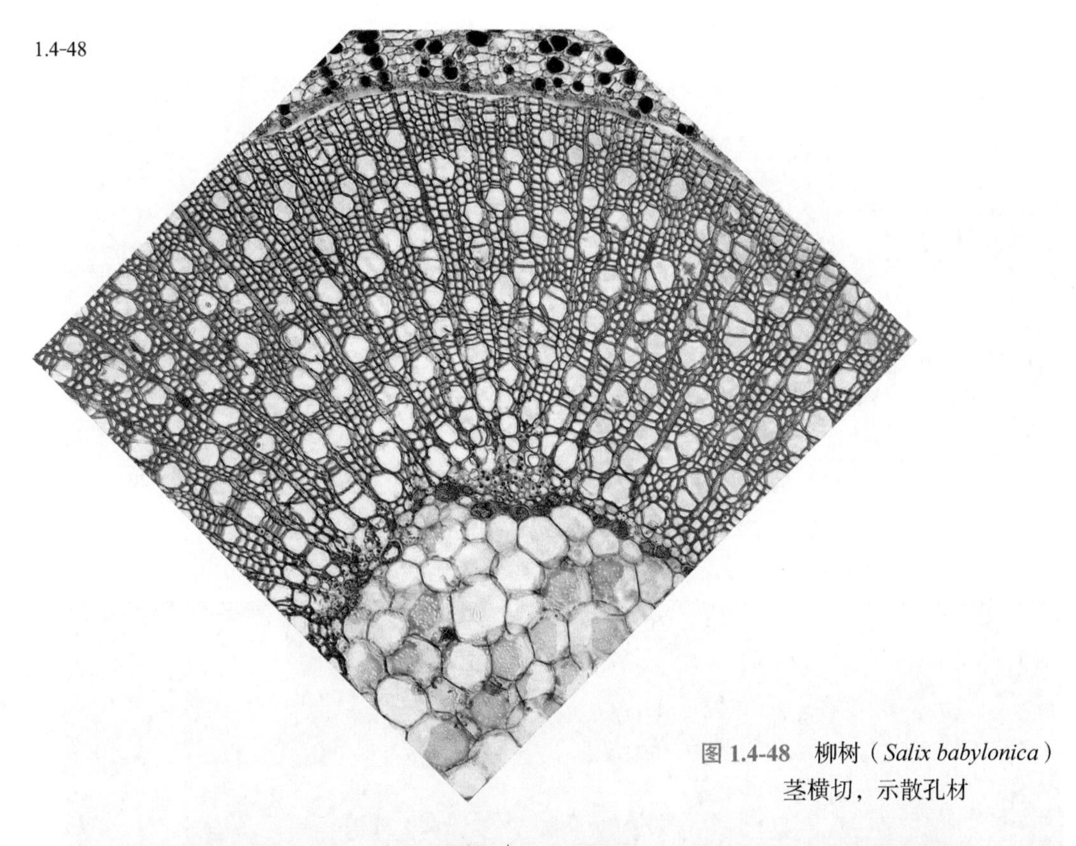

图 1.4-48 柳树（*Salix babylonica*）茎横切，示散孔材

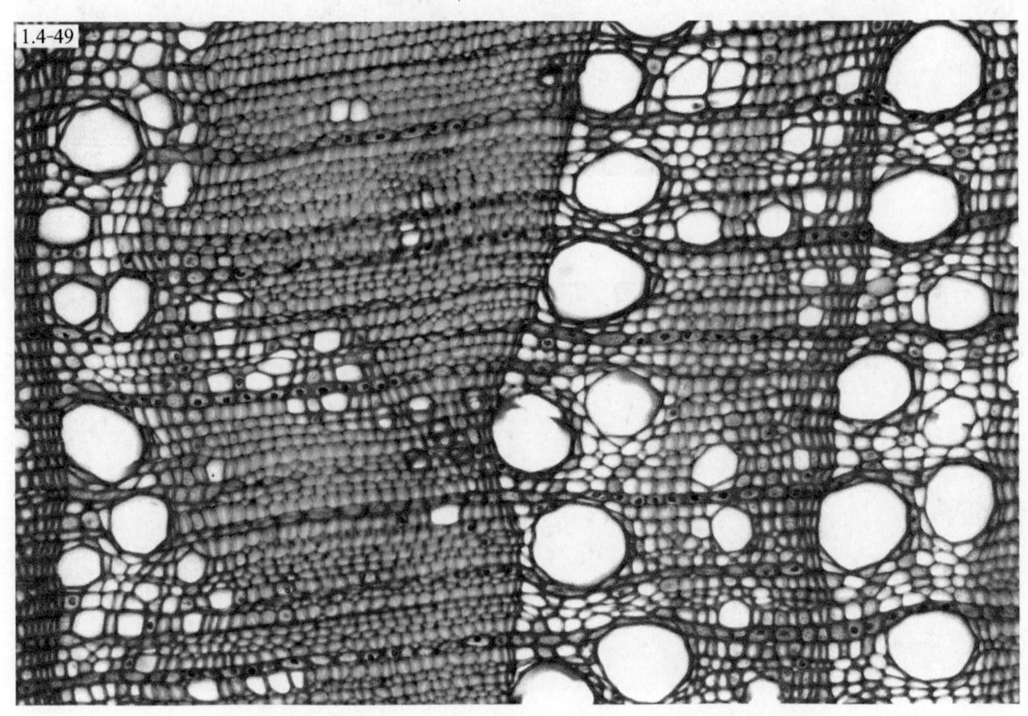

图 1.4-49 板栗（*Castanea mollissima*）茎横切，示环孔材

（本页切片来自华中农业大学植物学教研室）

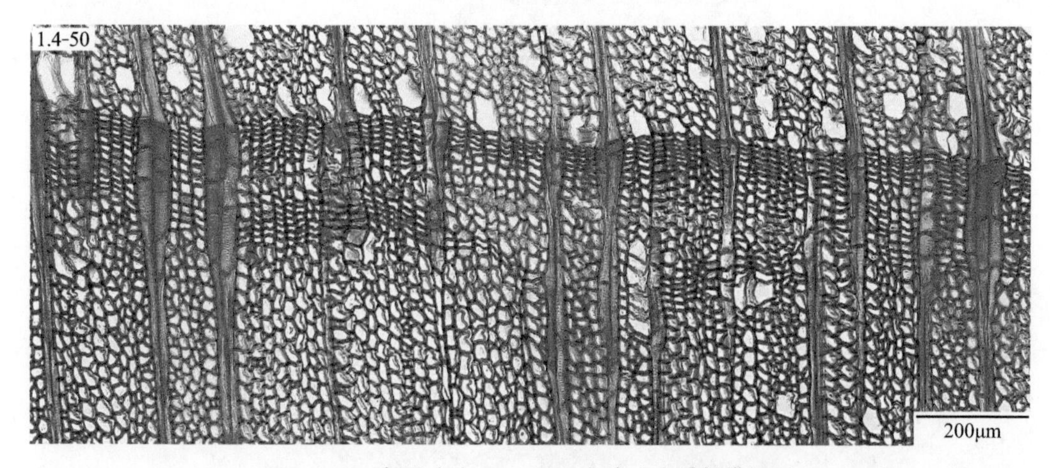

图 **1.4-50** 木豆（*Cajanus cajan*）次生木质部横切面

图 **1.4-51** 木豆（*Cajanus cajan*）次生木质部纵切面

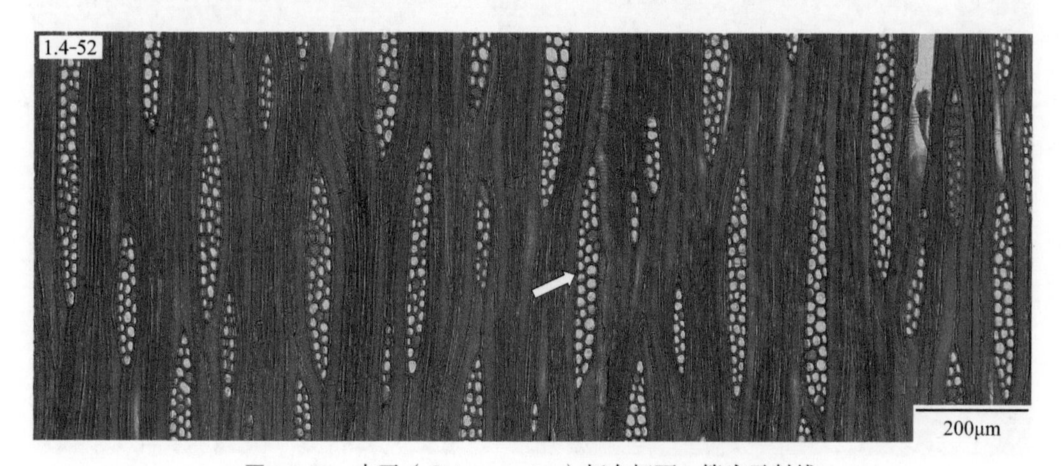

图 **1.4-52** 木豆（*Cajanus cajan*）切向切面，箭头示射线

（本页切片来自华中农业大学植物学教研室）

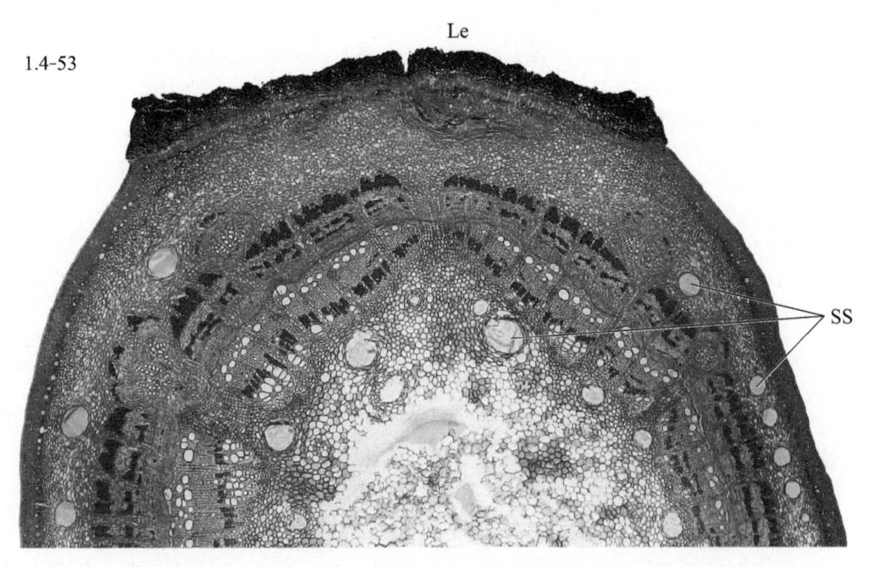

图 **1.4-53** 梧桐（*Firmiana simplex*）茎横切，示分泌结构

Le. 皮孔 SS. 分泌结构

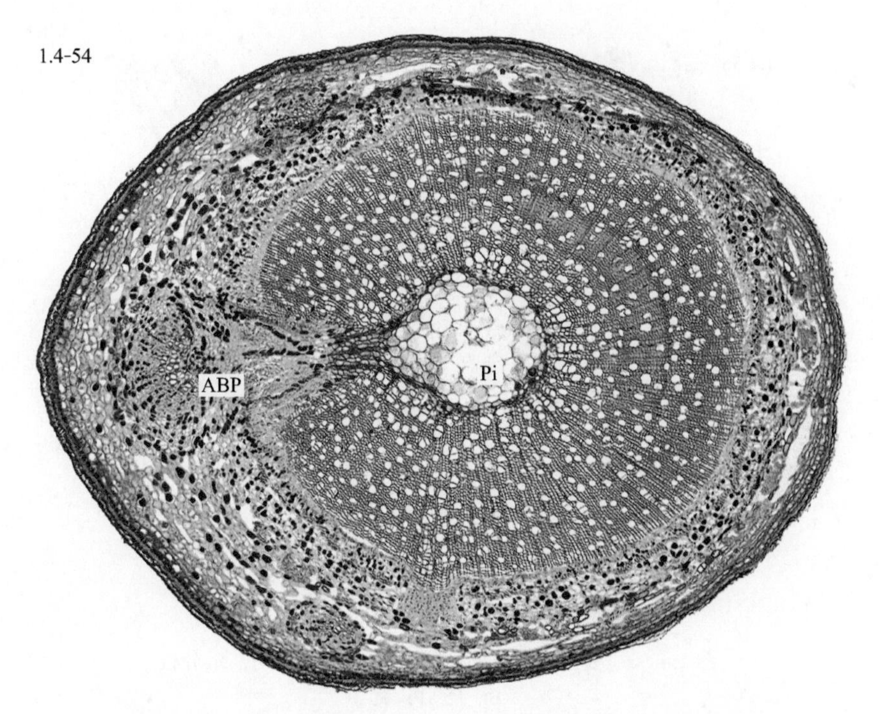

图 **1.4-54** 柳树（*Salix babylonica*）茎节部横切，示腋芽原基

ABP. 腋芽原基 Pi. 髓

（本页切片来自华中农业大学植物学教研室）

1.4-55

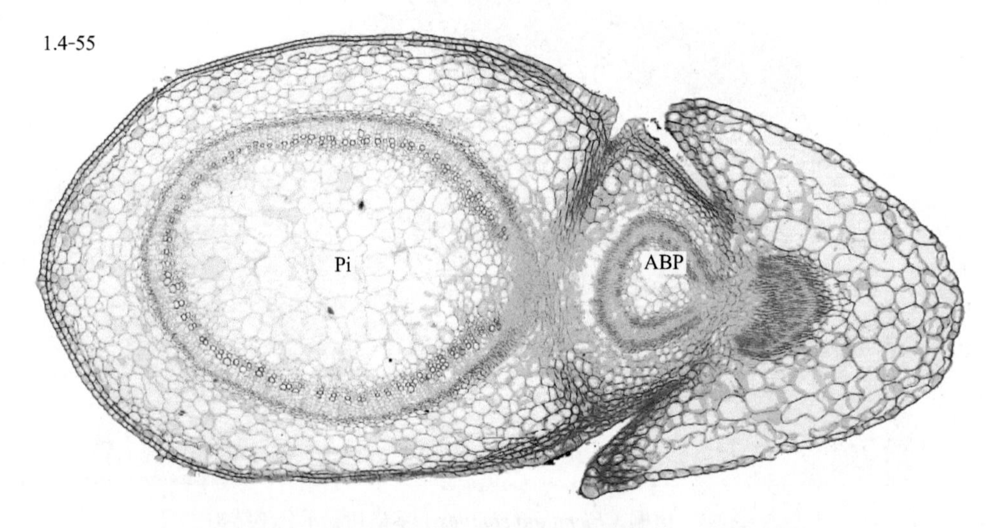

图 1.4-55　婆婆纳（*Veronica polita*）节部横切，示腋芽原基

ABP. 腋芽原基　Pi. 髓

1.4-56

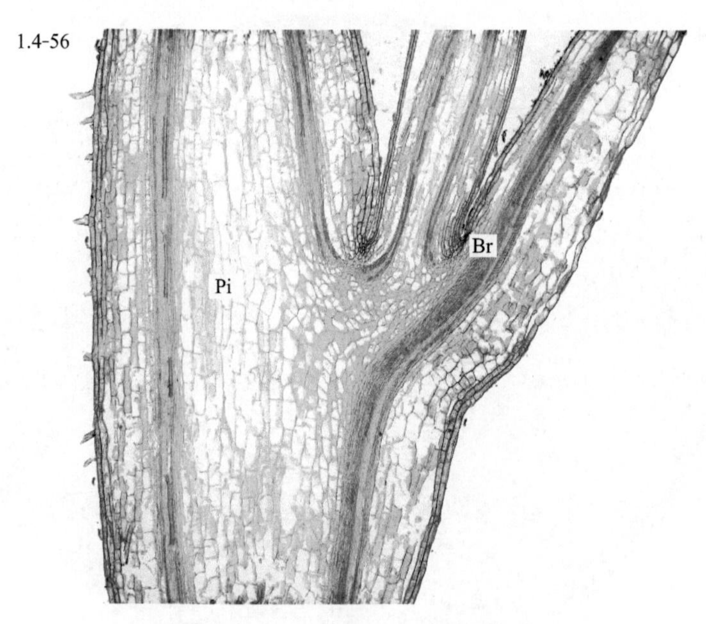

图 1.4-56　婆婆纳（*Veronica polita*）节部纵切，示分枝

Br. 枝　Pi. 髓

（本页切片来自华中农业大学植物学教研室）

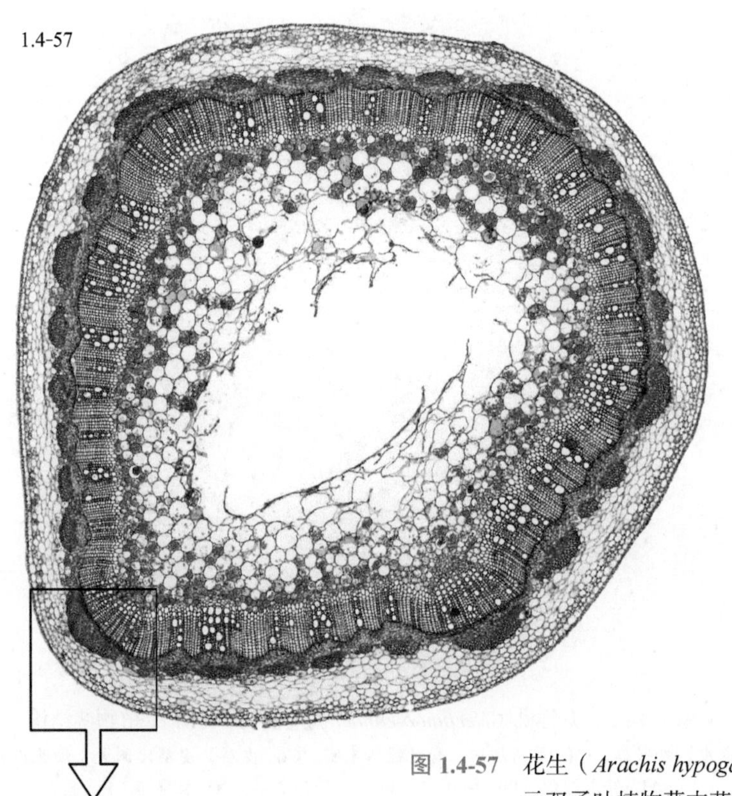

图 1.4-57　花生（*Arachis hypogaea*）茎横切，示双子叶植物草本茎结构

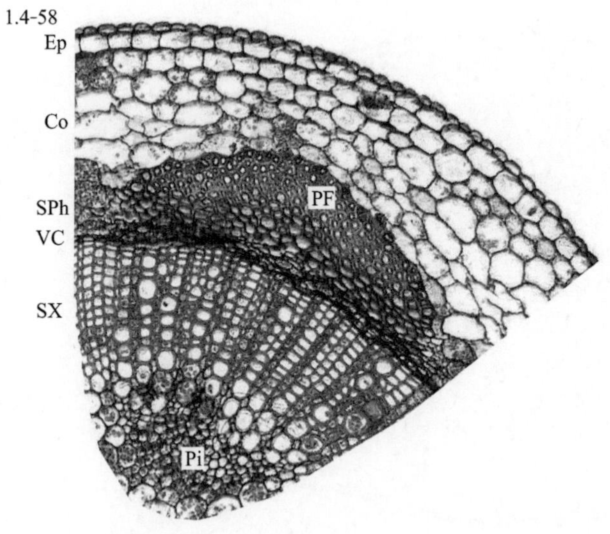

图 1.4-58　花生（*Arachis hypogaea*）茎横切，示 1 个维管束

Ep. 表皮
Co. 皮层
PF. 韧皮纤维
SPh. 次生韧皮部
VC. 维管形成层
SX. 次生木质部
Pi. 髓

（本页切片来自福建漳州市农校生物切片厂）

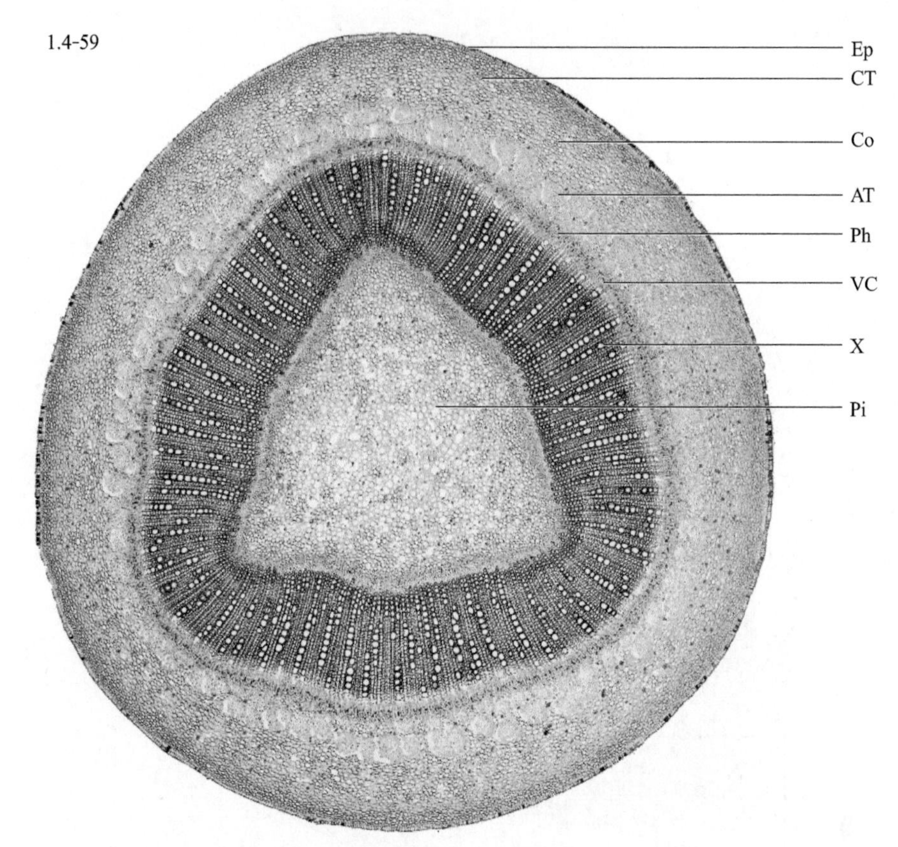

图 1.4-59　夹竹桃（*Nerium oleander*）茎横切，示旱生植物茎结构

Ep. 表皮，外壁厚　CT. 厚角组织，含叶绿体丰富　Co. 皮层，皮层比例大，细胞排列紧密　AT. 储水组织　Ph. 韧皮部　VC. 维管形成层　X. 木质部　Pi. 髓

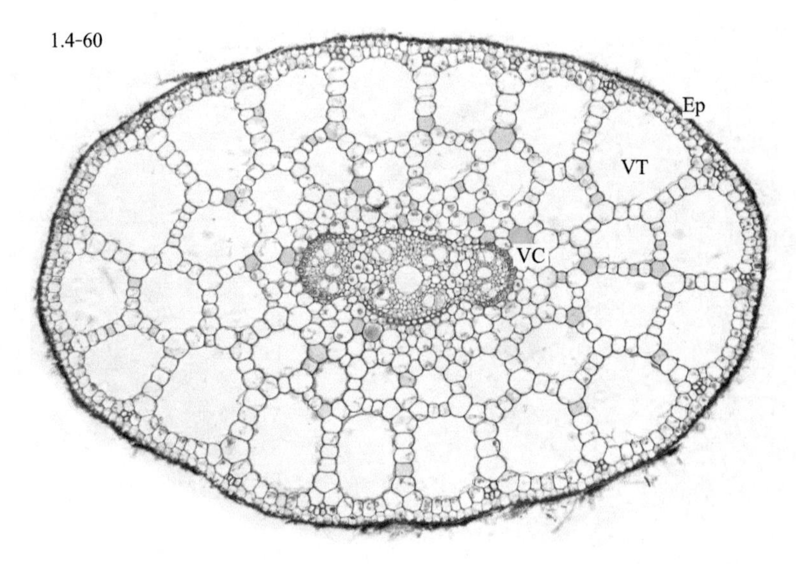

图 1.4-60　菹草（*Potamogeton crispus*）茎横切，示水生植物茎结构

Ep. 表皮　VT. 通气组织　VC. 维管柱

（本页切片来自华中农业大学植物学教研室）

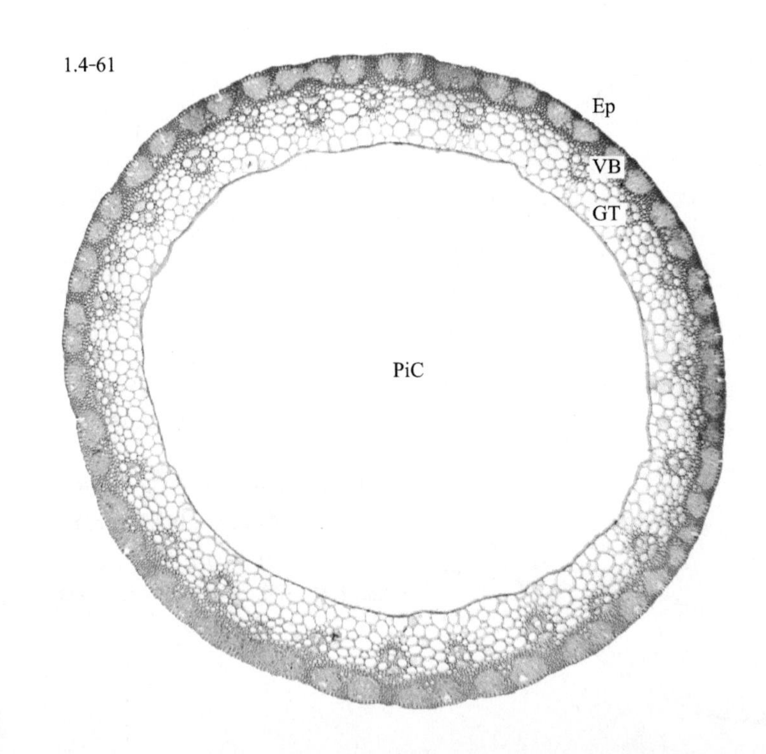

图 **1.4-61** 小麦（*Triticum aestivum*）茎横切，示单子叶植物茎（杆）的结构

Ep. 表皮
VB. 维管束
GT. 基本组织
PiC. 髓腔

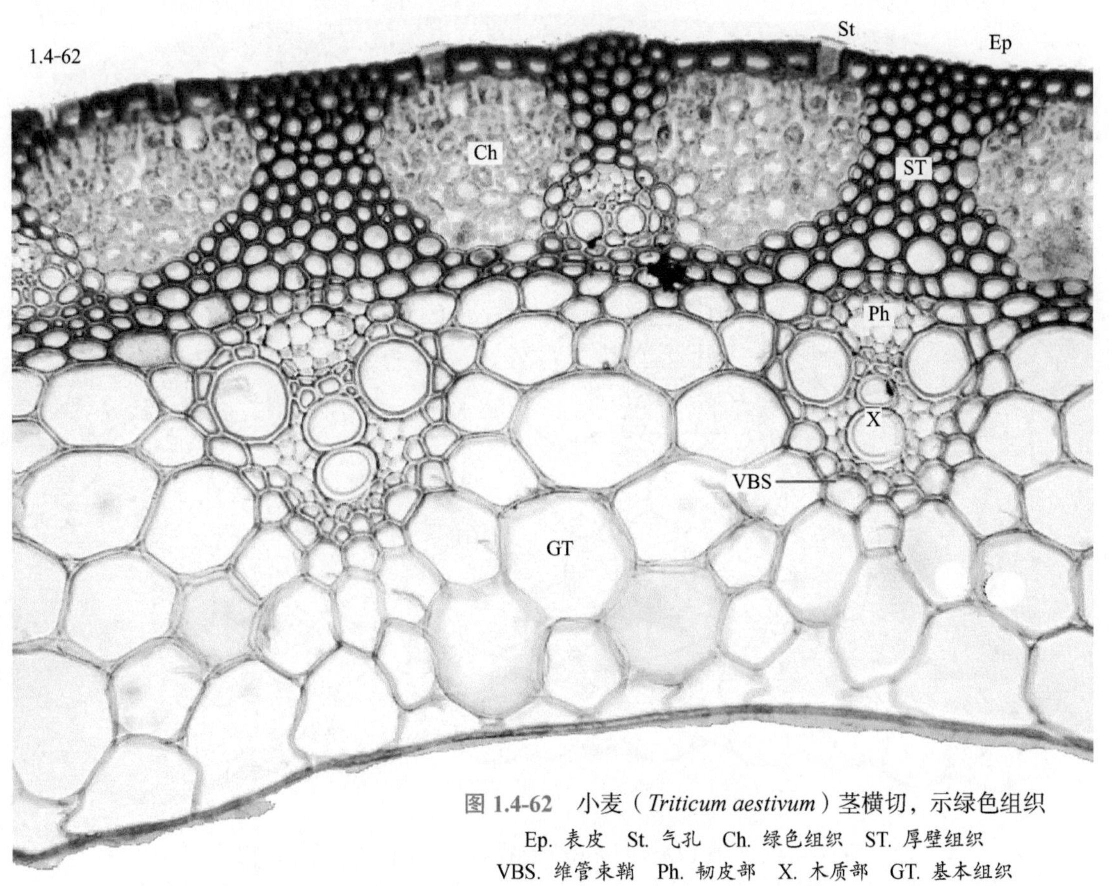

图 **1.4-62** 小麦（*Triticum aestivum*）茎横切，示绿色组织

Ep. 表皮 St. 气孔 Ch. 绿色组织 ST. 厚壁组织
VBS. 维管束鞘 Ph. 韧皮部 X. 木质部 GT. 基本组织

（本页切片来自华中农业大学植物学教研室）

1.4-63

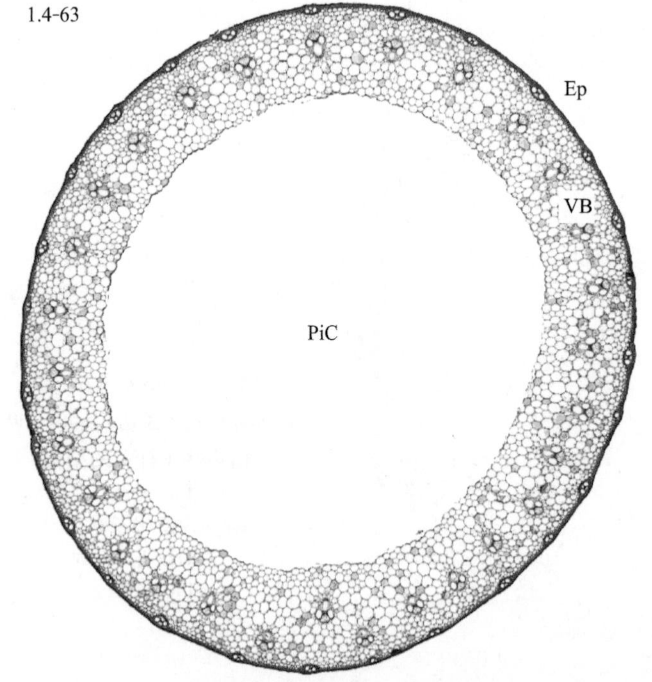

图 1.4-63　水稻（*Oryza sativa*）茎横切，示单子叶植物空心茎（秆）的结构

Ep. 表皮　VB. 维管束，排列成二轮　PiC. 髓腔

1.4-64

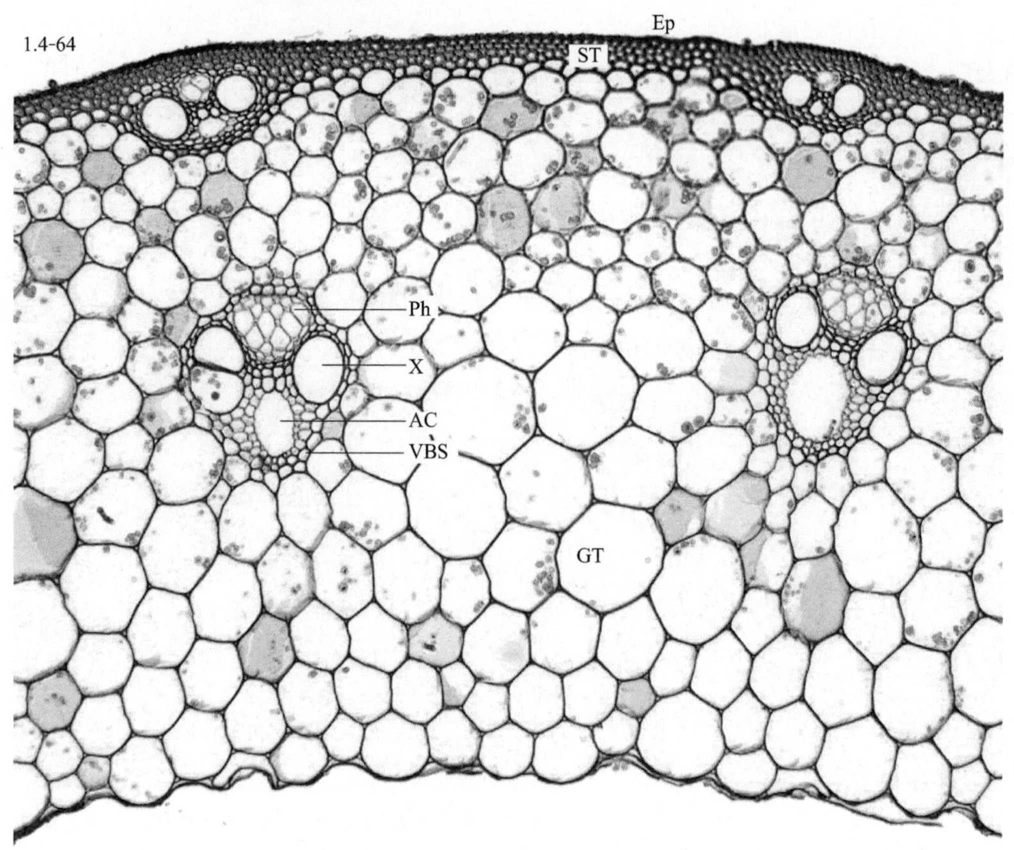

图 1.4-64　水稻（*Oryza sativa*）茎横切，示水稻茎维管束结构

Ep. 表皮　ST. 厚壁组织　Ph. 韧皮部　X. 木质部　AC. 气腔　VBS. 维管束鞘　GT. 基本组织

（本页切片来自福建漳州市农校生物切片厂）

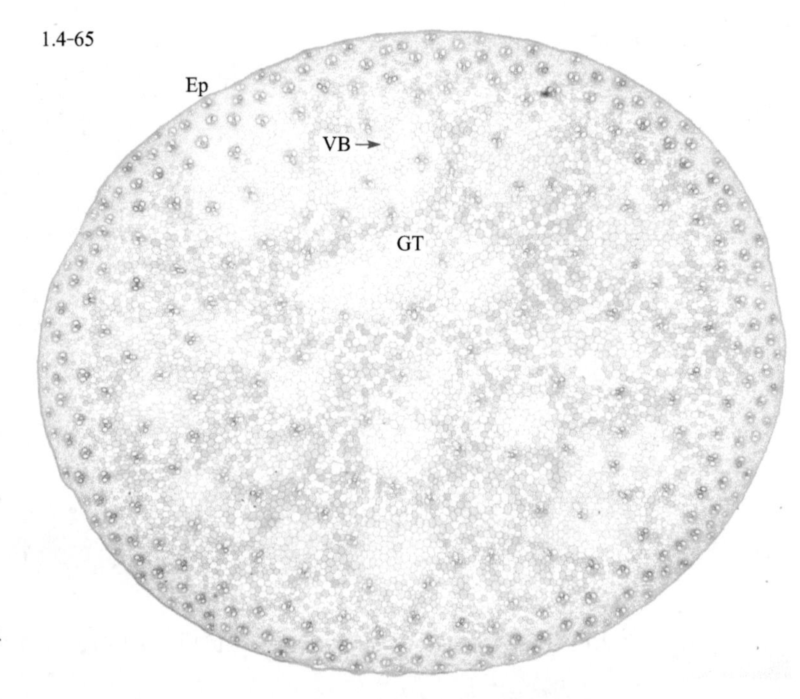

图 1.4-65 玉米（*Zea mays*）茎横切，示单子叶植物实心茎的结构
Ep. 表皮 VB. 维管束，散生
GT. 基本组织

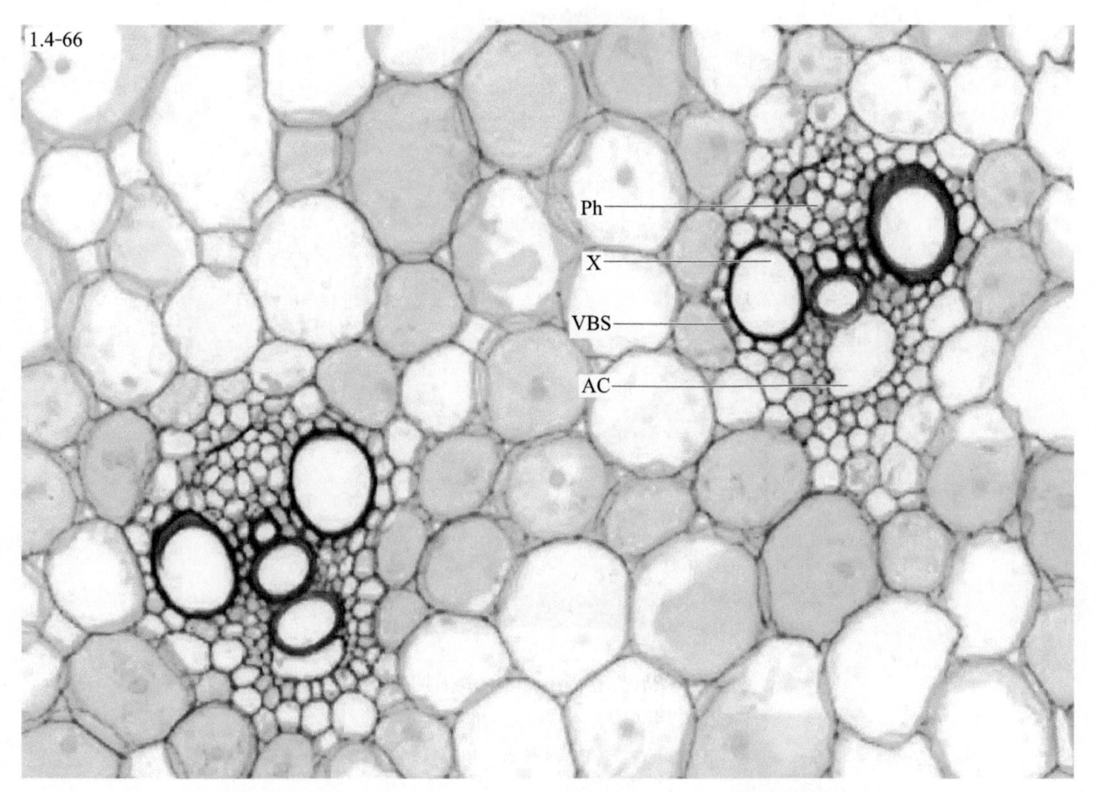

图 1.4-66 玉米（*Zea mays*）茎横切，示“Y”字形维管束
Ph. 韧皮部 X. 木质部 VBS. 维管束鞘 AC. 气腔

（本页切片来自华中农业大学植物学教研室）

1.4-67

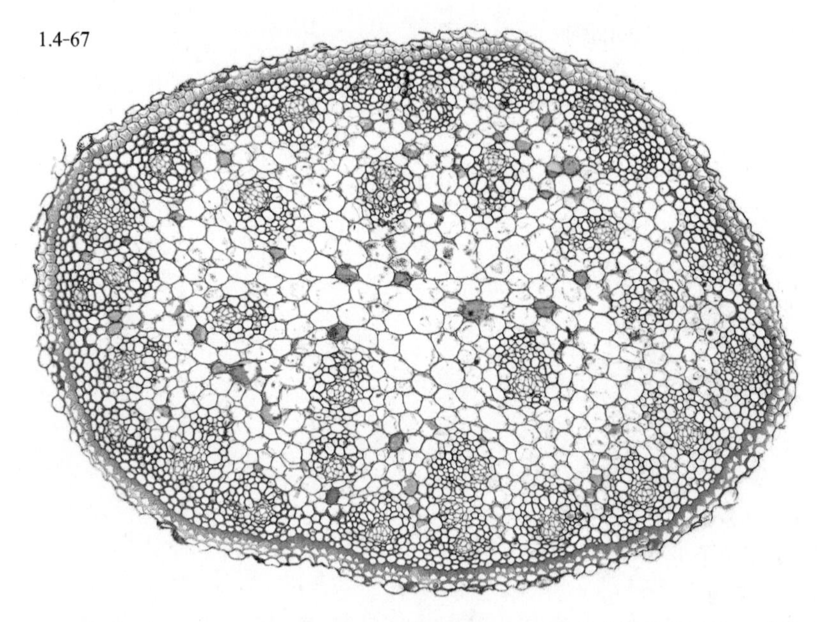

图 **1.4-67** 天门冬（*Asparagus cochnchinensis*）茎横切，示单子叶植物实心茎，维管束散生

1.4-68

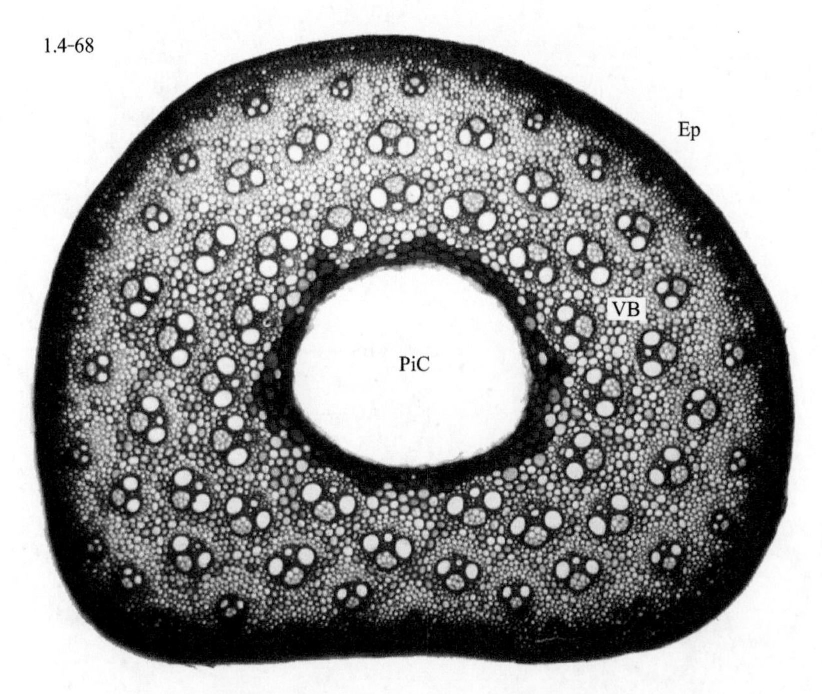

图 **1.4-68** 刚竹（*Phyllostachys* sp.）茎横切，示单子叶植物木本茎结构，茎空心，维管束散生

Ep. 表皮 VB. 维管束 PiC. 髓腔

（天门冬茎横切片来自福建漳州市农校生物切片厂，刚竹茎横切片来自华中农业大学植物学教研室）

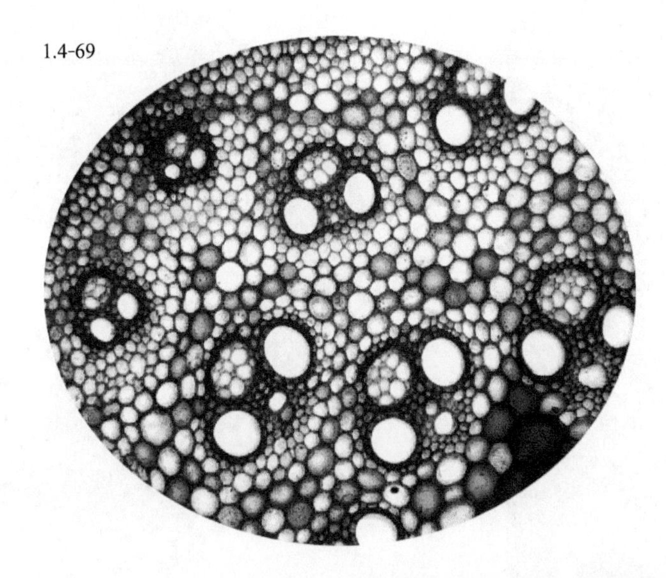

图 1.4-69　刚竹（*Phyllostachys* sp.）茎横切，示单子叶木本茎维管束

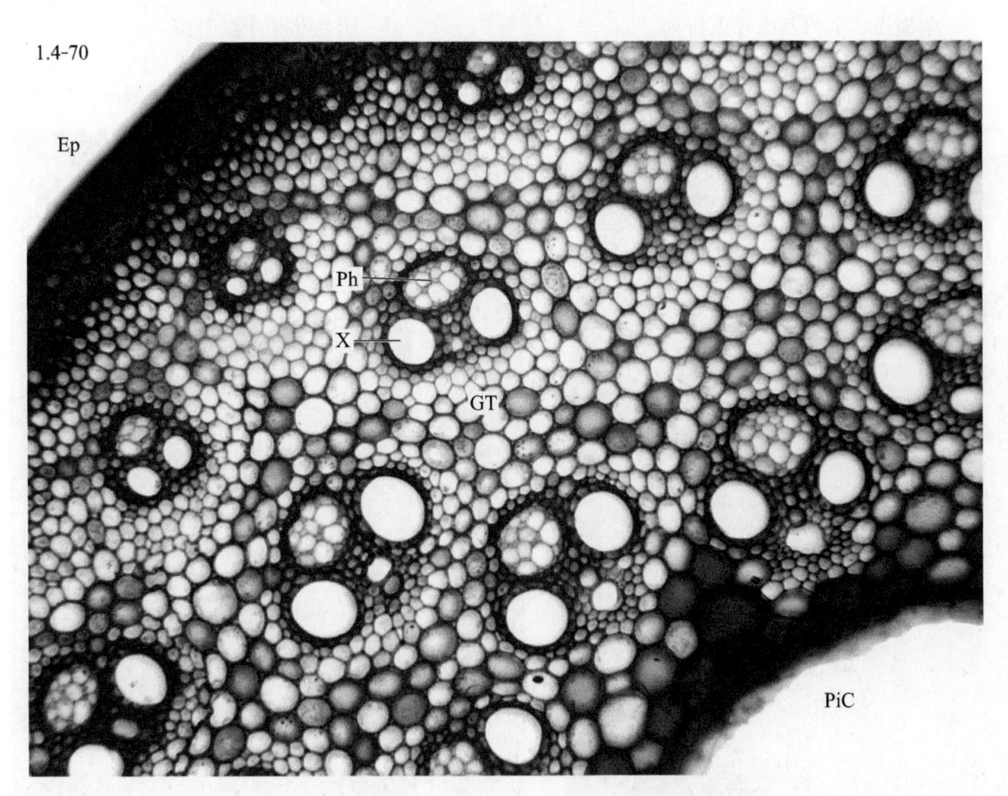

图 1.4-70　刚竹（*Phyllostachys* sp.）茎横切（局部）
Ep. 表皮　GT. 基本组织　Ph. 韧皮部　X. 木质部　PiC. 髓腔

（本页切片来自华中农业大学植物学教研室）

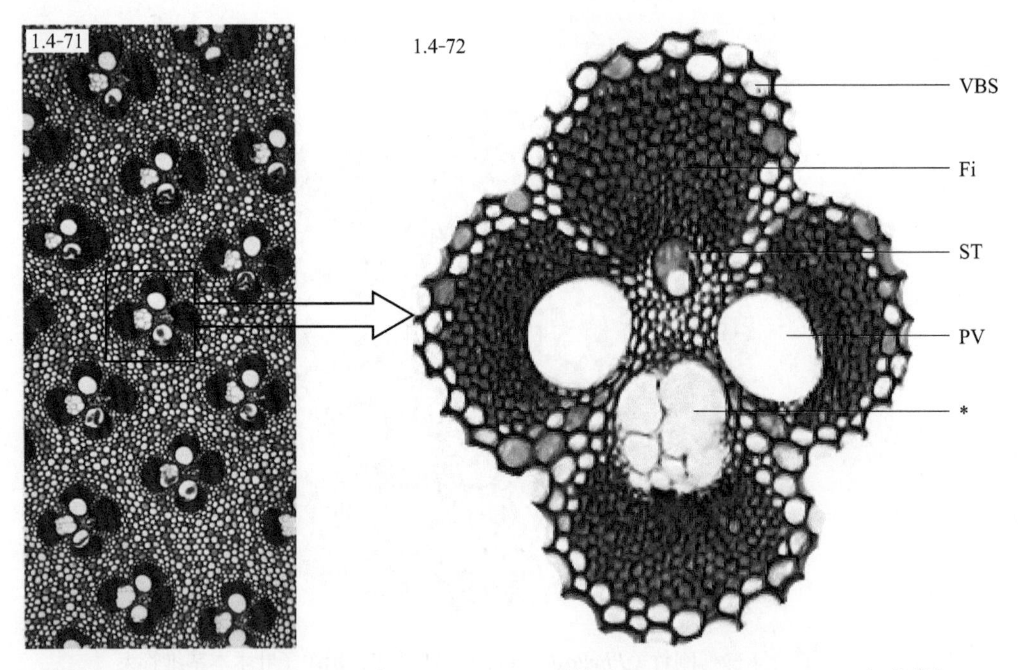

图 **1.4-71** 毛竹（*Phyllostachys heterocycla*）茎横切，示竹茎维管束排列

图 **1.4-72** 毛竹（*Phyllostachys heterocycla*）茎横切，示竹茎 1 个维管束

VBS. 维管束鞘 Fi. 纤维 ST. 筛管 PV. 孔纹导管
* 由薄壁细胞填充的原生木质部腔隙

图 **1.4-73** 毛竹（*Phyllostachys heterocycla*）茎纵切，示竹腔内壁石细胞层

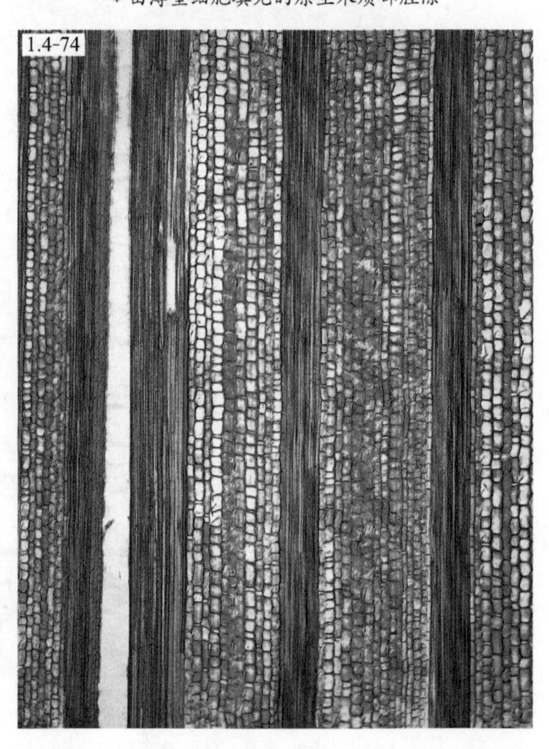

图 **1.4-74** 毛竹（*Phyllostachys heterocycla*）茎纵切，示竹纤维

（本页切片来自华中农业大学植物学教研室）

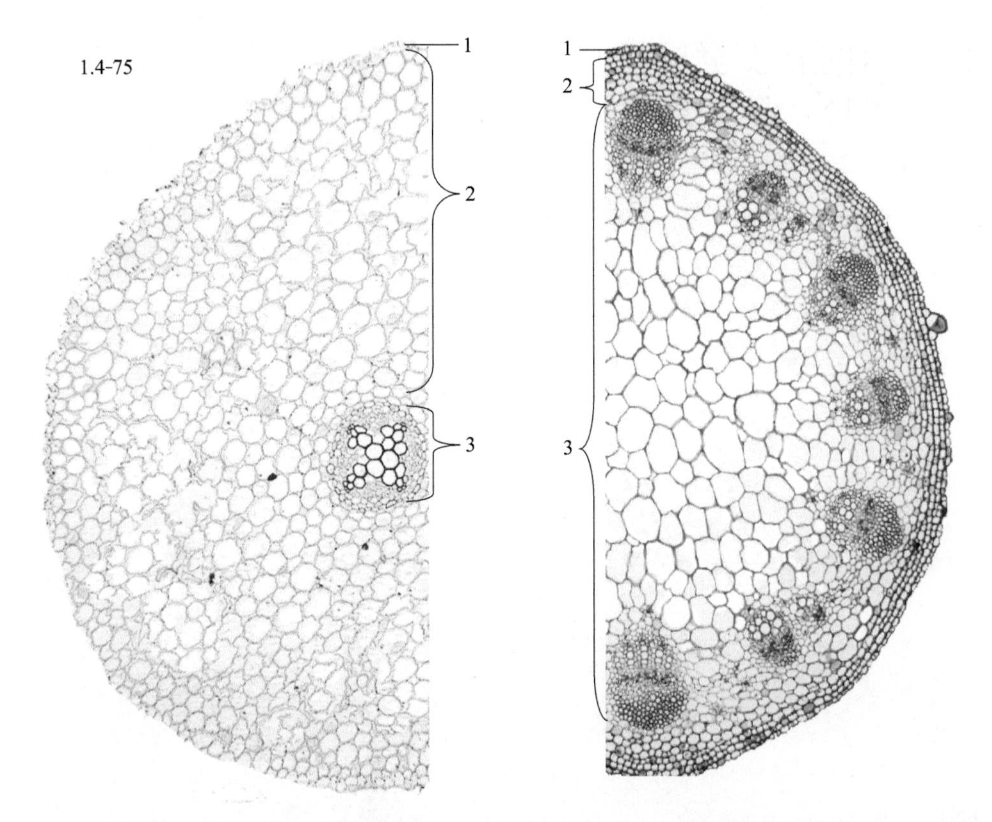

图 1.4-75　毛茛（*Ranunculus* sp.）幼根（左）横切与菊芋（*Helianthus tuberosus*）幼茎（右）横切，示双子叶植物根的初生结构与双子叶植物茎的初生结构比较

1. 表皮　2. 皮层　3. 中柱（维管柱）

表 2　双子叶植物根与双子叶植物茎的初生结构比较表

双子叶植物幼根（初生结构）	双子叶植物幼茎（初生结构）
根尖有根冠和根毛，根为白色或无色	茎尖无毛，由幼叶保护生长点，茎为绿色，能行使光合作用
根的初生结构分为表皮、皮层、中柱三部分。根表皮有外突的根毛为吸收组织，无角质层或很薄	茎的初生结构分为表皮、皮层、维管柱三部分。表皮上有表皮毛为保护组织，角质层较厚
皮层是根最发达的部分，皮层薄壁细胞占的比例大，皮层内无厚角组织，内皮层上有凯氏带加厚	茎整个皮层不甚发达，由厚角组织和薄壁组织组成，无明显的内皮层，少数有淀粉鞘
根中柱外有明显的中柱鞘；初生木质部成束与初生韧皮部相间排列；形成辐射状维管组织。初生木质部的发育顺序为外始式；一般根中央无髓，被初生木质部占据；在初生木质部与初生韧皮部之间常保留几层具潜在分裂能力的薄壁细胞，以后成为维管形成层的一部分	茎的维管柱外无中柱鞘；维管柱是由维管束、髓射线和髓三部分组成；维管束间断排列为一轮，初生韧皮部在外，初生木质部在内，二者间有束中形成层；初生木质部的发育顺序为内始式；有髓射线和髓

（本页切片来自华中农业大学植物学教研室）

1.5 叶的形态与结构

图 1.5-1～图 1.5-24

1.5-1

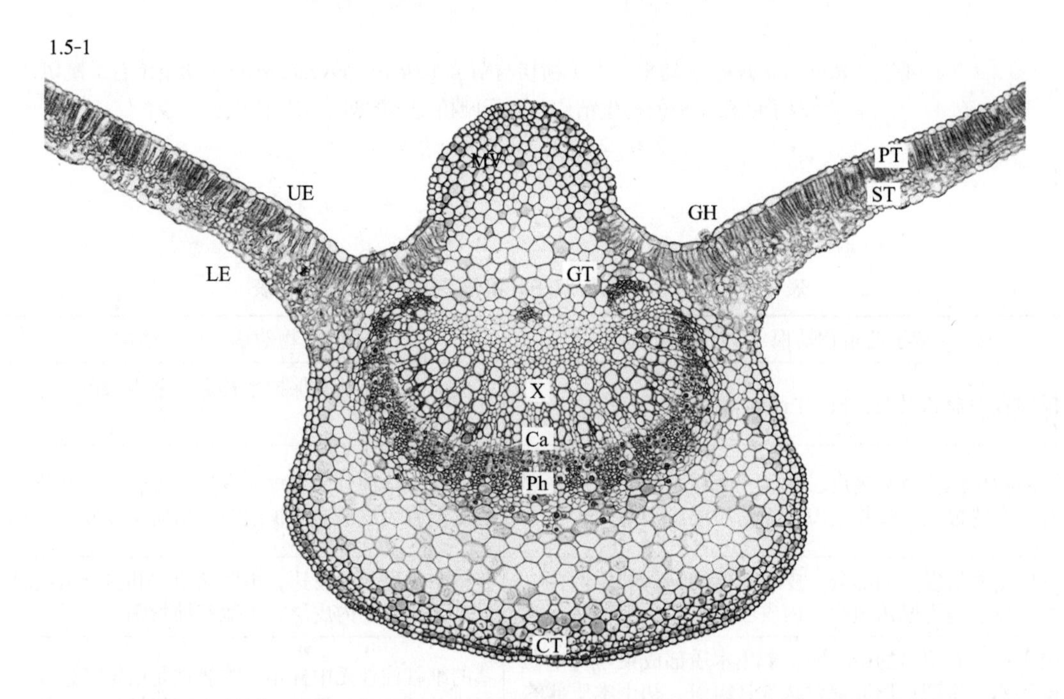

图 1.5-1 棉（*Gossypium hirsutum*）叶横切，示双子叶植物叶的结构（经过主脉）

UE. 上表皮 LE. 下表皮 MV. 主脉 GT. 基本组织 X. 木质部 Ca. 形成层 Ph. 韧皮部 CT. 厚角组织 PT. 栅栏组织 ST. 海绵组织 GH. 腺毛

（本页切片来自华中农业大学植物学教研室）

1.5-2

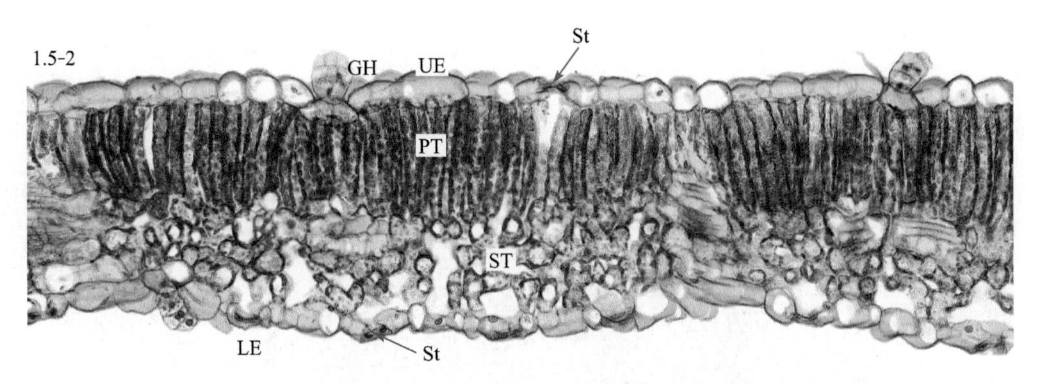

图 1.5-2　棉（*Gossypium hirsutum*）叶横切，示侧脉的结构

GH. 腺毛　UE. 上表皮　St. 气孔　PT. 栅栏组织　ST. 海绵组织　LE. 下表皮

1.5-3

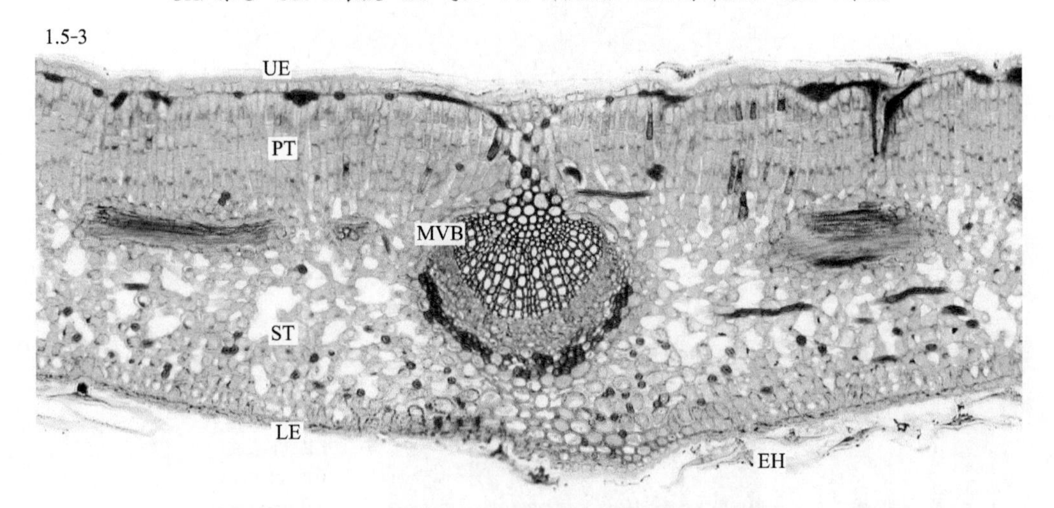

图 1.5-3　油橄榄（*Olea europaea*）叶横切，示双子叶植物叶主脉的结构

UE. 上表皮　PT. 栅栏组织　ST. 海绵组织　MVB. 主脉维管束　LE. 下表皮　EH.（盾状）表皮毛

1.5-4

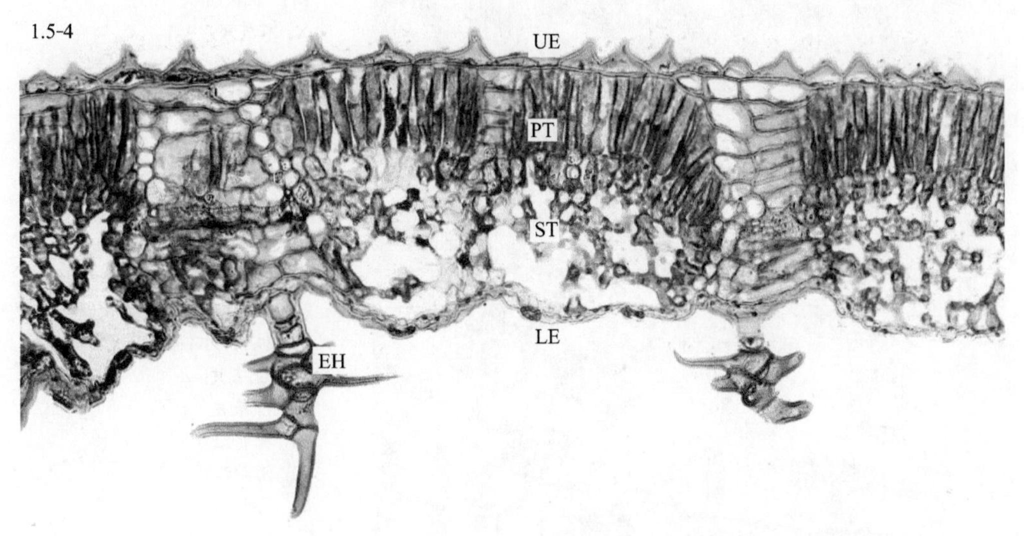

图 1.5-4　泡桐（*Paulownia tomentosa*）叶横切，示双子叶植物叶侧脉的结构

UE. 上表皮，角质膜乳突状　PT. 栅栏组织　ST. 海绵组织　LE. 下表皮　EH.（树状）表皮毛

（本页切片来自华中农业大学植物学教研室）

1.5-5

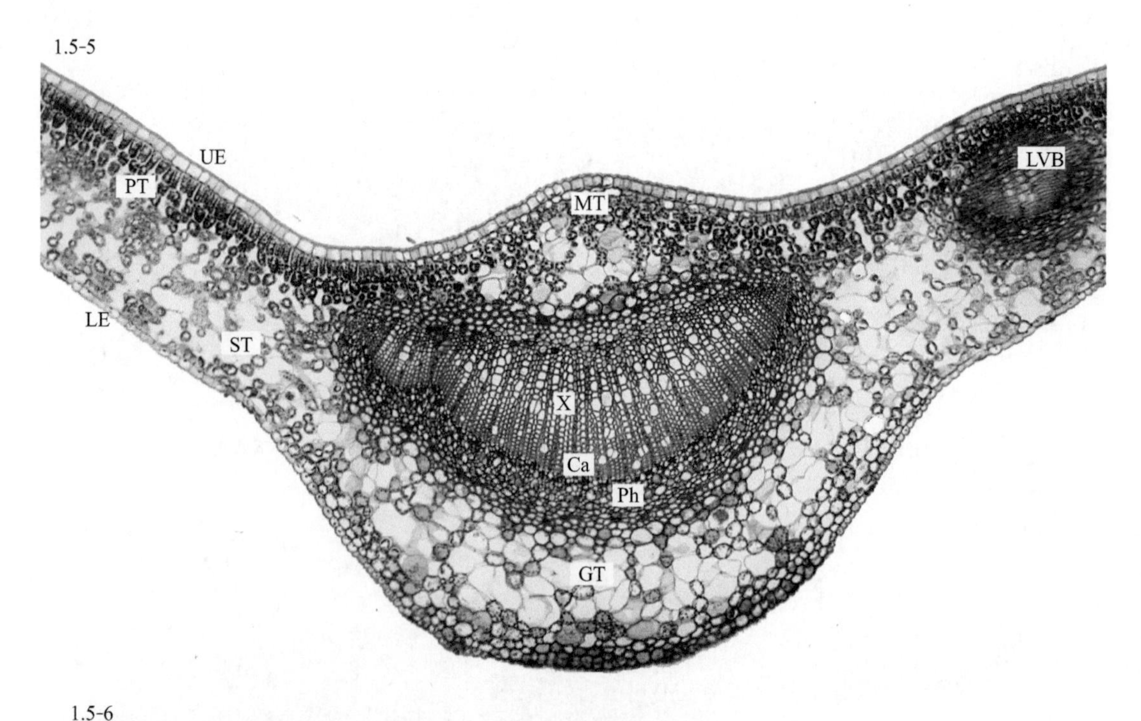

1.5-6

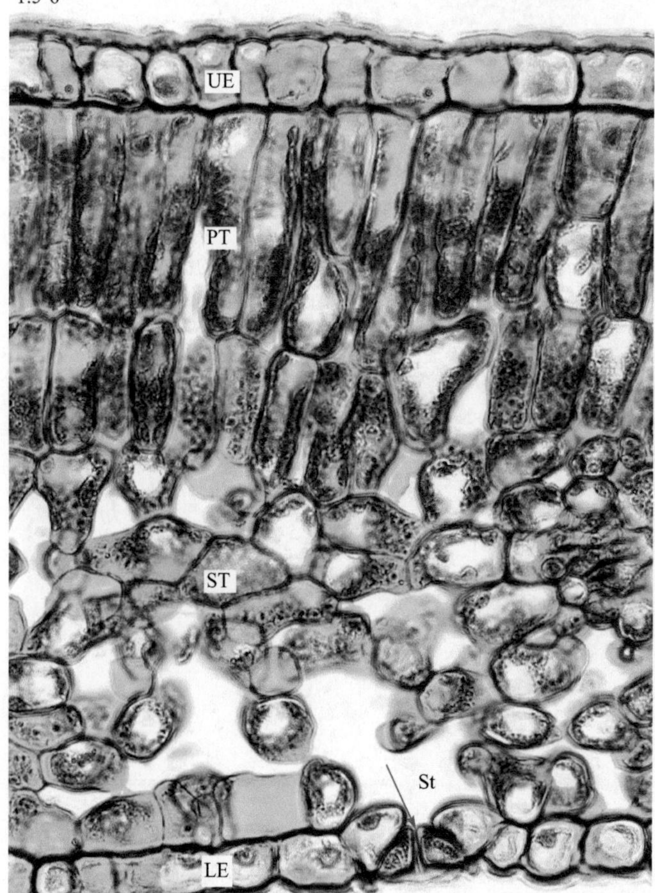

↑图 1.5-5　茶（*Camellia sinensis*）叶横切，示主脉的结构

UE. 上表皮
LE. 下表皮
PT. 栅栏组织
ST. 海绵组织
GT. 基本组织
MT. 机械组织
X. 木质部
Ca. 形成层
Ph. 韧皮部
LVB. 侧脉维管束

图 1.5-6　茶（*Camellia sinensis*）叶横切，示侧脉的结构

UE. 上表皮
LE. 下表皮
PT. 栅栏组织
ST. 海绵组织
St. 气孔

（本页切片来自华中农业大学植物学教研室）

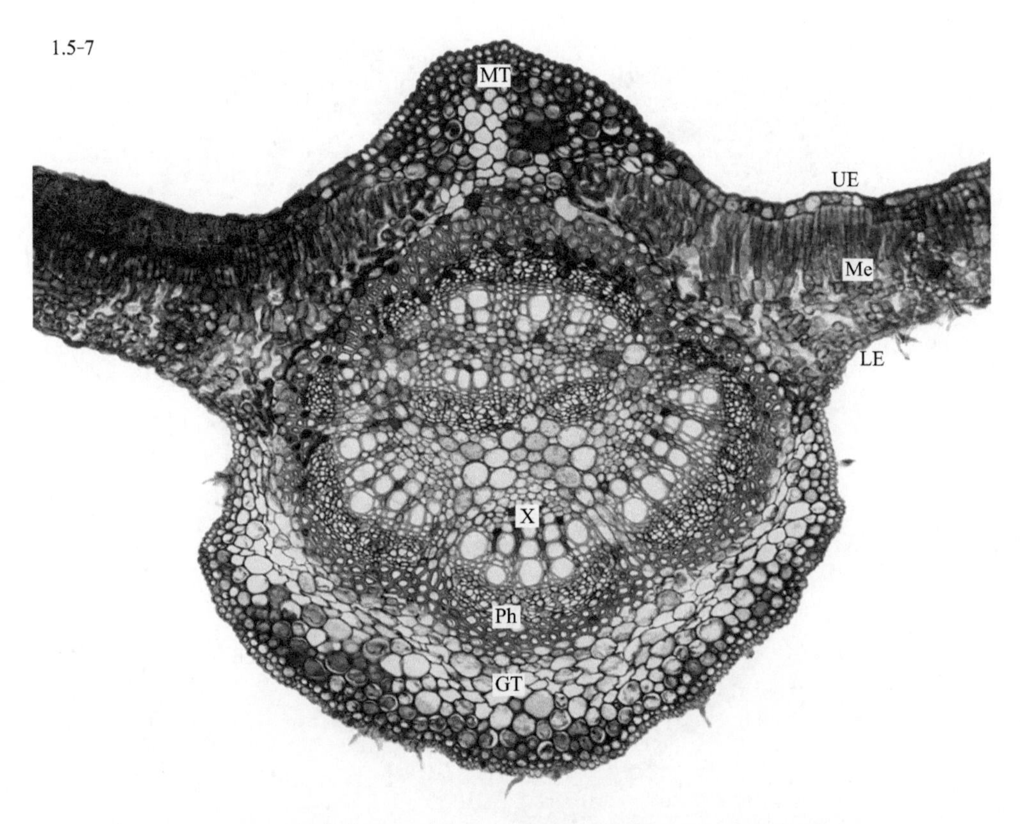

图 1.5-7 栓皮栎（*Quercus variabilis*）叶横切，示主脉的结构

UE. 上表皮 MT. 机械组织 Me. 叶肉 X. 木质部 Ph. 韧皮部 GT. 基本组织 LE. 下表皮

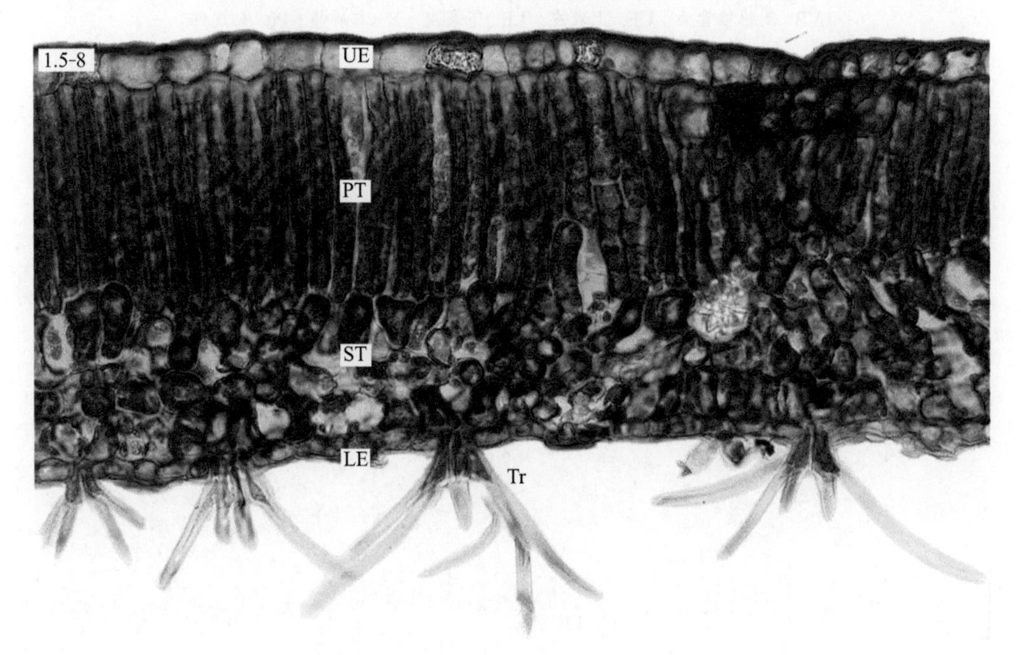

图 1.5-8 栓皮栎（*Quercus variabilis*）叶横切，示侧脉的结构

UE. 上表皮 PT. 栅栏组织 ST. 海绵组织 LE. 下表皮 Tr. 表皮毛

（本页切片来自华中农业大学植物学教研室）

1.5-9

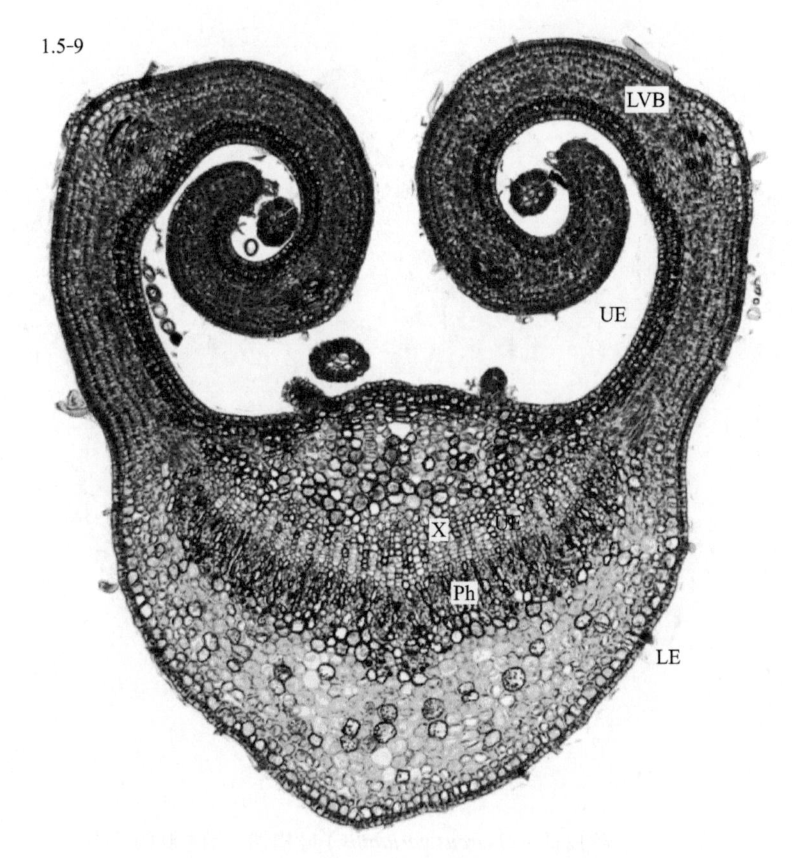

图 1.5-9 梨（*Pyrus* sp.）叶横切，示幼叶卷叠

LVB. 侧脉维管束 UE. 上表皮 LE. 下表皮 X. 木质部 Ph. 韧皮部

1.5-10

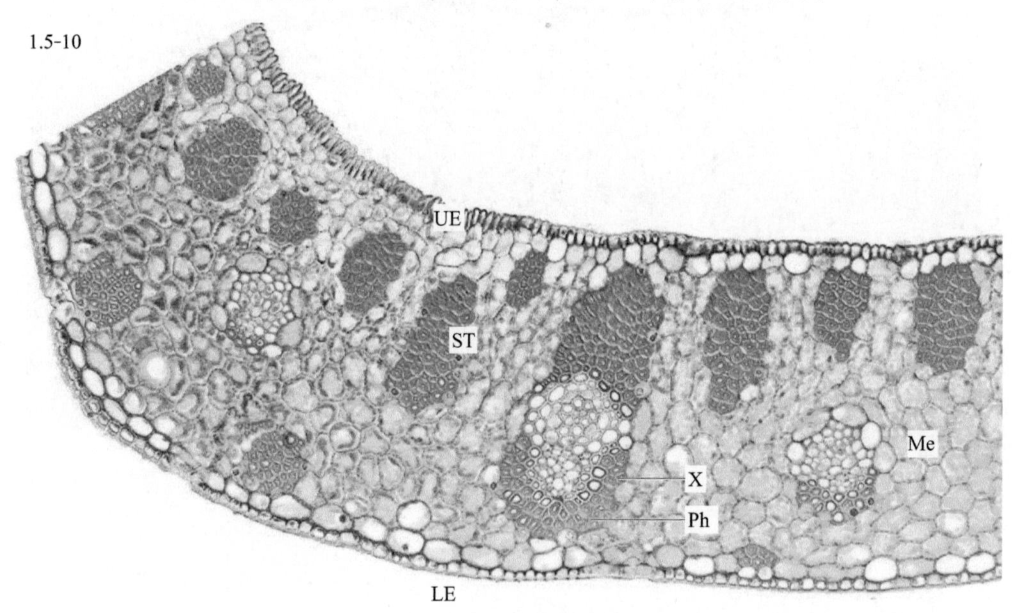

图 1.5-10 棕榈（*Trachycarpus fortunei*）叶侧脉横切，示单子叶木本植物叶的结构

UE. 上表皮 ST. 厚壁组织 X. 木质部 Ph. 韧皮部 LE. 下表皮 Me. 叶肉

（本页切片来自华中农业大学植物学教研室）

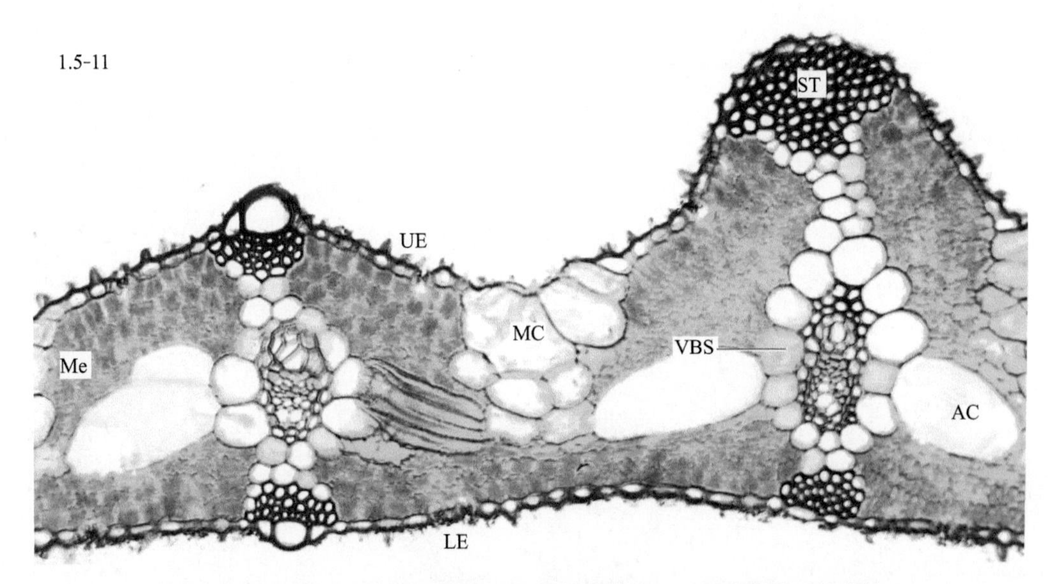

图 1.5-11　茭白（*Zizania latifolia*）叶侧脉横切，示挺水植物叶的结构

Me. 叶肉　UE. 上表皮　MC. 运动细胞　LE. 下表皮　ST. 厚壁组织　VBS. 维管束鞘　AC. 气腔

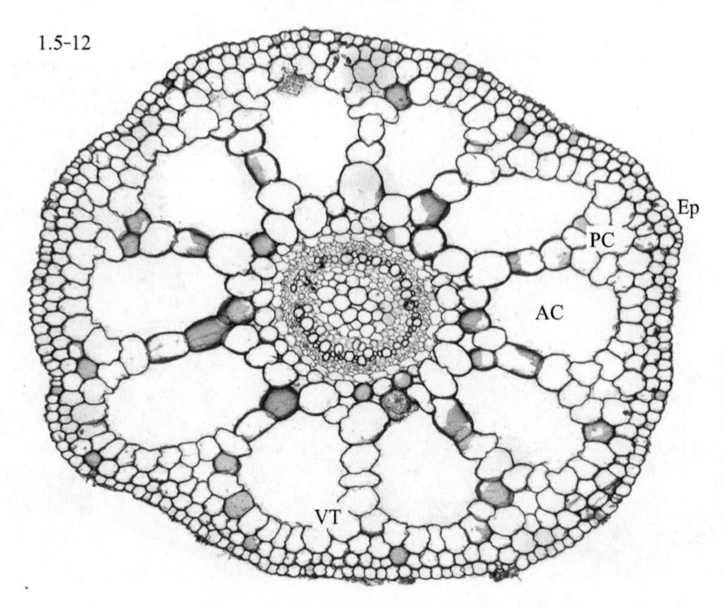

图 1.5-12　眼子菜（*Potamogeton distinctus*）叶横切，示沉水植物叶的结构

Ep. 表皮　PC. 薄壁细胞　VT. 维管组织　AC. 气腔

（本页切片来自华中农业大学植物学教研室）

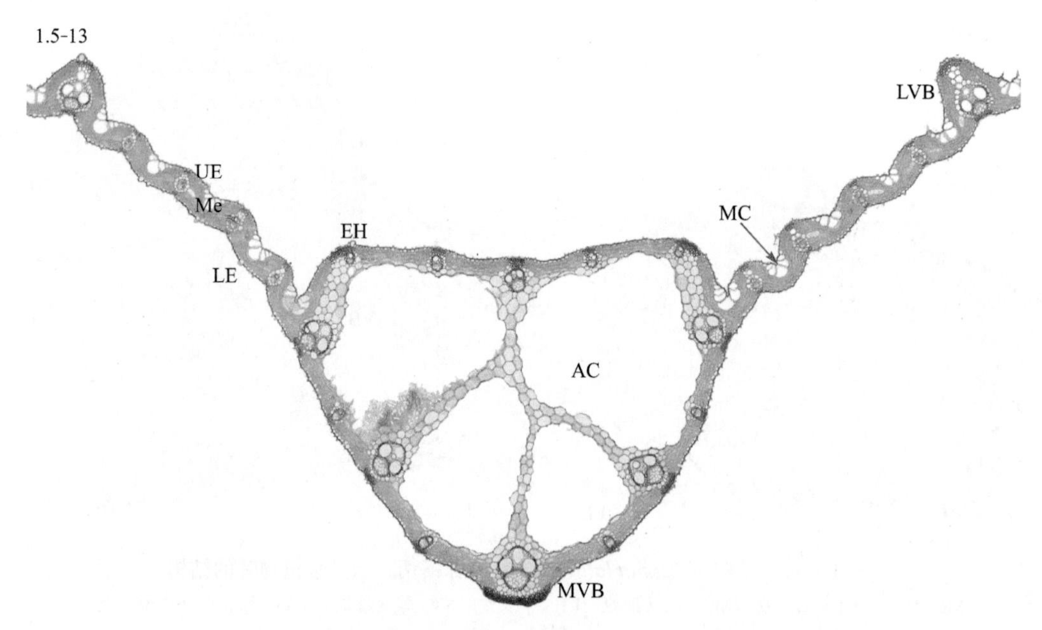

图 **1.5-13** 水稻（*Oryza sativa*）叶横切，示禾本科植物叶的结构

UE. 上表皮 Me. 叶肉，细胞小且排列紧密 LE. 下表皮 EH. 表皮毛，细胞向外突出如齿
AC. 气腔，主脉中具有发达的通气组织 MVB. 主脉维管束 LVB. 侧脉维管束
MC. 运动细胞，外壁明显

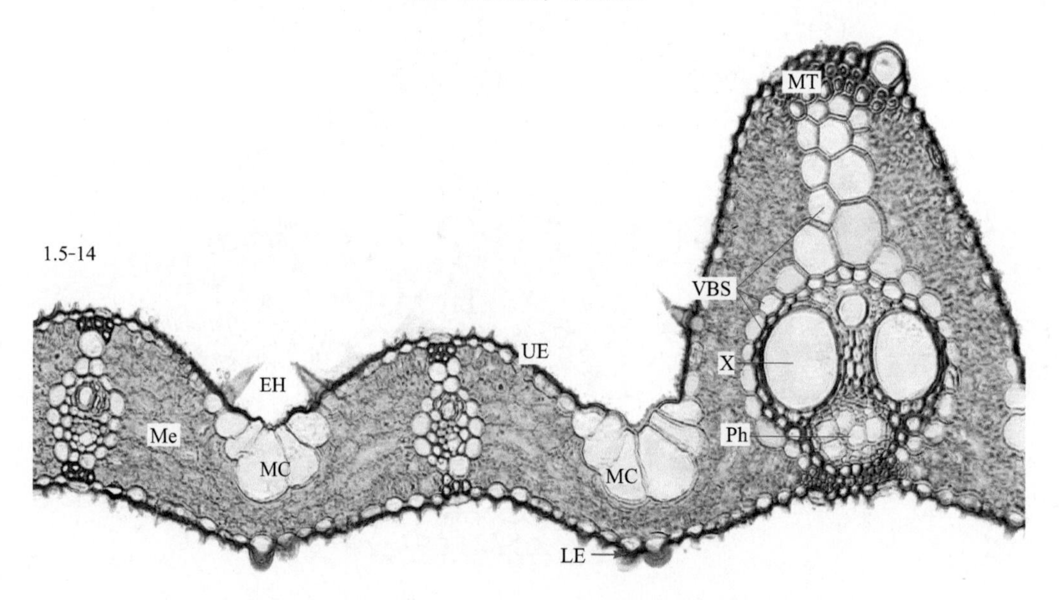

图 **1.5-14** 水稻（*Oryza sativa*）叶横切，示侧脉的结构

Me. 叶肉 EH. 表皮毛 MC. 运动细胞 UE. 上表皮 MT. 机械组织
VBS. 维管束鞘（2 层，为 C_3 植物特征） X. 木质部 Ph. 韧皮部 LE. 下表皮，具乳凸状（箭头所示）

（本页切片来自华中农业大学植物学教研室）

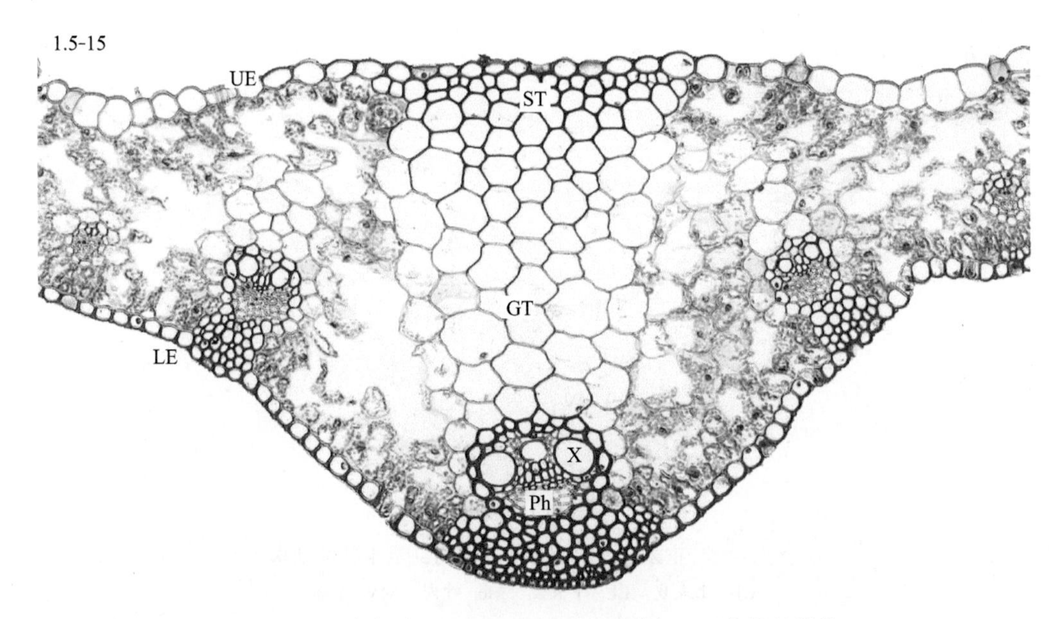

图 1.5-15　小麦（*Triticum aestivum*）叶横切，示主脉的结构

UE. 上表皮　ST. 厚壁组织　GT. 基本组织　X. 木质部
Ph. 韧皮部　LE. 下表皮

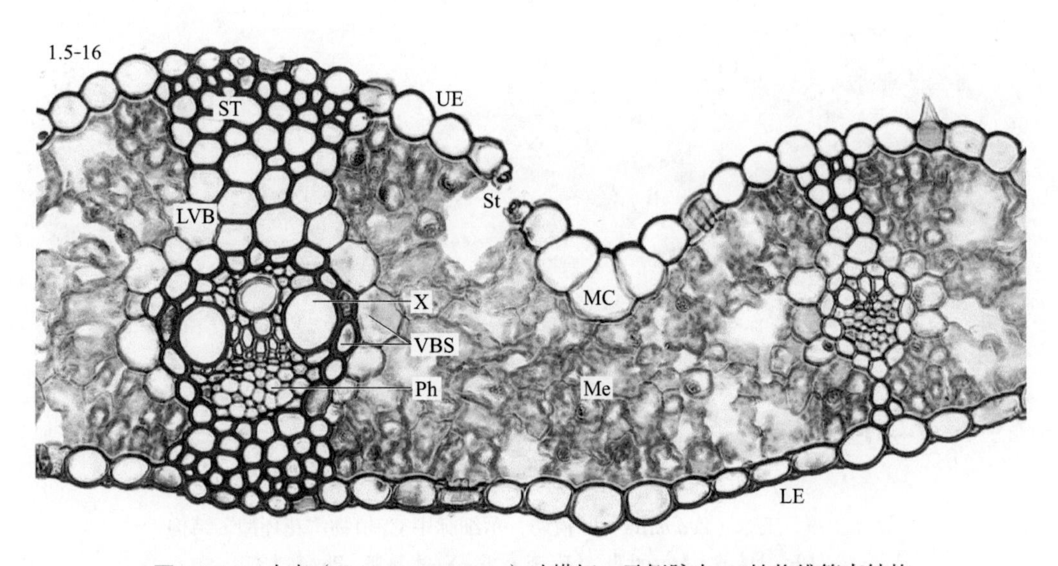

图 1.5-16　小麦（*Triticum aestivum*）叶横切，示侧脉中 C_3 植物维管束结构

ST. 厚壁组织　LVB. 侧脉维管束　X. 木质部　VBS. 维管束鞘　Ph. 韧皮部　UE. 上表皮　St. 气孔
MC. 运动细胞　Me. 叶肉　LE. 下表皮

（本页切片来自华中农业大学植物学教研室）

1.5-17

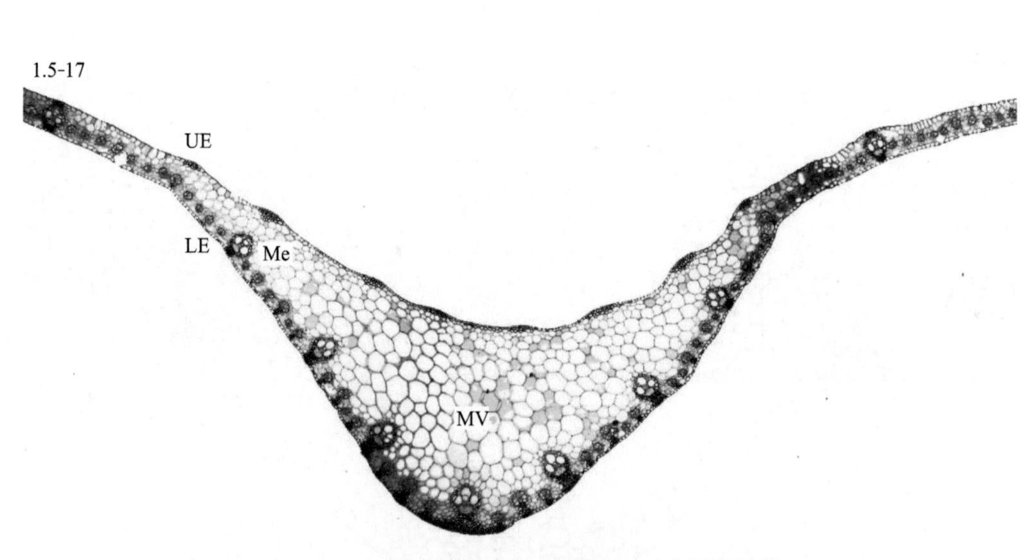

图 1.5-17　玉米（*Zea mays*）叶横切，示主脉的结构

UE. 上表皮　LE. 下表皮　Me. 叶肉　MV. 主脉

1.5-18

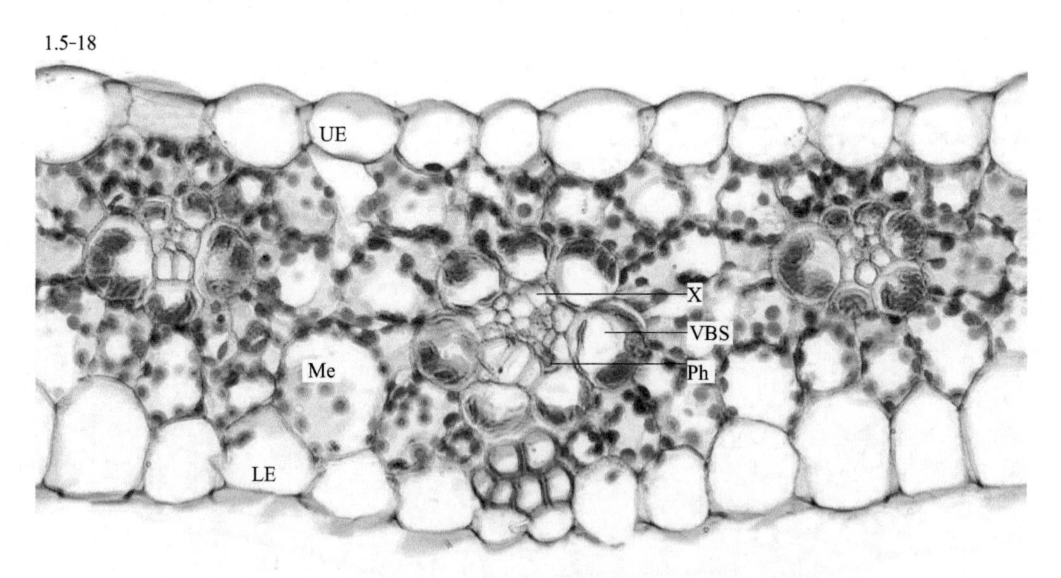

图 1.5-18　玉米（*Zea mays*）叶横切，示细脉中 C_4 植物“花环型”结构

UE. 上表皮　Me. 叶肉　LE. 下表皮　X. 木质部　Ph. 韧皮部

VBS. 维管束鞘，1 层，含叶绿体，与外层叶肉细胞组成花环结构

（本页切片来自华中农业大学植物学教研室）

1.5-19

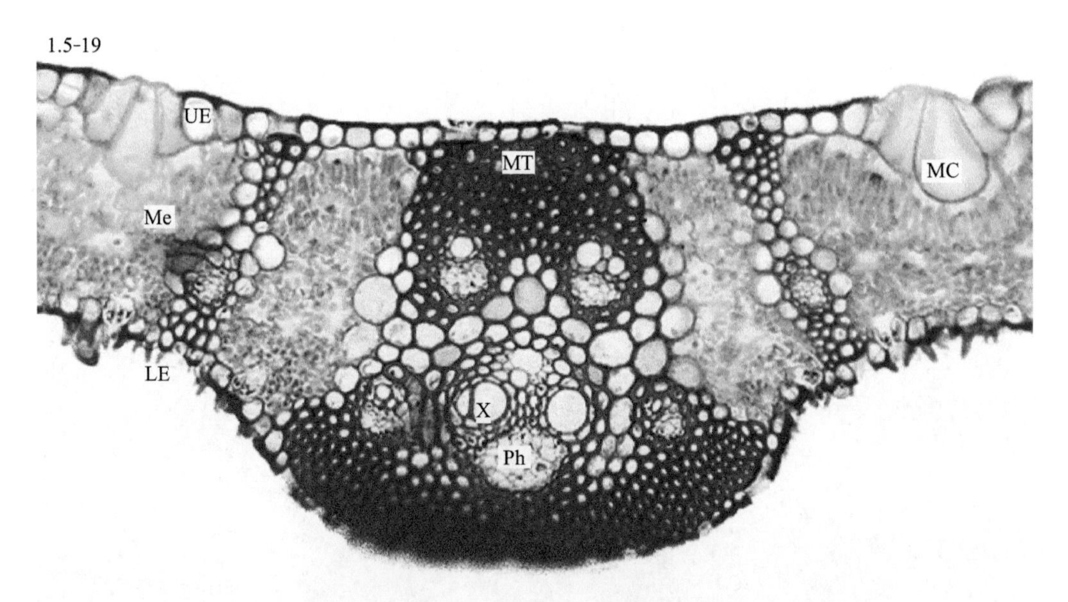

图 1.5-19　毛竹（*Phyllostachys edulis*）叶横切，示竹叶主脉的结构
UE. 上表皮　Me. 叶肉　LE. 下表皮　MT. 机械组织
X. 木质部　Ph. 韧皮部　MC. 运动细胞

1.5-20

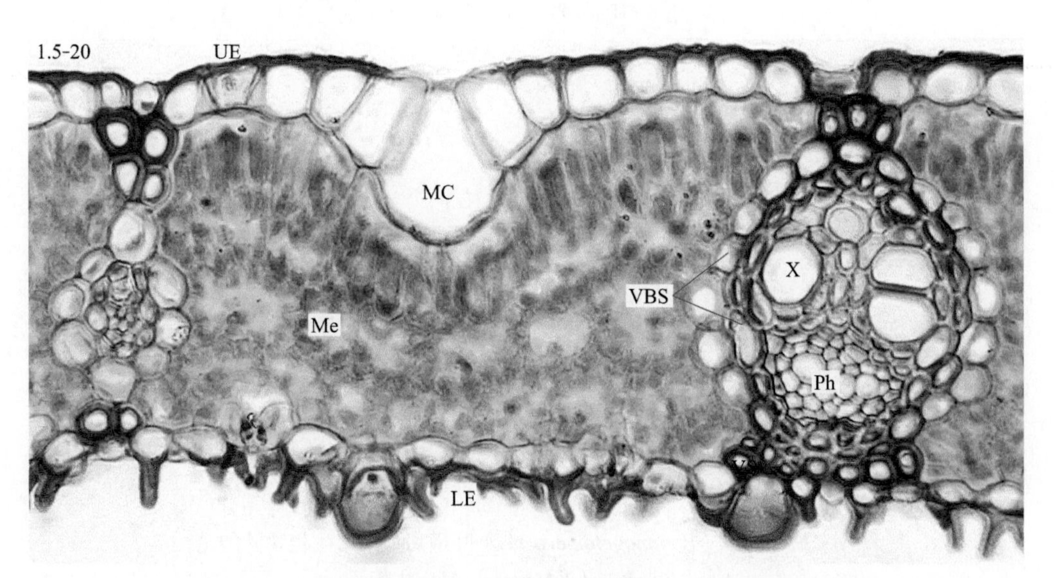

图 1.5-20　毛竹（*Phyllostachys edulis*）叶横切，示竹叶侧脉的结构
UE. 上表皮　MC. 运动细胞　Me. 叶肉　VBS. 维管束鞘（2 层）
X. 木质部　Ph. 韧皮部　LE. 下表皮，乳凸

（本页切片来自华中农业大学植物学教研室）

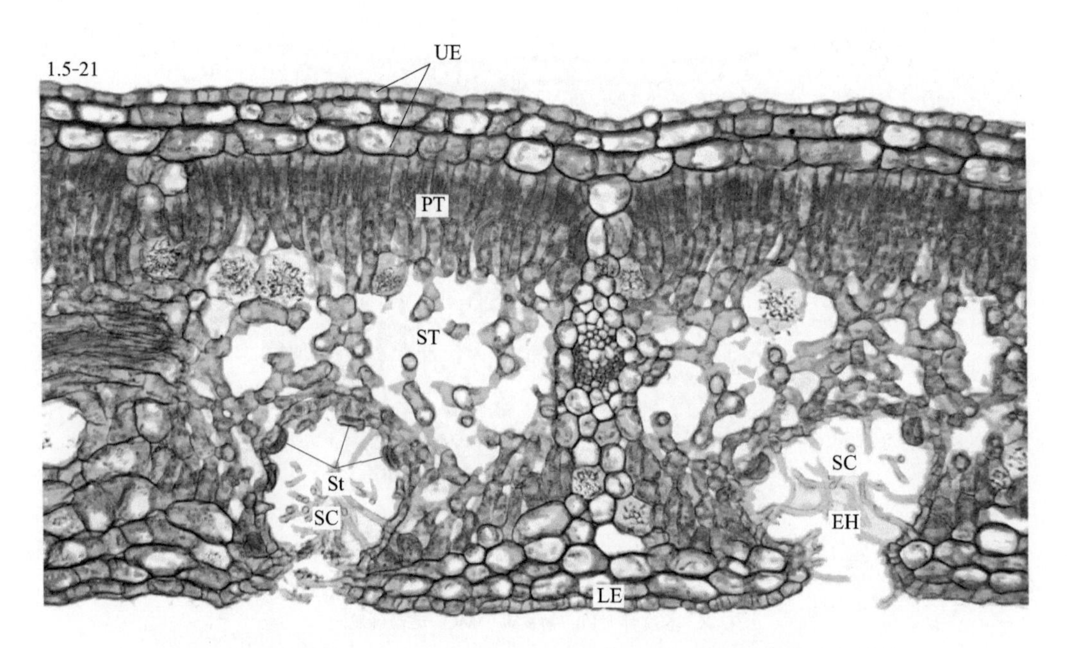

图 1.5-21　夹竹桃（*Nerium oleander*）叶侧脉横切，示旱生植物叶的结构

UE. 上表皮（复表皮）　PT. 栅栏组织　ST. 海绵组织　SC. 气孔窝　St. 气孔
EH. 表皮毛　LE. 下表皮

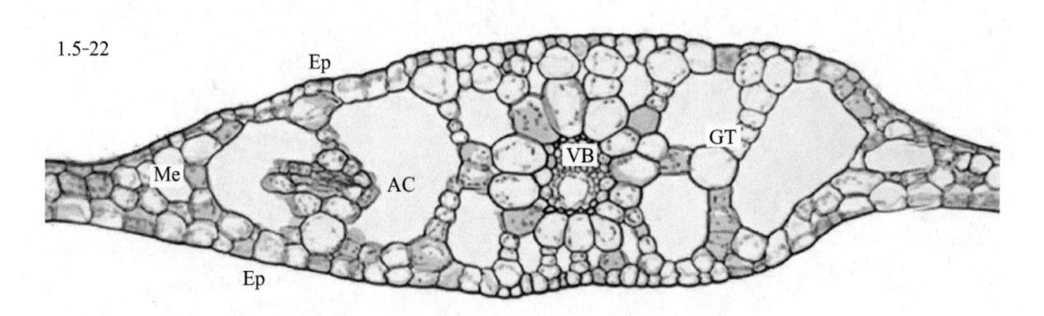

图 1.5-22　菹草（*Potamogeton crispus*）叶横切，示水生植物叶的结构

Ep. 表皮（具叶绿体）　Me. 叶肉
VB. 维管束　GT. 基本组织　AC. 气腔

（本页切片来自华中农业大学植物学教研室）

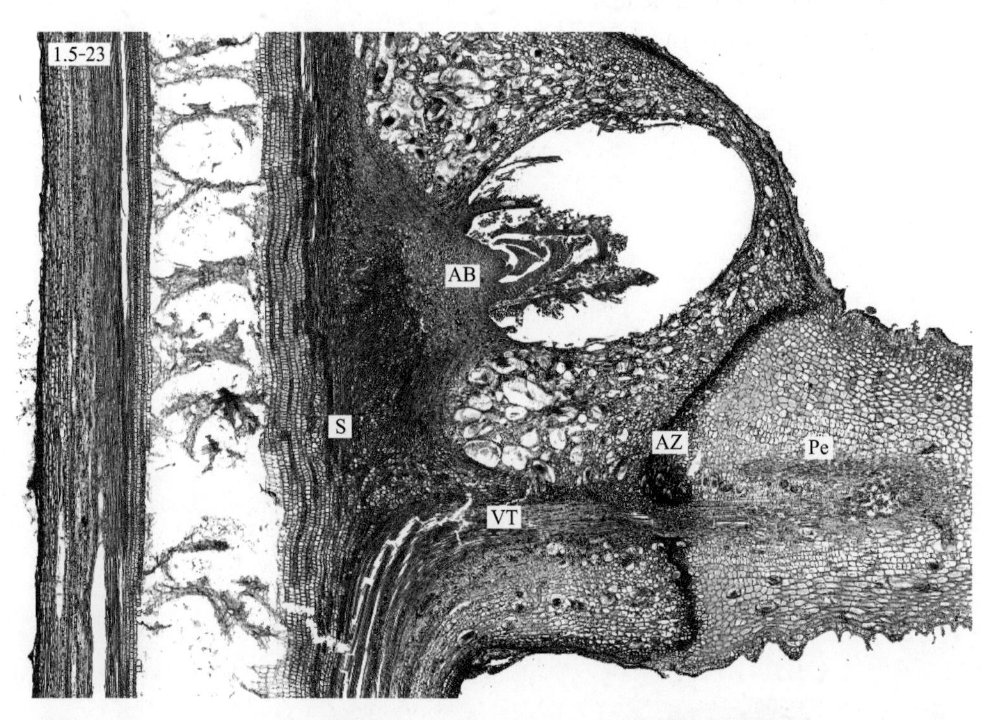

图 1.5-23　猕猴桃（*Actinidia chinensis*）茎纵切，示离区

S. 茎　AB. 腋芽　VT. 维管组织　AZ. 离区　Pe. 叶柄

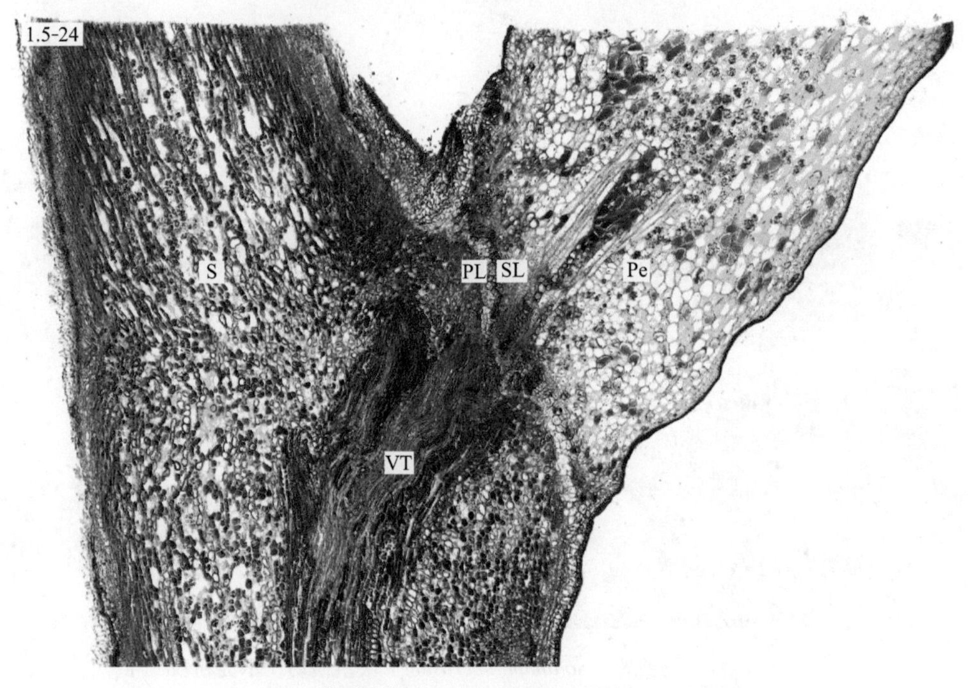

图 1.5-24　柳树（*Salix babylonica*）茎纵切，示离层

S. 茎　VT. 维管组织　PL. 保护层　SL. 离层　Pe. 叶柄

（本页切片来自华中农业大学植物学教研室）

1.6 植物营养器官变态

图 1.6-1～图 1.6-19

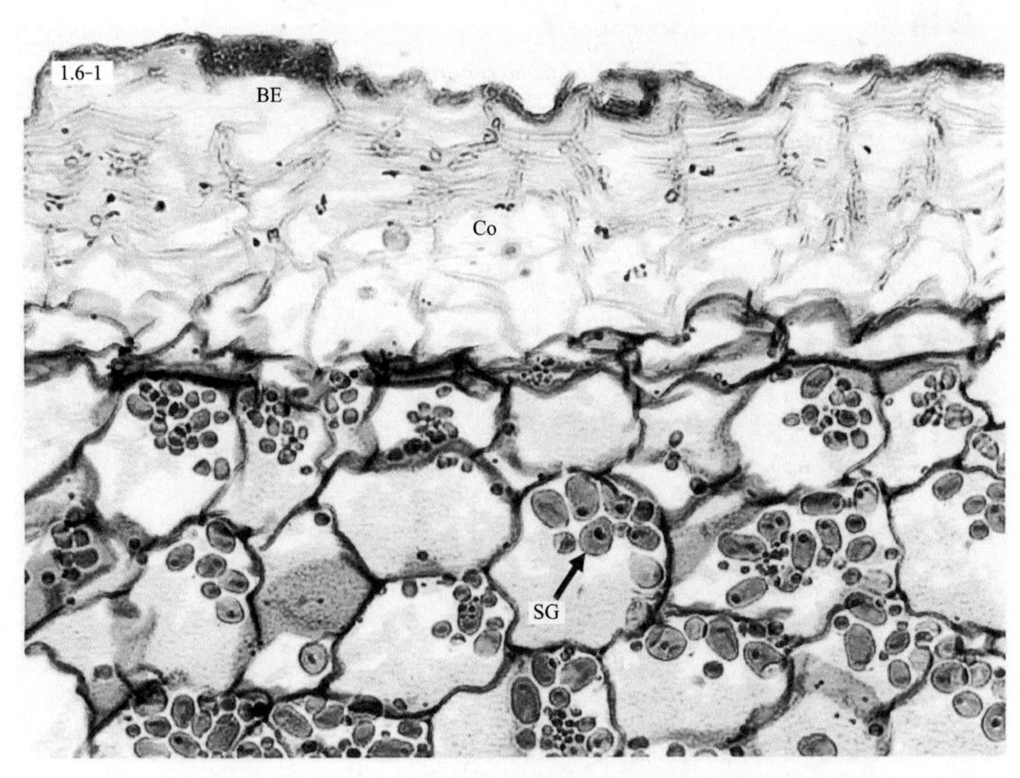

图 1.6-1 马铃薯（*Solanum tuberosum*）块茎横切，示淀粉粒

BE. 芽眼 Co. 皮层 SG. 淀粉粒

（本页切片来自福建漳州市农校生物切片厂）

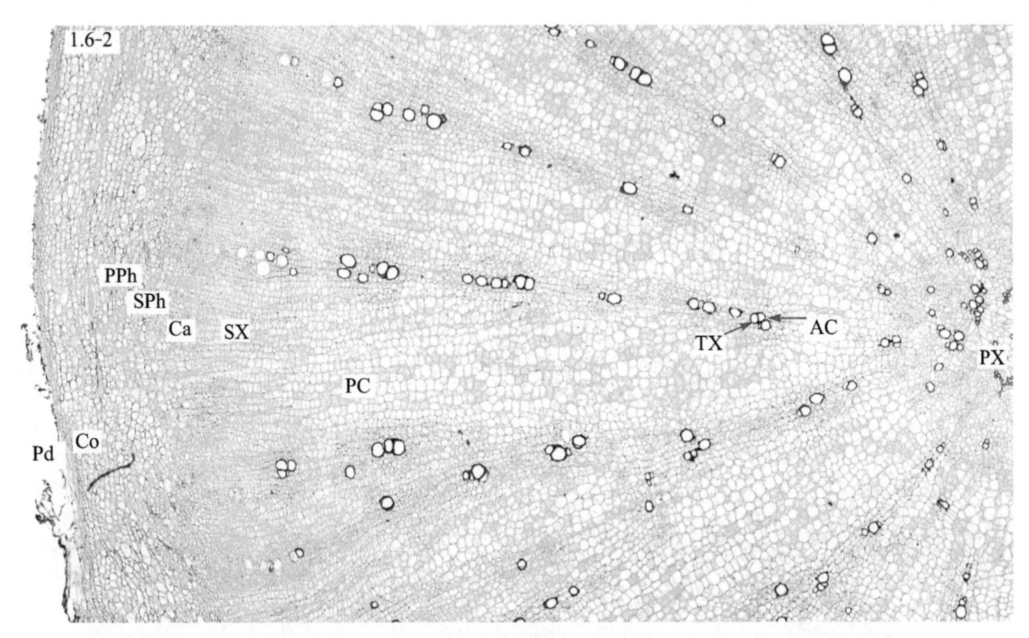

图 1.6-2 萝卜（*Raphanus sativus*）肉质直根横切，示次生木质部的木薄壁细胞发达

Pd. 周皮 Co. 皮层 PPh. 初生韧皮部 SPh. 次生韧皮部 Ca. 形成层 SX. 次生木质部 PX. 初生木质部 TX. 三生木质部 AC. 副形成层 PC. 薄壁细胞

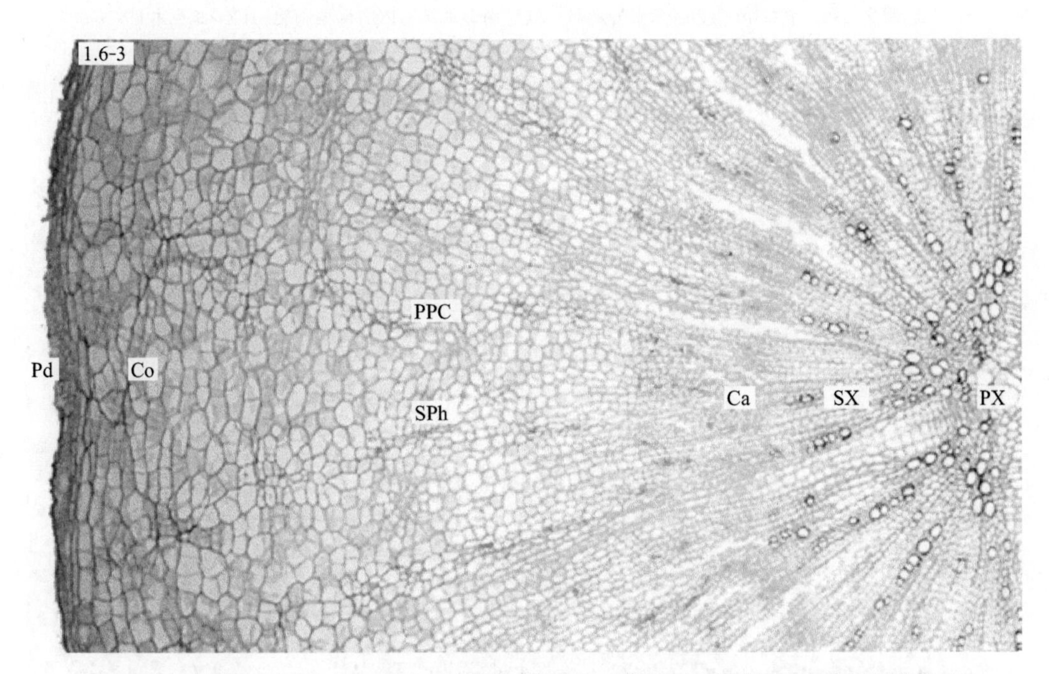

图 1.6-3 胡萝卜（*Daucus carota*）肉质直根横切，示次生韧皮部的韧皮薄壁细胞发达

Pd. 周皮 Co. 皮层 SPh. 次生韧皮部 Ca. 形成层 SX. 次生木质部 PX. 初生木质部 PPC. 韧皮薄壁细胞

（本页切片来自华中农业大学植物学教研室）

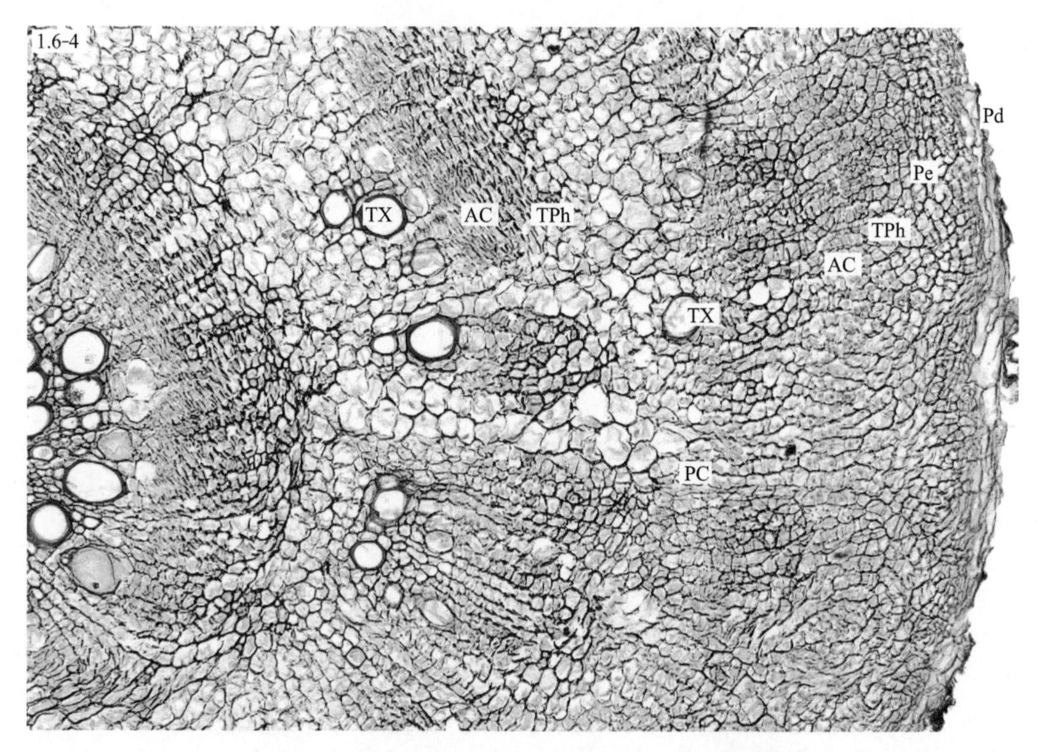

图 **1.6-4** 甜菜（*Beta vulgaris*）根横切，示三生结构

Pd. 周皮 Pe. 中柱鞘 TPh. 三生韧皮部 AC. 副形成层 PC. 薄壁细胞 TX. 三生木质部

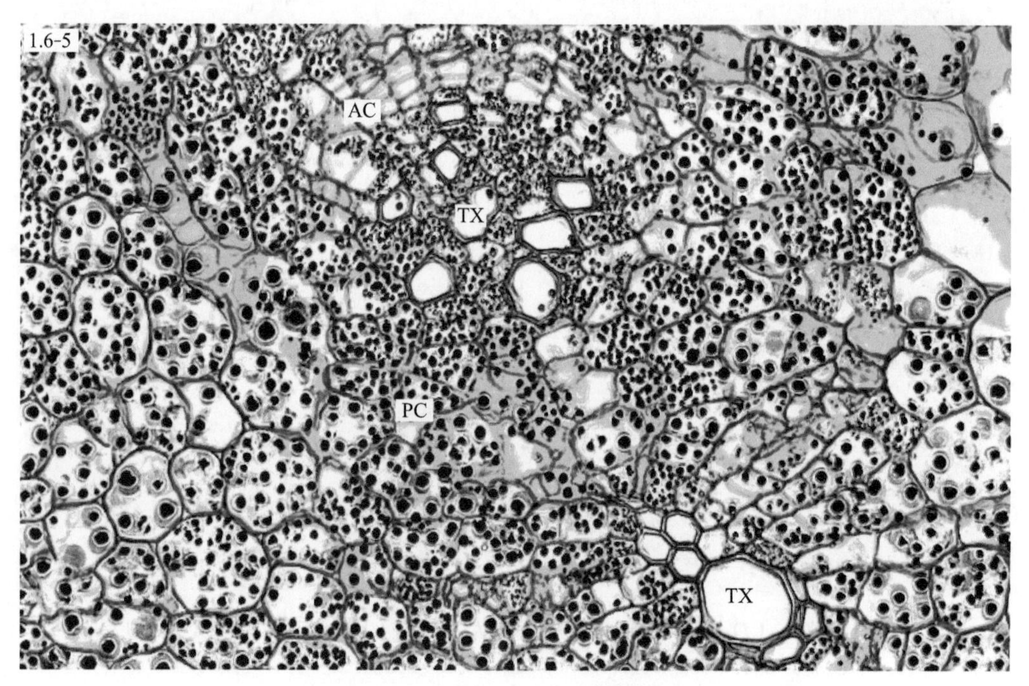

图 **1.6-5** 红薯（*Ipomoea batatas*）块根横切，示三生结构

PC. 薄壁细胞 AC. 副形成层 TX. 三生木质部

（本页切片来自华中农业大学植物学教研室）

1.6-6

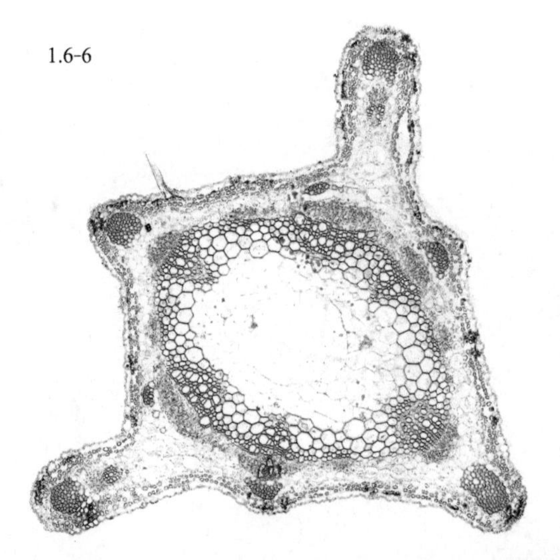

图 1.6-6 红薯（*Ipomoea batatas*）茎横切，示茎的不规则外形

1.6-7

图 1.6-7 红薯（*Ipomoea batatas*）茎纵切，示不定根及不定芽的发生

AB. 不定芽 AR. 不定根

（本页切片来自华中农业大学植物学教研室）

1.6-8

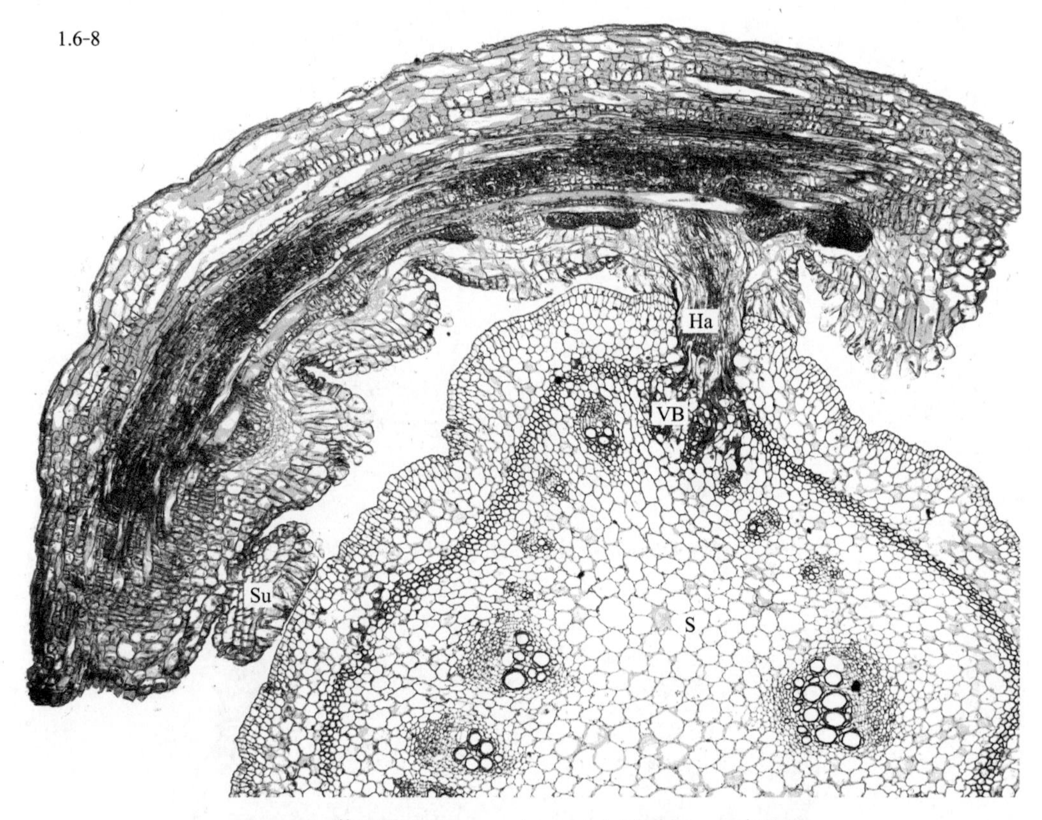

图 1.6-8 菟丝子（*Cuscuta chinensis*）茎纵切，示寄生根

Su. 吸盘 Ha. 吸器 VB.（寄主）维管束 S.（寄主的）茎（横切面）

1.6-9

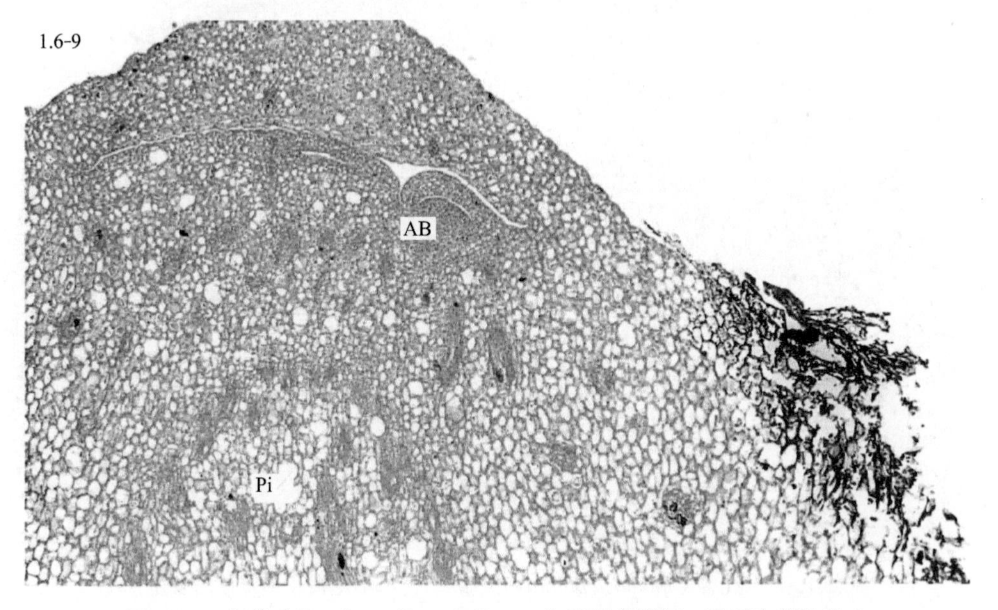

图 1.6-9 生姜（*Zingiber officinale Roscoe*）地下茎横切，示不定芽的发生

AB. 不定芽 Pi. 髓

（菟丝子茎切片来自河南雨林教育，生姜地下茎切片来自华中农业大学植物学教研室）

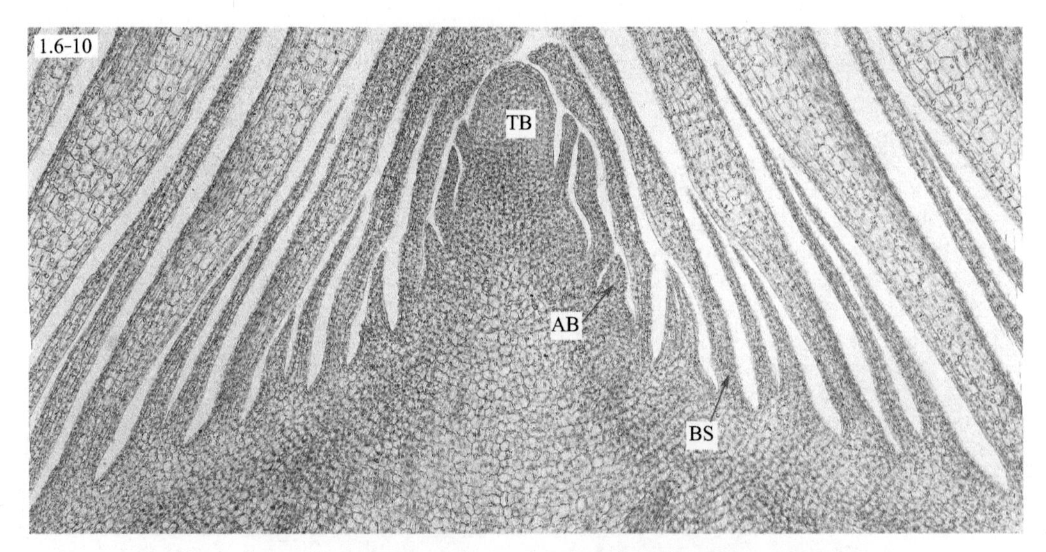

图 1.6-10 毛竹（*Phyllostachys edulis*）鞭节部根状茎横切，示芽的发生

TB. 顶芽 AB. 腋芽 BS. 芽鳞

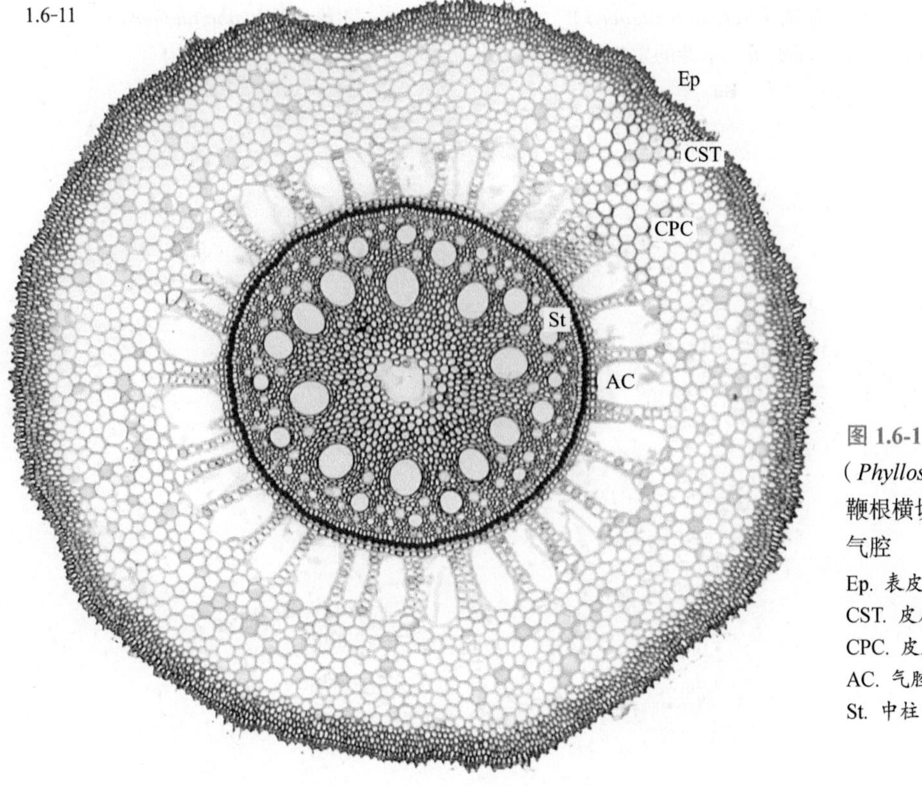

图 1.6-11 毛竹（*Phyllostachys edulis*）鞭根横切，示地下茎气腔

Ep. 表皮
CST. 皮层厚壁组织
CPC. 皮层薄壁细胞
AC. 气腔
St. 中柱

（本页切片来自华中农业大学植物学教研室）

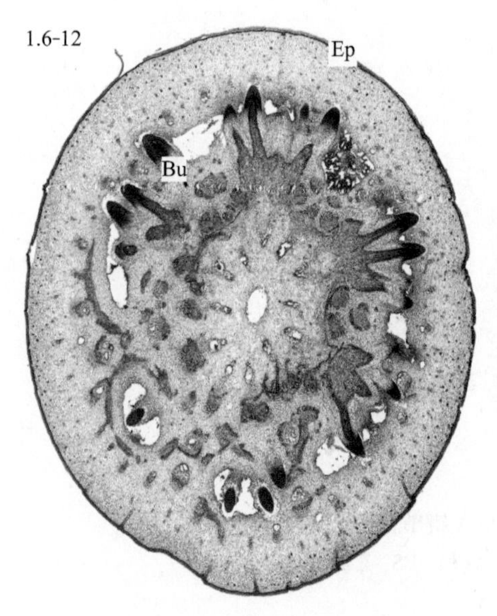

图 1.6-12　莲藕（*Nelumbo nucifera*）地下茎节部横切，示芽的发生
Ep. 表皮　Bu. 芽

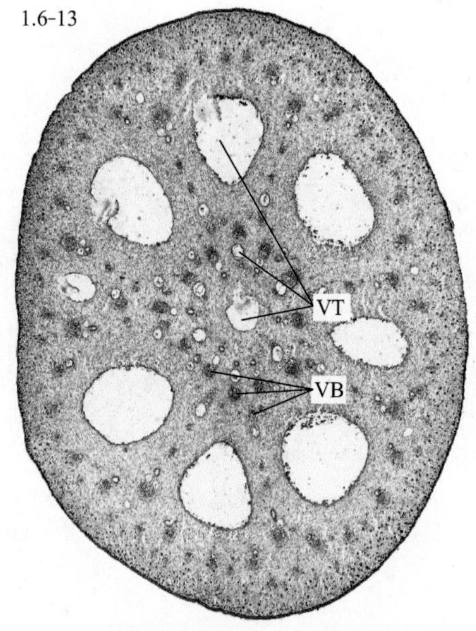

图 1.6-13　莲藕（*Nelumbo nucifera*）地下茎横切，示通气结构
VT. 通气组织　VB. 维管束，散生

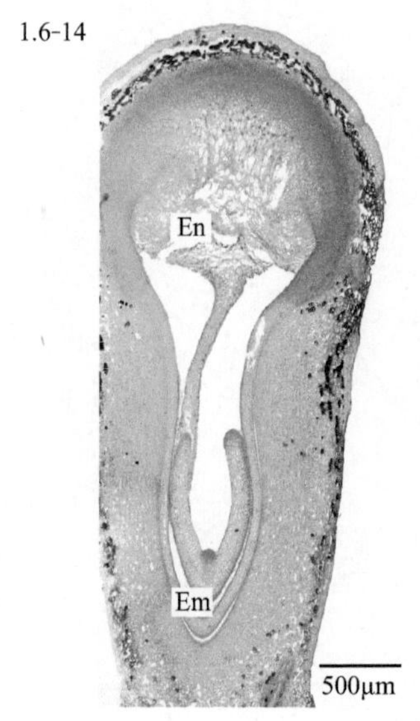

图 1.6-14　莲藕（*Nelumbo nucifera*）胚珠纵切，示莲藕胚的结构
Em. 胚　En. 胚乳

（本页切片来自华中农业大学植物学教研室）

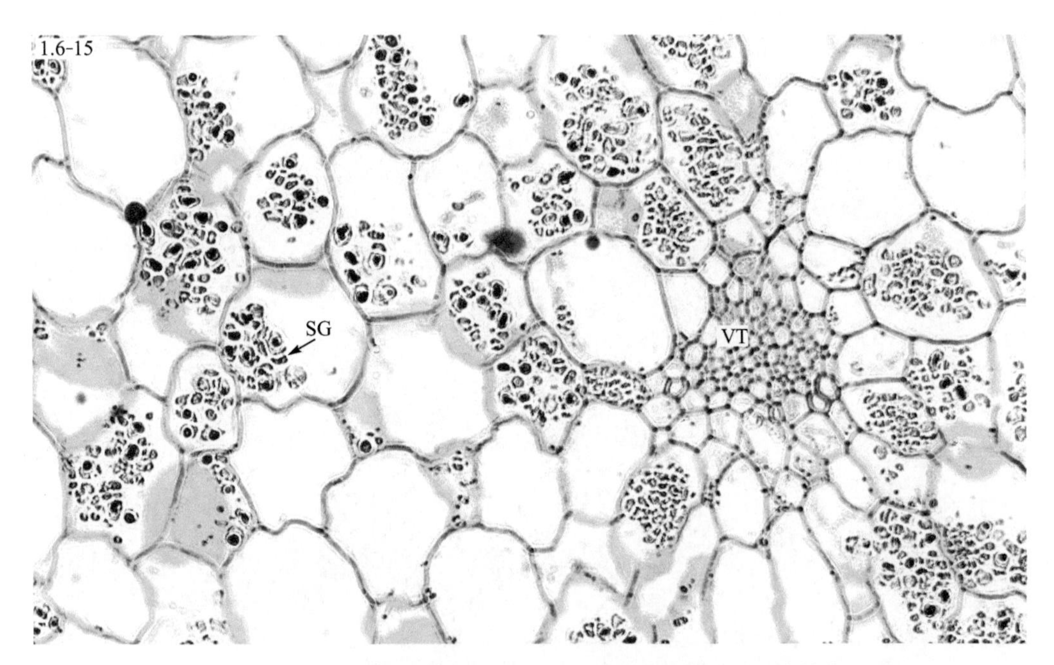

图 1.6-15　荸荠（*Eleocharis dulcis*）地下球茎横切，示淀粉粒

SG. 淀粉粒　VT. 维管组织

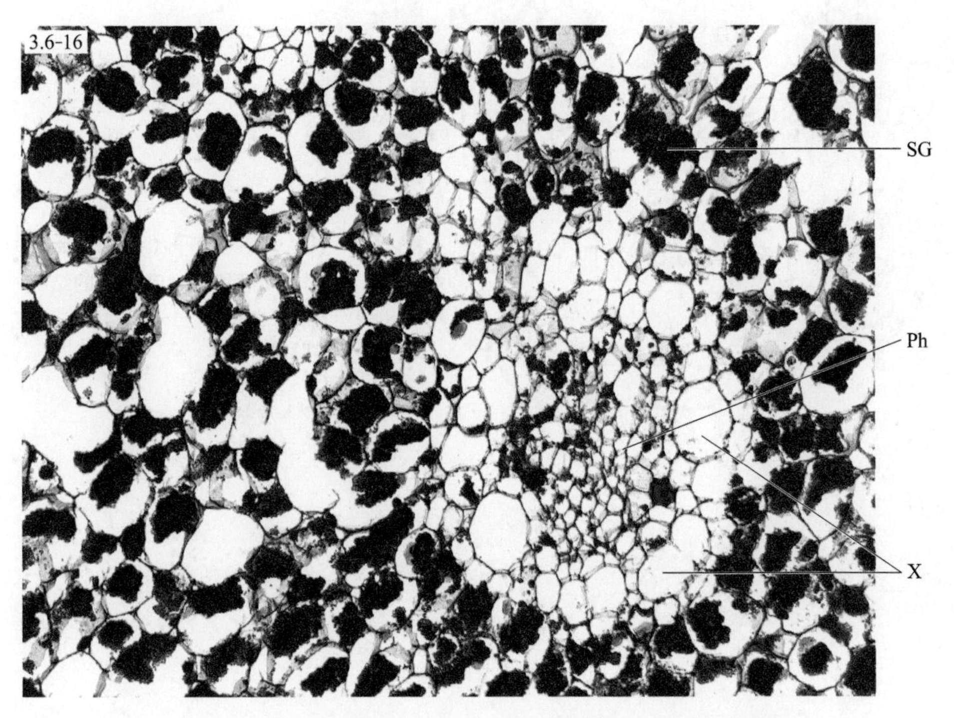

图 1.6-16　芋（*Colocasia esculenta*）球茎横切，示周木维管束

SG. 淀粉粒　Ph. 韧皮部　X. 木质部

（本页切片来自华中农业大学植物学教研室）

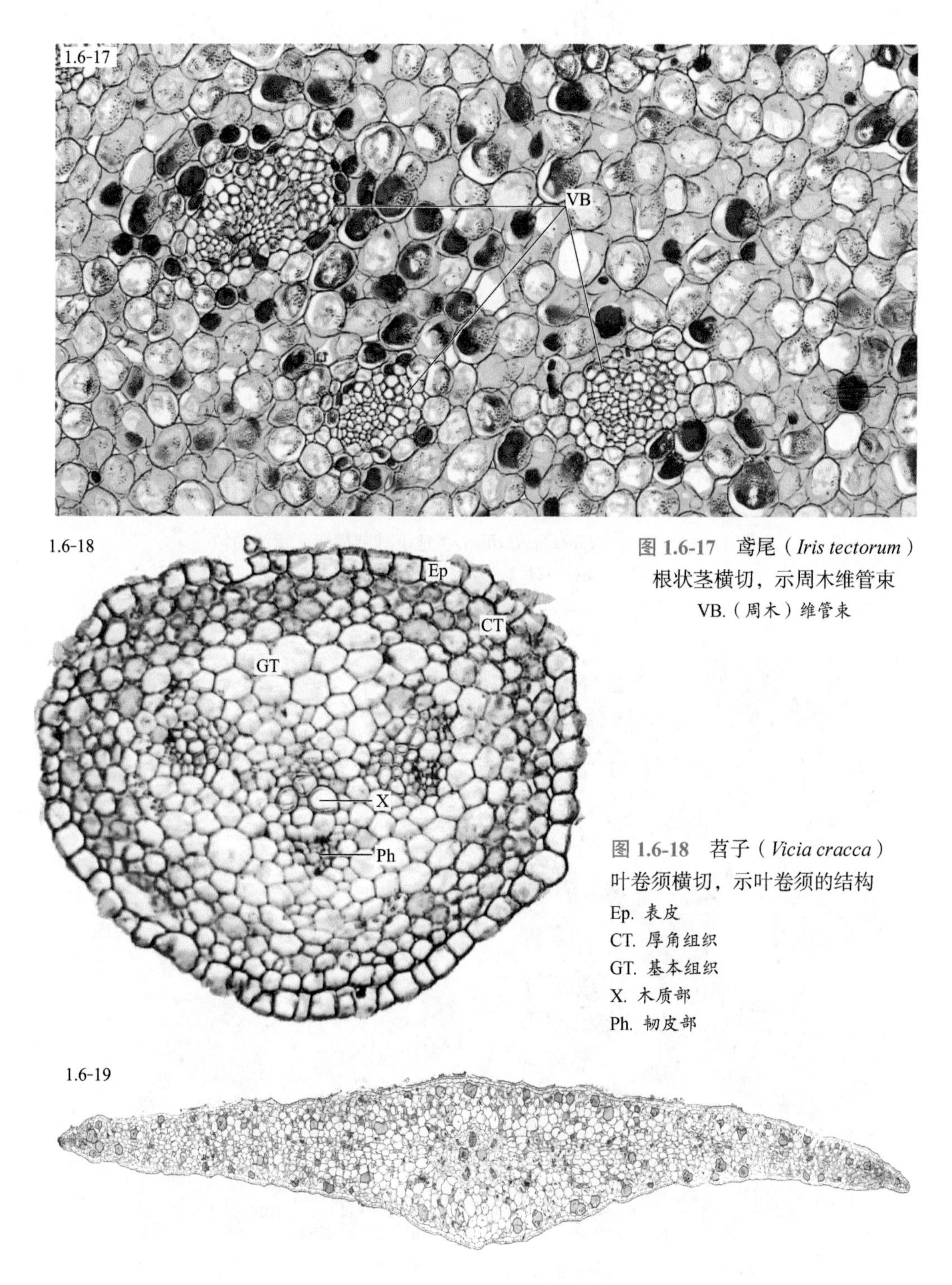

图 1.6-17 鸢尾（*Iris tectorum*）根状茎横切，示周木维管束
VB.（周木）维管束

图 1.6-18 苕子（*Vicia cracca*）叶卷须横切，示叶卷须的结构
Ep. 表皮
CT. 厚角组织
GT. 基本组织
X. 木质部
Ph. 韧皮部

图 1.6-19 仙人掌（*Opuntia dillenii*）叶状茎横切，示贮水组织

（本页切片来自华中农业大学植物学教研室）

1.7 花及花芽分化

图 1.7-1～图 1.7-31

1.7-1

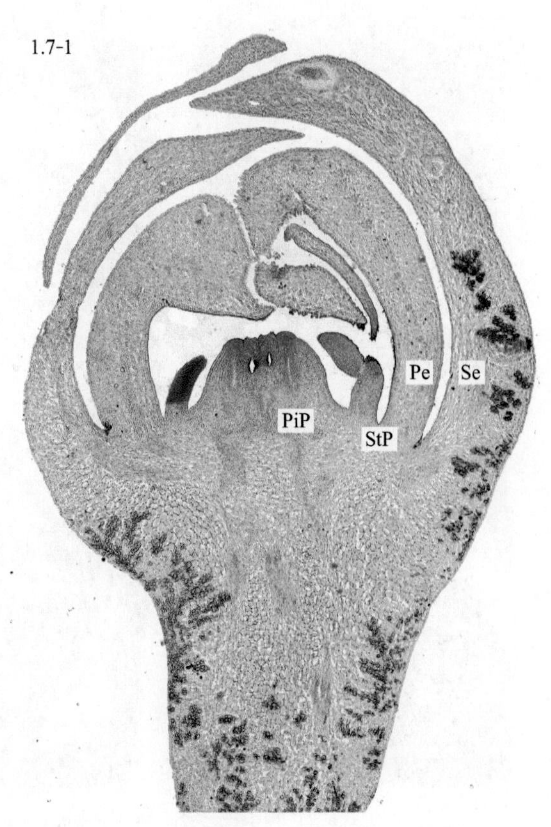

图 1.7-1 橘（*Citrus reticulata*）花芽纵切，示花芽分化

Se. 萼片 Pe. 花瓣

StP. 雄蕊原基 PiP. 雌蕊原基

（本页切片来自华中农业大学植物学教研室）

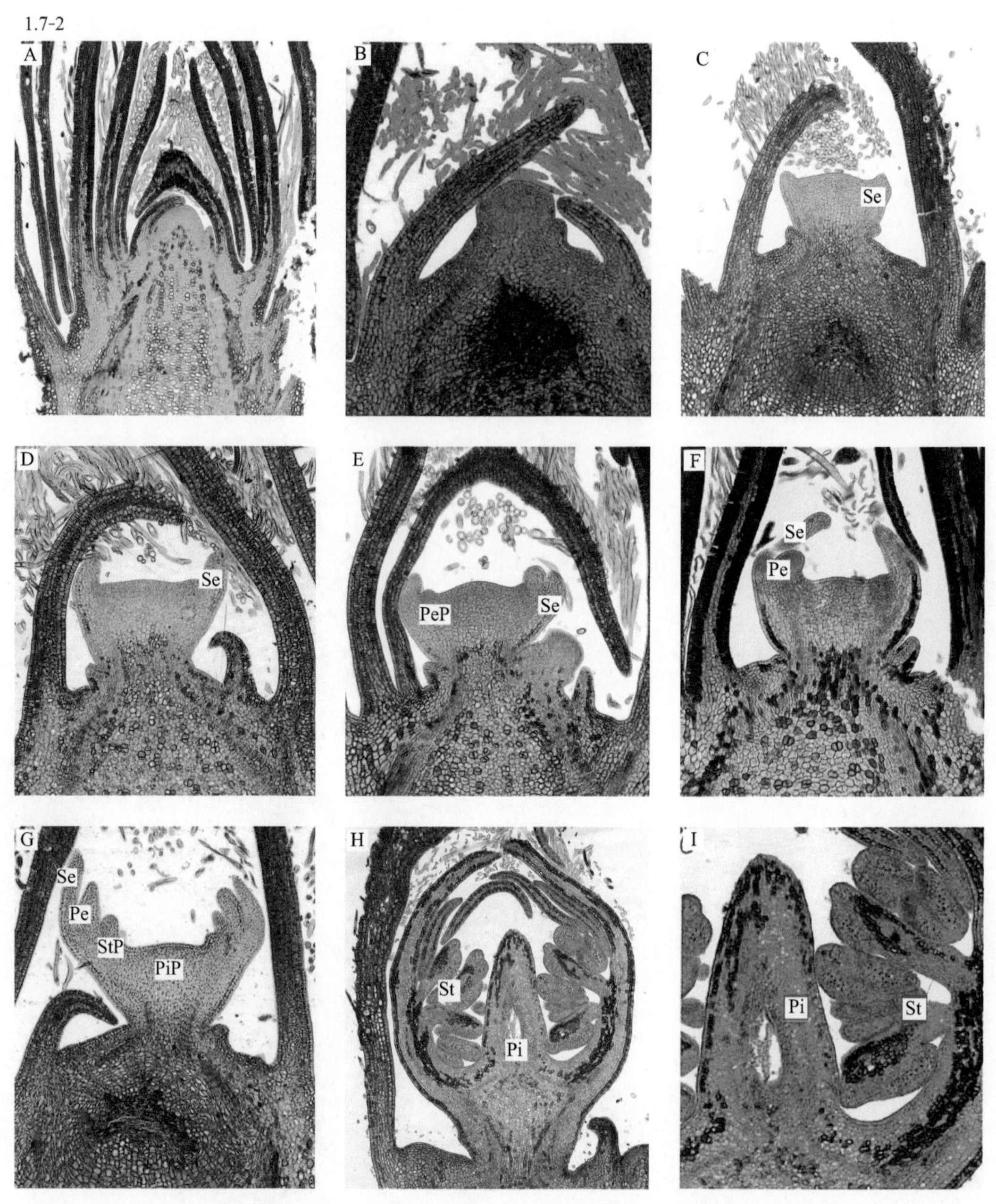

图 1.7-2　桃（*Prunus persica*）花芽分化（顺序型）

A. 未分化期　B. 分化初期　C. 花萼原基　D. 花萼形成期　E. 花瓣原基　F. 花瓣形成期　G. 雄蕊形成期　H. 雌蕊原基　I. 雌蕊形成期

Se. 萼片　PeP. 花瓣原基　Pe. 花瓣　StP. 雄蕊原基　St. 雄蕊　PiP. 雌蕊原基　Pi. 雌蕊

（本页切片来自华中农业大学植物学教研室）

1.7-3

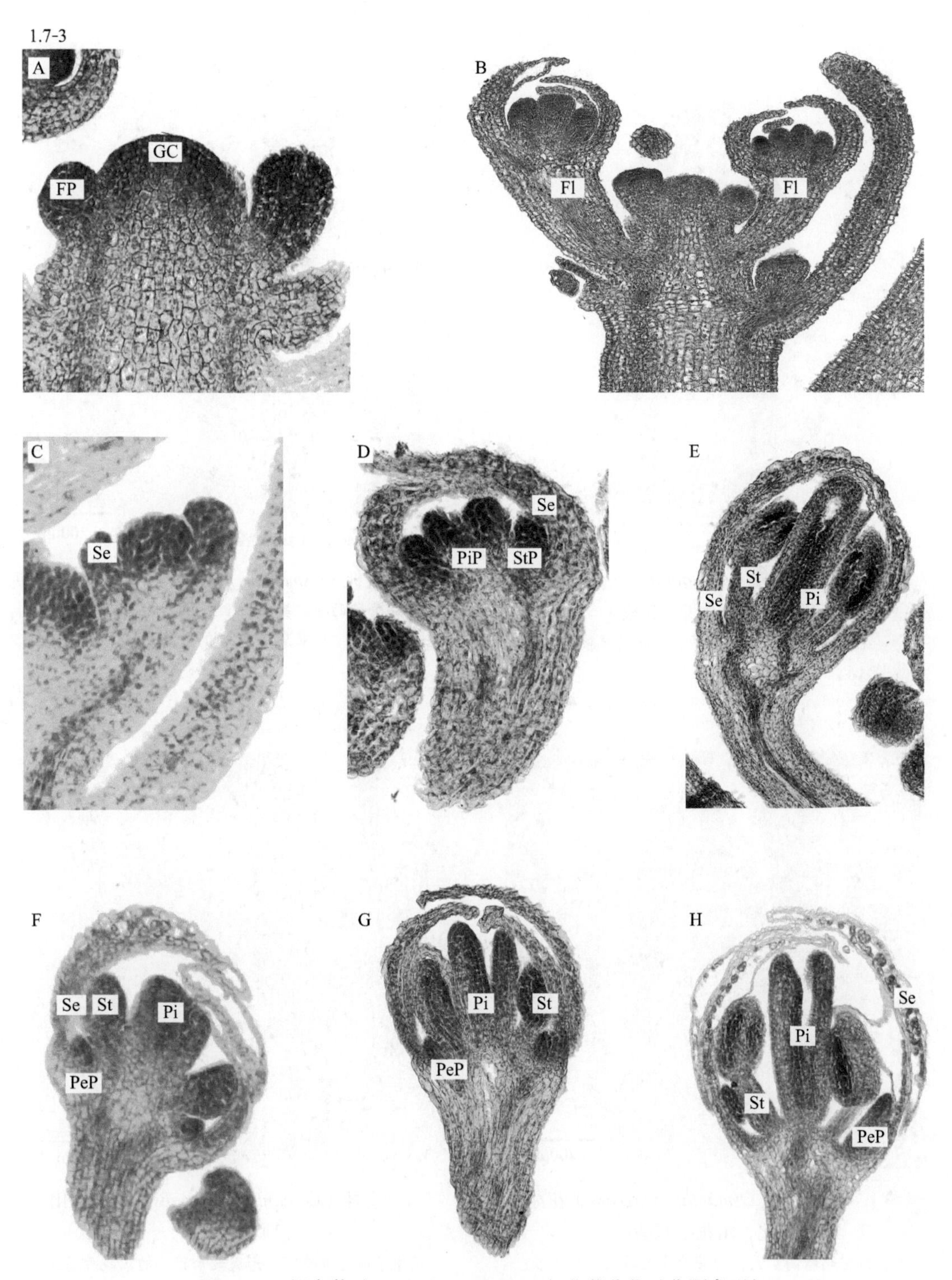

图1.7-3 拟南芥（*Arabidopsis thaliana*）花芽分化（非顺序型）

A. 生长锥 B. 小花原基 C. 花萼原基 D. 雄、雌蕊原基 E. 雌雄蕊分化 F～G. 花瓣原基 H. 花芽分化
GC. 生长锥 FP. 小花原基 Se. 萼片 StP. 雄蕊原基 St. 雄蕊 PiP. 雌蕊原基 Pi. 雌蕊
PeP. 花瓣原基 Fl. 小花

（本页切片来自华中农业大学冯燕妮，其中C、F、H引自冯燕妮，2006）

图 1.7-4　金桂（*Osmanthus fragrans*）花芽，示叠生芽（3 枚）

桂花叠生芽着生在当年生新梢的叶腋里

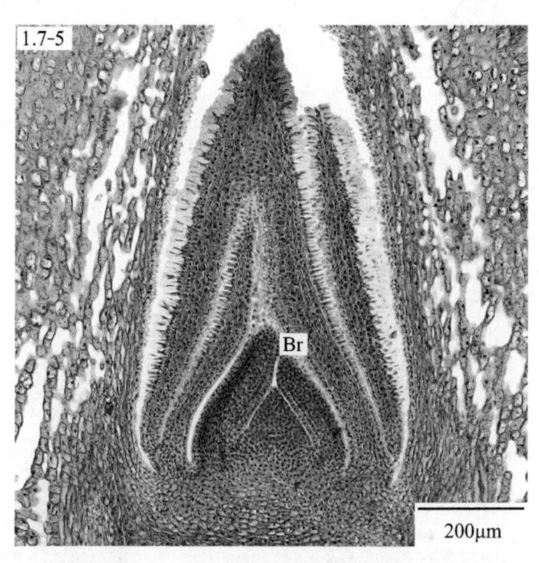

图 1.7-5　金桂（*Osmanthus fragrans*）花芽，示叶芽期

处于叶芽阶段的芽，其生长锥尖而狭小，细胞不断分裂形成交互对生的叶原基

Br. 苞叶

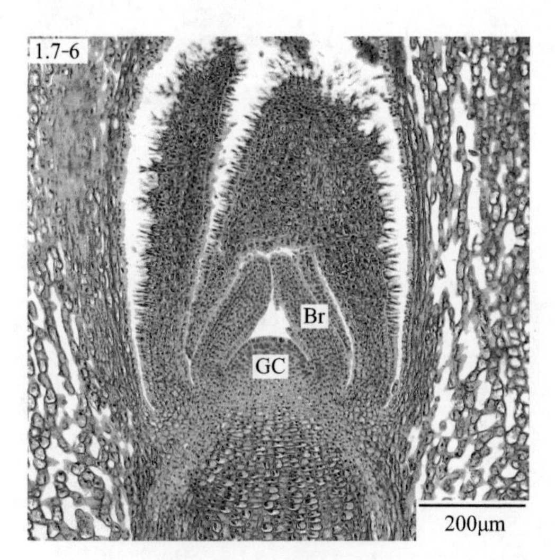

图 1.7-6　金桂（*Osmanthus fragrans*）花芽分化，示花序原基

生长锥突起增高扩大，由营养生长转入生殖生长，总苞叶上方对生抱合

Br. 苞叶　GC. 生长锥

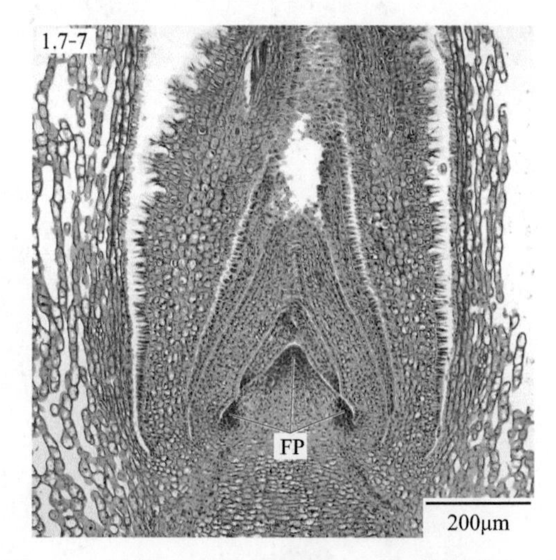

图 1.7-7　金桂（*Osmanthus fragrans*）花芽分化，示顶花原基

花序顶端逐渐平宽，形成聚伞花序的顶花原基，苞叶变尖并向心弯曲

FP. 小花原基

（本页切片来自华中农业大学万云先，1988 年）

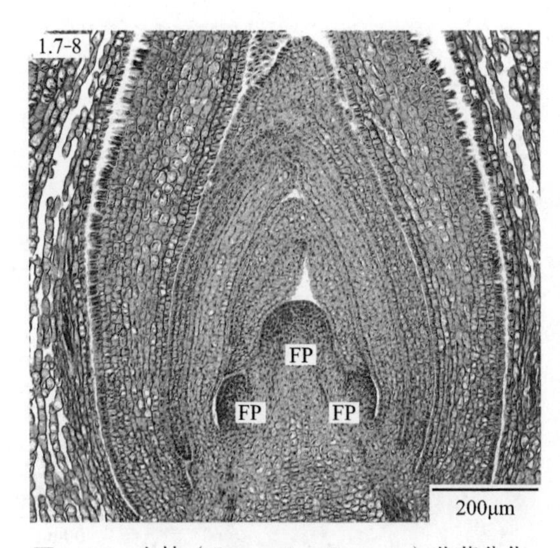

图 1.7-8 金桂（*Osmanthus fragrans*）花芽分化，示侧花原基

数对苞叶的腋部各形成一个小突起，为聚伞花序的侧花原基

FP. 小花原基

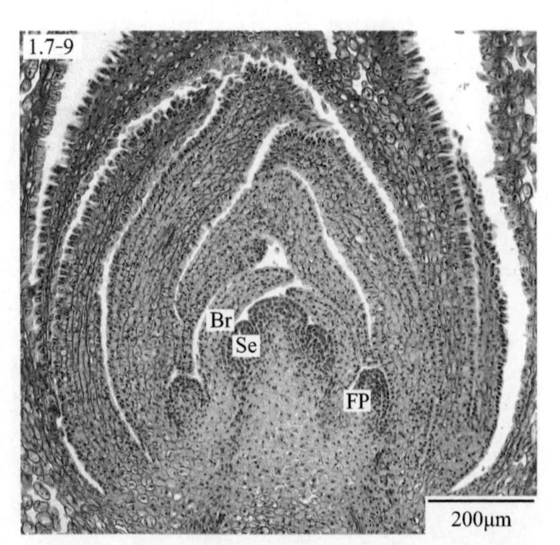

图 1.7-9 金桂（*Osmanthus fragrans*）花芽分化，示顶花花被分化

顶花小花形成，苞叶弯曲为新月形，以保护小花

Br. 苞叶 Se. 萼片 FP. 小花原基

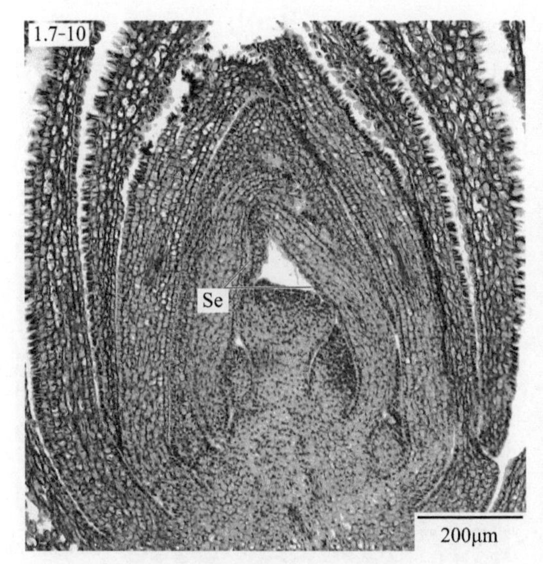

图 1.7-10 金桂（*Osmanthus fragrans*）花芽分化，示花萼原基

花萼原基生长迅速，苞叶顶端开始向下方折曲

Se. 萼片

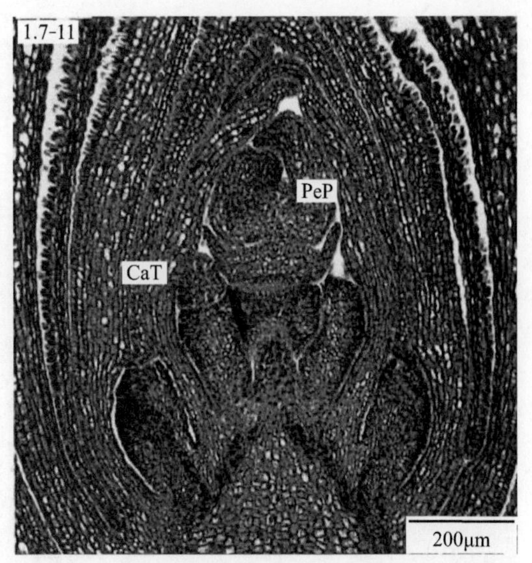

图 1.7-11 金桂（*Osmanthus fragrans*）花芽分化，示花萼形成期

萼片较短，且很快停止伸长，萼片基部连合为萼筒

CaT. 萼筒 PeP. 花瓣原基

（本页切片来自华中农业大学万云先，1988 年）

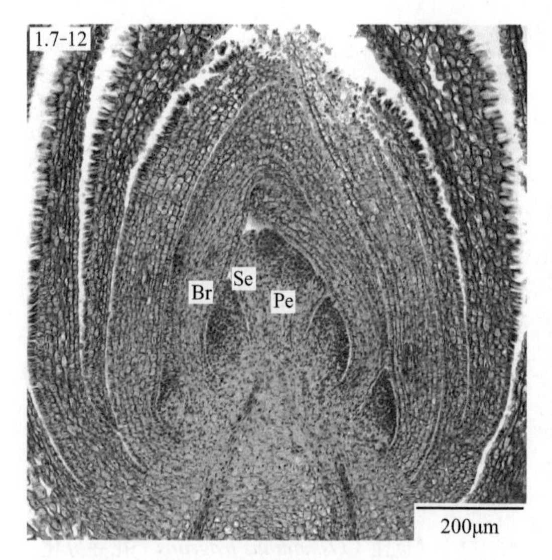

图 1.7-12　金桂（*Osmanthus fragrans*）花芽分化，示花瓣原基

在萼片内侧形成花瓣原基，苞叶顶端钩状折曲

Br. 苞叶　Se. 萼片原基　Pe. 花瓣

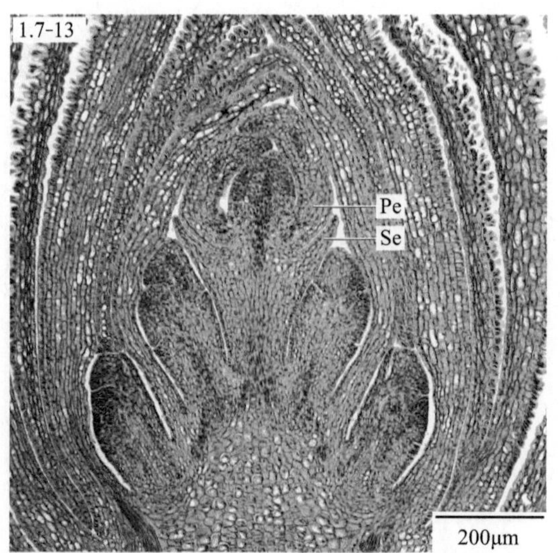

图 1.7-13　金桂（*Osmanthus fragrans*）花芽分化，示花瓣形成期

花瓣原基生长很快，不久即为曲瓣状。4 枚花瓣的基部连合为花筒

Pe. 花瓣　Se. 萼片

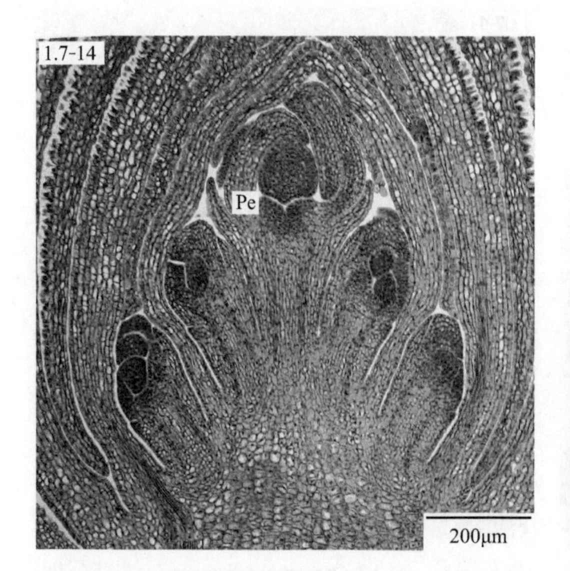

图 1.7-14　金桂（*Osmanthus fragrans*）花芽分化，示侧花形成期

顶花花瓣合拢时，侧花也发育成形，花序各小花发育基本一致

Pe. 花瓣

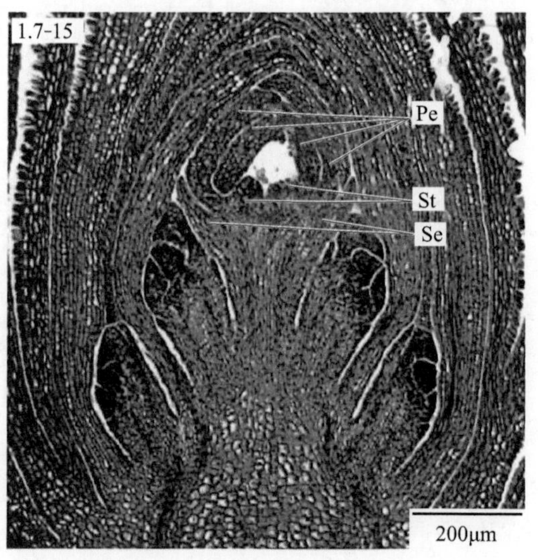

图 1.7-15　金桂（*Osmanthus fragrans*）花芽分化，示雄蕊原基

当花冠顶端伸长彼此靠拢时，花筒基部突起形成两个对生的雄蕊原基

Pe. 花瓣　St. 雄蕊　Se. 萼片

（本页切片来自华中农业大学万云先，1988 年）

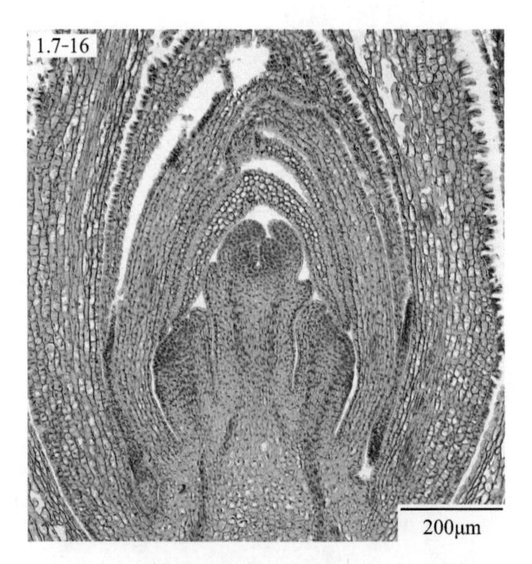

图 1.7-16 金桂（*Osmanthus fragrans*）花芽分化，示雄蕊形成期

由小突起逐渐伸长增粗为棒状花药，花丝短。苞叶由紧变松，露出芽体

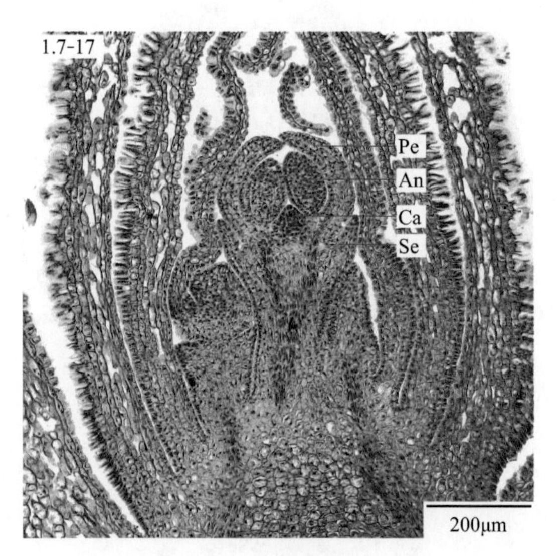

图 1.7-17 金桂（*Osmanthus fragrans*）花芽分化，示心皮原基

当雄蕊膨大成豆瓣状，在花药内侧中心形成 1 个突起，即心皮原基

Pe. 花瓣 An. 花药 Ca. 心皮 Se. 萼片

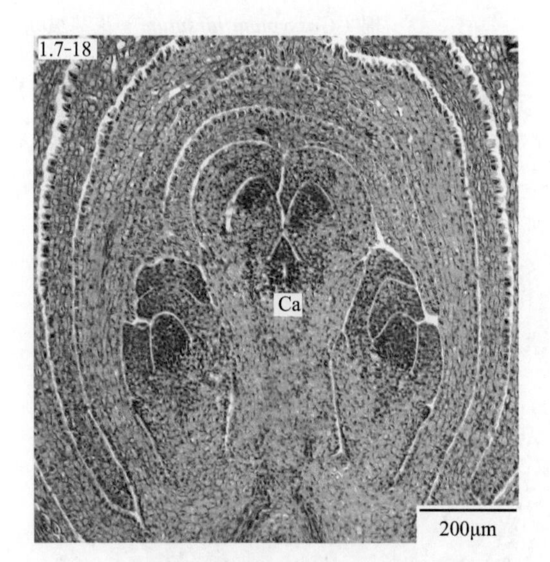

图 1.7-18 金桂（*Osmanthus fragrans*）花芽分化，示雌蕊分化期

心皮进一步发育，在突起中心逐渐形成小孔，可见 2 个愈合的心皮

Ca. 心皮

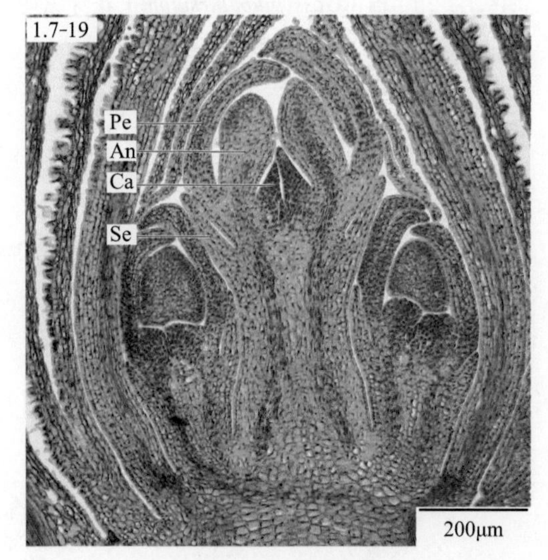

图 1.7-19 金桂（*Osmanthus fragrans*）花芽分化，示雌蕊形成期

心皮与雄蕊交互对生。外侧鳞芽绽裂，中缝可见红绿芽体

Pe. 花瓣 An. 花药 Ca. 心皮 Se. 萼片

（本页切片来自华中农业大学万云先，1988 年）

1.7-20

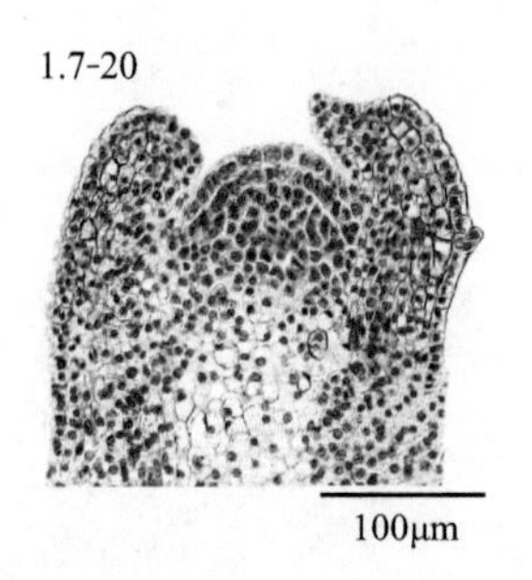

图 1.7-20 棉（*Gossypium hirsutum*）花芽纵切，示未分化时期

1.7-21

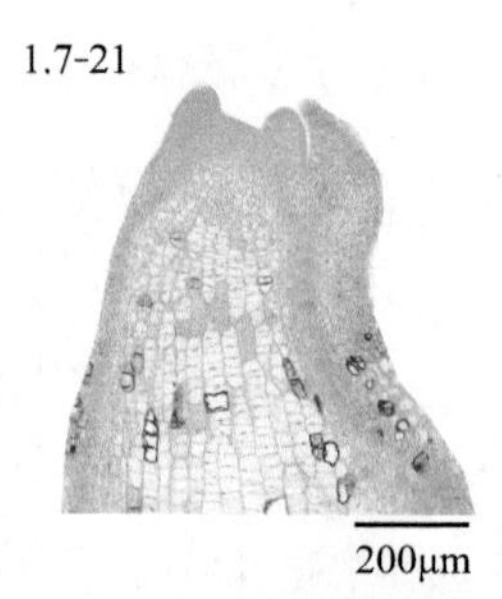

图 1.7-21 棉（*Gossypium hirsutum*）花芽纵切，示花芽分化初期

1.7-22

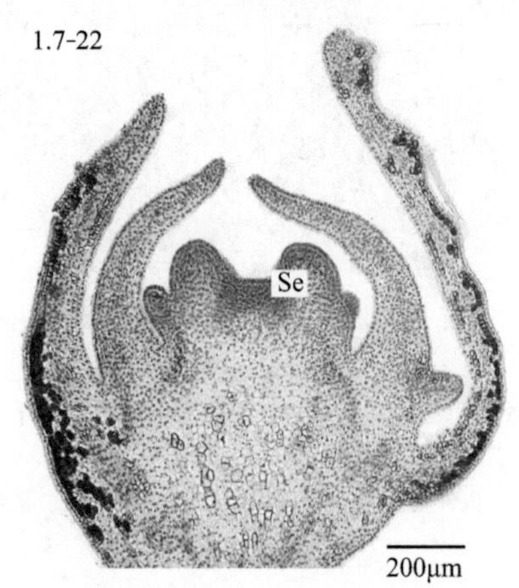

图 1.7-22 棉（*Gossypium hirsutum*）花芽纵切，示萼片分化

Se. 萼片

1.7-23

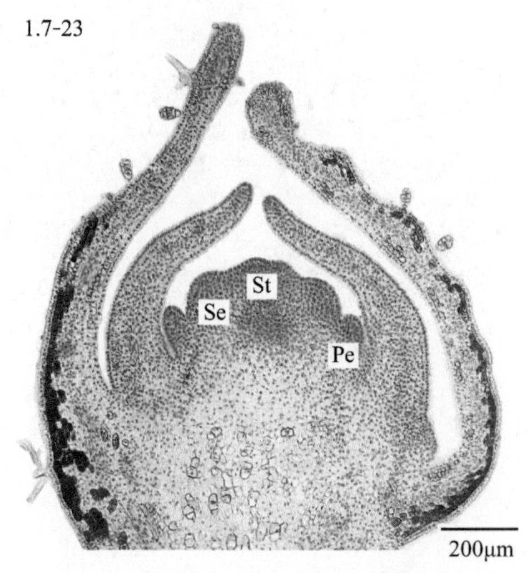

图 1.7-23 棉（*Gossypium hirsutum*）花芽纵切，示花瓣分化

Se. 萼片 Pe. 花瓣 St. 雄蕊

1.7-24

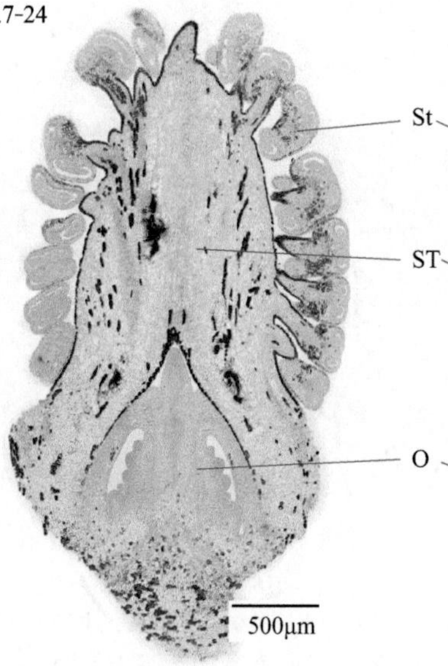

图 1.7-24 棉（*Gossypium hirsutum*）花芽纵切，示雌蕊和雄蕊分化

St. 雄蕊 ST. 雄蕊管 O. 胚珠

1.7-25

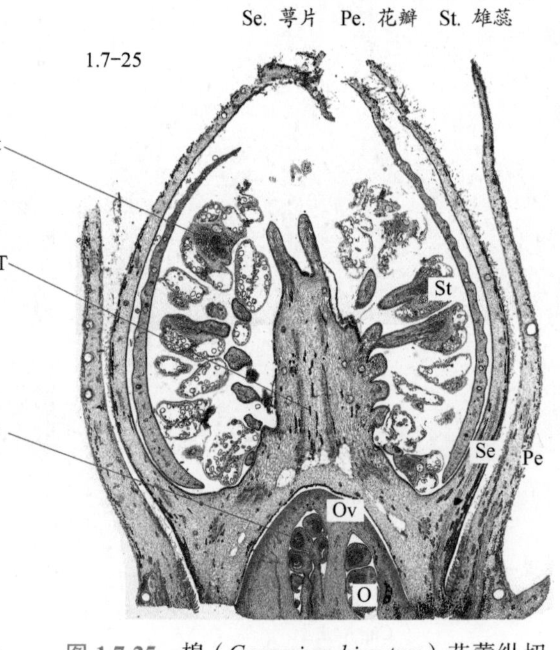

图 1.7-25 棉（*Gossypium hirsutum*）花蕾纵切，示花芽结构

Pe. 花瓣 Se. 萼片 St. 雄蕊 Ov. 子房 O. 胚珠

（本页切片来自华中农业大学植物学教研室）

1.7-26

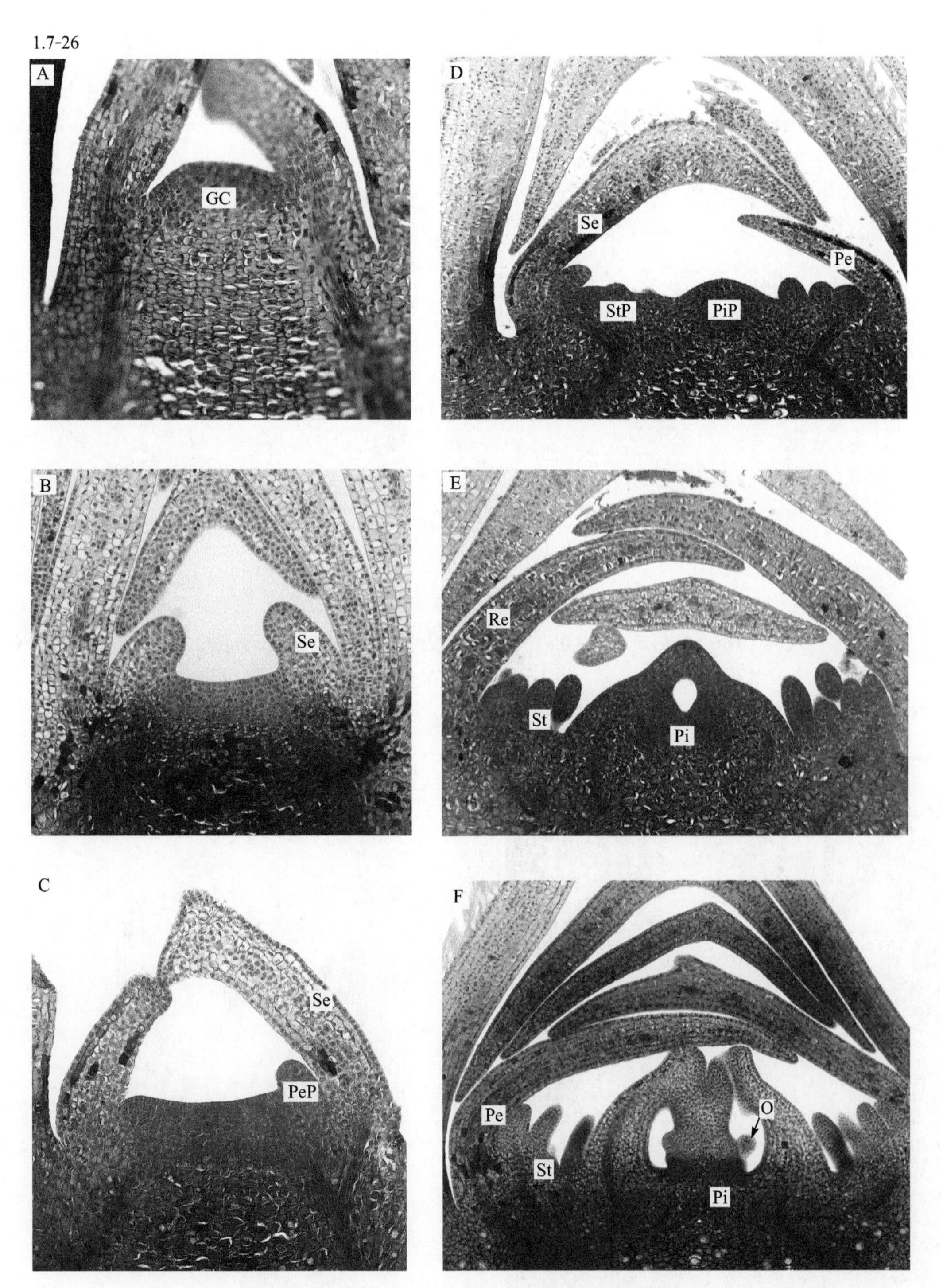

图 1.7-26 油茶（*Camellia oleifera*）花芽分化

A. 未分化期 B. 花萼形成期 C. 花冠形成期 D、E. 雄蕊、雌蕊形成期 F. 胚珠形成期
GC. 生长锥 Se. 萼片 PeP. 花瓣原基 Pe. 花瓣 StP. 雄蕊原基
St. 雄蕊 PiP. 雌蕊原基 Pi. 雌蕊 O. 胚珠

（本页切片来自华中农业大学植物学教研室）

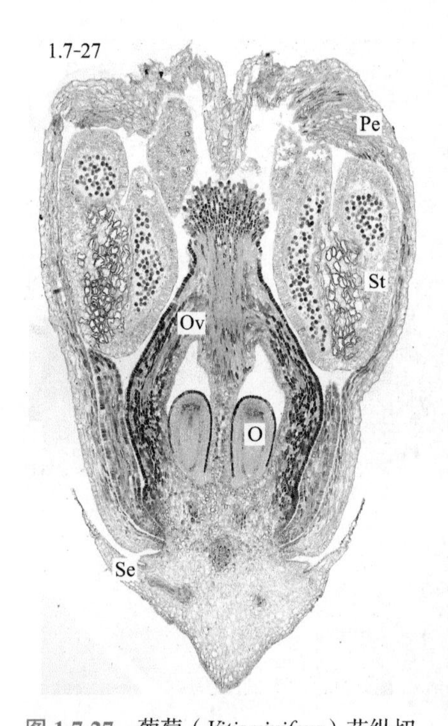

图 1.7-27　葡萄（*Vitis vinifera*）花纵切，示花结构

Se. 萼片　Pe. 花瓣　St. 雄蕊　Ov. 子房　O. 胚珠

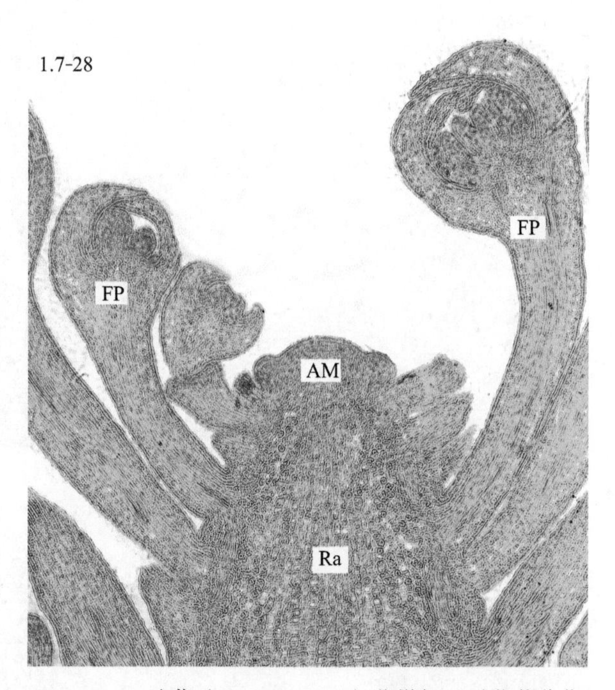

图 1.7-28　油菜（*Brassica rapa*）花纵切，示花芽分化

AM. 顶端分生组织　FP. 小花原基　Ra. 花序轴

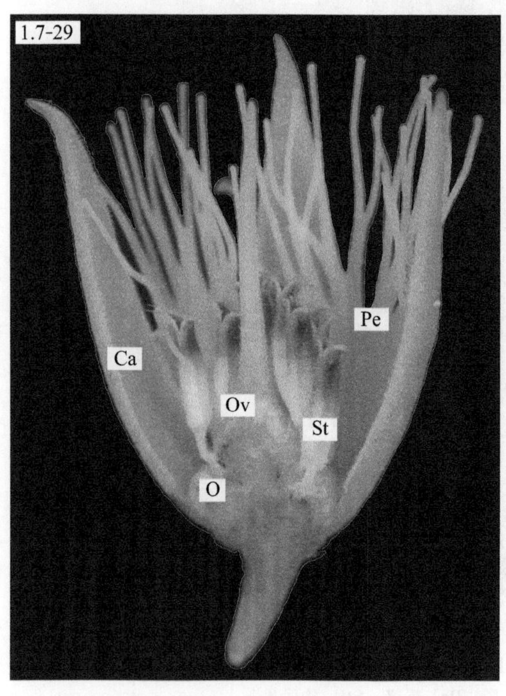

图 1.7-29　杜英（*Elaeocarpus decipiens*）花纵剖面，示花结构

Ca. 花萼　Pe. 花瓣　St. 雄蕊　Ov. 子房　O. 胚珠

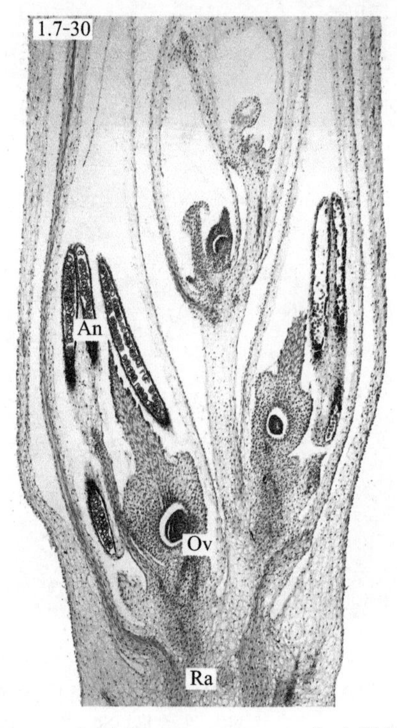

图 1.7-30　小麦（*Triticum aestivum*）小穗纵切，示小穗分化

An. 花药　Ov. 子房　Ra. 小穗轴

（杜英花制片来自华中农业大学冯燕妮，葡萄花、油菜花、小麦小穗切片来自华中农业大学植物学教研室）

图 1.7-31 小麦（*Triticum aestivum*）幼穗分化（Bar=100μm）

A. 生长锥伸长期 B. 单棱期（苞叶原基分化期） C. 二棱期（小穗原基分化初期）
D. 小花原基形成期 E. 雄蕊雌蕊形成期 F. 幼穗

（本页制片来自华中农业大学李旭，2011 年）

1.8 雄蕊的形态与结构

图 1.8-1～图 1.8-41

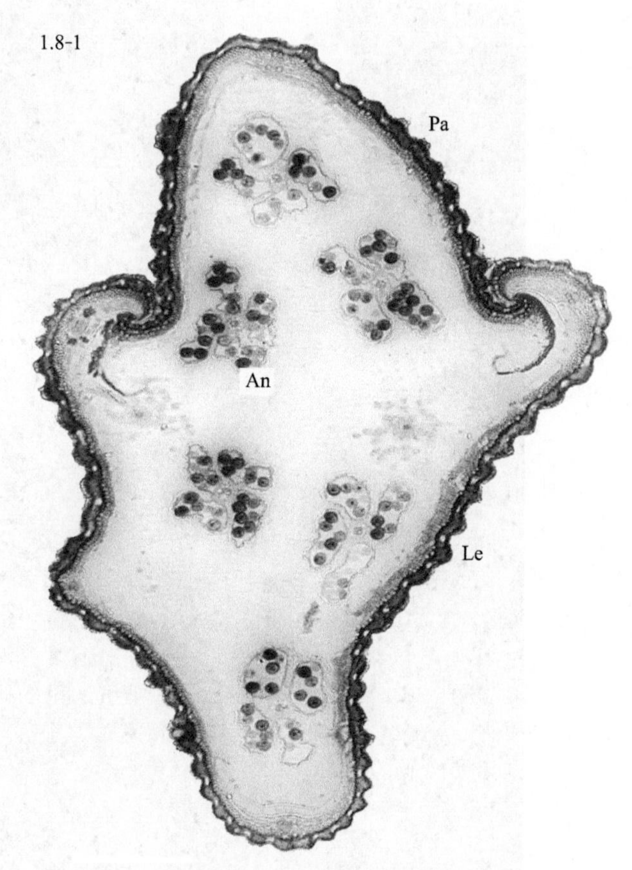

图 1.8-1 水稻（*Oryza sativa*）小花横切，示雄蕊 6 枚
Pa. 内稃 Le. 外稃 An. 花药

（本页切片来自曾左癸，华中农业大学 78 级研究生，1979 年选修植物显微技术课制作）

1.8-2

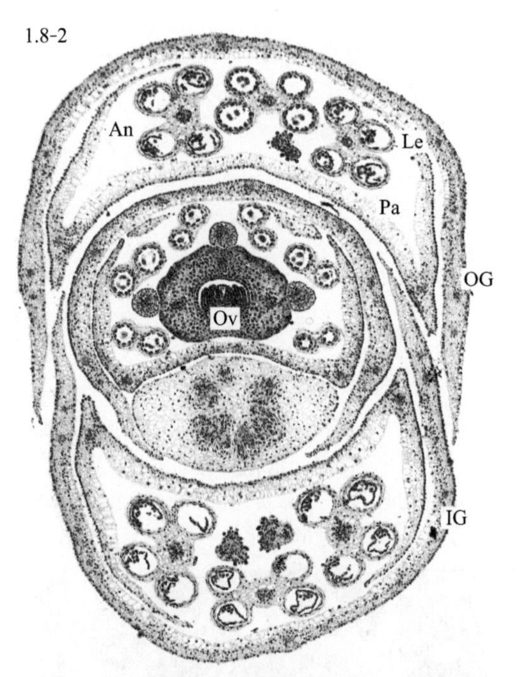

图 1.8-2 小麦（*Triticum aestivum*）小穗横切，示各小花雄蕊 3 枚

OG. 外颖 IG. 内颖 Le. 外稃 Pa. 内稃 An. 花药 Ov. 子房（第三朵小花的子房）

1.8-3

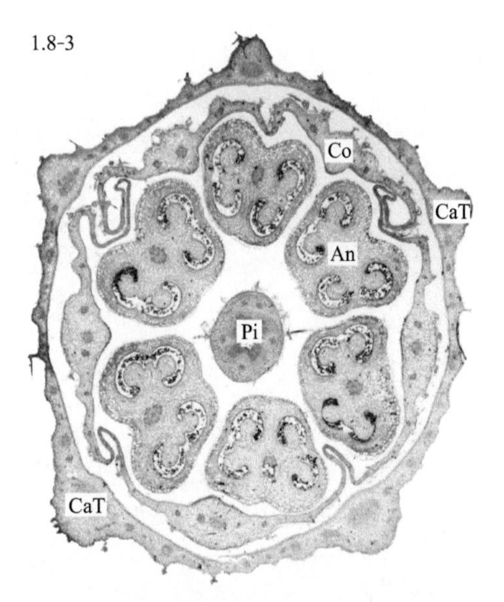

图 1.8-3 茄子（*Solanum melongena*）花横切，示雄蕊 6 枚

CaT. 萼筒 Co. 花冠 An. 花药 Pi. 雌蕊

1.8-4

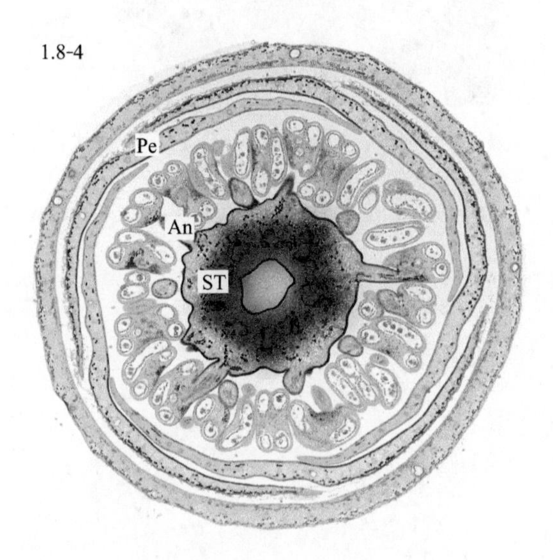

图 1.8-4 棉（*Gossypium hirsutum*）花蕾横切，示单体雄蕊（1 朵花中花丝连合成一体，花药分离）

Pe. 花瓣 An. 花药 ST. 雄蕊管

1.8-5

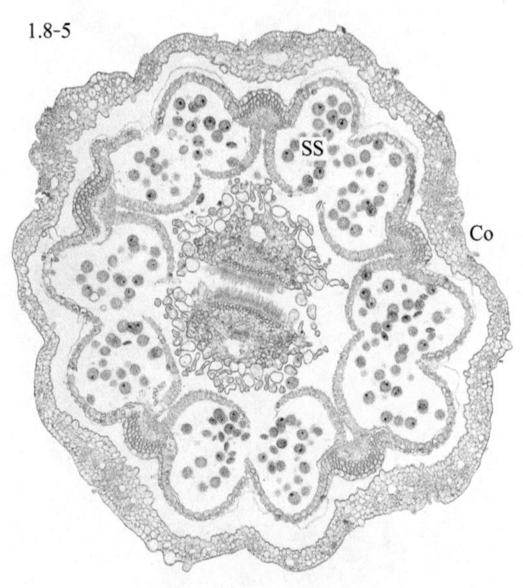

图 1.8-5 向日葵（*Helianthus annuus*）花横切，示聚药雄蕊（花药合生花丝分离）5 枚

Co. 花冠，筒状 SS. 聚药雄蕊

（本页切片来自华中农业大学植物学教研室）

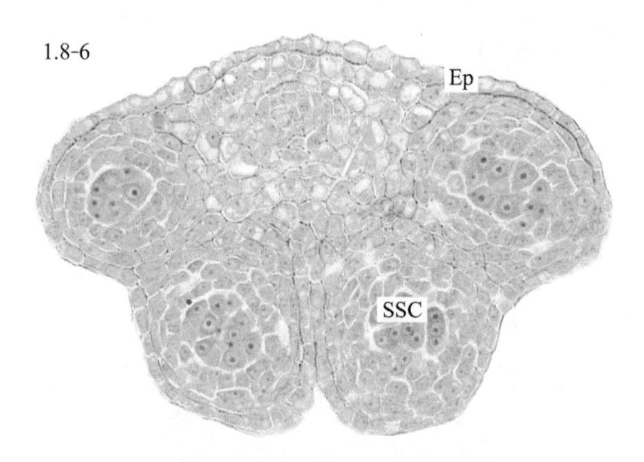

图 1.8-6　油菜（*Brassica rapa*）花药横切，示次生造孢细胞

Ep. 表皮　SSC. 次生造孢细胞

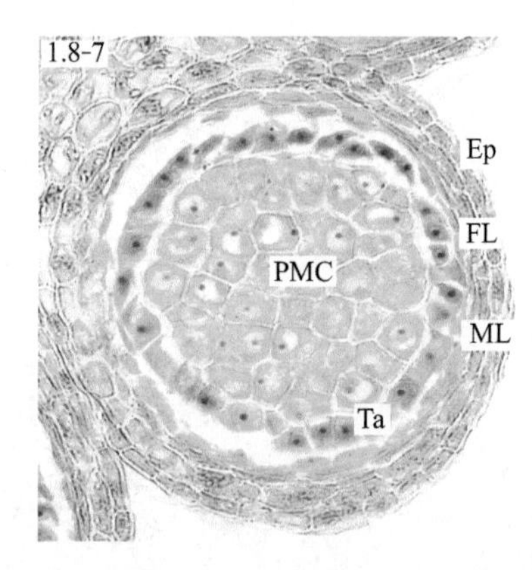

图 1.8-7　油菜（*Brassica rapa*）1 个花粉囊横切，示花粉母细胞

Ep. 表皮　FL. 纤维层　ML. 中层　Ta. 绒毡层
PMC. 花粉母细胞

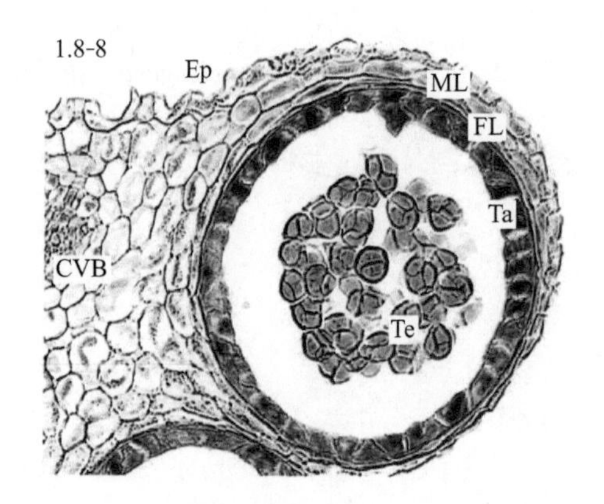

图 1.8-8　油菜（*Brassica rapa*）未成熟花药横切，示四分体

CVB. 药隔维管束　Ep. 表皮　FL. 纤维层
ML. 中层　Ta. 绒毡层　Te. 四分体

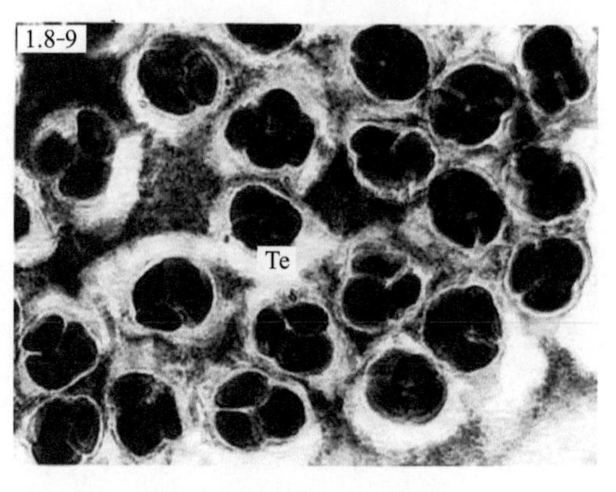

图 1.8-9　油菜（*Brassica rapa*）花药压片，示四分体

Te. 四分体，四个减数小孢子包裹在一个共同的胼胝质壁中

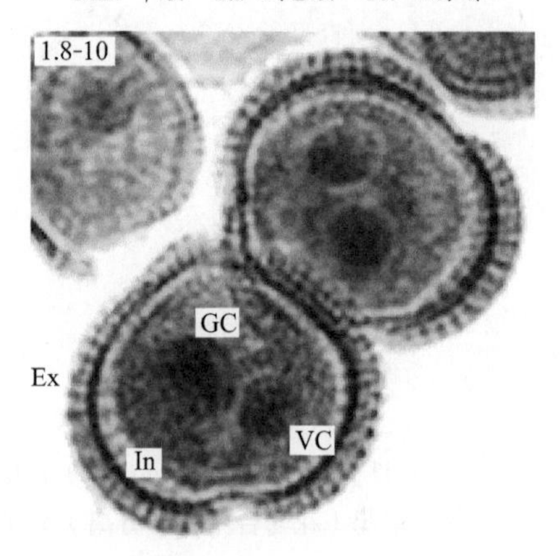

图 1.8-10　油菜（*Brassica rapa*）花药横切，示二胞花粉粒

Ex. 外壁　In. 内壁　VC. 营养细胞　GC. 生殖细胞

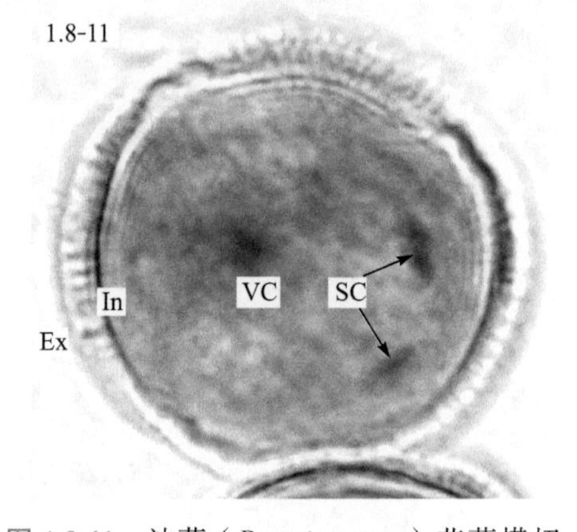

图 1.8-11　油菜（*Brassica rapa*）花药横切，示三胞花粉粒

Ex. 外壁　In. 内壁　VC. 营养细胞　SC. 精细胞

（本页切片来自华中农业大学植物学教研室）

1.8-12

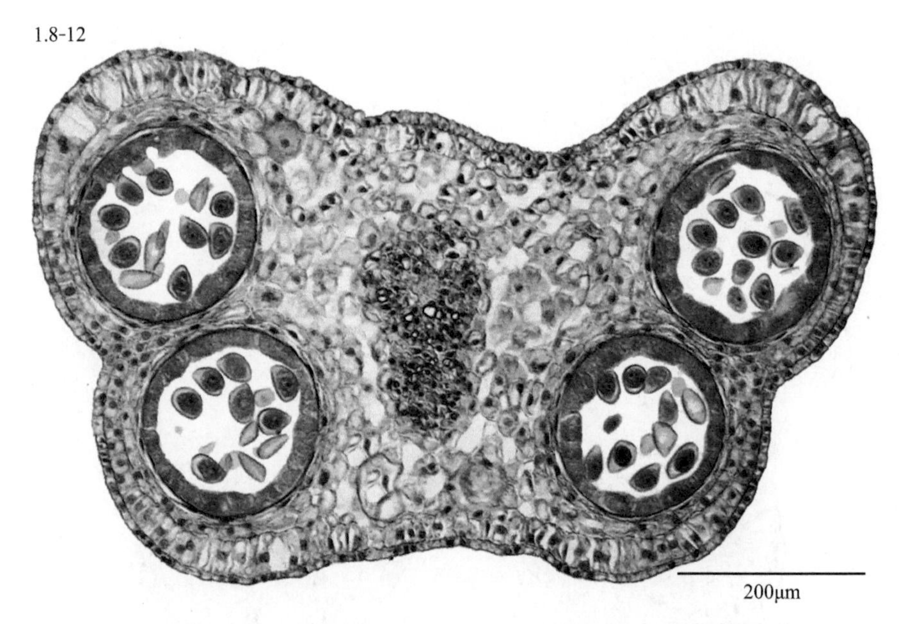

图 **1.8-12**　玉兰（*Yulania denudata*）花药横切，示未成熟花药结构

1.8-13

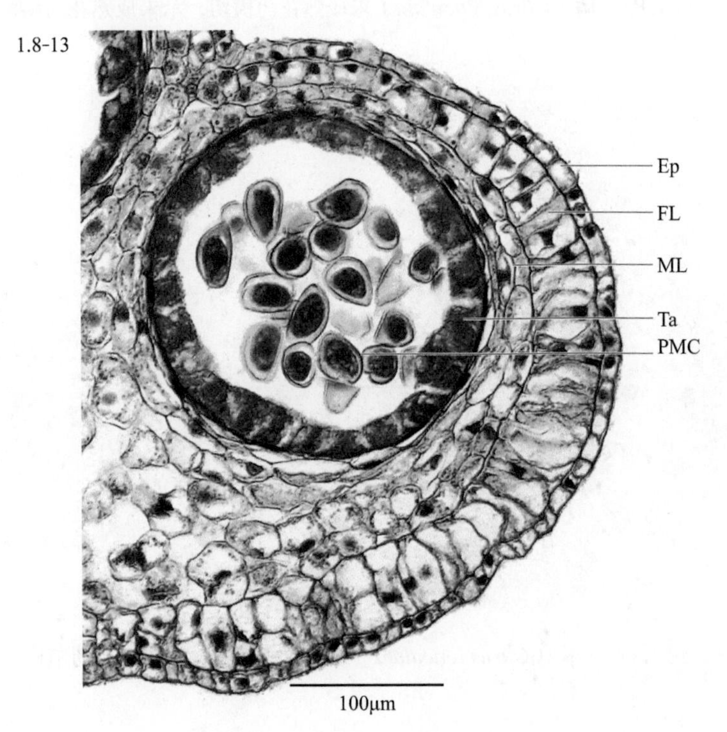

图 **1.8-13**　玉兰（*Yulania denudata*）未成熟花药横切，示 1 个花粉囊

Ep. 表皮（药室外壁）　FL. 纤维层（药室内壁），常 1 层细胞

ML. 中层，常 1～3 层扁平细胞　Ta. 绒毡层　PMC. 花粉母细胞

（本页切片来自华中农业大学植物学教研室）

1.8-14

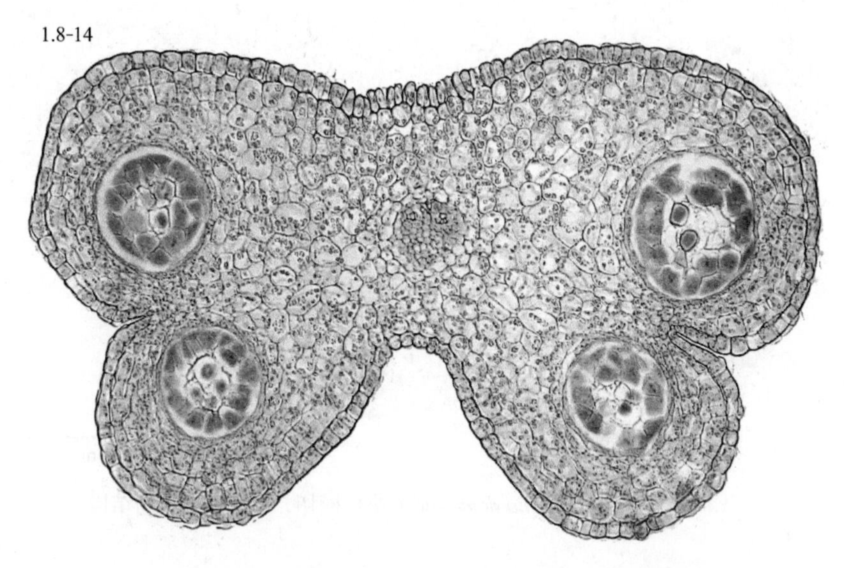

图 **1.8-14** 橘（*Citrus reticulata*）未成熟花药横切，示未成熟花药结构

1.8-15

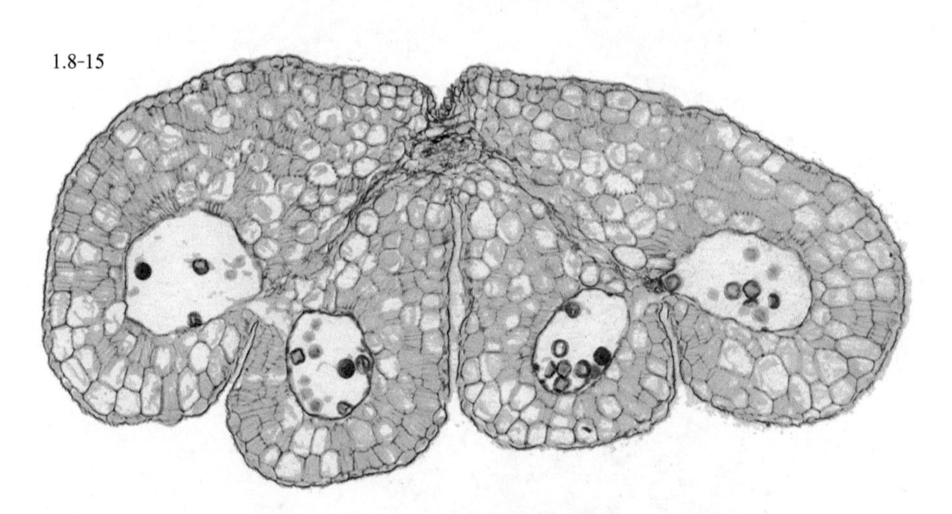

图 **1.8-15** 橘（*Citrus reticulata*）成熟花药横切，示成熟花药结构

（本页切片来自华中农业大学植物学教研室）

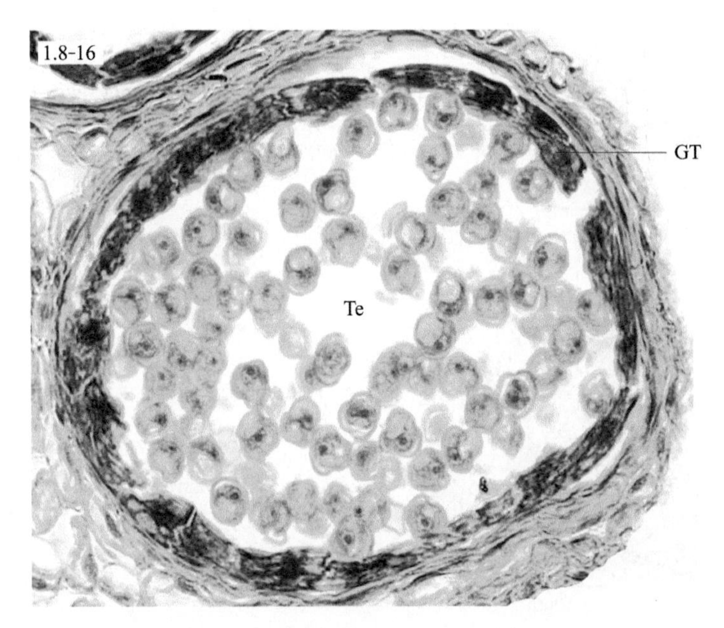

图 1.8-16 油菜（*Brassica rapa*）1 个花粉囊横切，示腺质绒毡层

GT. 腺质绒毡层 Te. 四分体

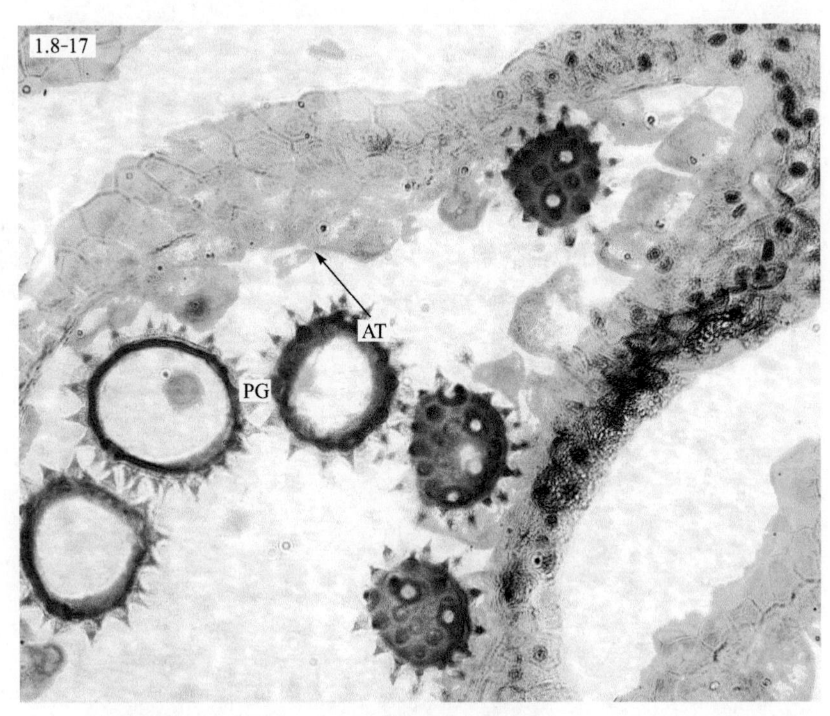

图 1.8-17 棉（*Gossypium hirsutum*）花药纵切，示变形绒毡层

AT. 变形绒毡层 PG. 花粉粒

（本页切片来自华中农业大学植物学教研室）

1.8-18

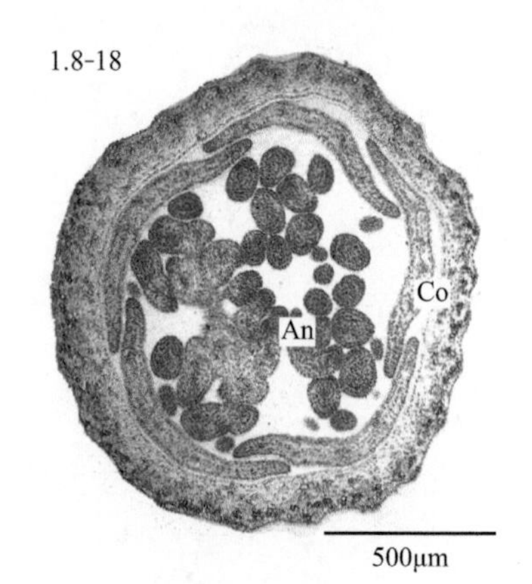

图 1.8-18　棉（*Gossypium hirsutum*）花药横切，示未发育花药
Co. 花冠　An. 花药（幼药）

1.8-19

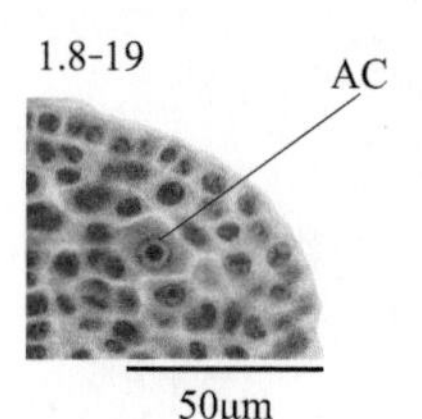

图 1.8-19　棉（*Gossypium hirsutum*）花药横切，示孢原细胞
AC. 孢原细胞

1.8-20

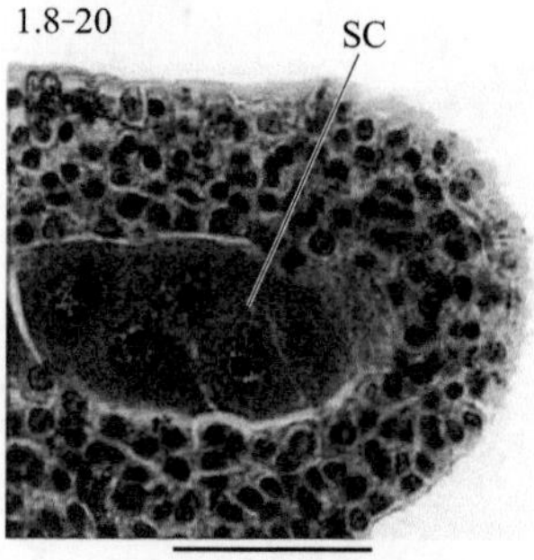

图 1.8-20　棉（*Gossypium hirsutum*）花药纵切，示造孢细胞
SC. 造孢细胞

1.8-21

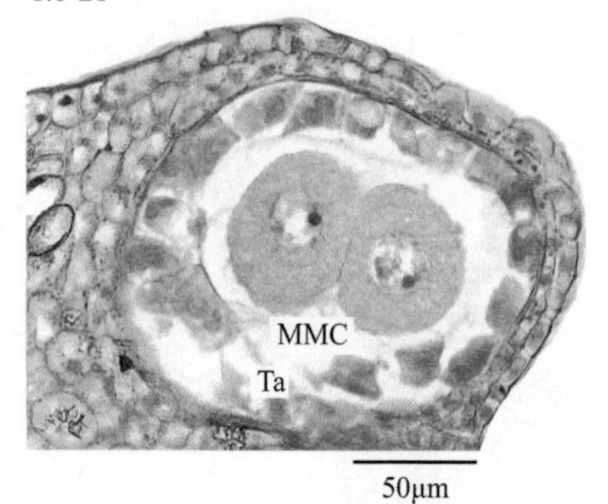

图 1.8-21　棉（*Gossypium hirsutum*）花药横切，示小孢子母细胞时期
Ta. 绒毡层　MMC. 小孢子母细胞

1.8-22

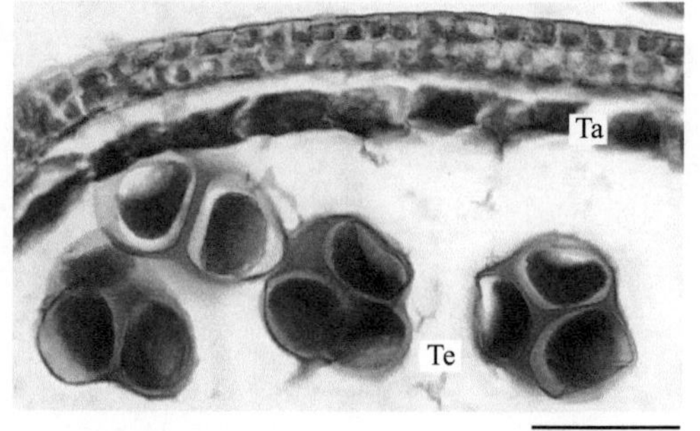

图 1.8-22　棉（*Gossypium hirsutum*）花药纵切，示小孢子四分体时期
Ta. 绒毡层　Te. 四分体

1.8-23

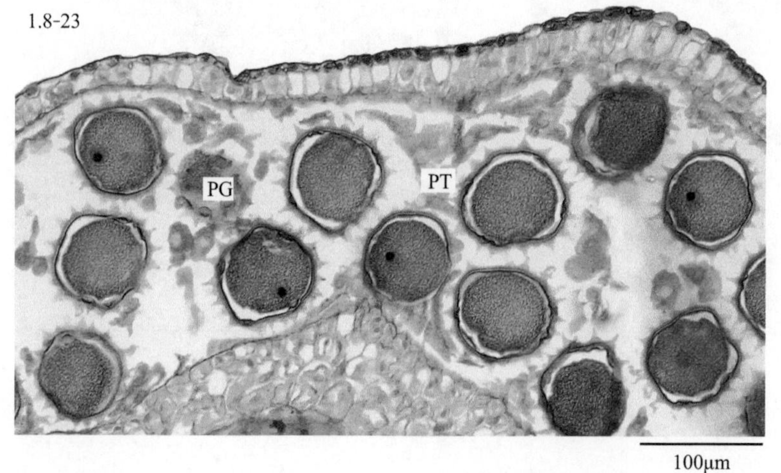

图 1.8-23　棉（*Gossypium hirsutum*）花药纵切，示单核变形绒毡层
PG. 花粉粒（单核）
PT. 周原质团绒毡层

（本页切片来自华中农业大学植物学教研室）

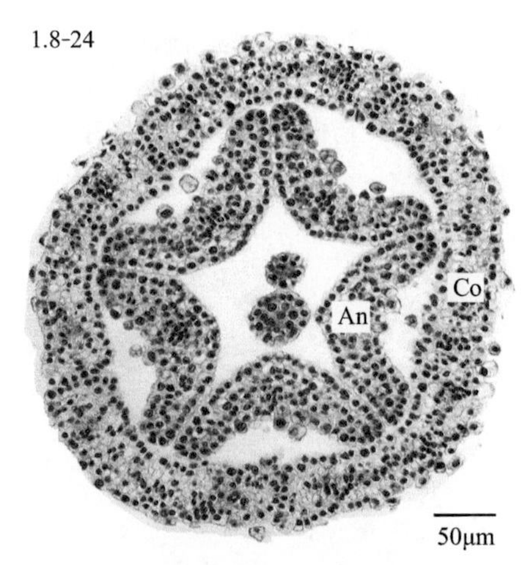

图 **1.8-24** 向日葵（*Helianthus annuus*）管状花的花药横切，示聚药雄蕊

Co. 花冠 An. 花药（5 枚合生）

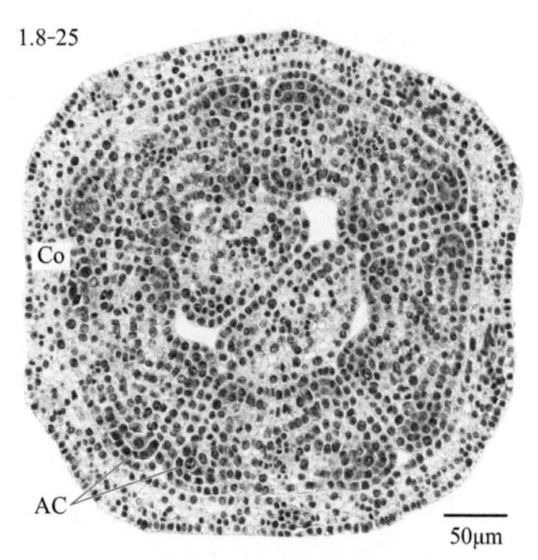

图 **1.8-25** 向日葵（*Helianthus annuus*）管状花的花药横切，示聚药雄蕊 5 枚

Co. 花冠 AC. 孢原细胞

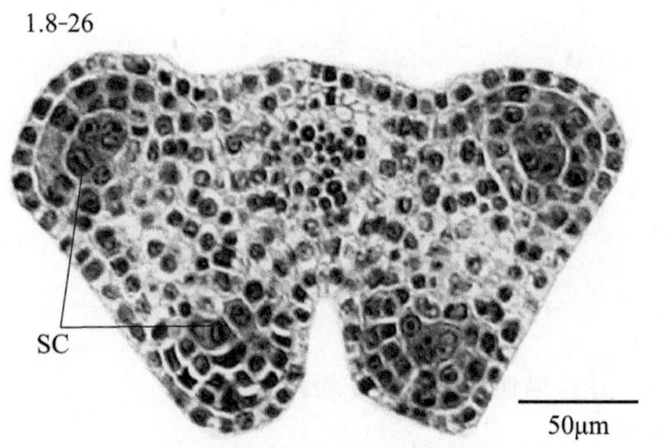

图 **1.8-26** 向日葵（*Helianthus annuus*）花药横切，示造孢细胞

SC. 造孢细胞

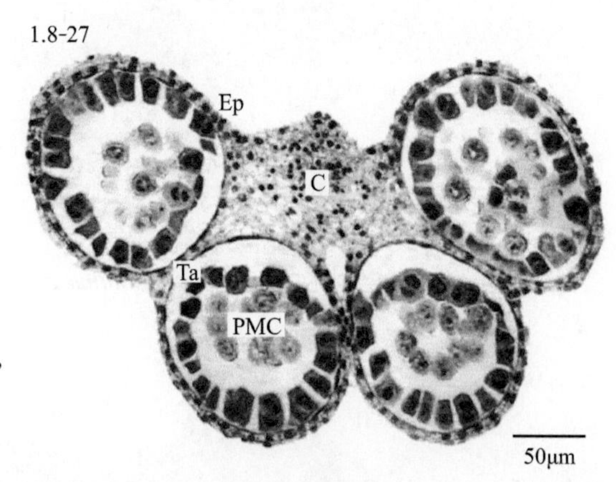

图 **1.8-27** 向日葵（*Helianthus annuus*）花药横切，示小孢子母细胞时期

Ep. 表皮 C. 药隔 Ta. 绒毡层 PMC. 花粉母细胞

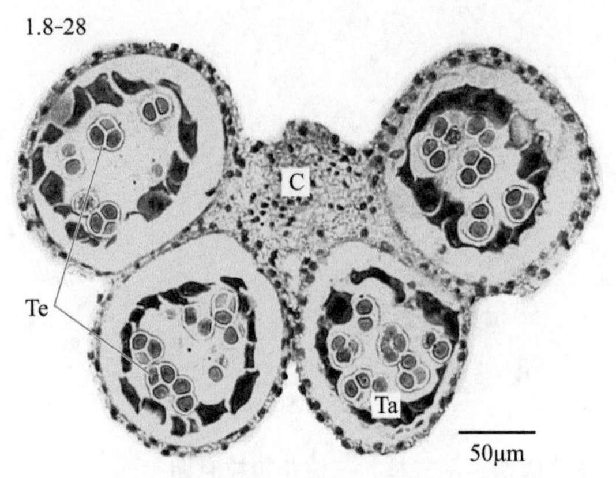

图 **1.8-28** 向日葵（*Helianthus annuus*）花药横切，示小孢子四分体时期

C. 药隔 Ta. 绒毡层 Te. 四分体

（本页切片来自华中农业大学植物学教研室）

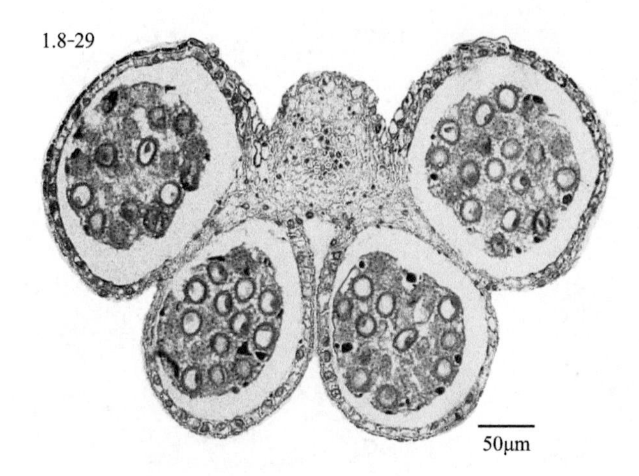

图 **1.8-29** 向日葵（*Helianthus annuus*）花药横切，示小孢子发育后期

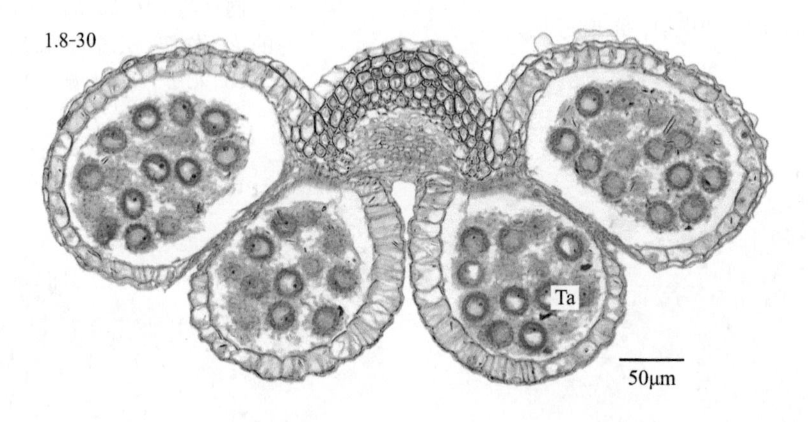

图 **1.8-30** 向日葵（*Helianthus annuus*）花药横切，示单核花粉粒时期

Ta. 绒毡层

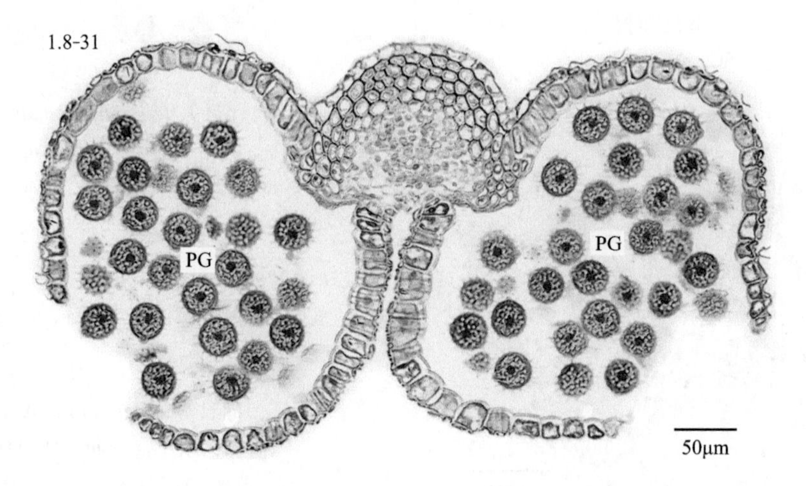

图 **1.8-31** 向日葵（*Helianthus annuus*）花药横切，示二核、三核花粉粒时期

PG. 花粉粒

（本页切片来自华中农业大学植物学教研室）

1.8-32

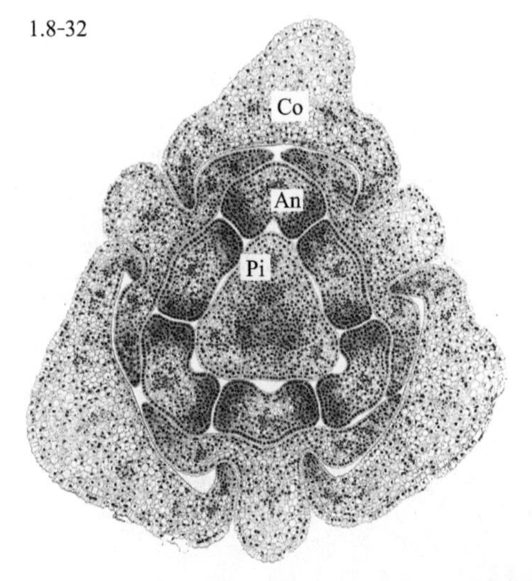

图 **1.8-32** 百合（*Lilium brownii*）幼花横切，示雄蕊 6 枚

Co. 花冠 An. 花药 Pi. 雌蕊

1.8-33

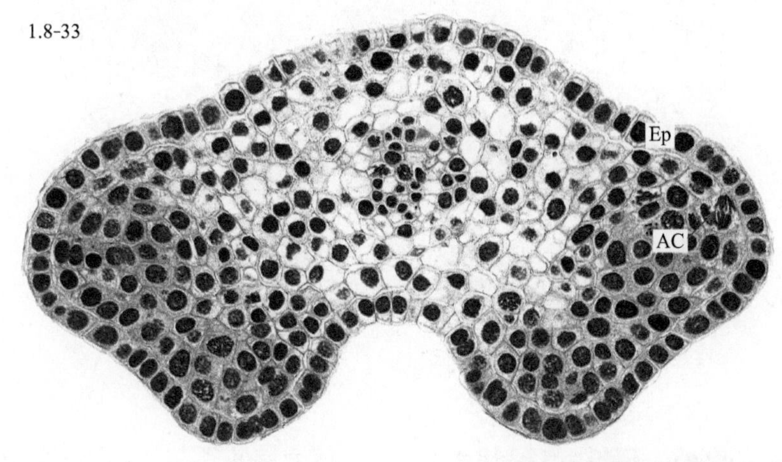

图 **1.8-33** 百合（*Lilium brownii*）花药横切，示孢原细胞分裂

Ep. 表皮 AC. 孢原细胞

1.8-34

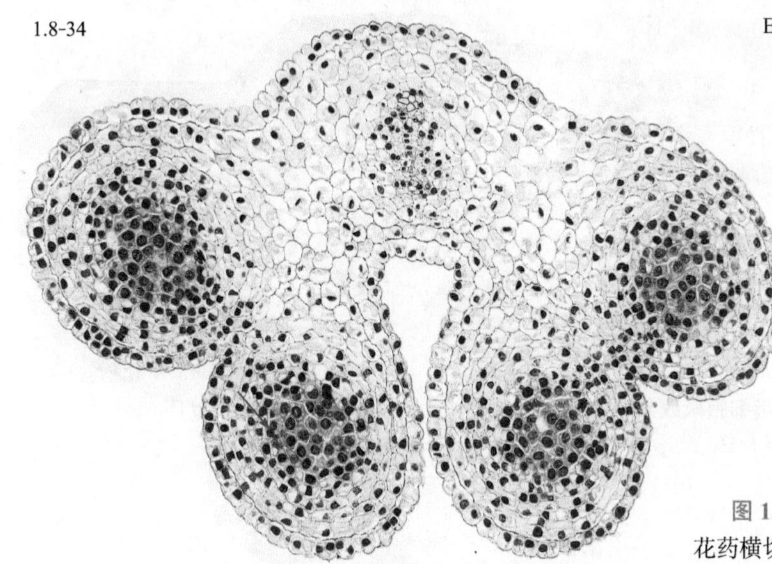

图 **1.8-34** 百合（*Lilium brownii*）花药横切，示次生造孢细胞（箭头所指）

（本页切片来自华中农业大学植物学教研室）

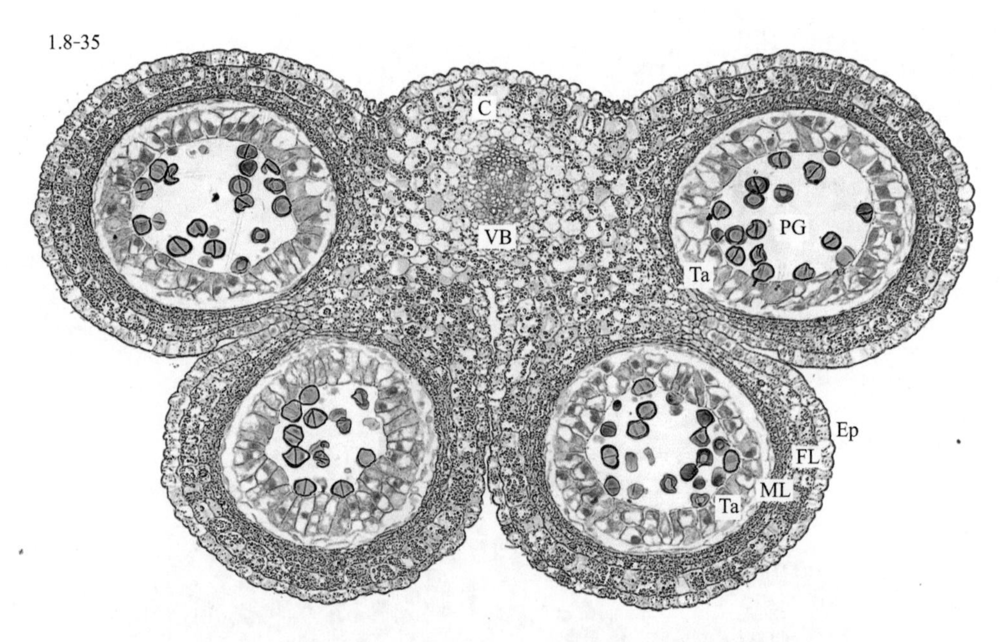

图 1.8-35　百合（*Lilium brownii*）花药横切，示早期小孢子

C. 药隔　VB.（药隔）维管束　Ep. 表皮　FL. 纤维层　ML. 中层

Ta. 绒毡层　PG. 早期小孢子

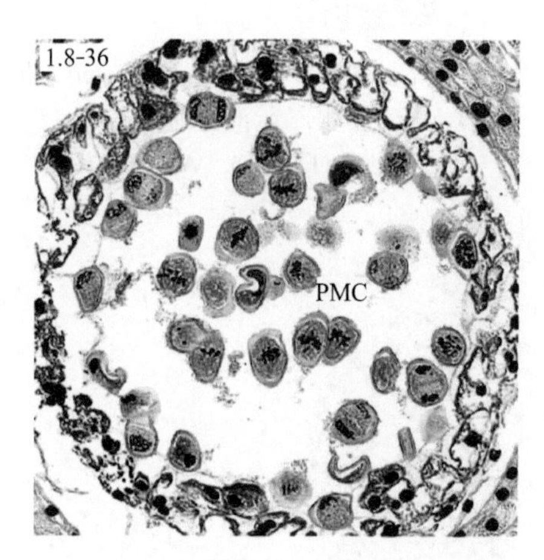

图 1.8-36　百合（*Lilium brownii*）1 个花粉囊横切，示花粉母细胞减数分裂

PMC. 花粉母细胞

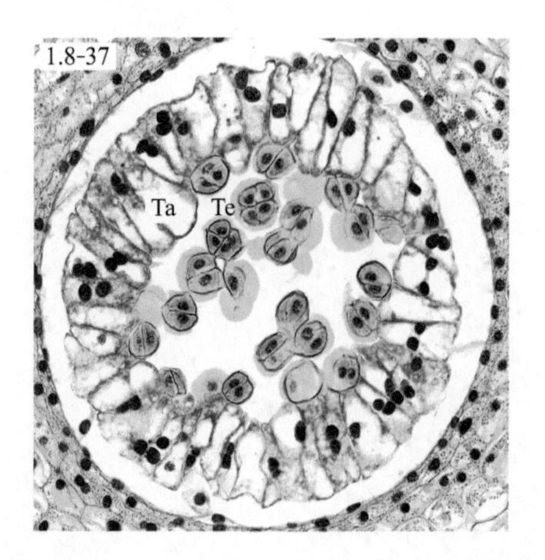

图 1.8-37　百合（*Lilium brownii*）1 个花粉囊横切，示小孢子二分体和四分体时期

Ta. 绒毡层　Te. 四分体

（本页切片来自华中农业大学植物学教研室）

1.8-38

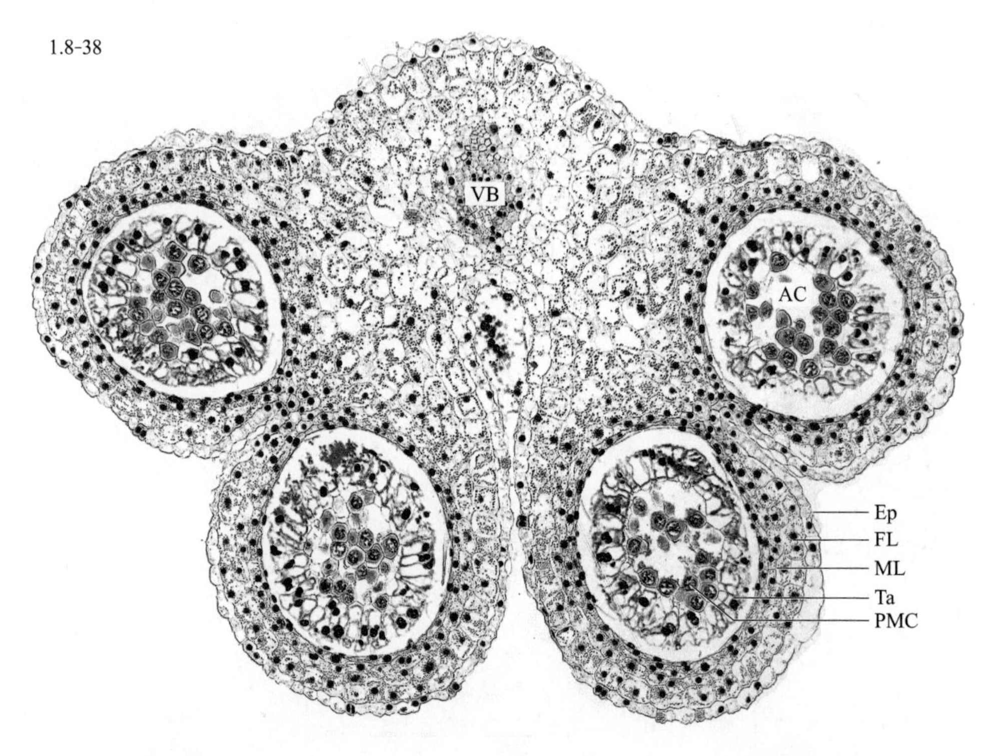

图 1.8-38 百合（*Lilium brownii*）花药（幼）横切，示未成熟花药结构

VB.（药隔）维管束 AC. 药室 Ep. 表皮 FL. 纤维层 ML. 中层 Ta. 绒毡层 PMC. 花粉母细胞

1.8-39

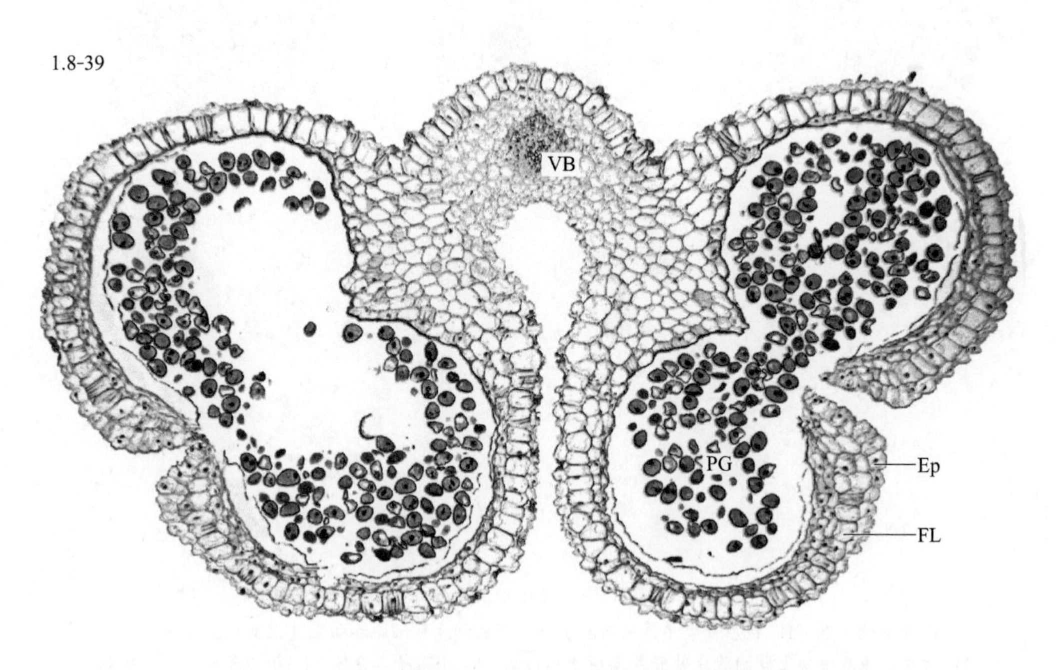

图 1.8-39 百合（*Lilium brownii*）花药横切，示成熟花药结构

VB.（药隔）维管束 Ep. 表皮 FL. 纤维层 PG. 花粉粒

（本页切片来自华中农业大学植物学教研室）

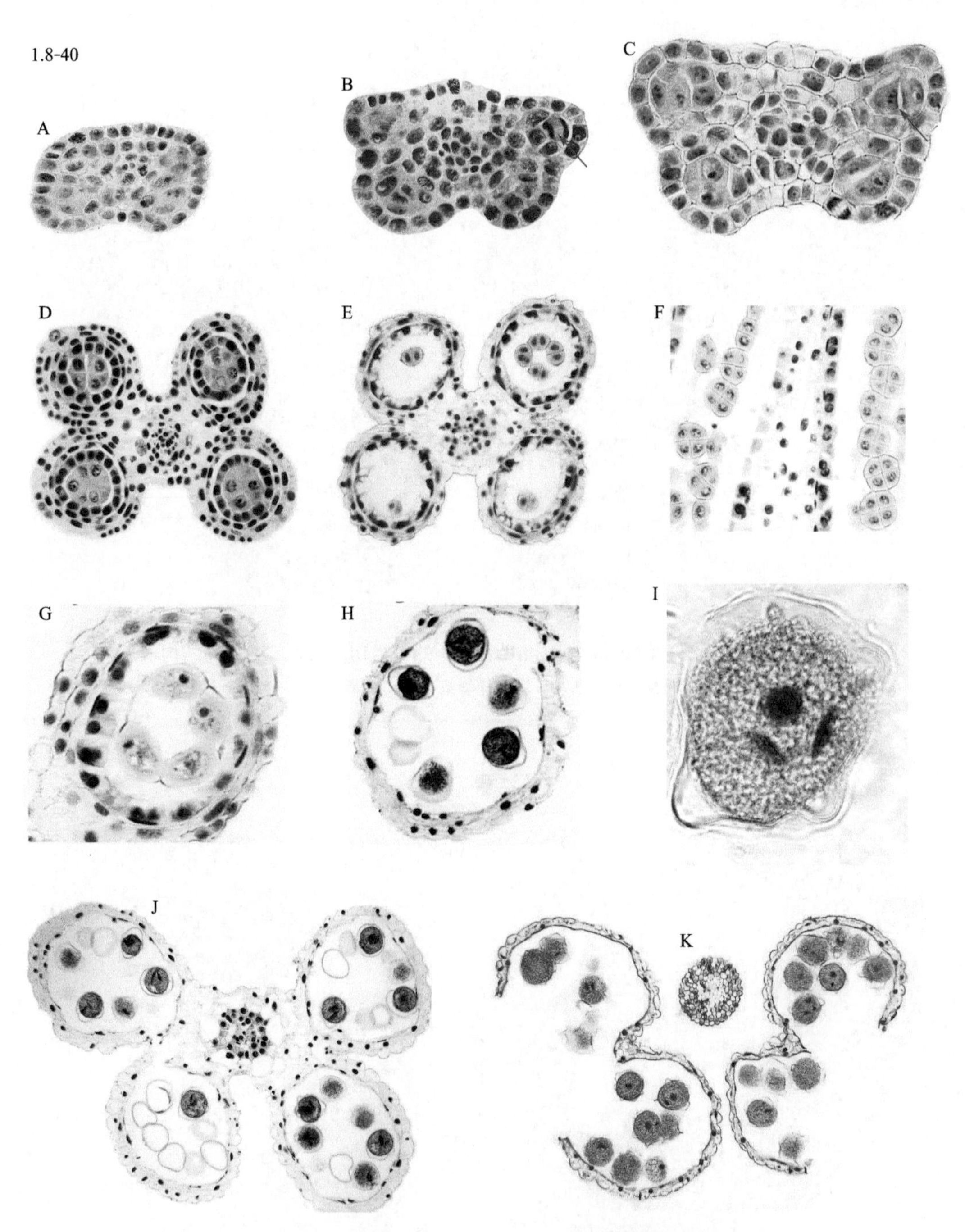

图 1.8-40 小麦（*Triticum aestivum*）花药发育过程

A. 未分化花药 B. 孢原分裂（箭头所指） C. 形成初生壁细胞和初生造孢细胞（箭头所指） D. 次生造孢及由初生壁细胞分裂形成三层花药的壁 E. 小孢子二分体 F. 小孢子四分体（纵切） G. 单核花粉粒（1 个花粉囊） H. 二胞花粉粒 I. 三胞花粉粒（100×） J. 成熟花药 K. 花粉囊开裂释放花粉粒

（本页切片来自华中农业大学廖玉才田间取样，刘茹姣切片制作，1980 年）

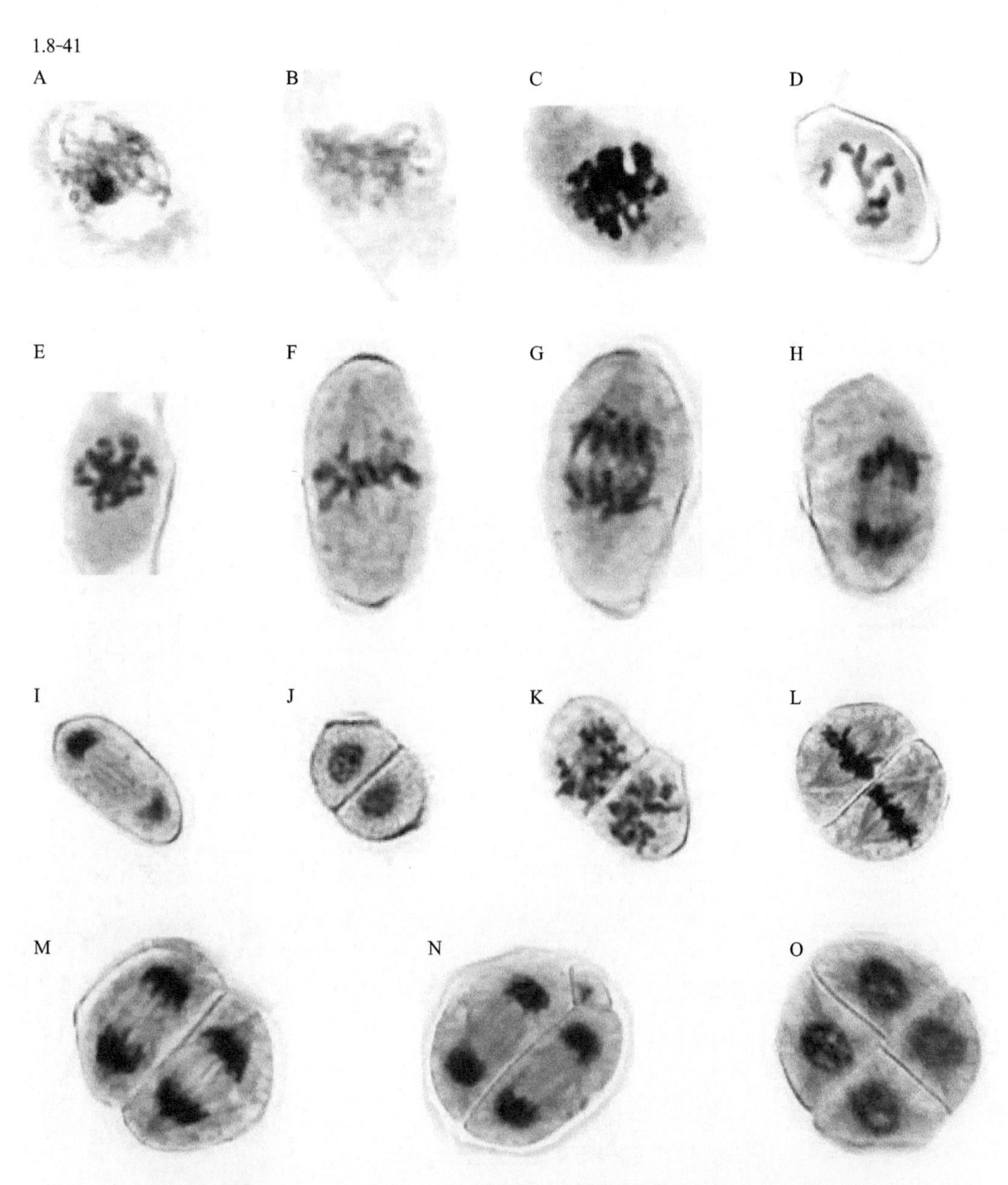

图 1.8-41 小麦（*Triticum aestivum*）小孢子母细胞减数分裂过程

A～E. 减数第一次分裂前期Ⅰ（A. 细线期 B. 偶线期 C. 粗线期 D. 双线期 E. 终变期） F. 中期Ⅰ G～H. 后期Ⅰ I～J. 减数分裂末期Ⅰ K. 减数第二次分裂前期Ⅱ L. 中期Ⅱ M. 后期Ⅱ N. 末期Ⅱ O. 四分体时期

（本页切片来自华中农业大学廖玉才田间取样，刘茹姣切片制作，1980 年）

1.9 雌蕊的形态与结构

图 1.9-1～图 1.9-45

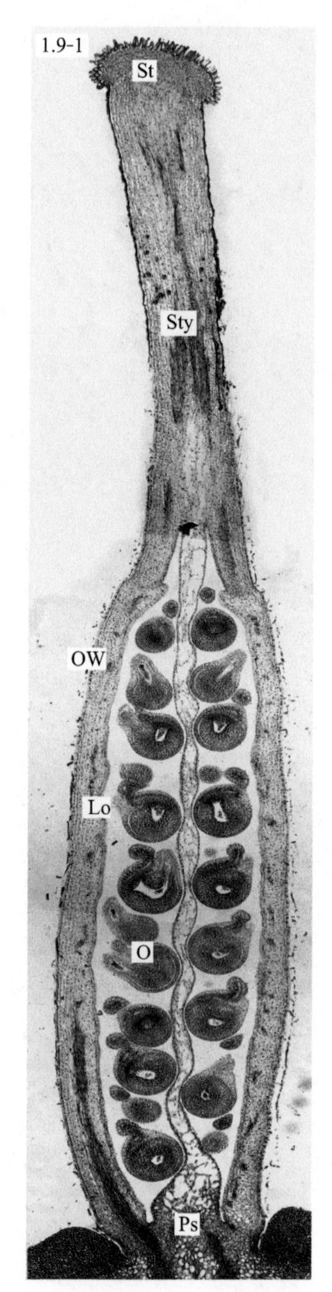

图 1.9-1 油菜（*Brassica rapa*）雌蕊纵切，示子房结构

St. 柱头 Sty. 花柱
OW. 子房壁 Lo. 子房室
O. 胚珠 Ps. 假隔膜

（本页切片来自华中农业大学植物学教研室）

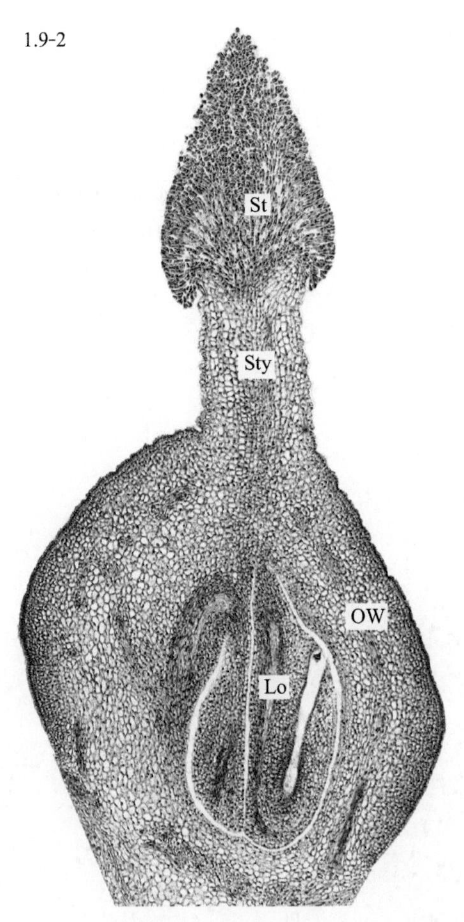

图 1.9-2　油橄榄（*Olea europaea*）雌蕊纵切，示子房结构

St. 柱头　Sty. 花柱

OW. 子房壁　Lo. 子房室

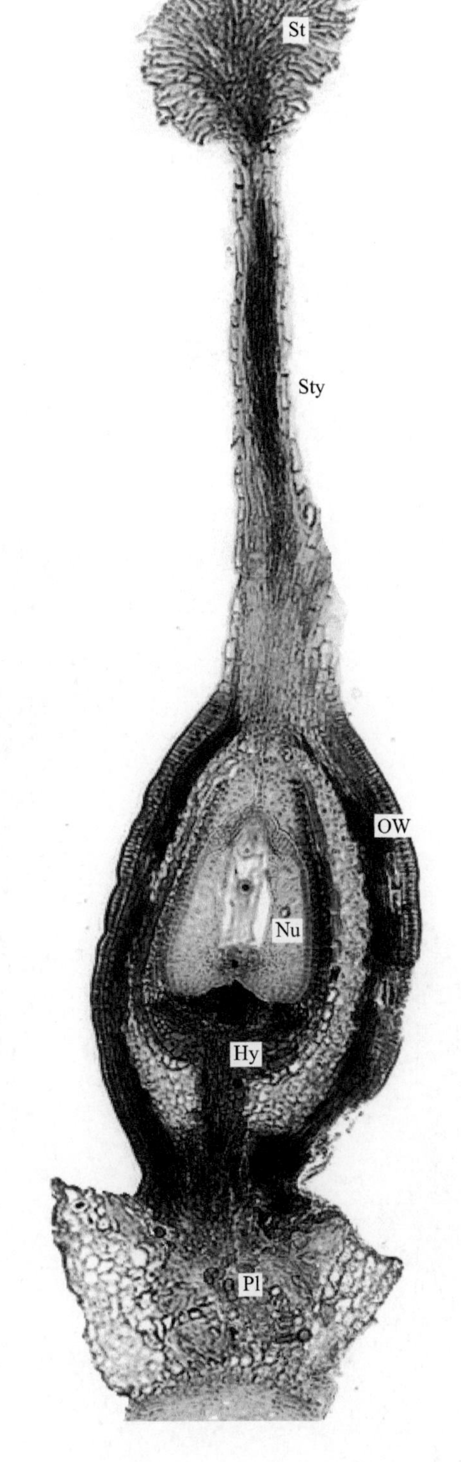

图 1.9-3　辣蓼（*Polygonum hydropiper*）雌蕊纵切，示子房结构

St. 柱头　Sty. 花柱

OW. 子房壁　Nu. 珠心

Hy. 承珠盘　Pl. 胎座

（本页切片来自华中农业大学植物学教研室）

1.9-4

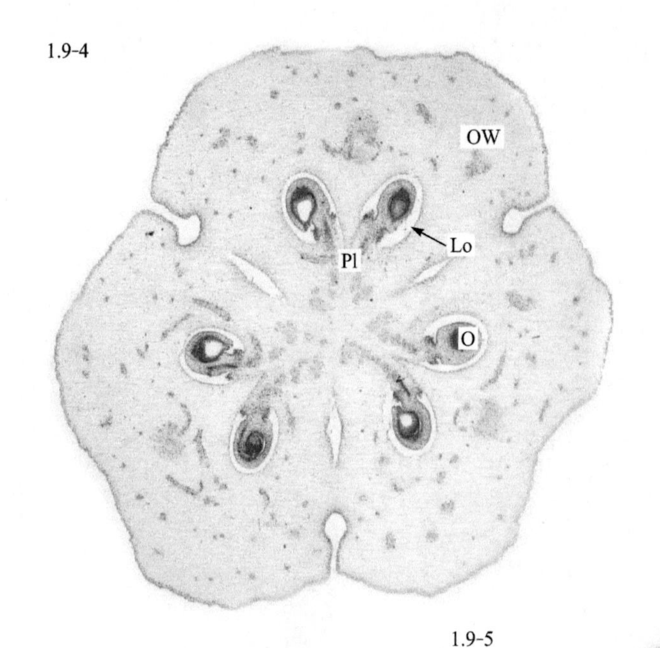

图 1.9-4　丝兰（*Yucca filamentosa*）子房横切，示 3 心皮

OW. 子房壁　Pl. 胎座
Lo. 子房室　O. 胚珠

1.9-5

图 1.9-5　丝兰（*Yucca filamentosa*）子房 1/3 横切，示 1 个心皮的界限

OW. 子房壁　VS. 腹缝线　Pl. 胎座
Lo. 子房室　O. 胚珠

1.9-6

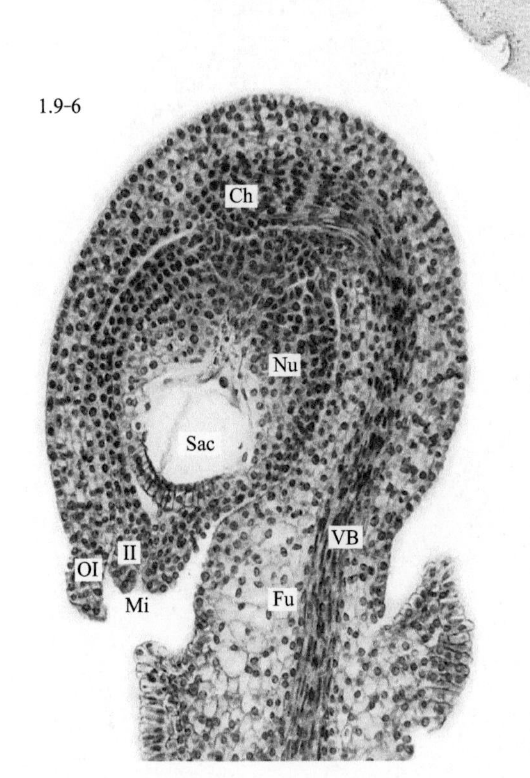

图 1.9-6　丝兰（*Yucca filamentosa*）胚珠纵切，示胚珠结构

Fu. 珠柄　VB. 维管束　Ch. 合点
OI. 外珠被　II. 内珠被　Mi. 珠孔
Nu. 珠心　Sac. 胚囊

（本页切片来自华中农业大学植物学教研室）

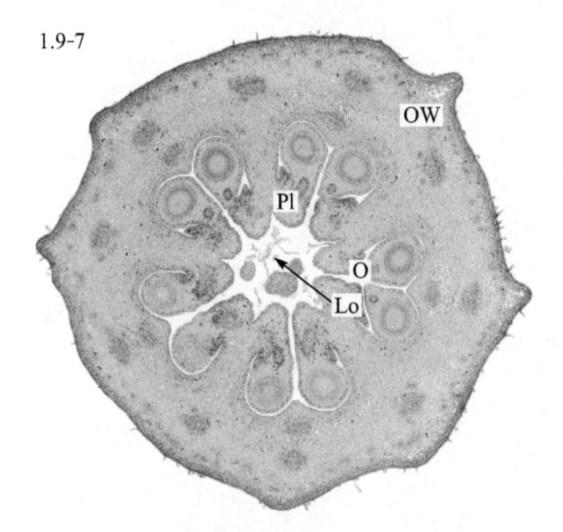

图 1.9-7 苹果（*Malus sieversii*）
子房横切，示 5 心皮
OW. 子房壁 Pl. 胎座
Lo. 子房室 O. 胚珠

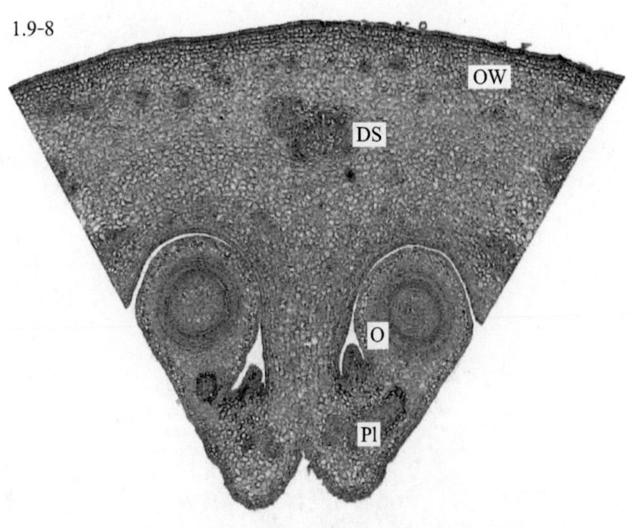

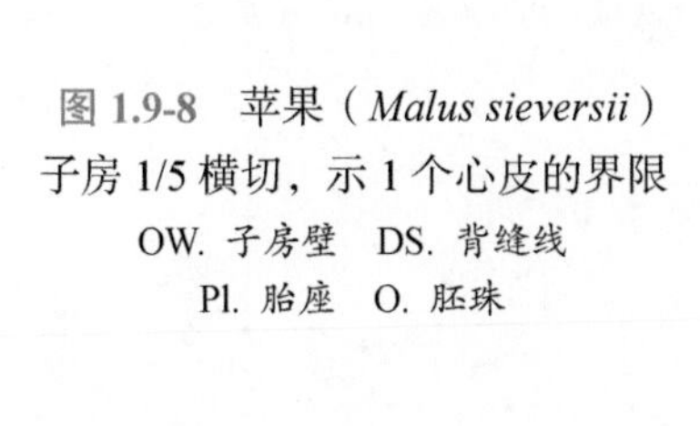
图 1.9-8 苹果（*Malus sieversii*）
子房 1/5 横切，示 1 个心皮的界限
OW. 子房壁 DS. 背缝线
Pl. 胎座 O. 胚珠

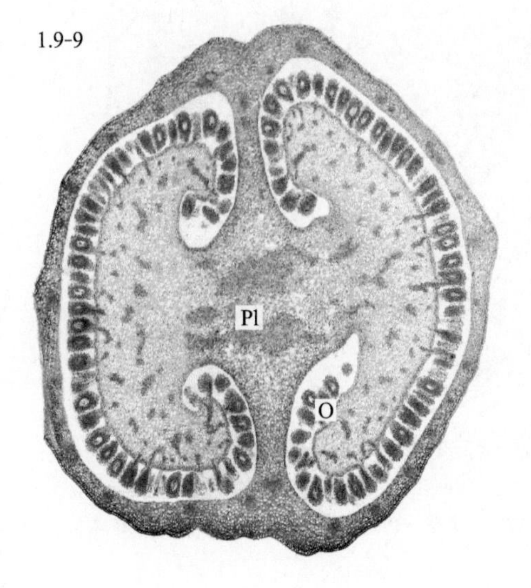

图 1.9-9 烟草（*Nicotiana tabacum*）
子房横切，示中轴胎座
Pl. 胎座 O. 胚珠

（本页切片来自华中农业大学植物学教研室）

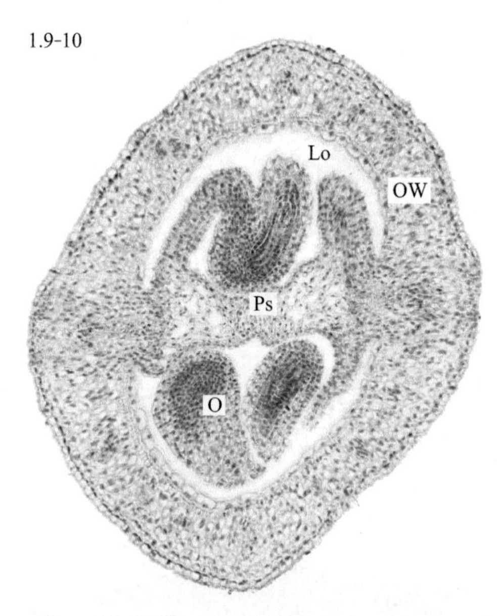

图 1.9-10　油菜（*Brassica rapa*）子房横切，示子房结构

OW. 子房壁　O. 胚珠　Lo. 子房室　Ps. 假隔膜

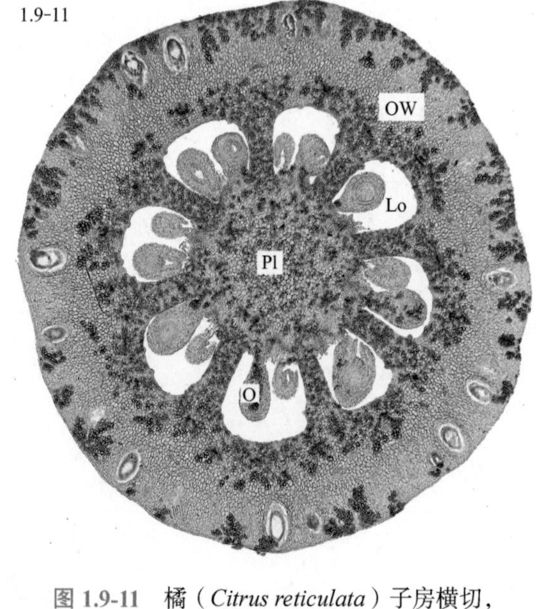

图 1.9-11　橘（*Citrus reticulata*）子房横切，示子房结构

OW. 子房壁　Pl. 胎座　Lo. 子房室　O. 胚珠

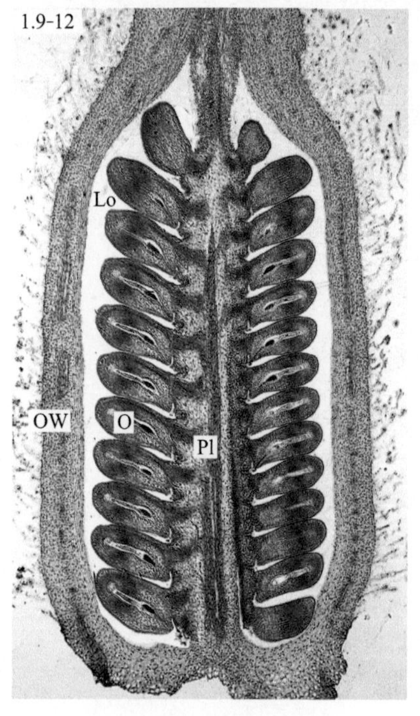

图 1.9-12　芝麻（*Sesamum indicum*）子房纵切，示子房结构

OW. 子房壁　Pl. 胎座　Lo. 子房室　O. 胚珠

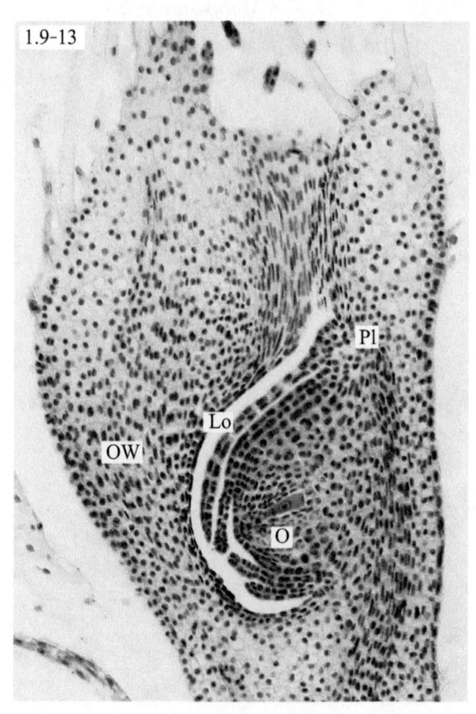

图 1.9-13　小麦（*Triticum aestivum*）子房纵切，示子房结构

OW. 子房壁　Pl. 胎座　Lo. 子房室　O. 胚珠

（本页切片来自华中农业大学植物学教研室）

1.9-14

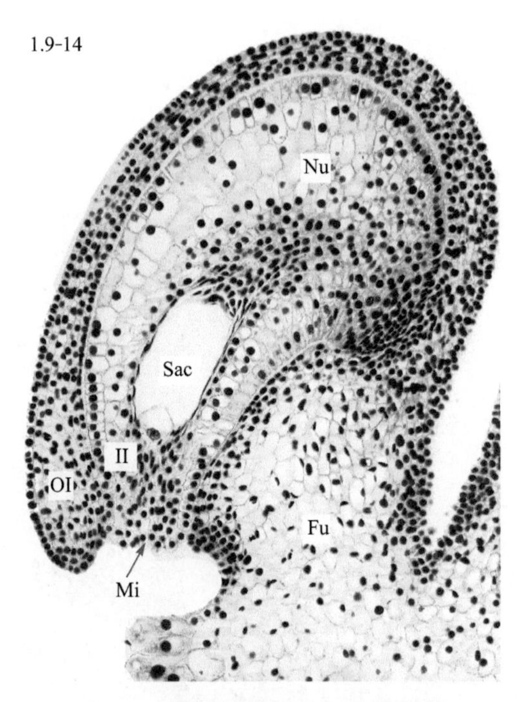

图 1.9-14 洋葱（*Allium cepa*）胚珠纵切，示倒生胚珠

Fu. 珠柄 OI. 外珠被 II. 内珠被
Mi. 珠孔 Nu. 珠心 Sac. 胚囊

1.9-15

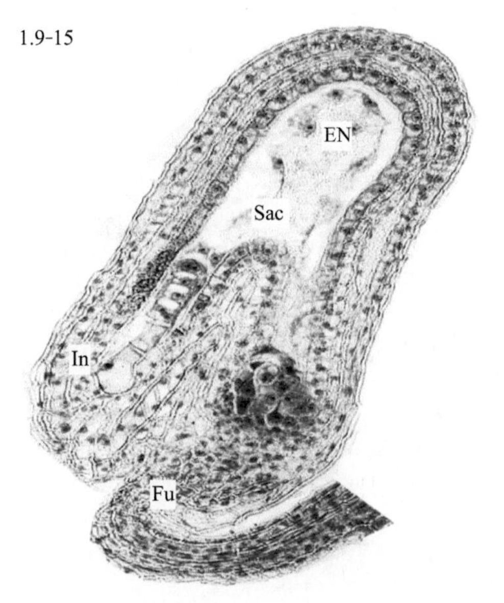

图 1.9-15 荠菜（*Capsella bursa-pastoris*）胚珠纵切，示曲生胚珠

Fu. 珠柄 In. 珠被 EN. 胚乳游离核 Sac. 胚囊

1.9-16

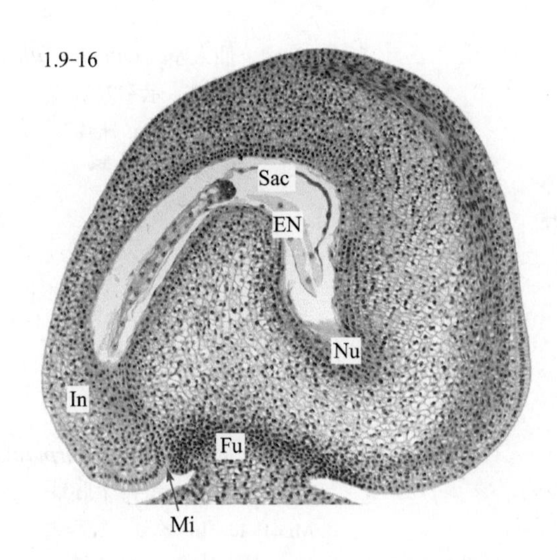

图 1.9-16 豌豆（*Pisum sativum*）胚珠纵切，示弯生胚珠

Fu. 珠柄 In. 珠被 Mi. 珠孔 EN. 胚乳游离核
Nu. 珠心 Sac. 胚囊

1.9-17

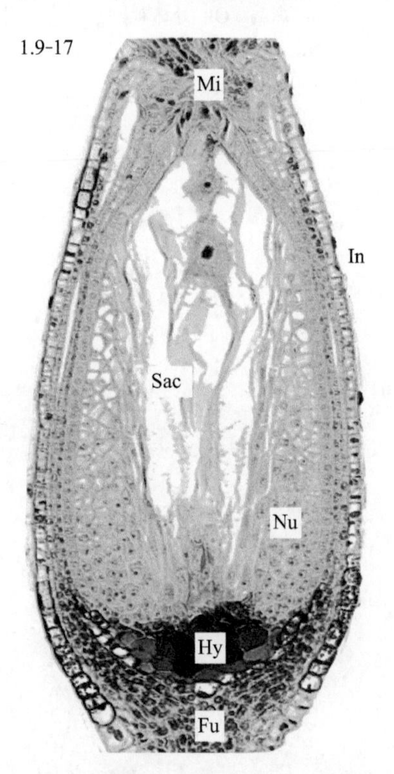

图 1.9-17 荞麦（*Fagopyrum esculentum*）胚珠纵切，示直生胚珠

Fu. 珠柄 In. 珠被 Mi. 珠孔
Nu. 珠心 Sac. 胚囊 Hy. 承珠盘

（本页切片来自华中农业大学植物学教研室）

1.9-18

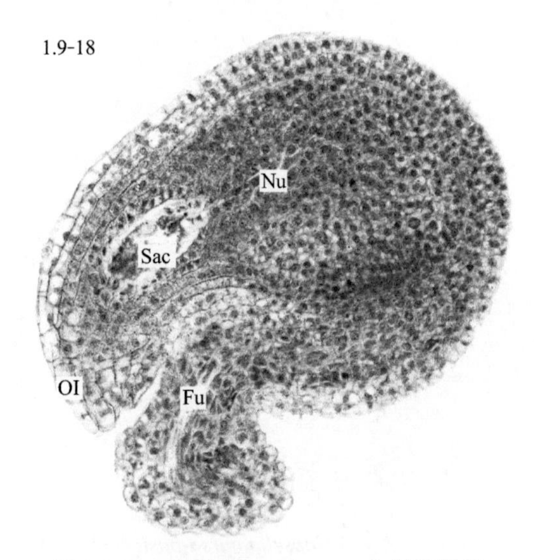

图 1.9-18　油菜（*Brassica rapa*）胚珠纵切，示曲生胚珠

Fu. 珠柄　OI. 外珠被
Nu. 珠心　Sac. 胚囊

1.9-19

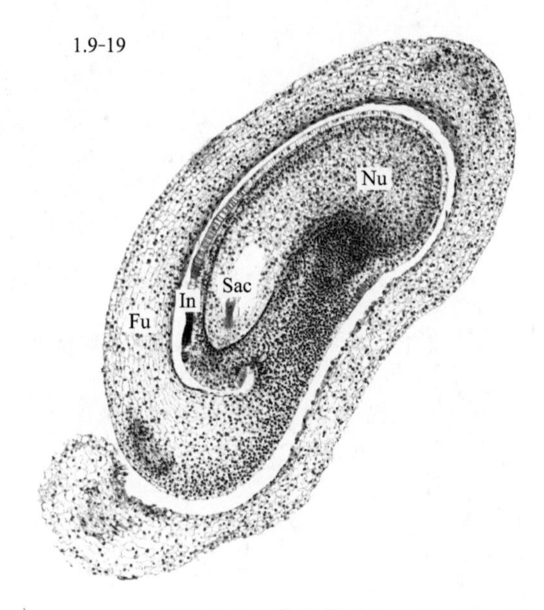

图 1.9-19　仙人掌（*Opuntia dillenii*）胚珠纵切，示拳卷胚珠

Fu. 珠柄　In. 珠被
Sac. 胚囊　Nu. 珠心

1.9-20

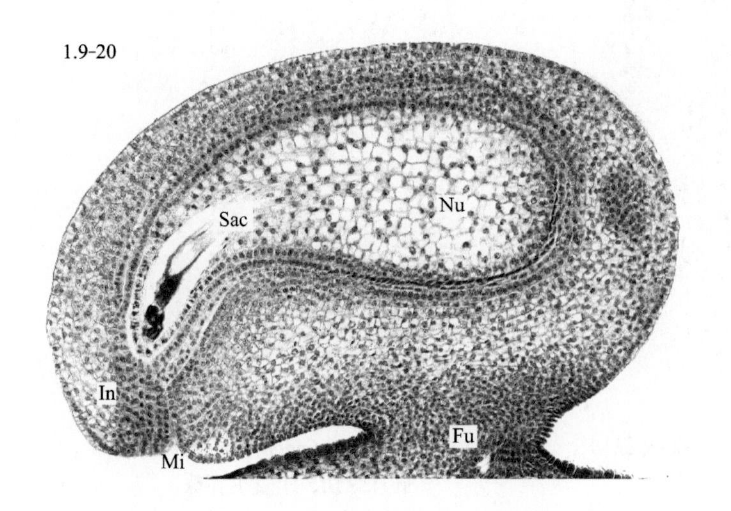

图 1.9-20　扁豆（*Lablab purpureus*）胚珠纵切，示弯生胚珠

Mi. 珠孔　In. 珠被　Sac. 胚囊
Nu. 珠心　Fu. 珠柄

（本页切片来自华中农业大学植物学教研室）

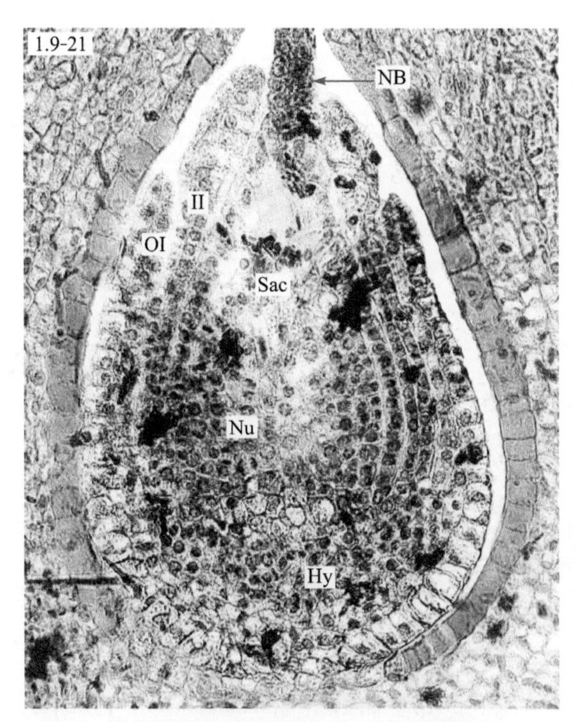

图 1.9-21 蓼（*Polygonum* sp.）直生胚珠纵切，示珠心喙

OI. 外珠被 II. 内珠被 NB. 珠心喙
Sac. 胚囊 Nu. 珠心 Hy. 承珠盘

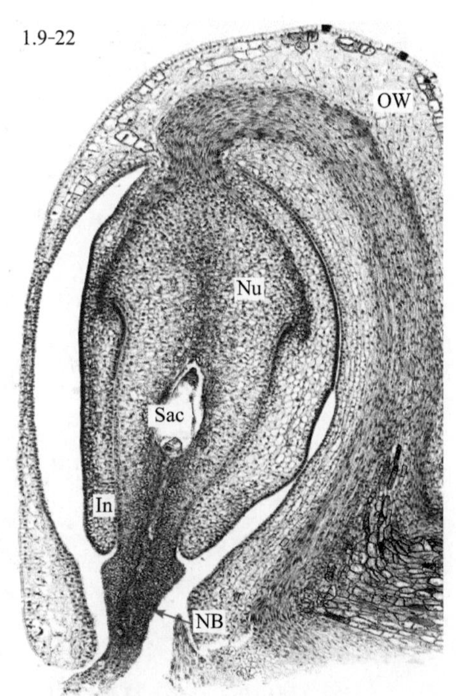

图 1.9-22 油桐（*Vernicia fordii*）胚珠纵切，示珠心喙

OW. 子房壁 Nu. 珠心 Sac. 胚囊
In. 珠被 NB. 珠心喙

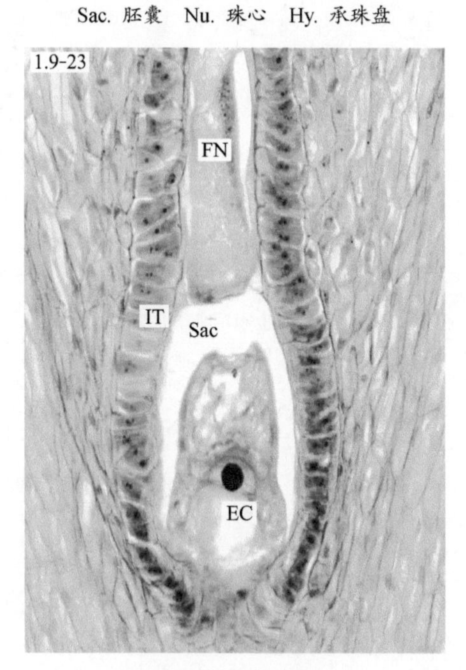

图 1.9-23 向日葵（*Helianthus annuus*）胚珠纵切，示珠被绒毡层

IT. 珠被绒毡层 Sac. 胚囊
FN. 胚乳游离核 EC. 卵细胞

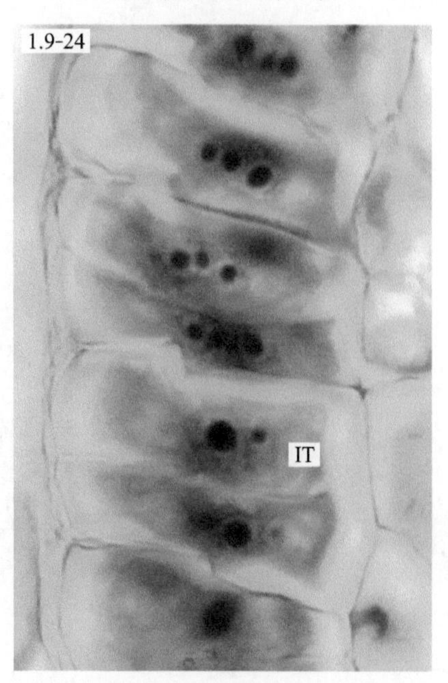

图 1.9-24 向日葵（*Helianthus annuus*）胚珠纵切，示珠被绒毡层细胞

IT. 珠被绒毡层

（蓼胚珠切片来自北大生物系，油桐胚珠、向日葵胚珠切片来自华中农业大学植物学教研室）

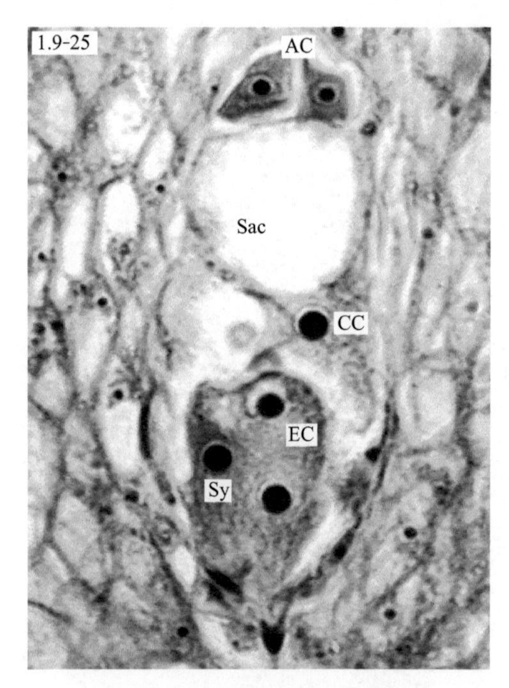

图 1.9-25　梨（*Pyrus* sp.）胚囊纵切，示成熟胚囊结构

AC. 反足细胞　Sac. 胚囊　CC. 中央细胞　EC. 卵细胞　Sy. 助细胞

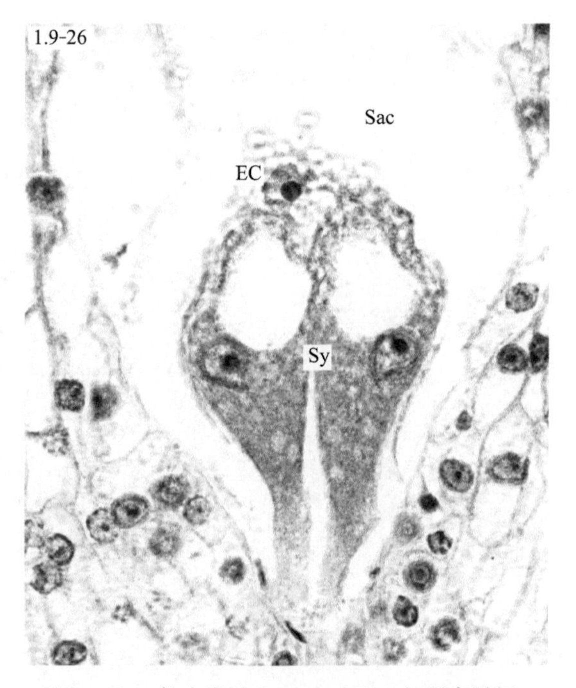

图 1.9-26　仙人掌（*Opuntia dillenii*）子房纵切，示成熟胚囊结构

Sac. 胚囊　EC. 卵细胞　Sy. 助细胞

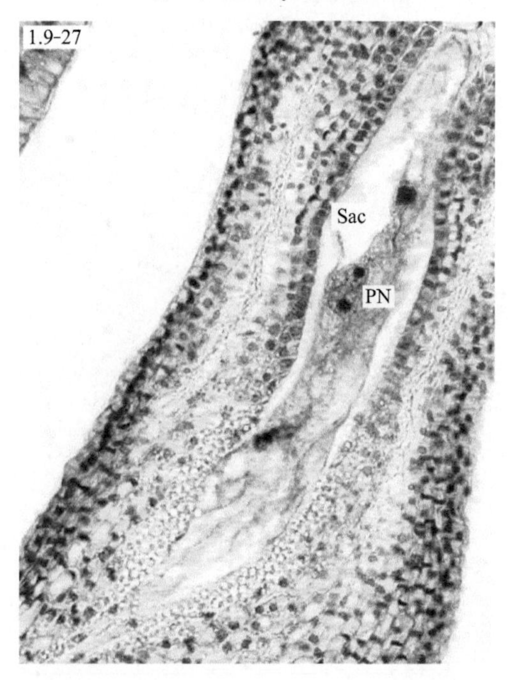

图 1.9-27　芝麻（*Sesamum indicum*）子房纵切，示成熟胚囊结构

Sac. 胚囊　PN. 极核

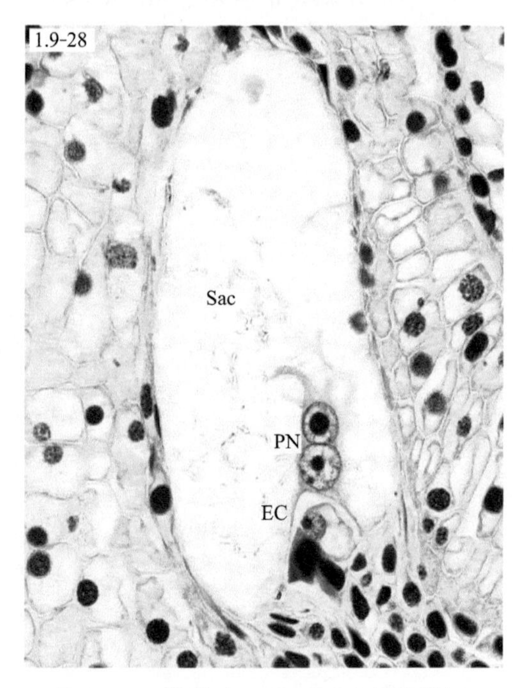

图 1.9-28　洋葱（*Allium cepa*）子房纵切，示成熟胚囊结构

Sac. 胚囊　PN. 极核　EC. 卵细胞

（本页切片来自华中农业大学植物学教研室）

1.9-29

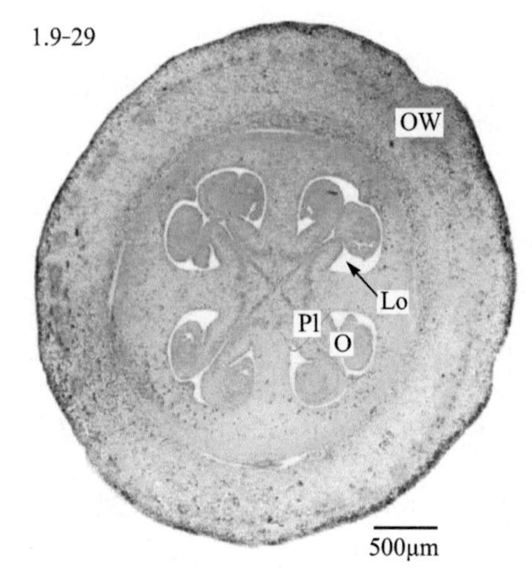

图 1.9-29 棉（*Gossypium hirsutum*）
子房横切，示棉子房结构
OW. 子房壁 Pl. 胎座
Lo. 子房室 O. 胚珠

1.9-30

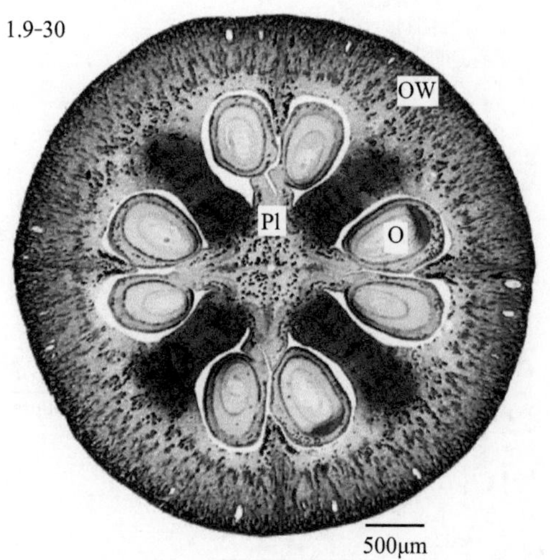

图 1.9-30 棉（*Gossypium hirsutum*）
子房横切，示子房 4～6 室，胚珠多数
OW. 子房壁 Pl. 胎座 O. 胚珠

1.9-31

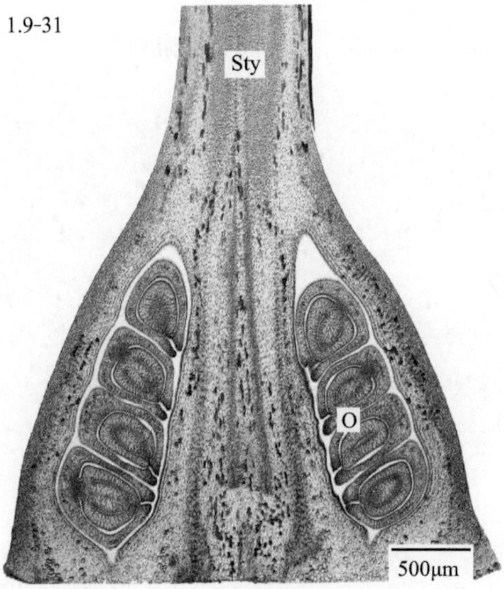

图 1.9-31 棉（*Gossypium hirsutum*）
子房纵切，示胚珠多数
Sty. 花柱 O. 胚珠

（本页切片来自华中农业大学植物学教研室）

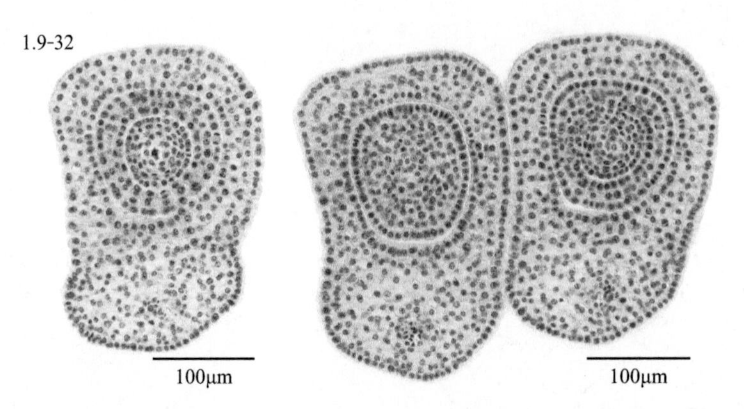

图 1.9-32　棉（*Gossypium hirsutum*）胚珠，示周原珠心组织（厚珠心型）

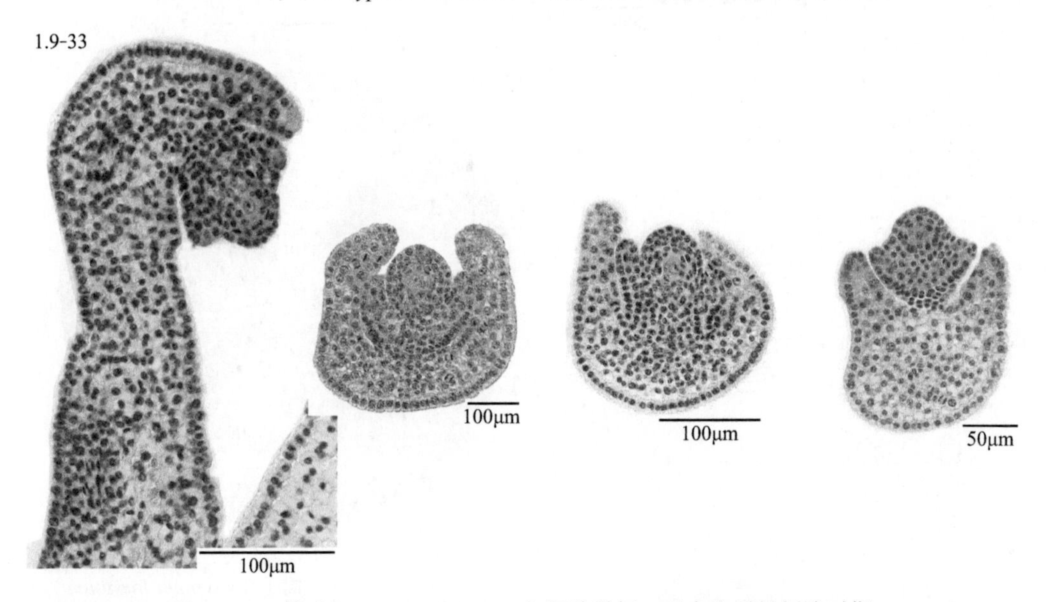

图 1.9-33　棉（*Gossypium hirsutum*）胚珠纵切，示大孢子母细胞时期

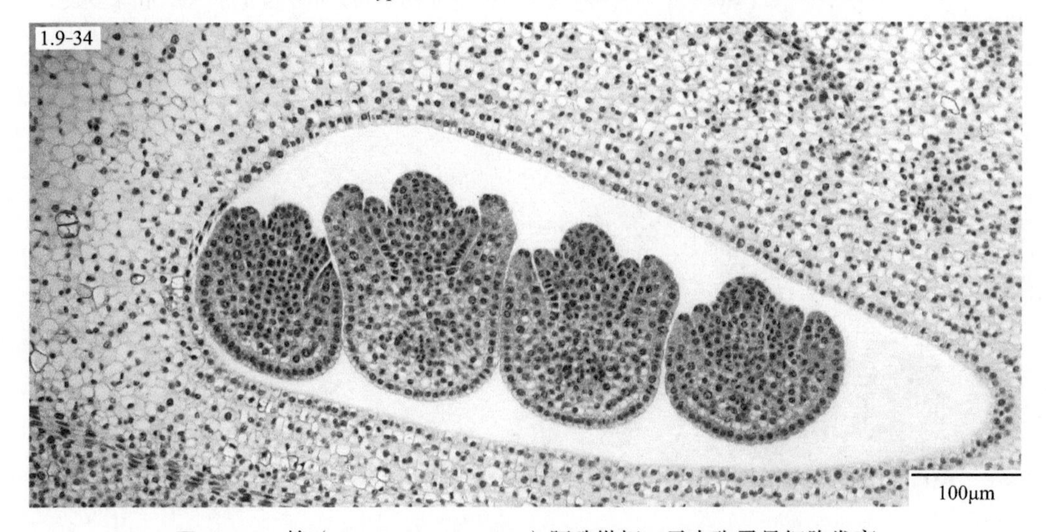

图 1.9-34　棉（*Gossypium hirsutum*）胚珠纵切，示大孢子母细胞发育

（本页切片来自华中农业大学植物学教研室）

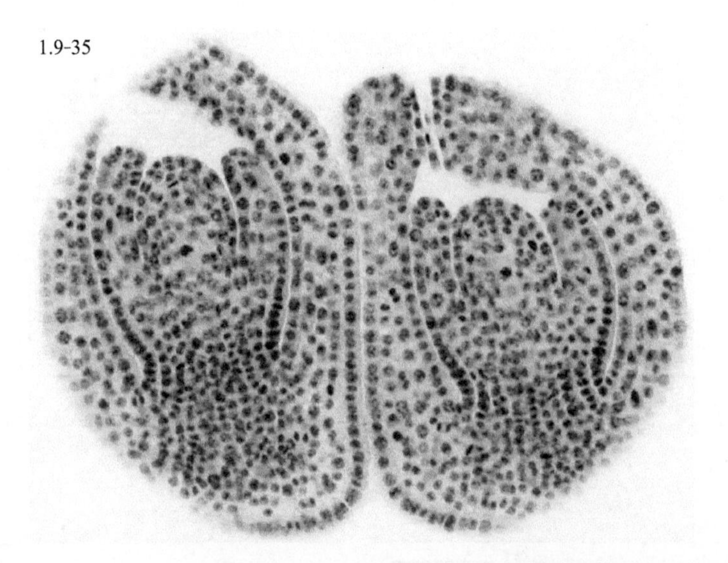

图 **1.9-35**　棉（*Gossypium hirsutum*）胚囊发育，示大孢子四分体发育时期（一）

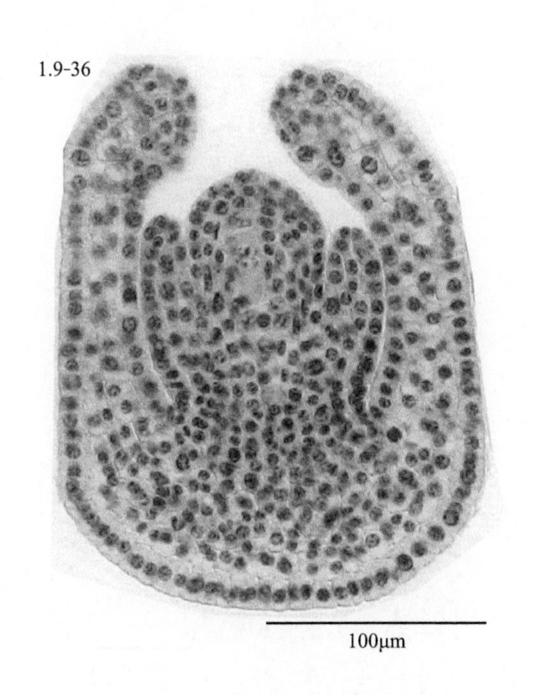

图 **1.9-36**　棉（*Gossypium hirsutum*）胚囊发育，示大孢子四分体发育时期（二）

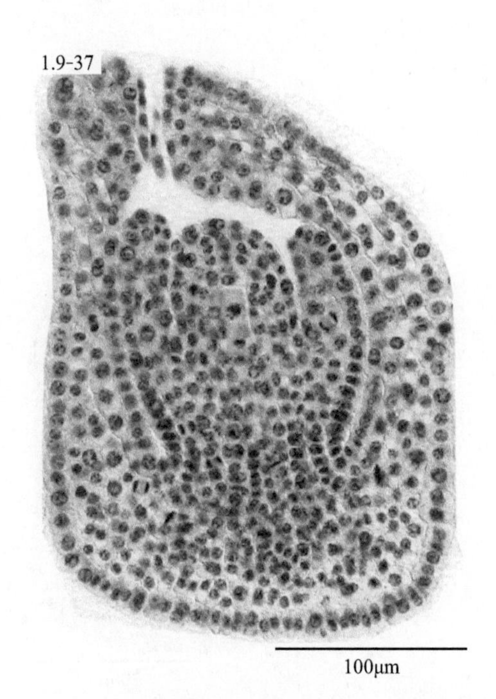

图 **1.9-37**　棉（*Gossypium hirsutum*）胚囊发育，示大孢子四分体发育时期（三）

（本页切片来自华中农业大学植物学教研室）

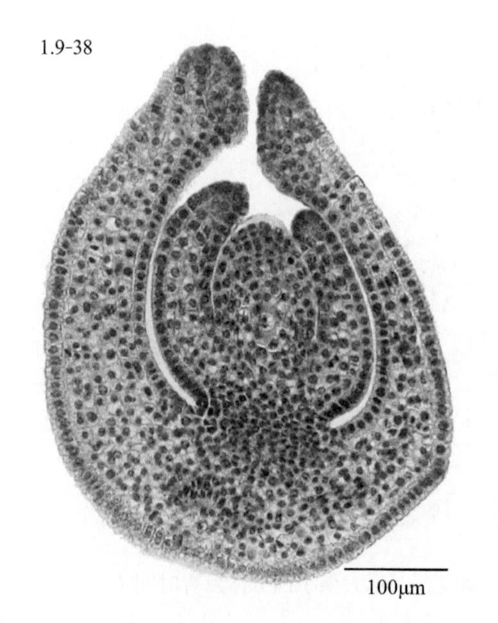

图 1.9-38　棉（*Gossypium hirsutum*）胚囊发育，示单核胚囊

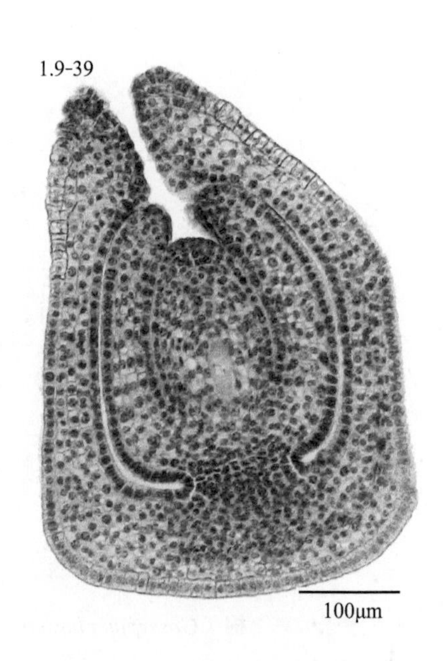

图 1.9-39　棉（*Gossypium hirsutum*）胚囊发育，示二核胚囊

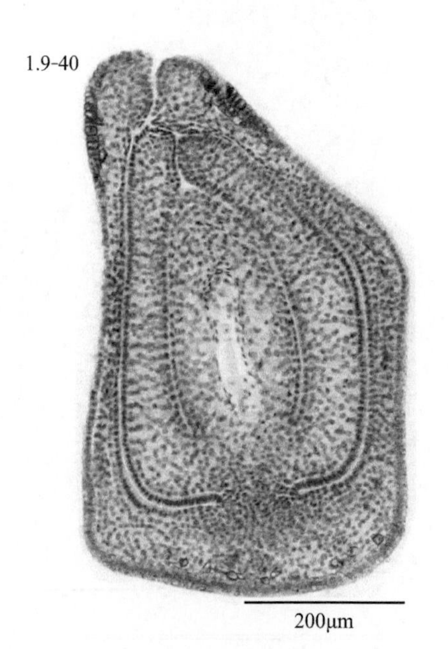

图 1.9-40　棉（*Gossypium hirsutum*）胚囊发育，示四核胚囊

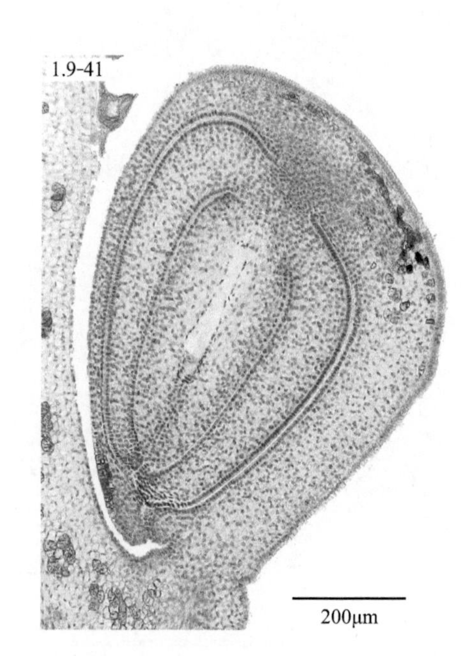

图 1.9-41　棉（*Gossypium hirsutum*）胚囊发育，示成熟胚囊

（本页切片来自华中农业大学植物学教研室）

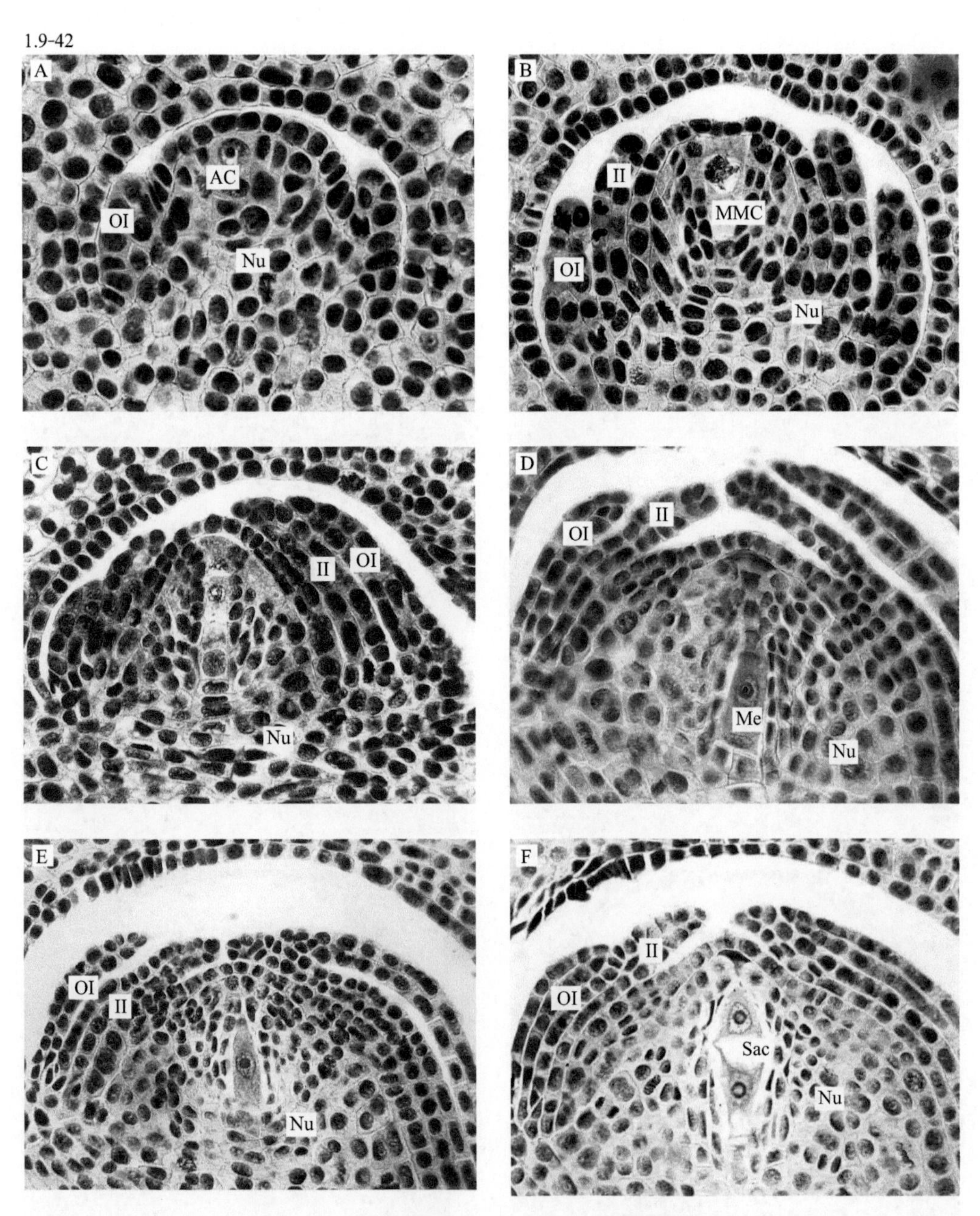

图 **1.9-42** 小麦（*Triticum aestivum*）胚囊发育（一）

A. 孢原细胞 B. 大孢子母细胞 C. 大孢子四分体 D. 示四分体，近珠孔端的三个大孢子退化，近合点端的一个发育为大孢子 E. 单核胚囊 F. 二核胚囊

AC. 孢原细胞 Nu. 珠心 OI. 外珠被 II. 内珠被 MMC. 大孢子母细胞 Me. 大孢子 Sac. 胚囊

（本页切片来自华中农业大学廖玉才田间取样，刘茹姣切片制作，1980 年）

1.9-43

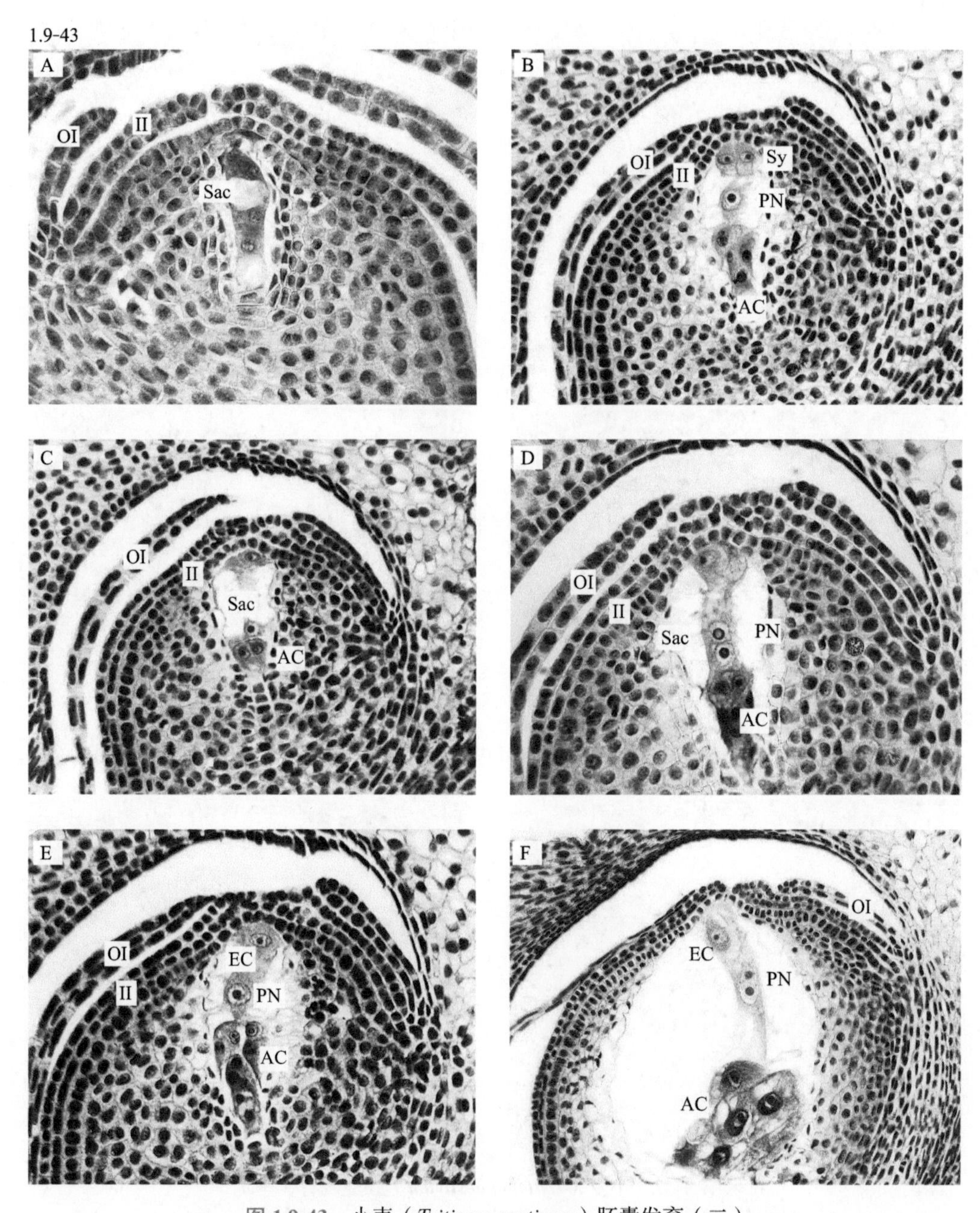

图 1.9-43 小麦（*Triticum aestivum*）胚囊发育（二）

A. 四核胚囊 B. 成熟胚囊，示 2 个助细胞 C. 成熟胚囊，示 3 个反足细胞 D. 成熟胚囊，示 2 个中央极核 E. 成熟胚囊，示 1 个卵细胞 F. 成熟胚囊，示反足细胞群

OI. 外珠被 II. 内珠被 Sac. 胚囊 EC. 卵细胞 Sy. 助细胞 PN. 极核 AC. 反足细胞（群）

（本页切片来自华中农业大学廖玉才田间取样，刘茹姣切片制作，1980 年）

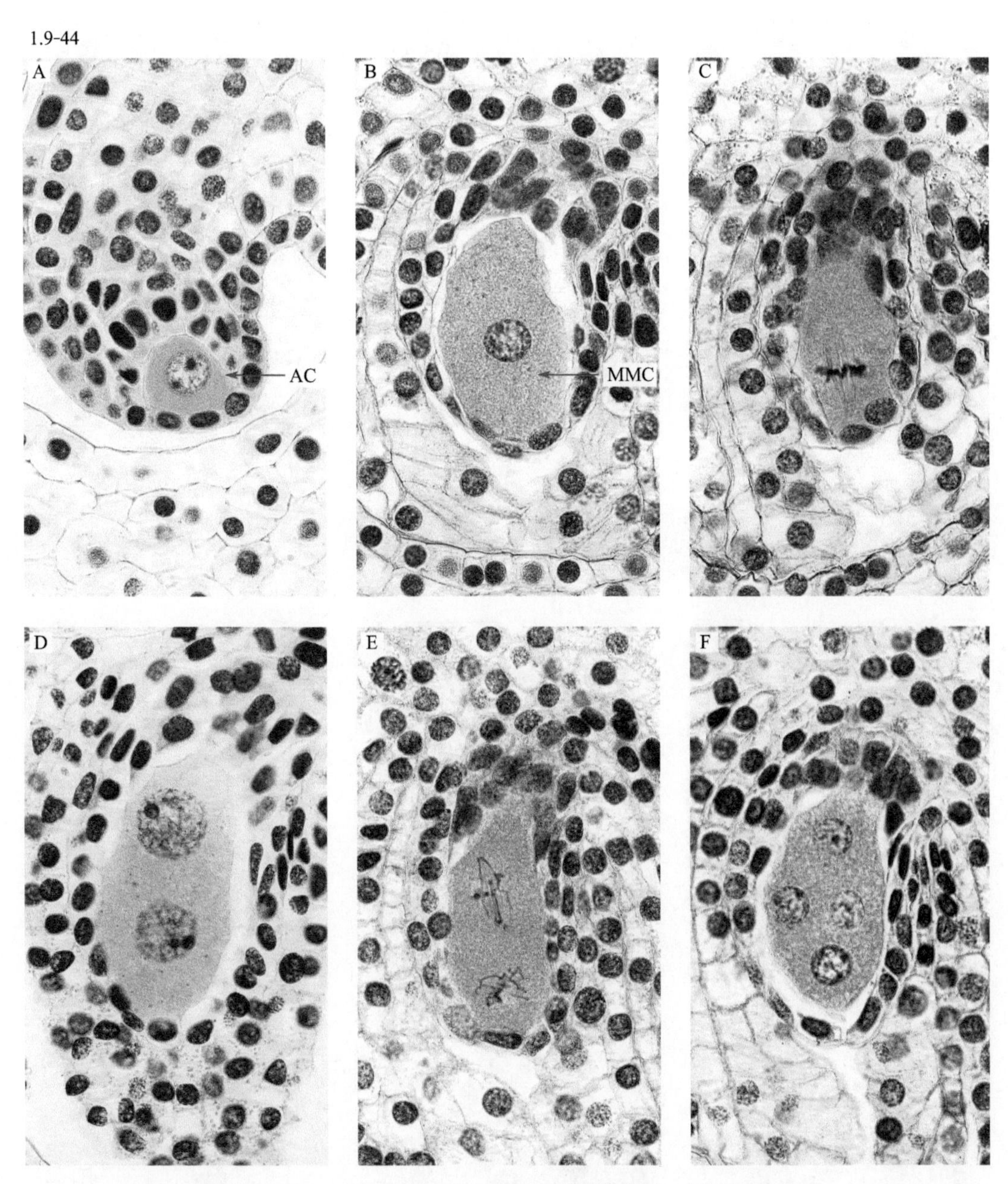

图 1.9-44 百合（*Lilium brownii*）胚囊发育（一）（贝母型）

A. 孢原细胞 B. 大孢子母细胞 C. 大孢子母细胞减数分裂Ⅰ中 D. 经过减数分裂Ⅰ形成二核胚囊 E. 减数分裂Ⅱ F. 第一次四核胚囊

AC. 孢原细胞 MMC. 大孢子母细胞

（本页切片来自华中农业大学植物学教研室）

1.9-45

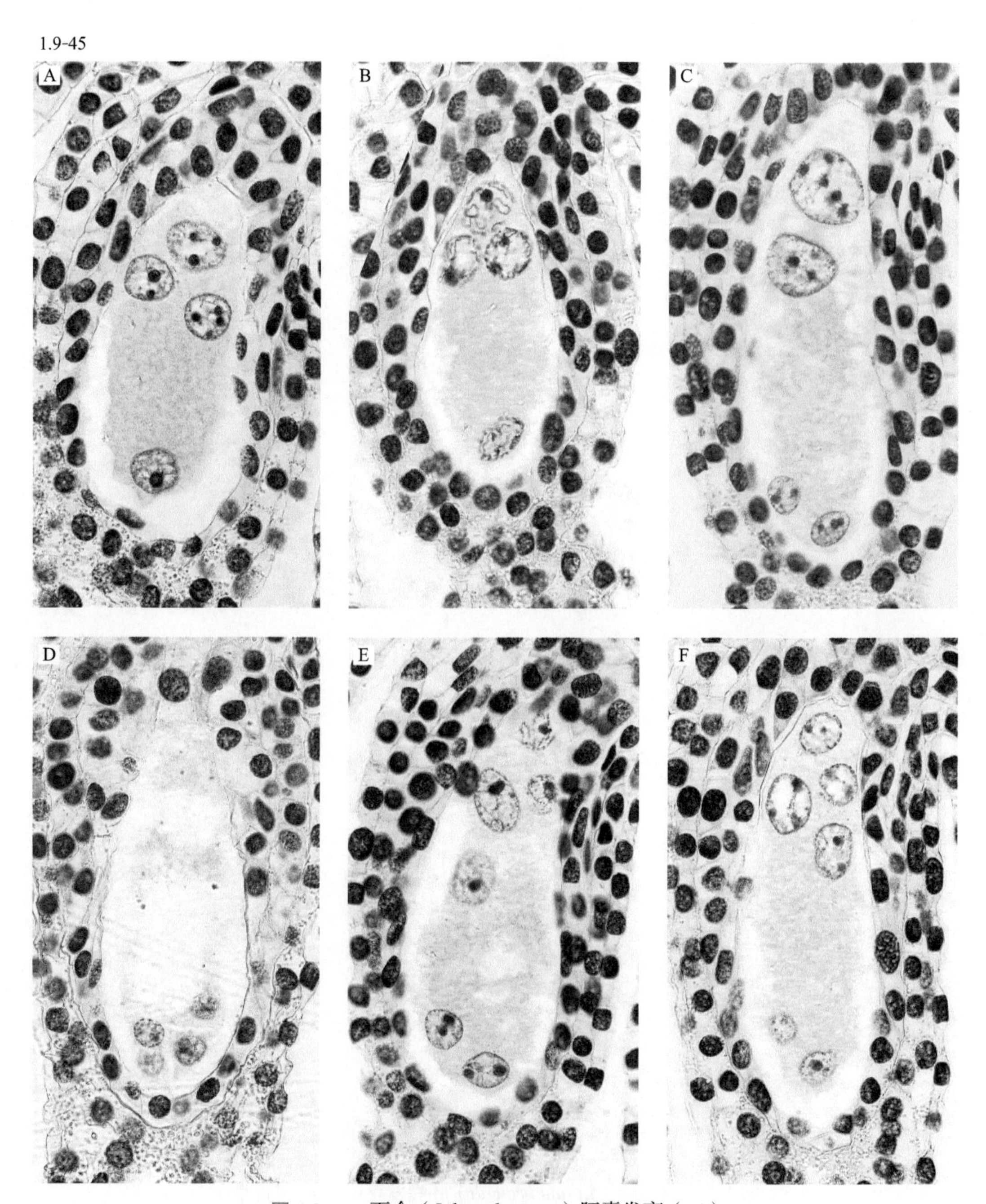

图 1.9-45　百合（*Lilium brownii*）胚囊发育（二）

A. 大孢子核成 1+3 排列　B. 大孢子核在分裂，合点端 3 个合并
C. 第二次四核时期，位于合点端的为二大核，珠孔端的为二小核　D～F. 八核胚囊时期

（本页切片来自华中农业大学植物学教研室）

1.10 开花传粉与受精作用

图 1.10-1～图 1.10-22

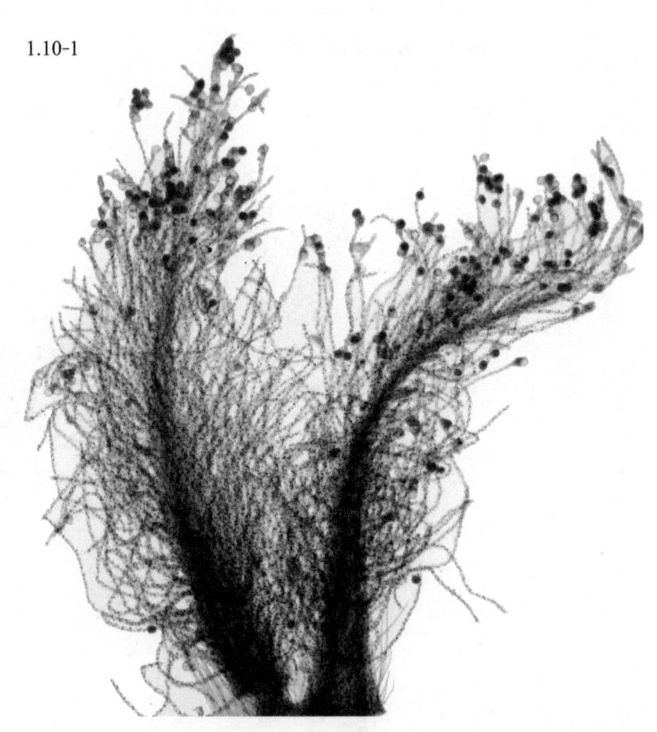

图 1.10-1 小麦（*Triticum aestivum*）柱头纵切，示花粉粒在柱头上萌发

（本页切片来自华中农业大学植物学教研室）

图 1.10-2 蚕豆（*Vicia faba*）柱头纵切，示花粉粒落在柱头上

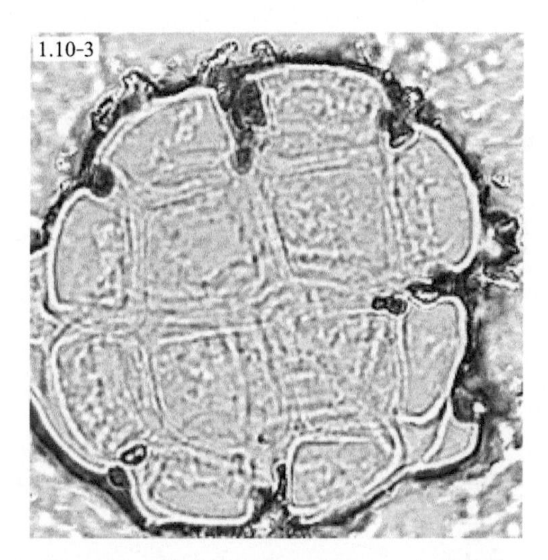

图 1.10-3 合欢（*Albizia julibrissin*）花粉块

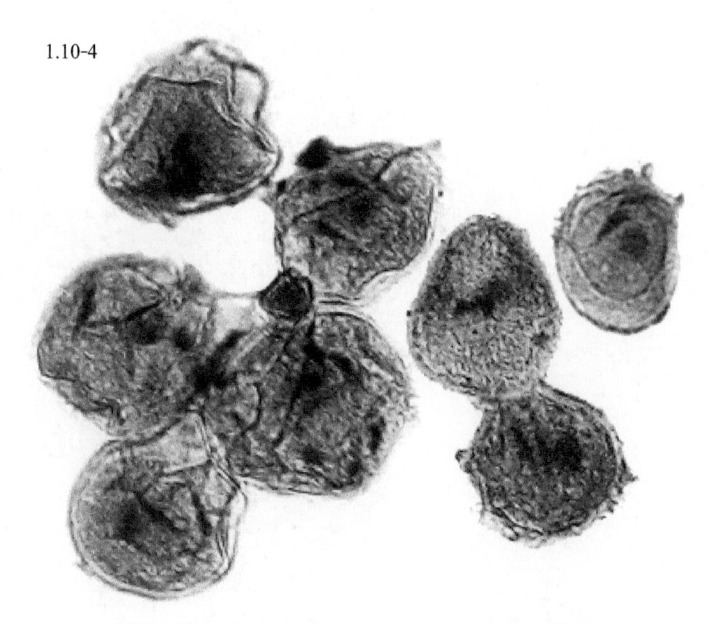

图 1.10-4 大麦（*Hordeum vulgare*）三胞花粉粒

VC. 营养细胞 SC. 精细胞

（本页切片来自华中农业大学植物学教研室）

1.10-5

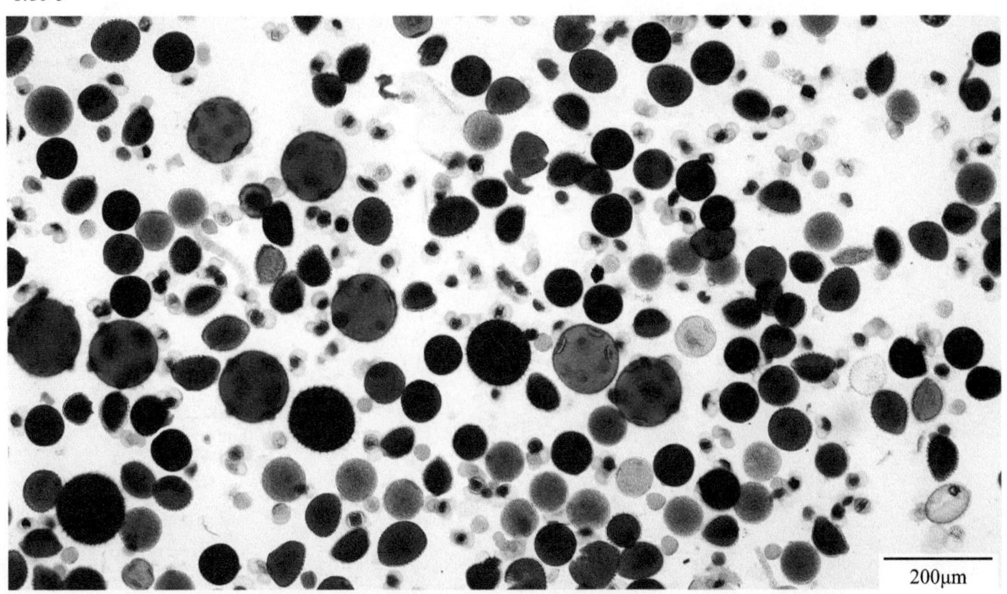

图 **1.10-5**　几种花粉粒（南瓜花粉粒、百合花粉粒、松花粉粒等）装片

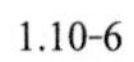
1.10-6

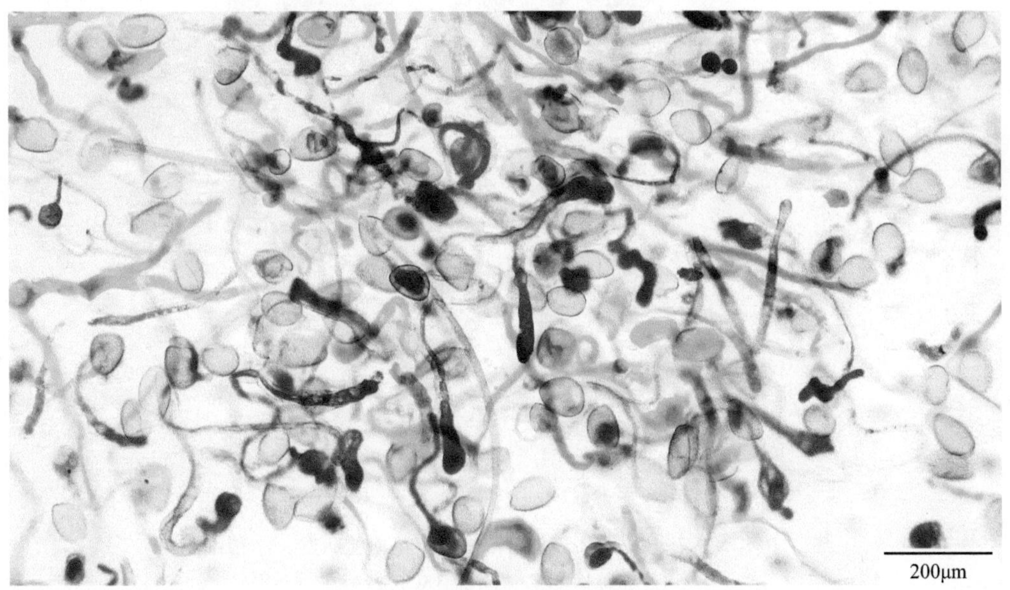

图 **1.10-6**　花粉粒萌发

（本页切片来自华中农业大学植物学教研室）

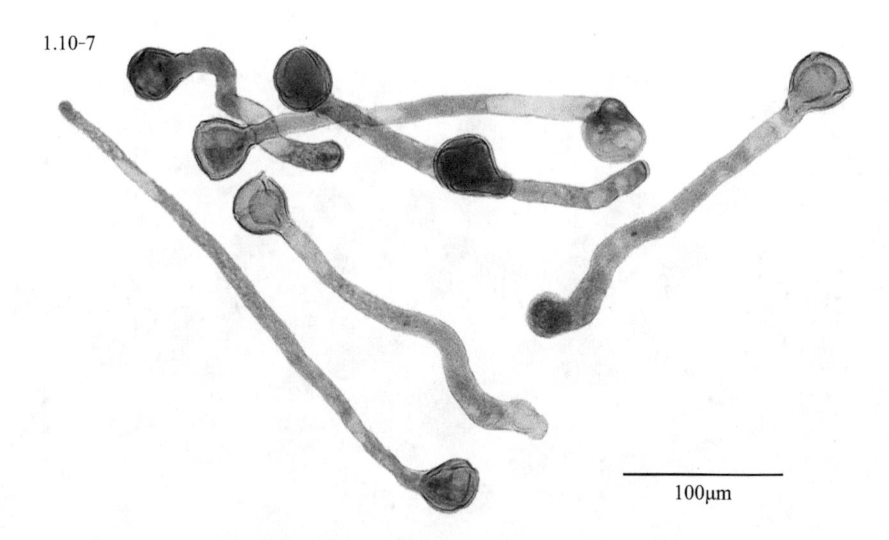

图 **1.10-7** 茶（*Camellia sinensis*）花粉粒萌发

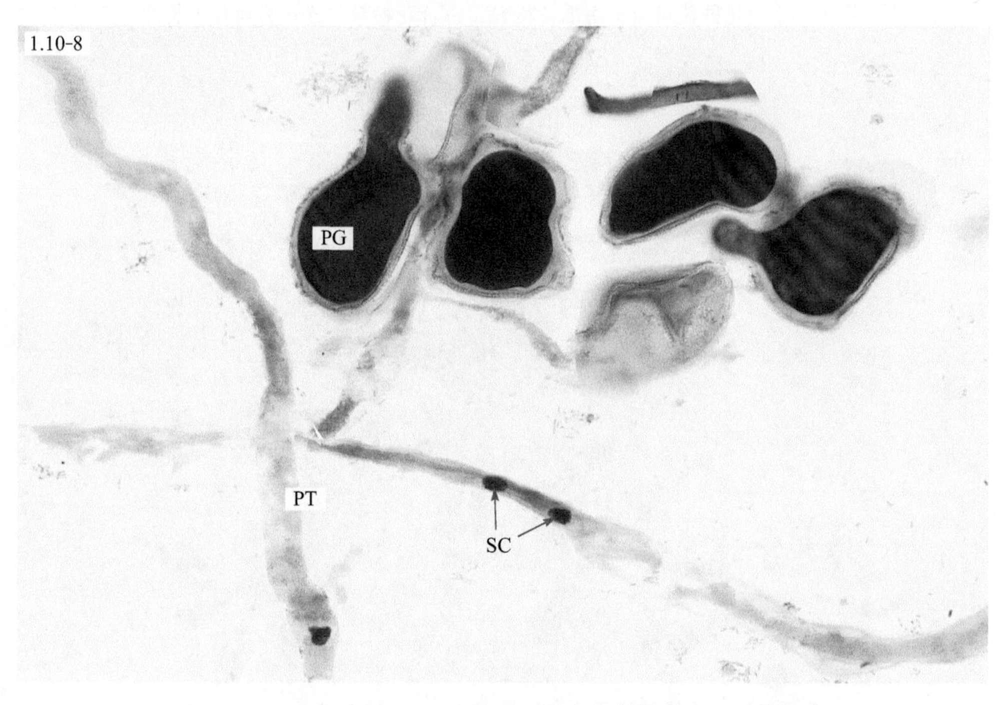

图 **1.10-8** 玉帘（*Zephyranthes candida*）花粉粒萌发，示精细胞

PG. 花粉粒 PT. 花粉管 SC. 精细胞

（茶花粉粒制片来自华中农业大学植物学教研室，玉帘花粉粒整体制片来自华中农业大学李和平，1979 年）

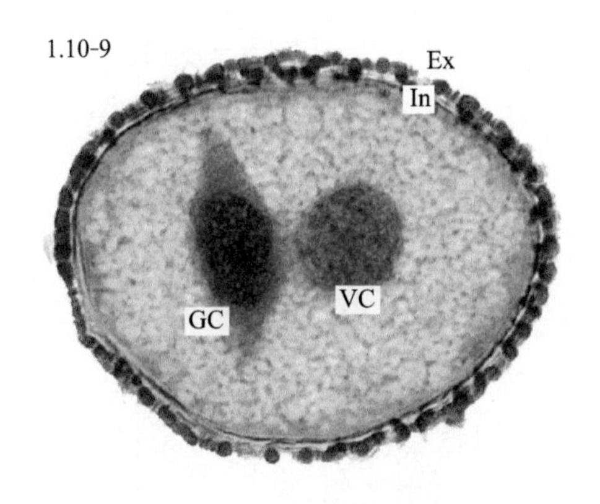

图 1.10-9 百合（*Lilium brownii*）二胞花粉粒
Ex. 外壁 In. 内壁 VC. 营养细胞 GC. 生殖细胞

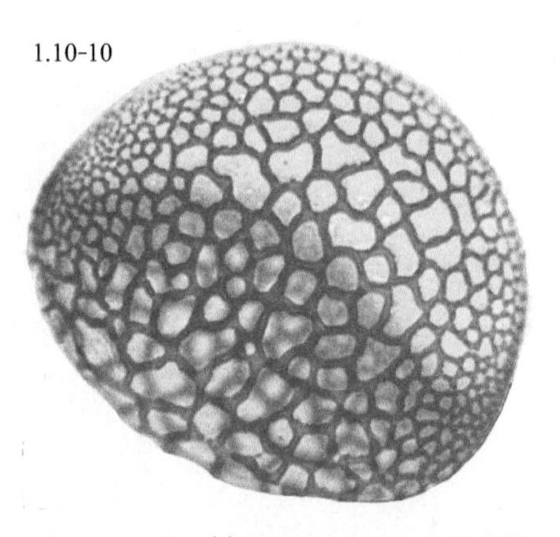

图 1.10-10 百合（*Lilium brownii*）成熟花粉粒

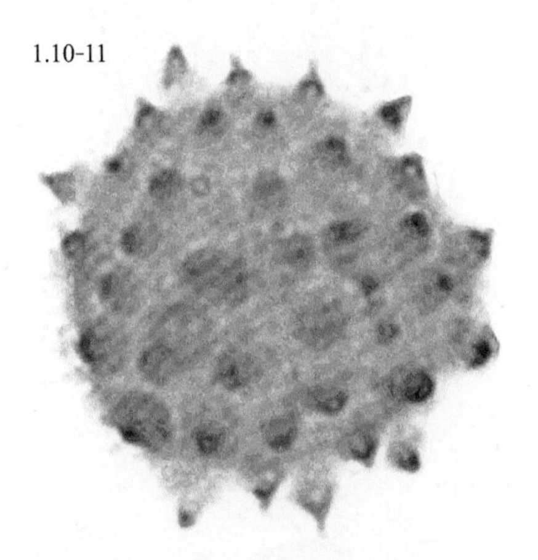

图 1.10-11 棉（*Gossypium hirsutum*）成熟花粉粒

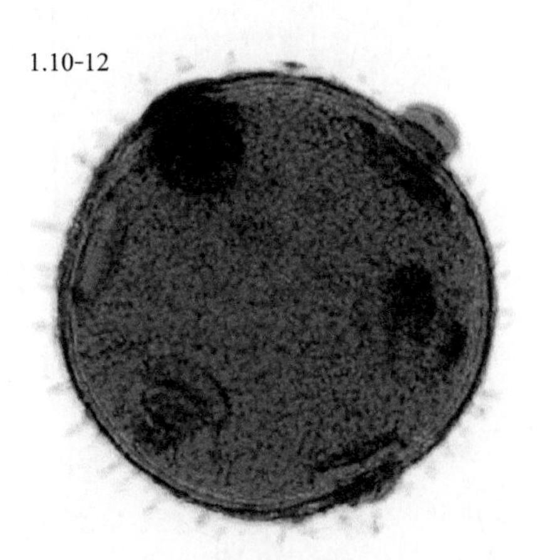

图 1.10-12 南瓜（*Cucurbita moschata*）成熟花粉粒

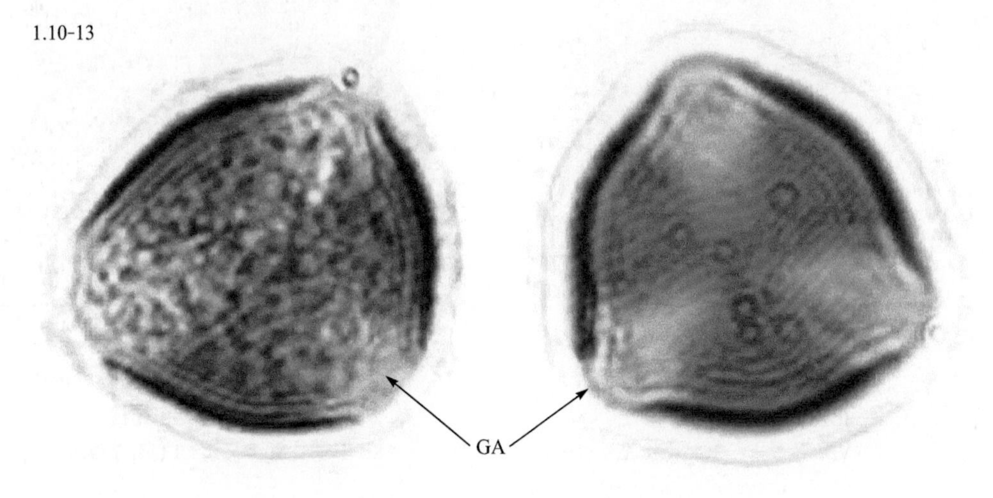

图 1.10-13 梨（*Pyrus* sp.）成熟花粉粒萌发孔
GA. 萌发孔

（本页切片来自华中农业大学植物学教研室）

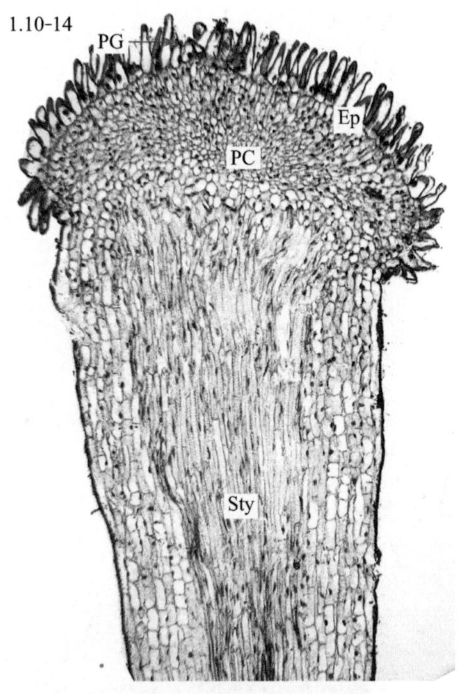

图 1.10-14　油菜（*Brassica rapa*）柱头纵切，示花粉落在柱头上

PG. 花粉粒，落在柱头上　Ep. 表皮
PC. 薄壁细胞　Sty. 花柱

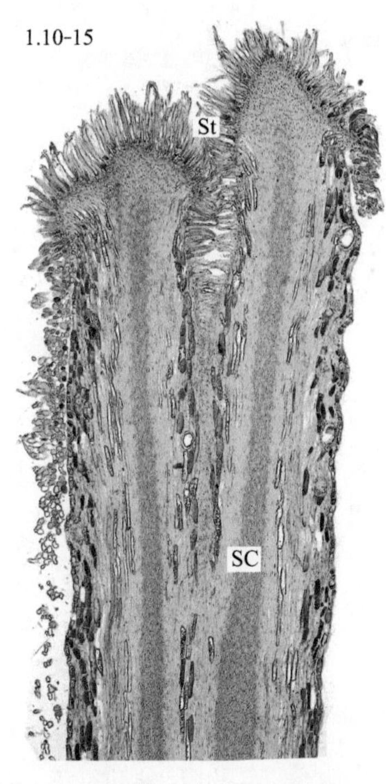

图 1.10-15　棉（*Gossypium hirsutum*）花柱纵切，示实心花柱道

St. 柱头　SC. 花柱道

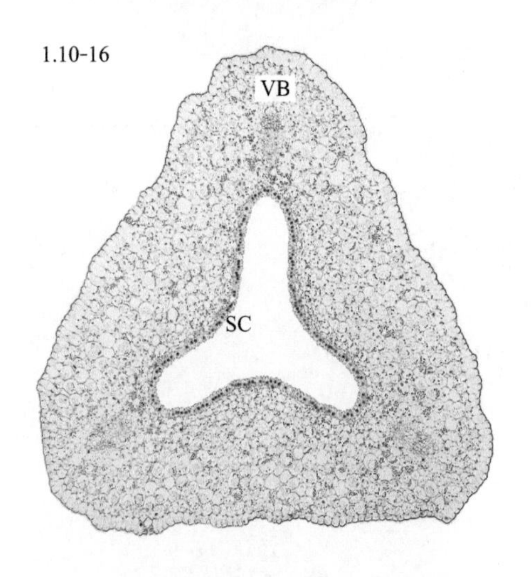

图 1.10-16　百合（*Lilium brownii*）花柱横切，示空心花柱

VB. 维管束　SC. 花柱道

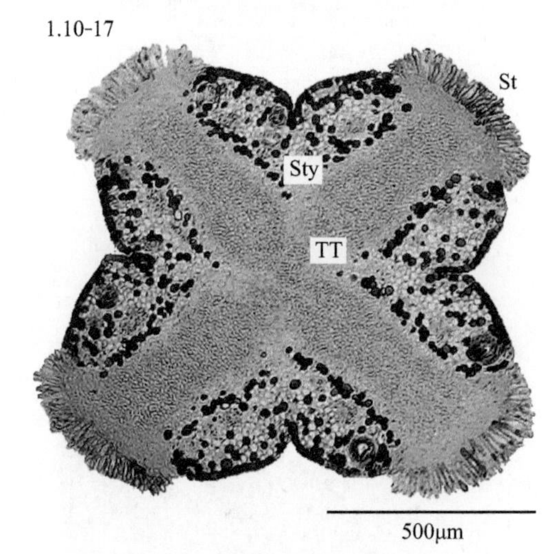

图 1.10-17　棉（*Gossypium hirsutum*）花柱横切，示实心花柱

St. 柱头　Sty. 花柱　TT. 引导组织

（本页切片来自华中农业大学植物学教研室）

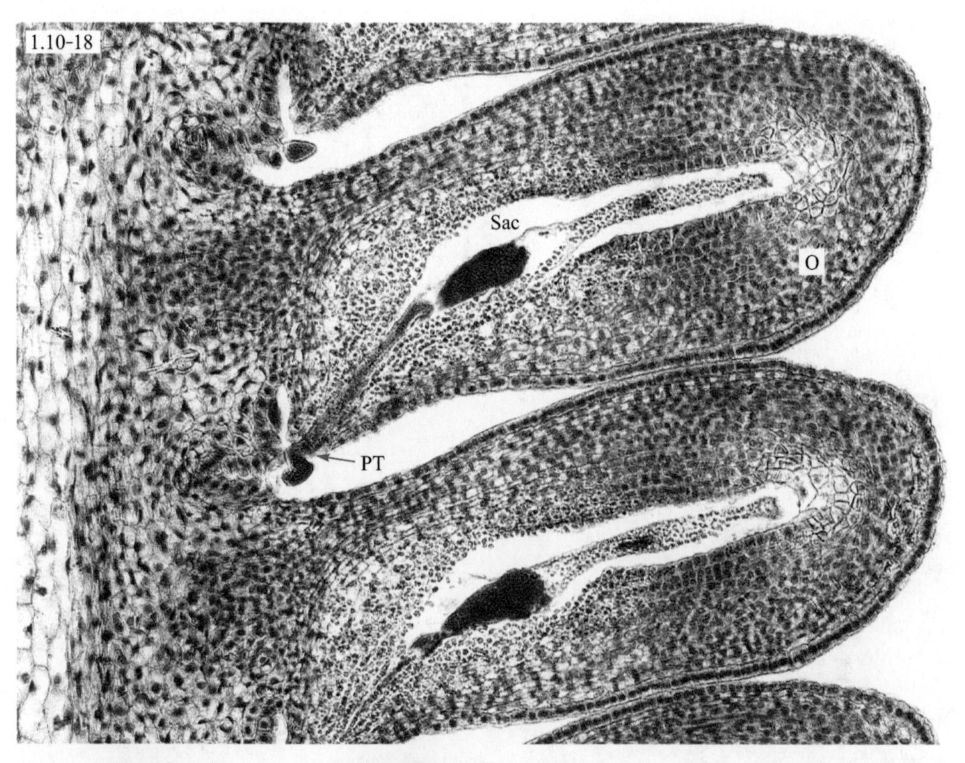

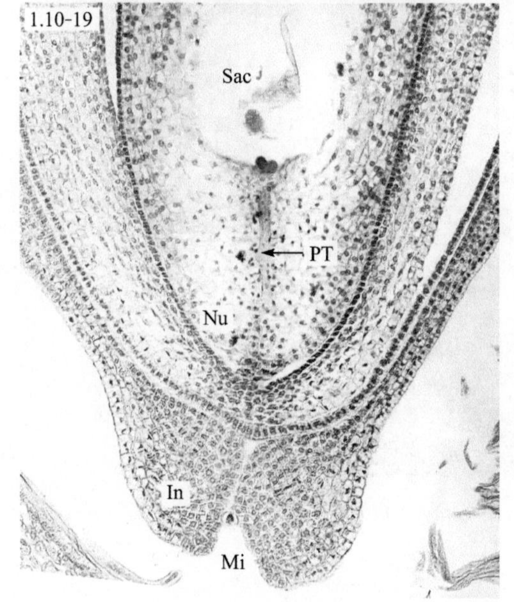

图 1.10-18 芝麻（*Sesamum indicum*）子房纵切，示花粉管进入胚囊

PT. 花粉管 Sac. 胚囊 O. 胚珠

图 1.10-19 棉（*Gossypium hirsutum*）胚珠纵切，示花粉管经过珠孔进入胚囊

In. 珠被 Mi. 珠孔 PT. 花粉管 Sac. 胚囊 Nu. 珠心

（本页切片来自华中农业大学植物学教研室）

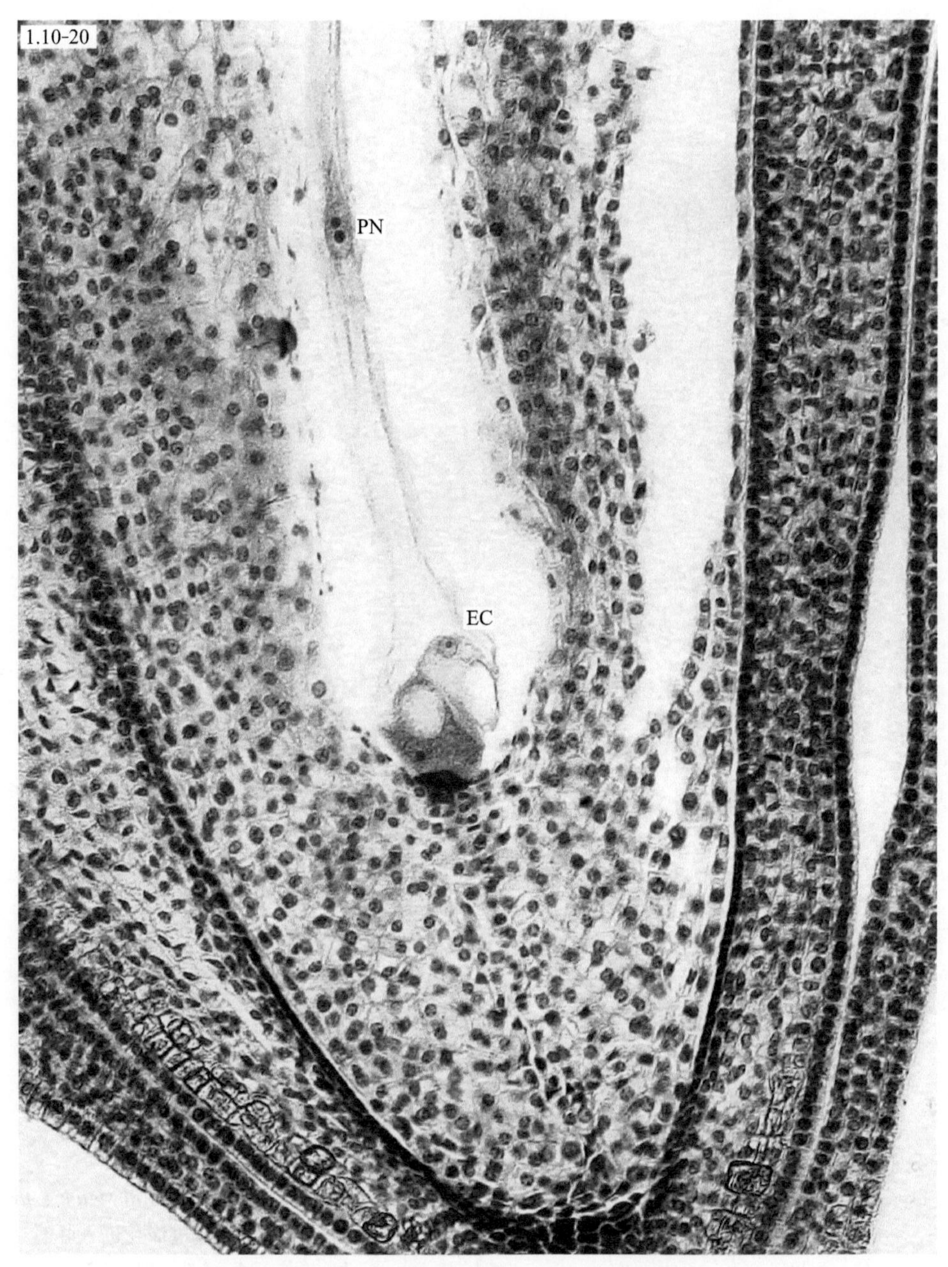

图 **1.10-20**　棉（*Gossypium hirsutum*）双受精过程（一）

PN. 极核　EC. 卵细胞

（本页切片来自华中农业大学植物学教研室）

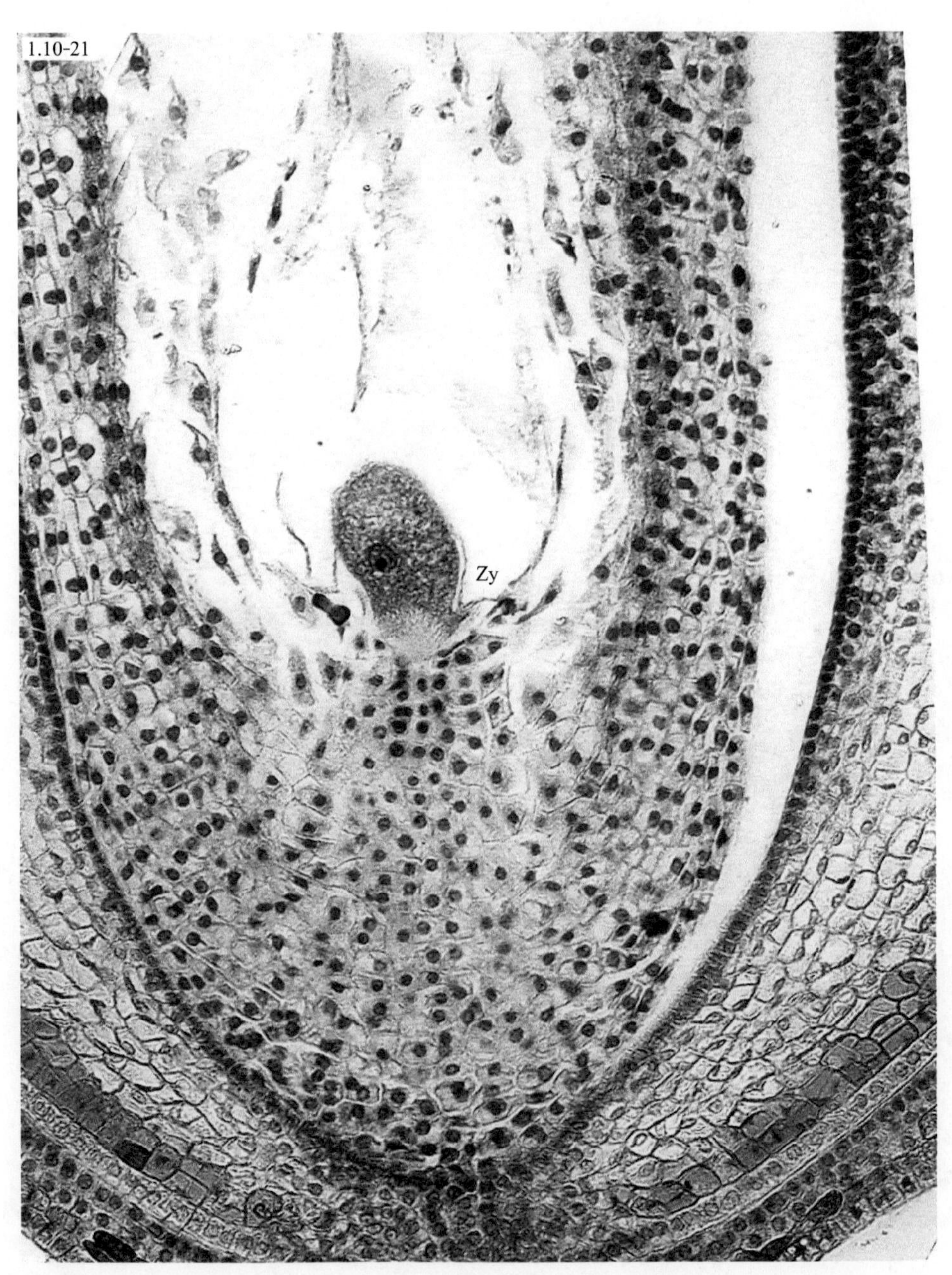

图 1.10-21　棉（*Gossypium hirsutum*）双受精过程（二）

Zy. 合子

（本页切片来自华中农业大学植物学教研室）

1.10-22

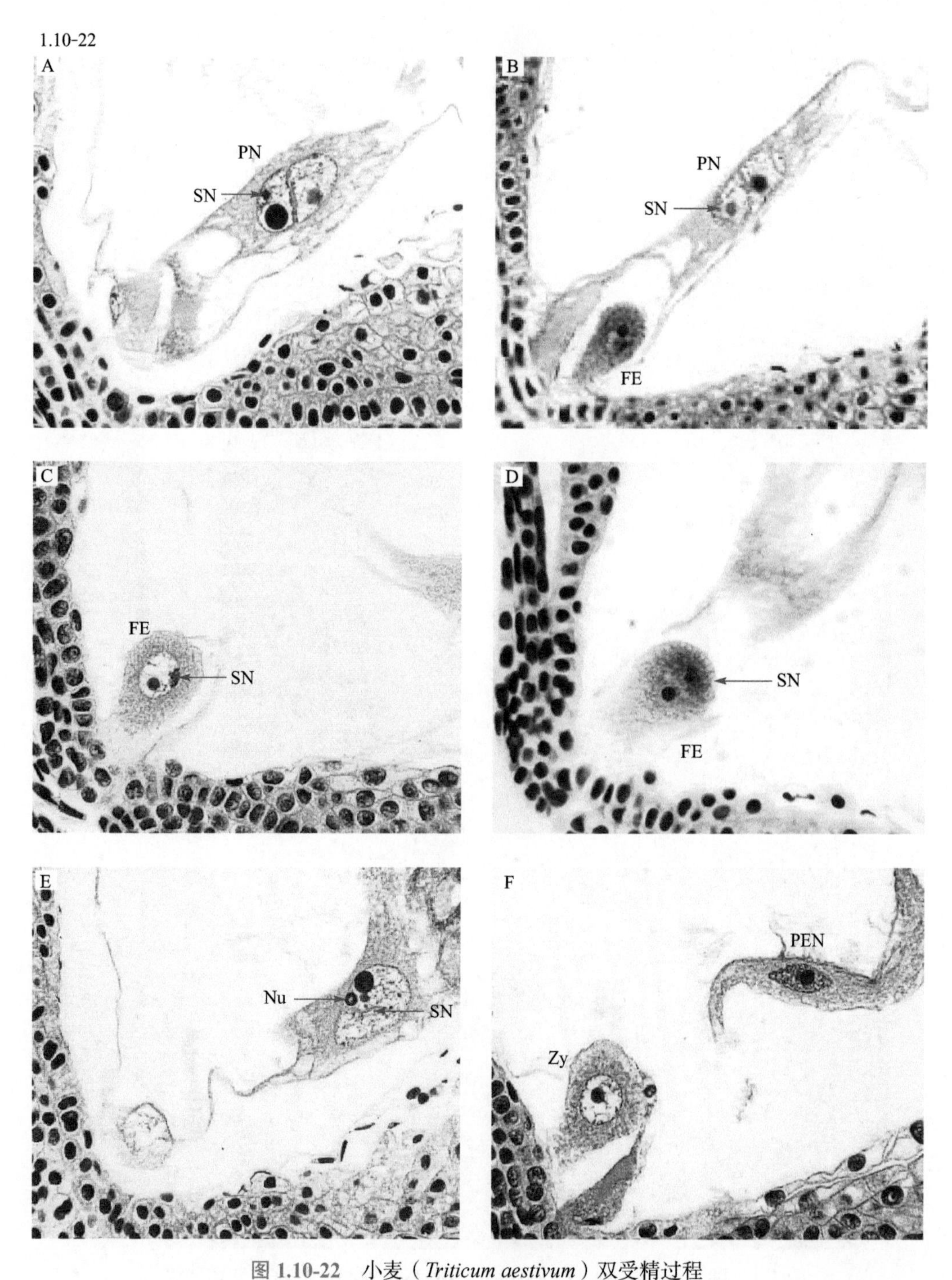

图 1.10-22　小麦（*Triticum aestivum*）双受精过程

A. 极核受精，一个精核进入极核；　B. 一个精核进入卵核，另一个精核进入极核中；　C. 精核核膜和卵核核膜融合；D. 精核的染色质分散，出现雄性核仁；　E. 精核进入极核，其染色质分散，出现雄性核仁；　F. 雄核与雌核内容物混合，雌雄两个核仁已融合形成合子（受精卵）

SN. 精核　PN. 极核　Nu. 核仁　FE. 受精卵　Zy. 合子　PEN. 初生胚乳核

（本页切片来自华中农业大学丘荣熙、李和平田间授粉，分时段取样，刘茹姣切片制作，1979 年）

1.11 胚、胚乳、种子的形态与结构

图 1.11-1～图 1.11-34

1.11-1

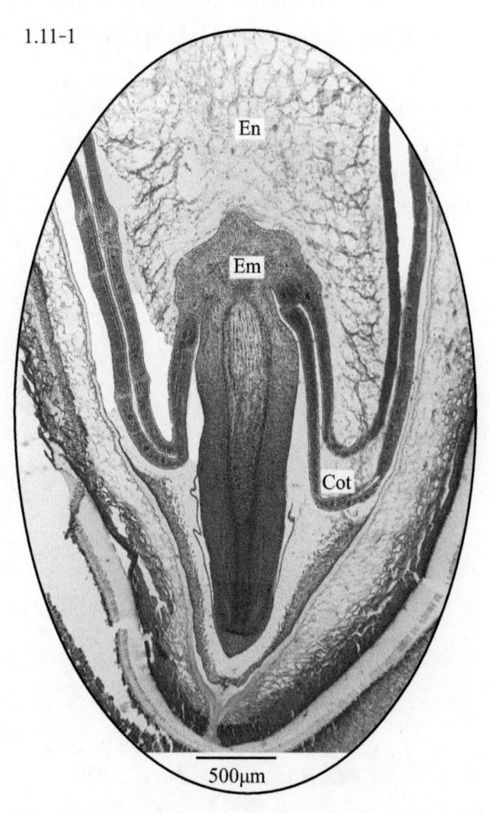

图 1.11-1 棉（*Gossypium hirsutum*）老胚纵切，示胚及胚乳

Em. 胚 En. 胚乳 Cot. 子叶

（本页切片来自华中农业大学植物学教研室）

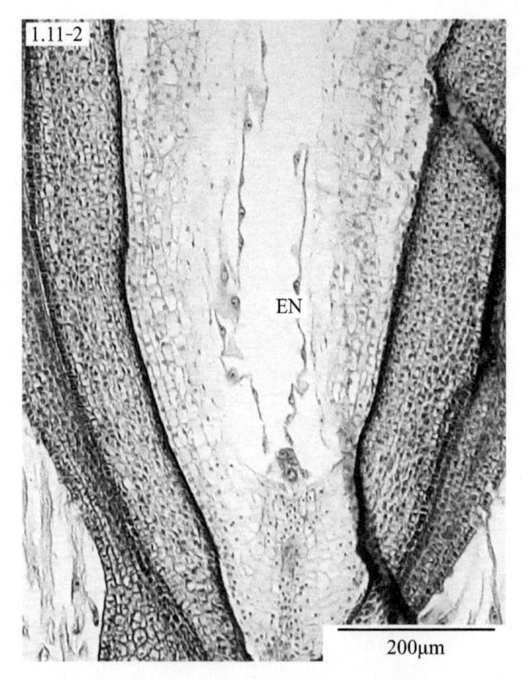

图 1.11-2　棉（*Gossypium hirsutum*）受精 3 天的原胚发育，示 8 分体原胚及胚乳游离核时期

EN. 胚乳游离核

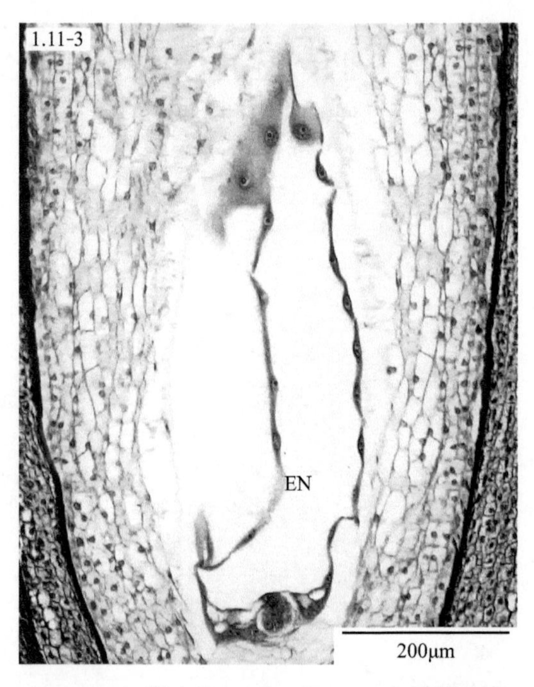

图 1.11-3　棉（*Gossypium hirsutum*）受精 5 天的原胚发育，示 32～64 分体原胚时期，胚乳核围绕胚囊一圈

EN. 胚乳游离核

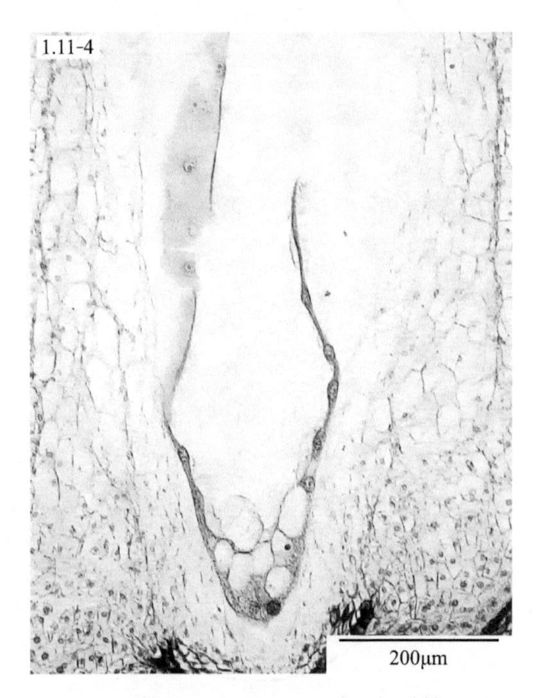

图 1.11-4　棉（*Gossypium hirsutum*）受精 7 天的原胚发育，初生胚乳核大，数量增多

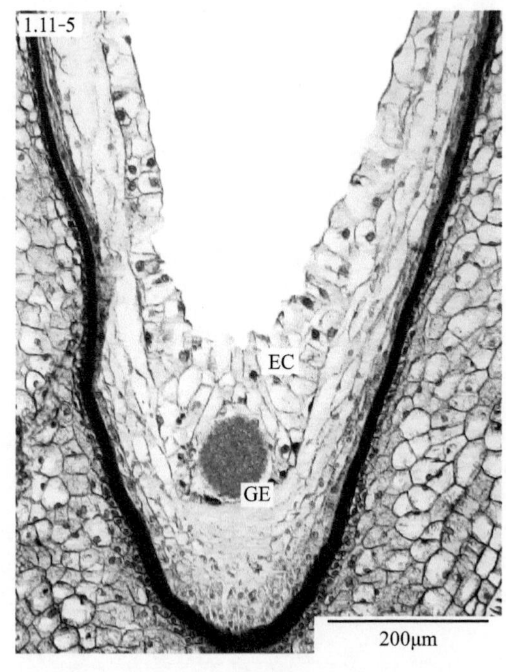

图 1.11-5　棉（*Gossypium hirsutum*）受精 9 天的原胚发育，示球型原胚，胚乳组织增多并形成细胞壁及中央大液泡（科研切片）

GE. 球型胚　EC. 胚乳细胞

（本页切片来自华中农业大学植物学教研室）

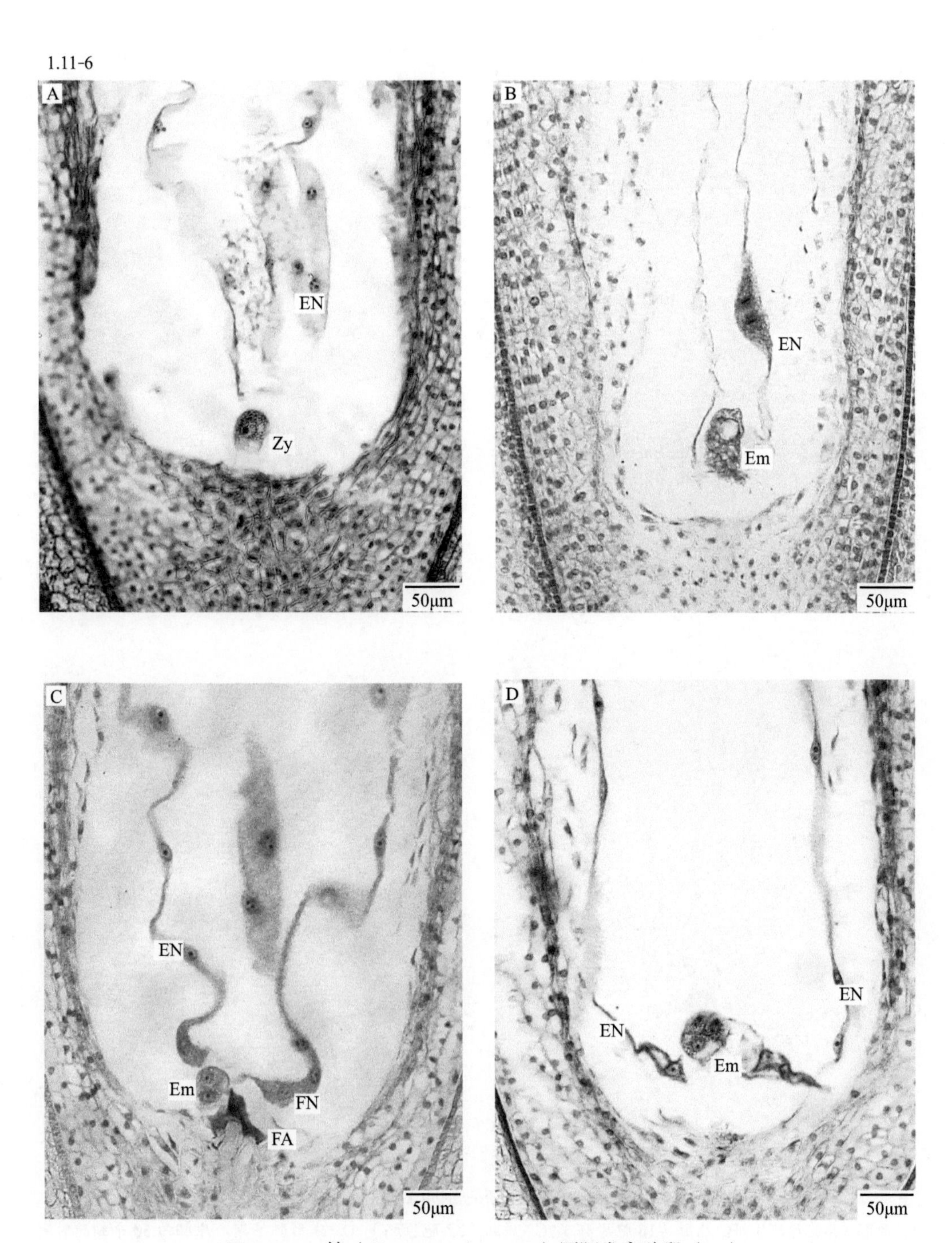

图 1.11-6　棉（*Gossypium hirsutum*）原胚发育阶段（一）

A. 合子　B. 初生胚乳核分裂　C. 原胚（2-胞原胚）　D. 原胚（3-胞原胚）

Zy. 合子　EN. 胚乳游离核　Em. 胚　FA. 丝状器

（本页切片来自华中农业大学植物学教研室）

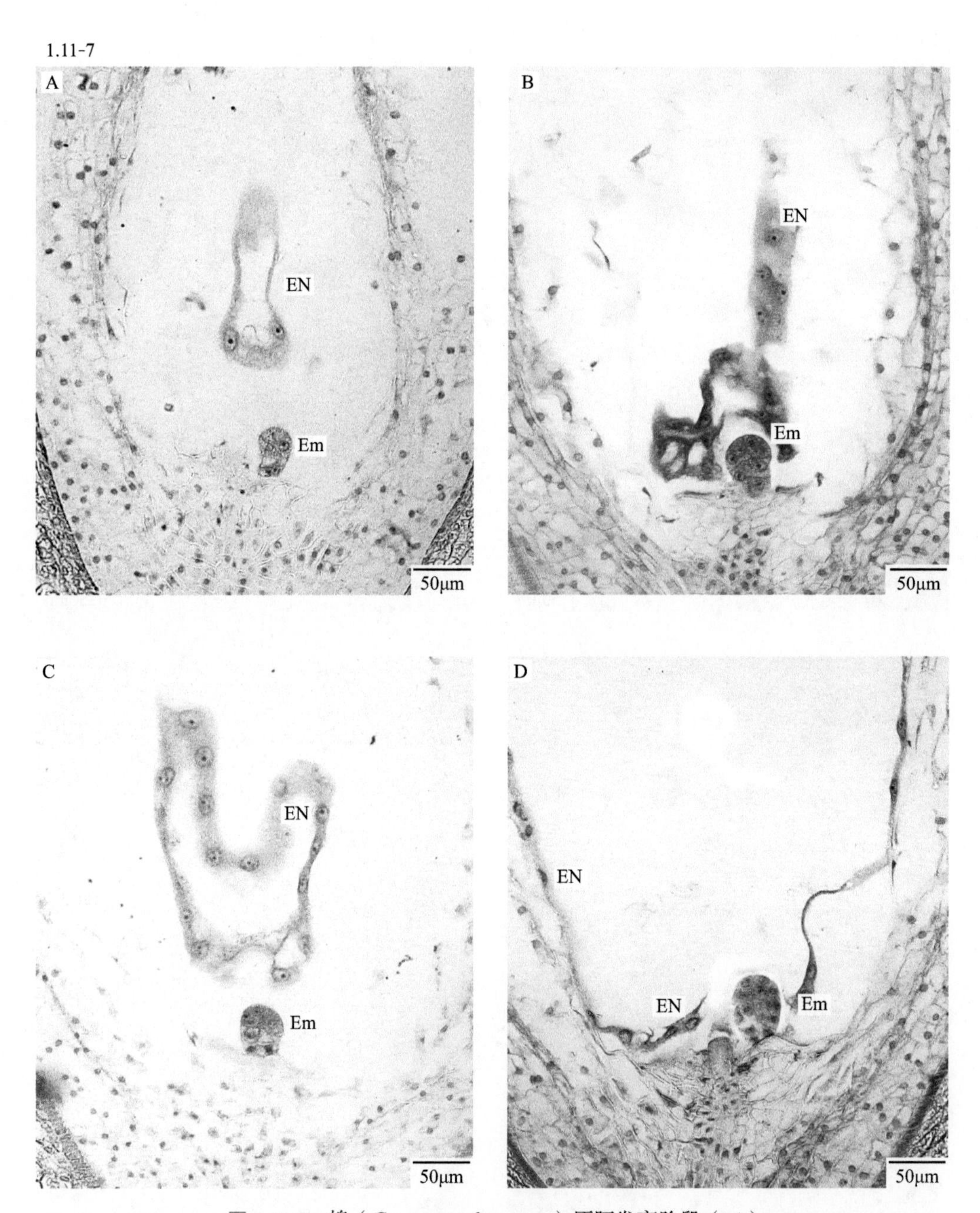

图 1.11-7　棉（*Gossypium hirsutum*）原胚发育阶段（二）

A. 原胚（5-胞原胚）　B. 原胚（16 胞原胚）　C. 原胚（32-胞原胚）　D. 球形胚早期。原胚约 50 个细胞时可分出原表皮，原胚阶段没有明显的胚柄，从合子到多细胞原胚阶段，原胚的体积增大不明显

EN. 胚乳游离核　Em. 胚

（本页切片来自华中农业大学植物学教研室）

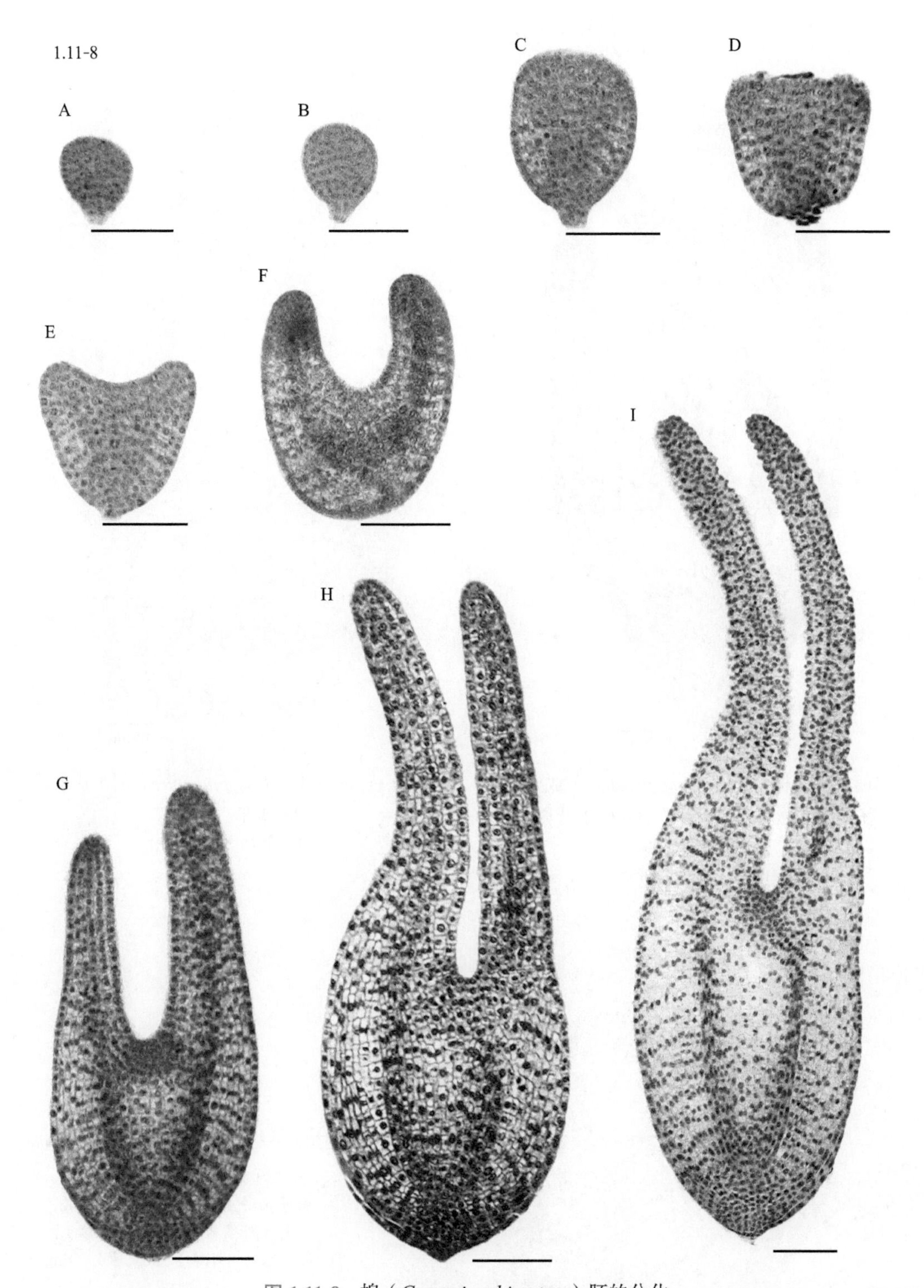

图 1.11-8 棉（*Gossypium hirsutum*）胚的分化

A～C. 球形胚，球形胚早期原表皮已分化，球形胚晚期原表皮明显，预示心形胚将开始 D～E. 心形胚，细胞分裂在周围变多 F～I. 鱼雷形胚，由于细胞分裂不一致性，下胚轴区域细胞伸长形成鱼雷形胚（br=100μm）

（本页切片来自华中农业大学植物学教研室）

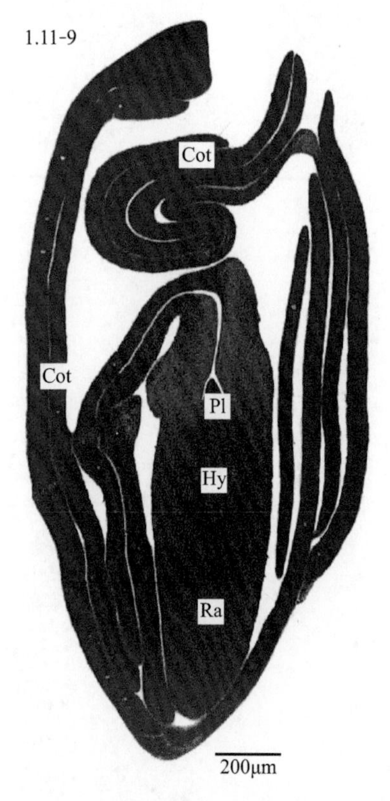

图 1.11-9 棉（*Gossypium hirsutum*）成熟胚
胚乳大部分消失，胚囊被拳卷的子叶充满
Ra. 胚根 Pl. 胚芽
Hy. 胚轴 Cot. 子叶

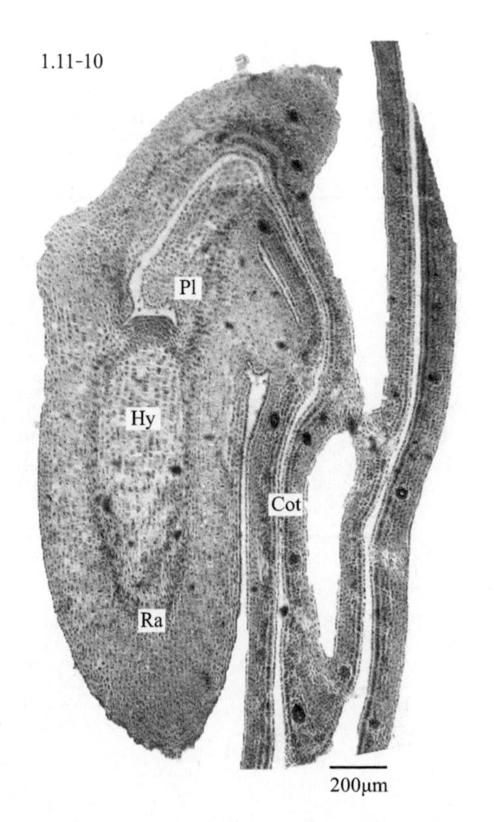

图 1.11-10 棉（*Gossypium hirsutum*）成熟胚
Ra. 胚根 Pl. 胚芽
Hy. 胚轴 Cot. 子叶

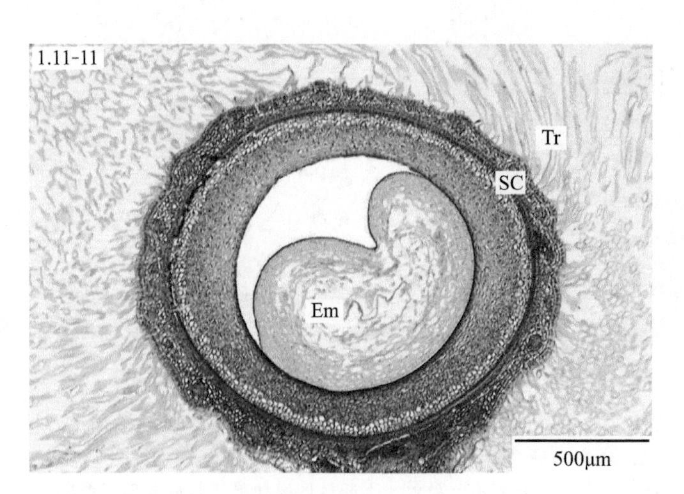

图 1.11-11 棉（*Gossypium hirsutum*）种子横切，示棉纤维
种子由种皮和胚组成，没有胚乳，种子外密布表皮毛（棉纤维）
Tr. 表皮毛（棉纤维） SC. 种皮 Em. 胚

（本页切片来自华中农业大学植物学教研室）

1.11-12

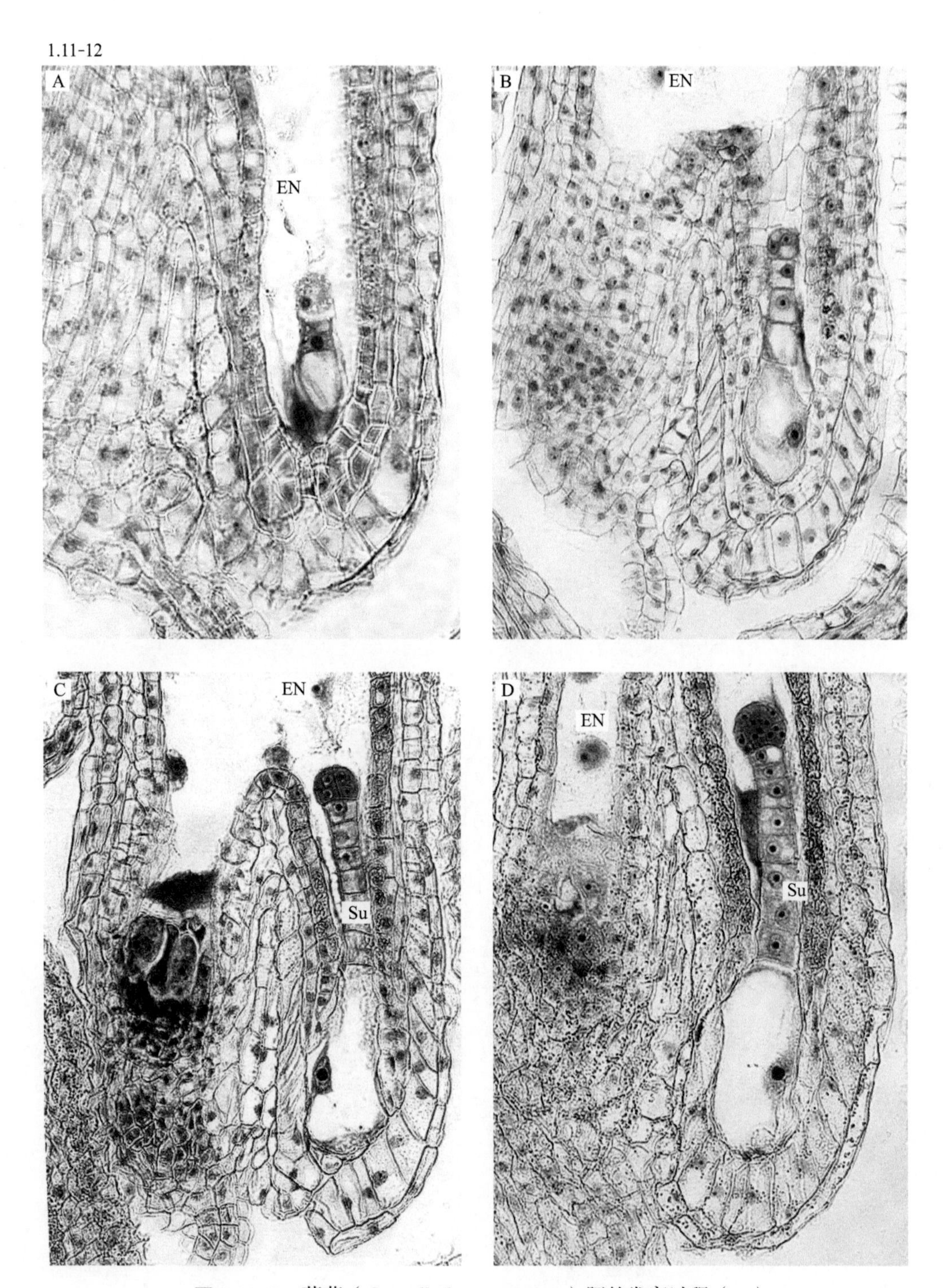

图 1.11-12　荠菜（*Capsella bursa-pastoris*）胚的发育过程（一）

A. 二胞原胚　B. 四胞原胚　C. 八胞原胚　D. 球形胚早期

EN. 胚乳游离核　Su. 胚柄

（本页切片来自华中农业大学植物学教研室）

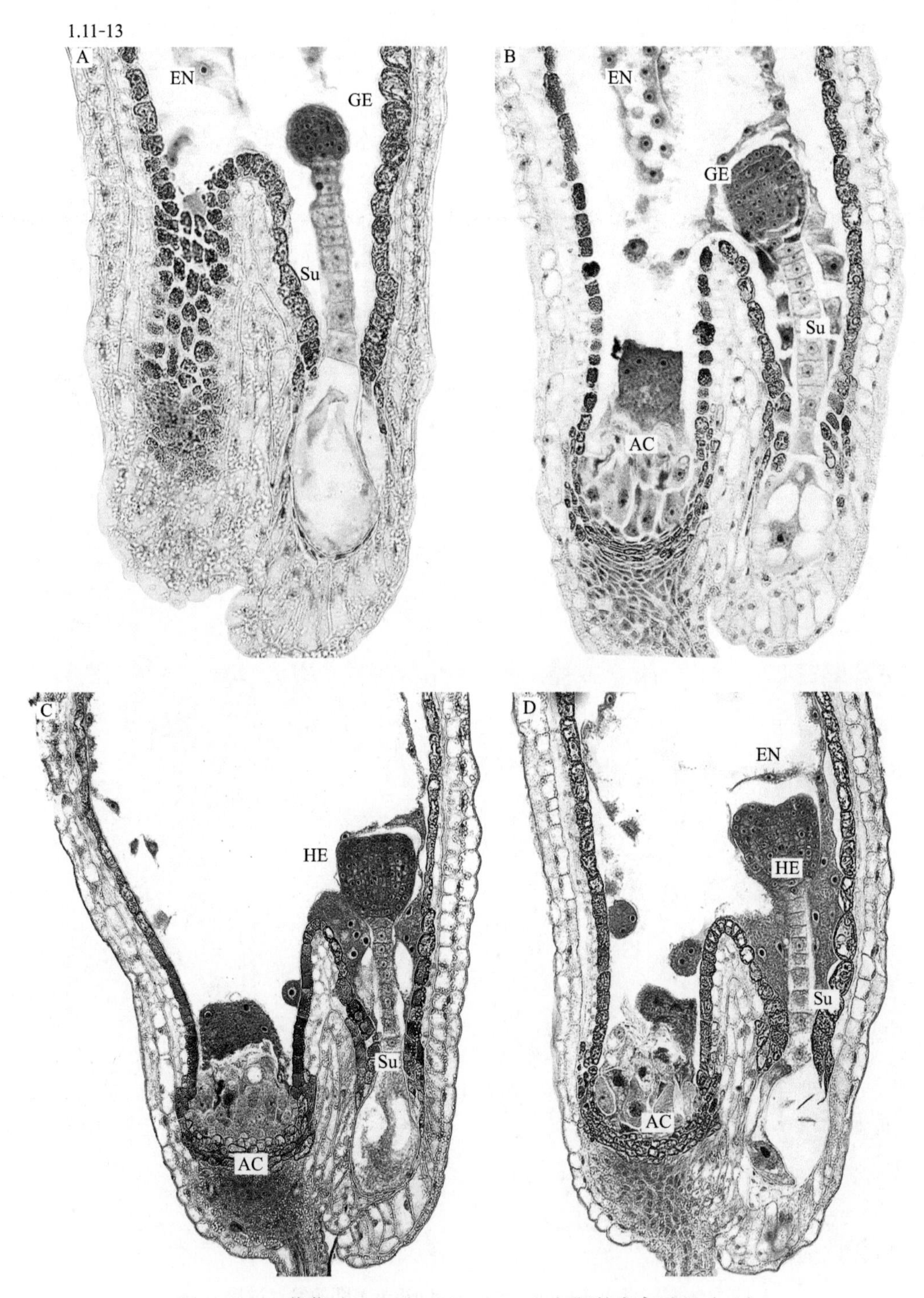

图 1.11-13　荠菜（*Capsella bursa-pastoris*）胚的发育过程（二）

A、B. 球形胚　C、D. 心形胚

GE. 球形胚　HE. 心形胚　EN. 胚乳游离核　Su. 胚柄　AC. 反足细胞

（本页切片来自华中农业大学植物学教研室）

1.11-14

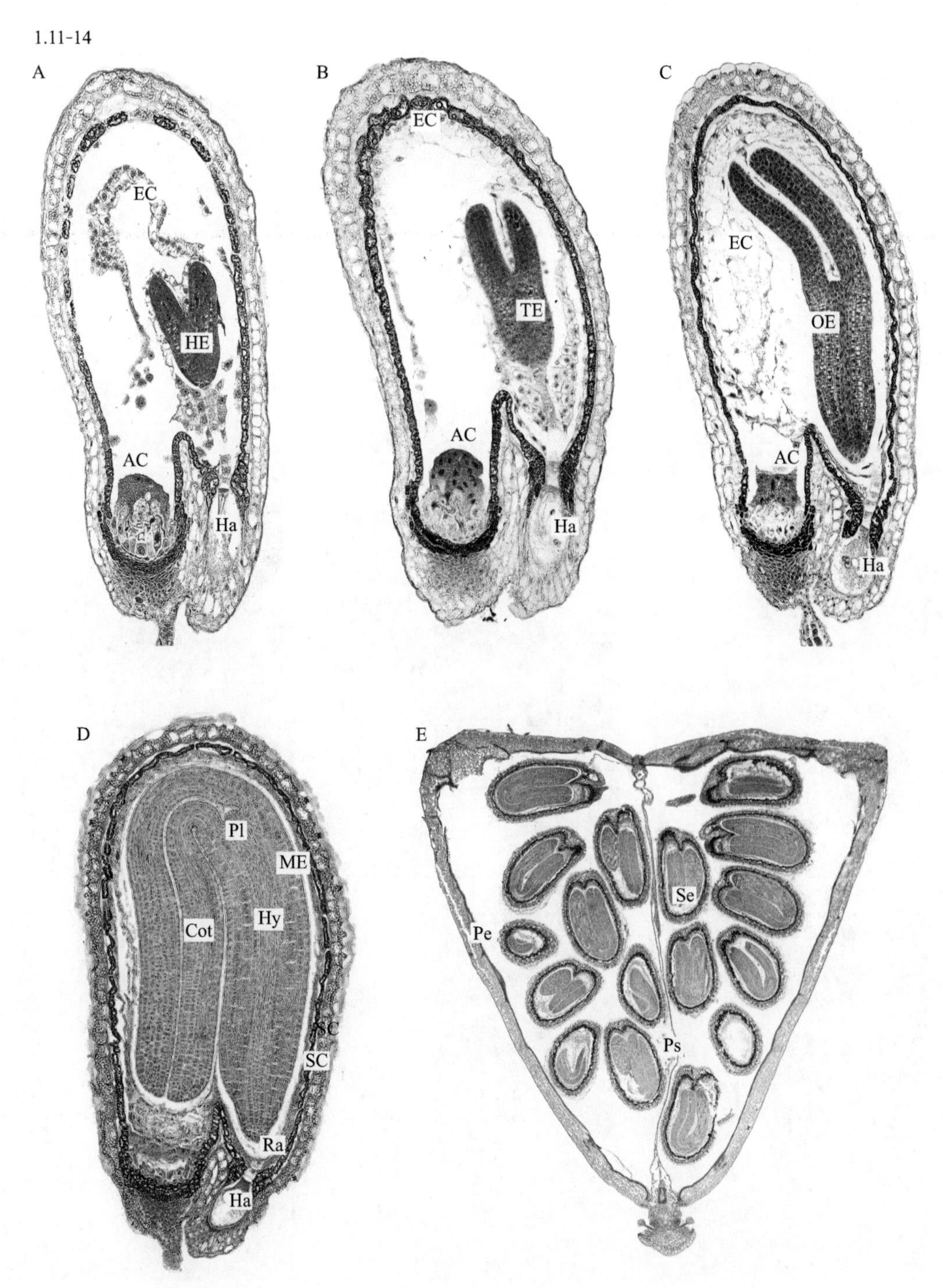

图 1.11-14 荠菜（*Capsella bursa-pastoris*）胚的发育过程（三）

A. 心形胚 B. 鱼雷形胚（胚乳细胞形成） C. 手杖形胚 D. 成熟胚（胚乳细胞已消耗） E. 荠菜角果纵切
HE. 心形胚 TE. 鱼雷形胚 OE. 手杖形胚 EC. 胚乳细胞 Ha.（胚柄）吸器 AC. 反足细胞
ME. 成熟胚 SC. 种皮 Ra. 胚根 Hy. 胚轴 Pl. 胚芽 Cot. 子叶 Ps. 假隔膜 Se. 种子 Pe. 果皮

（本页切片来自华中农业大学植物学教研室）

1.11-15

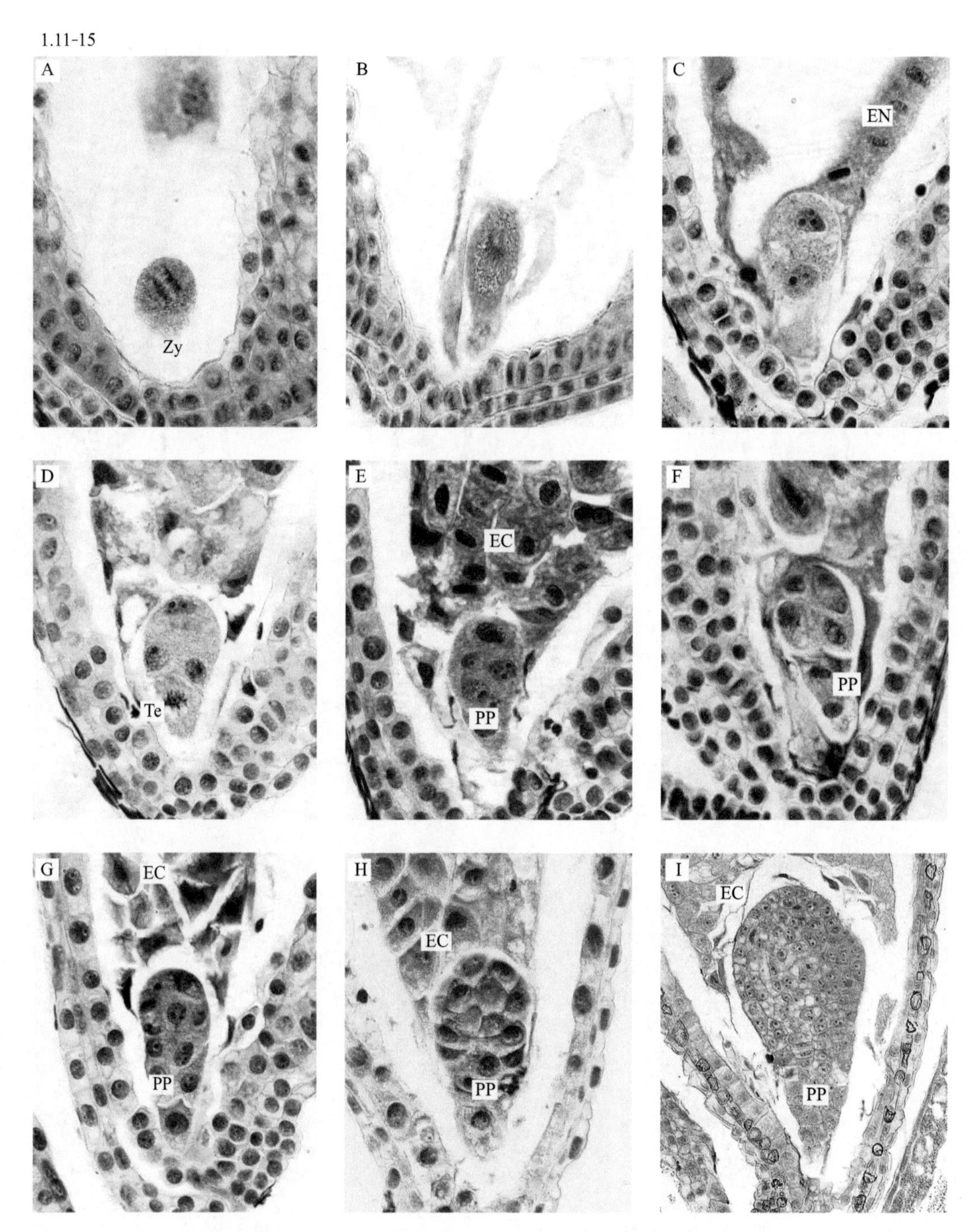

图 1.11-15　小麦（*Triticum aestivum*）原胚发育

A，B. 合子分裂　C. 二胞原胚　D. 四胞原胚　E，F. 梨形胚早期　G，H. 梨形胚中期　I. 梨形胚晚期

Zy. 合子　Te. 四分体　PP. 梨形原胚　EN. 胚乳游离核　EC. 胚乳细胞

（本页切片来自华中农业大学廖玉才田间取样，刘茹姣切片制作，1980 年）

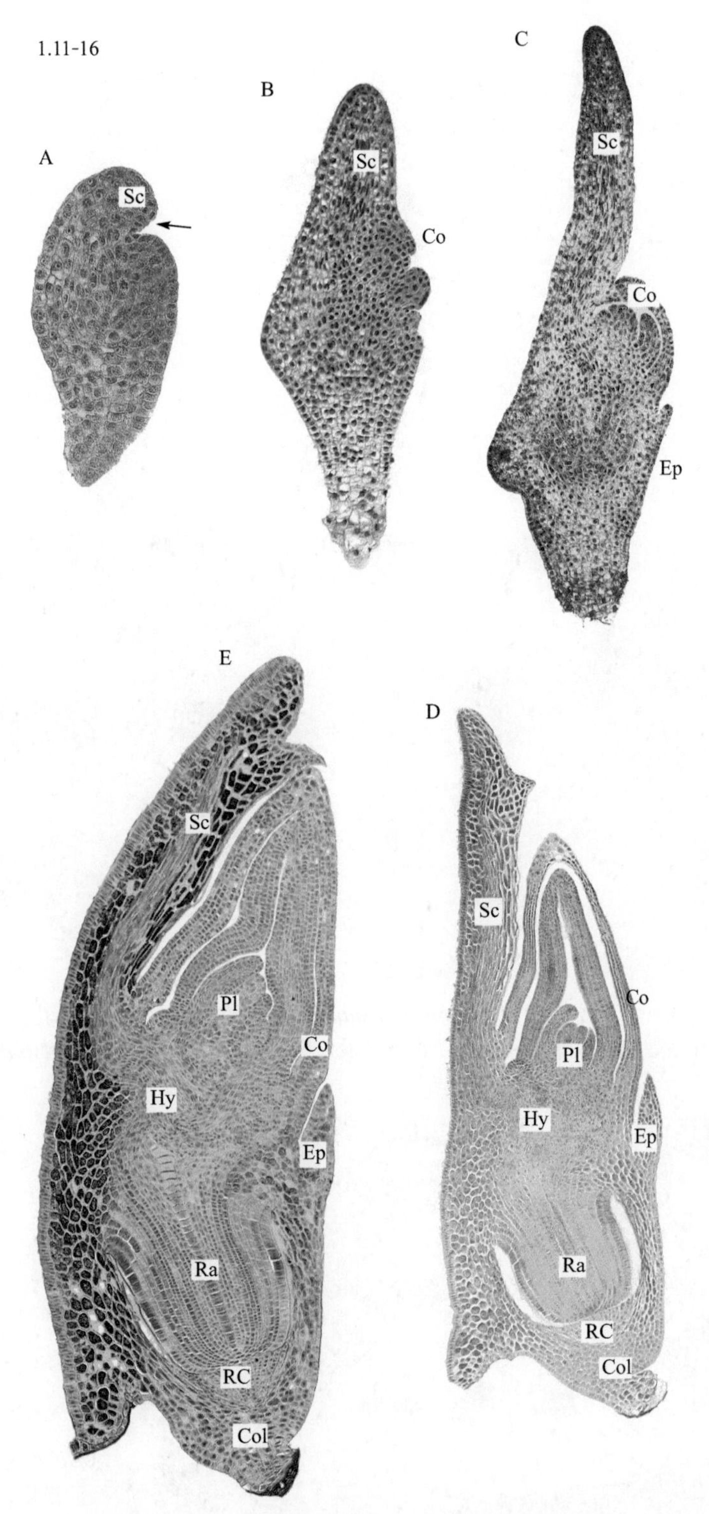

图 1.11-16 小麦（*Triticum aestivum*）胚的分化

A. 幼胚凹沟形（箭头所指） B，C. 幼胚分化 D. 成熟胚 E. 种子纵切，示成熟胚结构

Sc. 盾片 Co. 胚芽鞘 Pl. 胚芽 Hy. 胚轴 Ep. 外胚叶 Ra. 胚根 RC. 根冠 Col. 胚根鞘

（本页切片来自华中农业大学廖玉才田间取样，刘茹姣切片制作，1980 年）

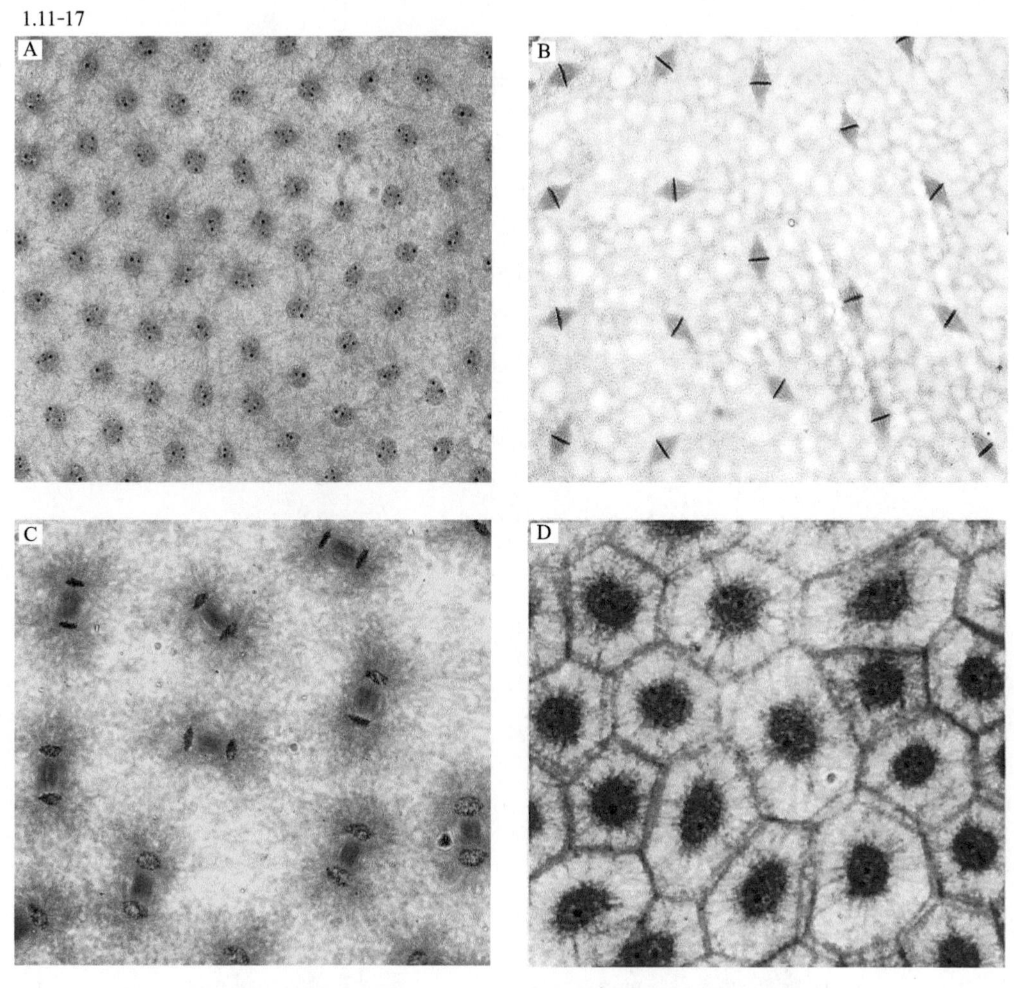

图 1.11-17　棉（*Gossypium hirsutum*）胚乳的发育，示核型胚乳

A. 胚乳游离核　B. 游离核进行有丝分裂中期　C. 游离核进行有丝分裂后期末期　D. 胚乳细胞逐渐形成细胞壁

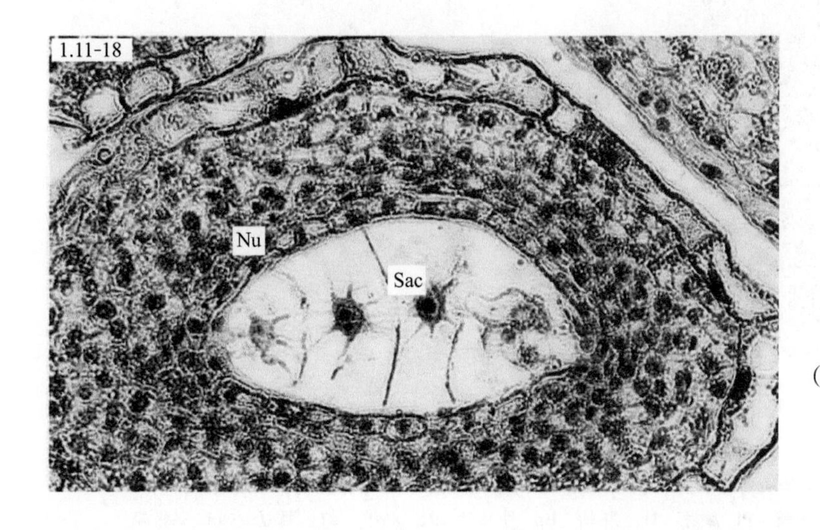

图 1.11-18　烟草（*Nicotiana tabacum*）胚囊横切，示细胞型胚乳

Nu. 珠心

Sac. 胚囊

（棉胚乳制片来自华中农业大学李和平，1979 年，烟草胚囊切片来自华中农业大学植物学教研室）

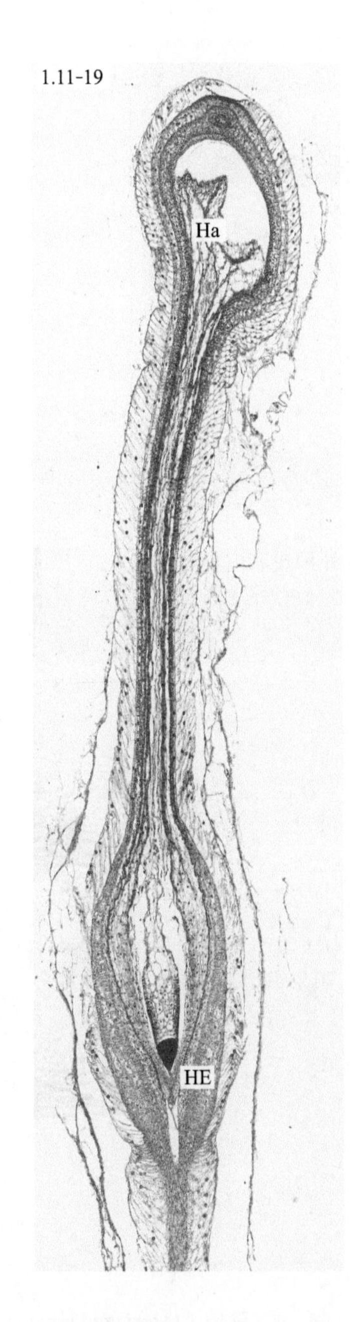

图 1.11-19　黄瓜（*Cucumis sativus*）子房纵切，示胚乳吸器

HE. 心形胚　Ha.（胚乳）吸器

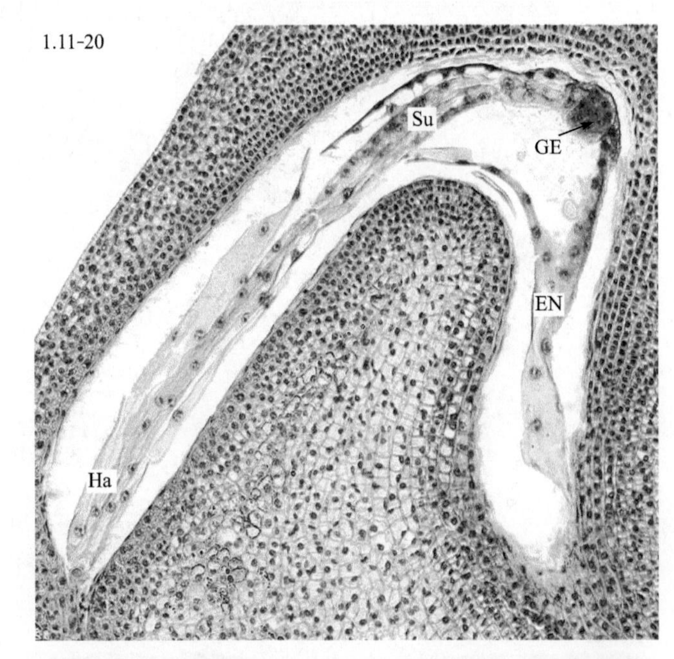

图 1.11-20　豌豆（*Pisum sativum*）胚珠纵切，示胚柄吸器

GE. 球形胚　Su. 胚柄　Ha.（胚柄）吸器　EN. 胚乳游离核

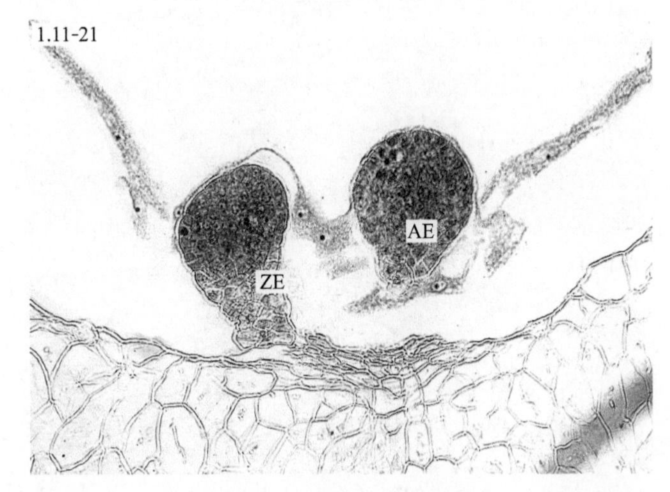

图 1.11-21　橘（*Citrus reticulata*）胚囊纵切，示多胚现象

ZE. 合子胚　AE. 不定胚

（本页切片来自华中农业大学植物学教研室）

1.11-22

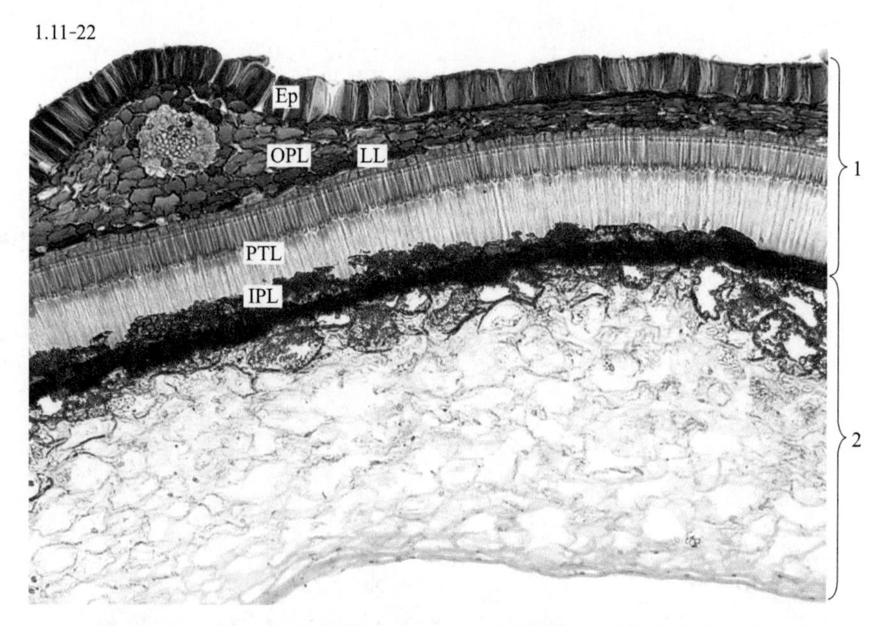

图 1.11-22　棉（*Gossypium hirsutum*）种子纵切，示外种皮和内种皮
Ep. 表皮　OPL. 外色素层　LL. 亮线　PTL. 栅栏状组织层　IPL. 内色素层
1. 外种皮　2. 内种皮

1.11-23

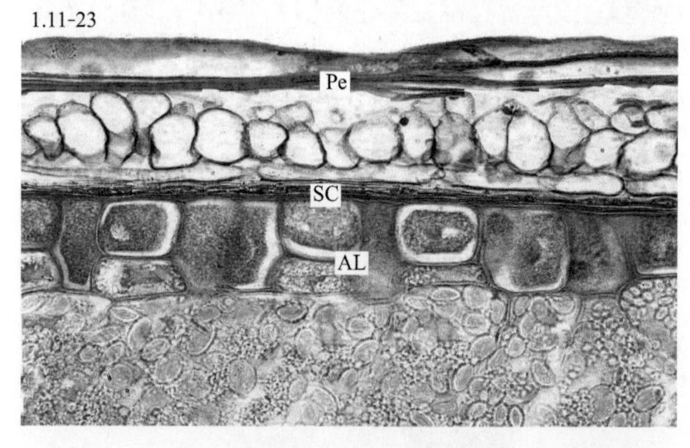

图 1.11-23　小麦（*Triticum aestivum*）颖果纵切，示果皮和种皮愈合
Pe. 果皮　SC. 种皮
AL. 糊粉层

1.11-24

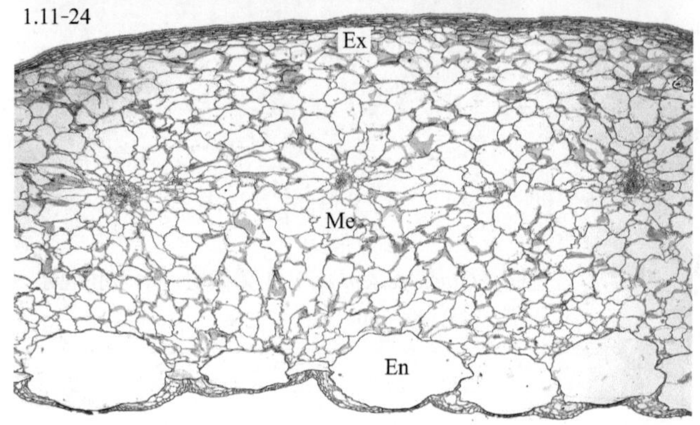

图 1.11-24　辣椒（*Capsicum annuum*）果皮横切，示 3 层果皮结构
Ex. 外果皮
Me. 中果皮
En. 内果皮

（本页切片来自华中农业大学植物学教研室）

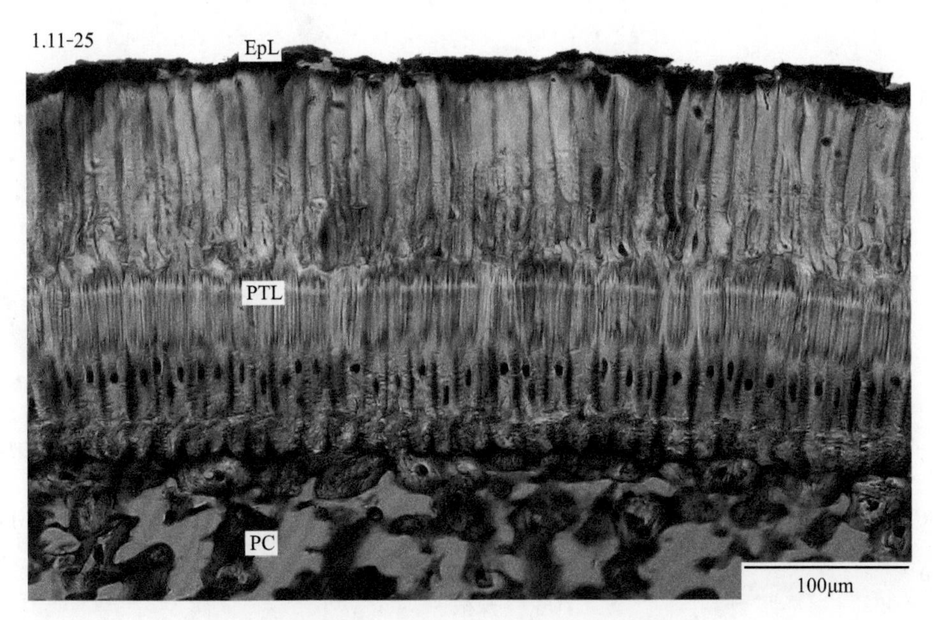

图 1.11-25 蚕豆（*Vicia faba*）种皮结构

EpL. 表皮层 PTL. 栅栏状组织层 PC. 薄壁细胞

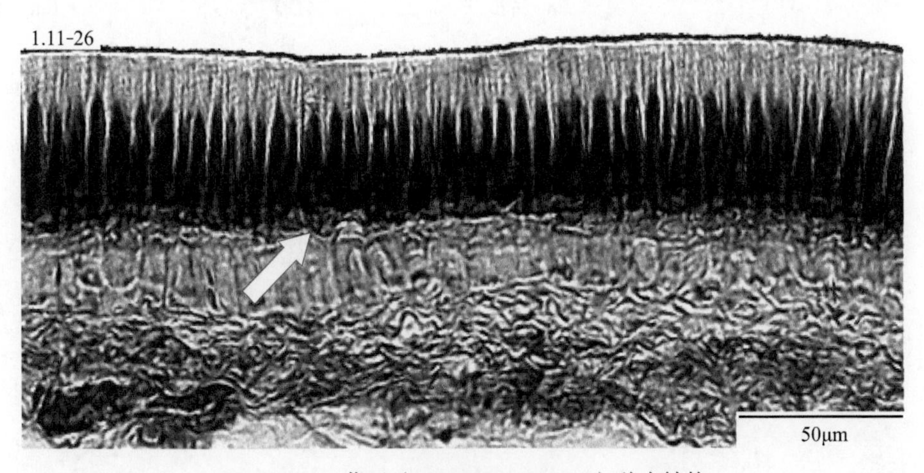

图 1.11-26 菜豆（*Phaseolus vulgaris*）种皮结构

菜豆种皮由外层的柱状大硬化层和内层的骨硬化层组成。偏振光显示外层的木质素和内层细胞内的棱柱状草酸钙晶体（箭头所指）

（本页切片来自华中农业大学植物学教研室）

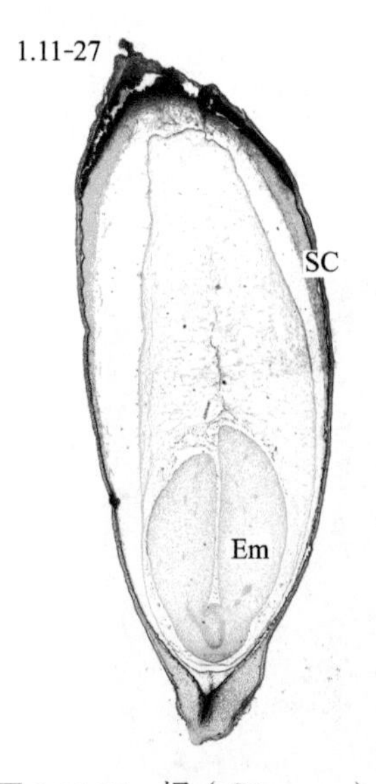

图 1.11-27 橘（*Citrus* sp.）种子纵切

SC. 种皮 Em. 胚

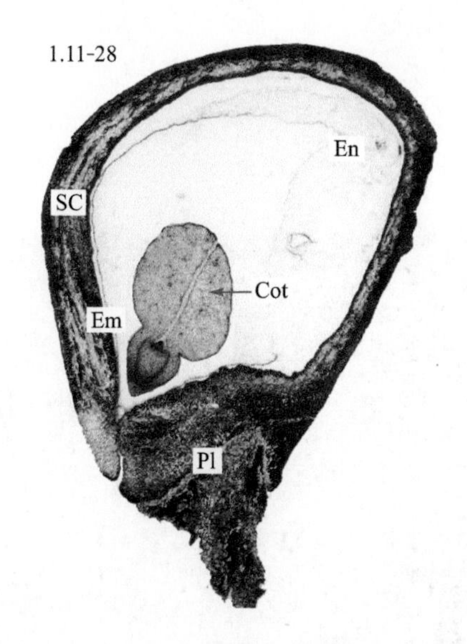

图 1.11-28 油茶（*Camellia oleifera*）种子纵切

SC. 种皮 Pl. 胎座 Em. 胚

Cot. 子叶 En. 胚乳

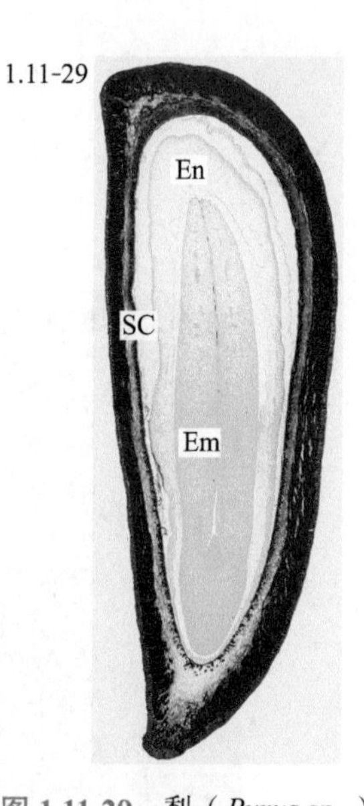

图 1.11-29 梨（*Pyrus* sp.）种子剖面

SC. 种皮 Em. 胚 En. 胚乳

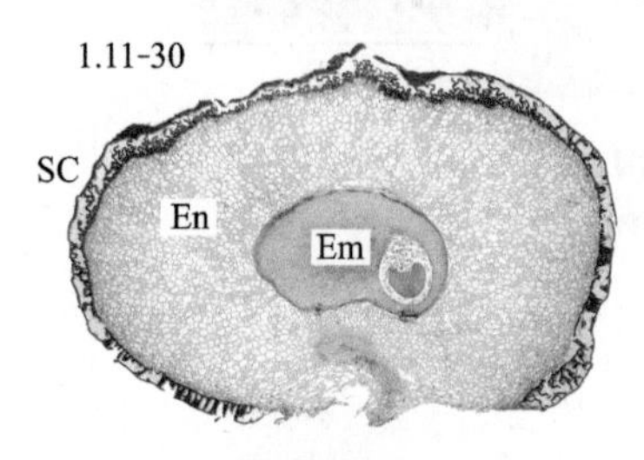

图 1.11-30 辣椒（*Capsicum frutescens*）种子纵切

SC. 种皮

Em. 胚

En. 胚乳

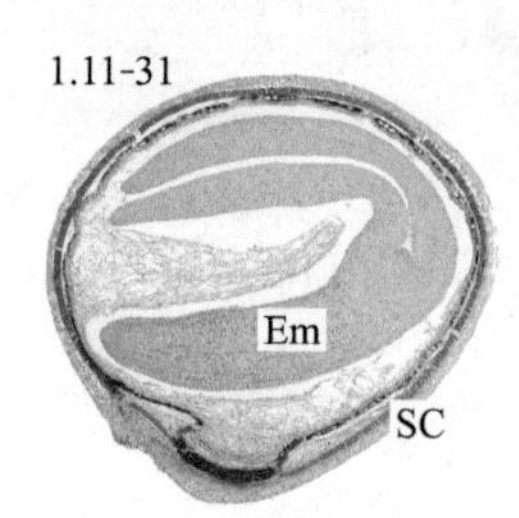

图 1.11-31 油菜（*Brassica rapa*）种子纵切，示双子叶无胚乳种子

SC. 种皮

Em. 胚

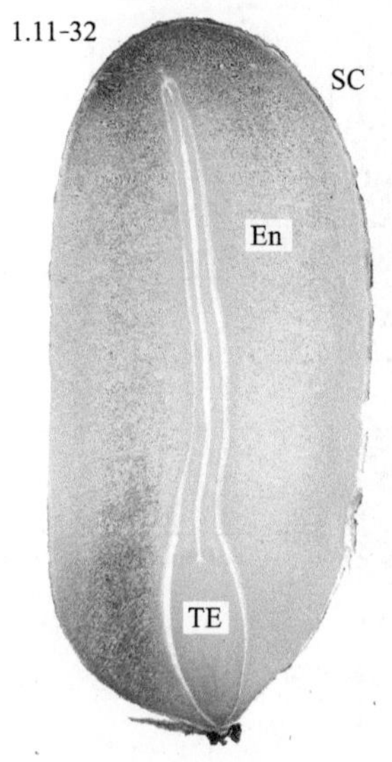

图 1.11-32 蓖麻（*Ricinus cummunis*）种子纵切，示双子叶有胚乳种子

SC. 种皮 TE. 鱼雷形胚 En. 胚乳

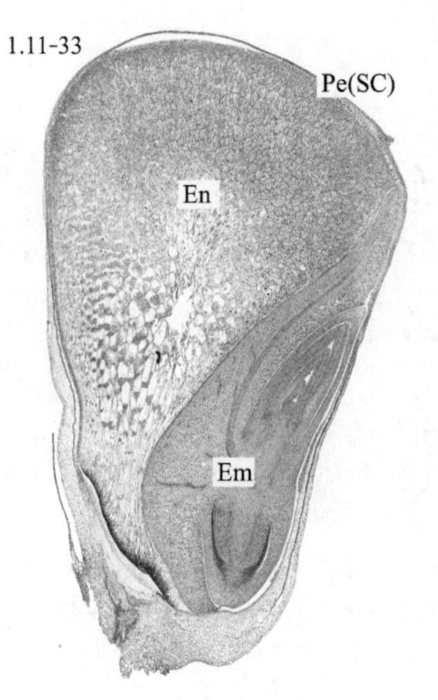

图 1.11-33 玉米（*Zea mays*）颖果纵切，示单子叶有胚乳种子

Pe（SC）. 果皮（种皮） Em. 胚

En. 胚乳

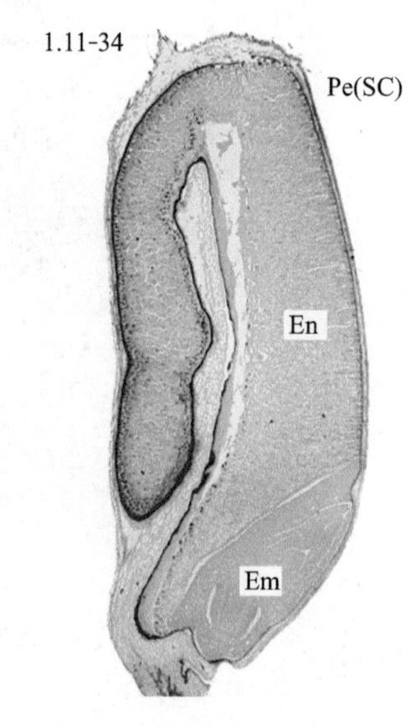

图 1.11-34 小麦（*Triticum aestivum*）颖果纵切，示单子叶有胚乳种子

Pe（SC）. 果皮（种皮） Em. 胚

En. 胚乳

（本页切片来自华中农业大学植物学教研室）

第2篇
CHAPTER

孢子植物
SPORE PLANTS

材料

地木耳　衣藻属　团藻属　水绵属　轮藻属
海带　地衣　地钱　葫芦藓　鳞毛蕨　蕨

前页图片：轮藻属（*Chara*）卵囊球和精囊球（切片来自华中农业大学植物学教研室）

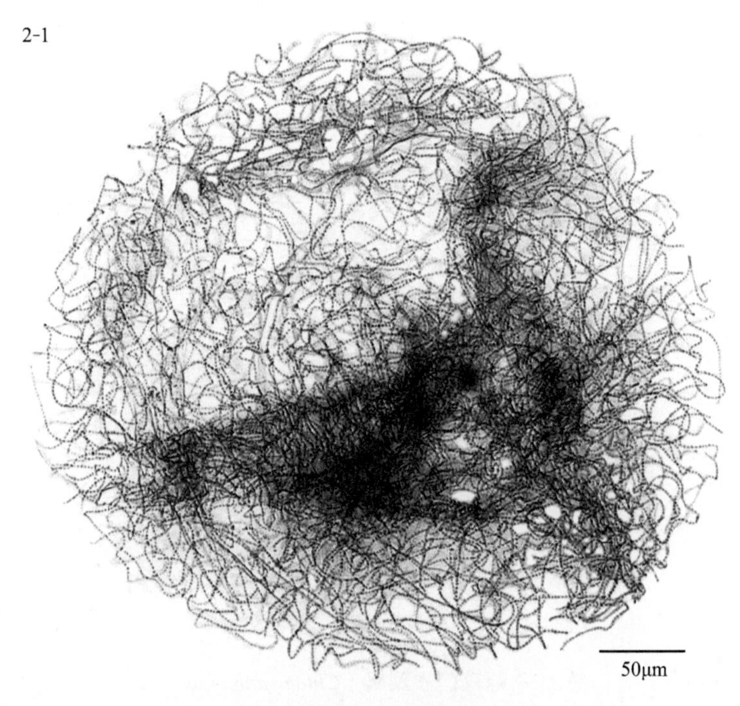

图 2-1 蓝藻门念珠藻属（*Nostoc*）

念珠藻属，水生或湿生，丝状体集合在公共胶质鞘中，由单列球状细胞构成，念珠状，异形胞壁厚，以藻殖段为主要繁殖方式

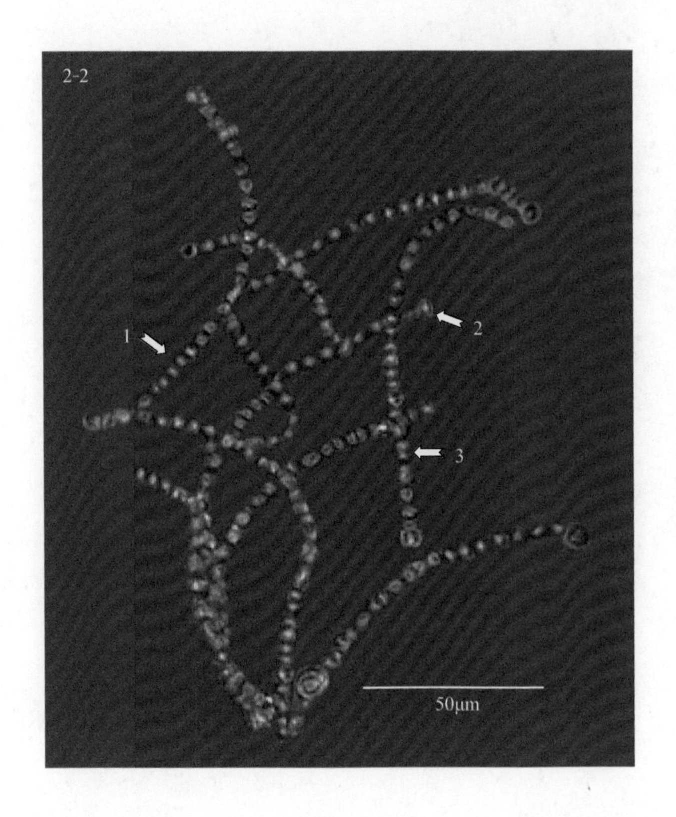

图 2-2 地木耳（*Nostoc commune*）营养细胞无丝分裂

1. 营养细胞 2. 异形胞
3. 营养细胞无丝分裂

（本页切片来自华中农业大学植物学教研室）

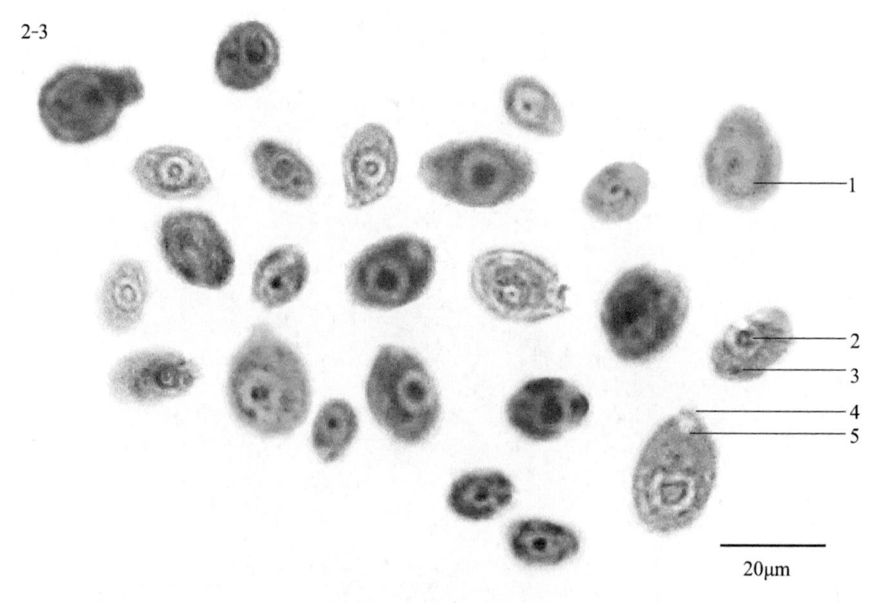

图 2-3　绿藻门衣藻属（*Chlamydomonas*）

1. 载色体　2. 细胞核　3. 淀粉核　4. 乳突　5. 伸缩泡

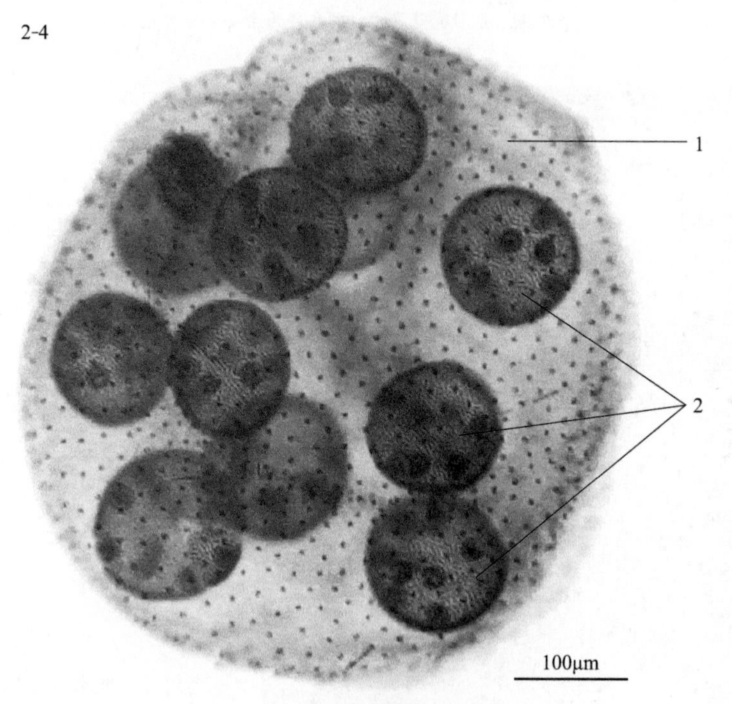

图 2-4　绿藻门团藻属（*Volvox*）

1. 母群体　2. 子群体

（本页切片来自华中农业大学植物学教研室）

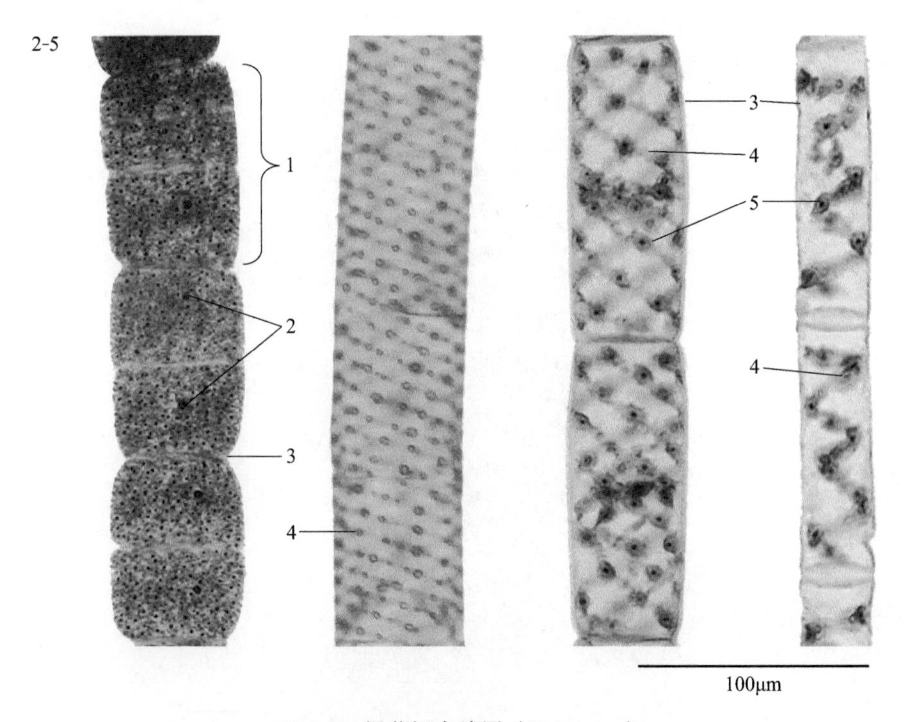

图2-5　绿藻门水绵属（*Spirogyra*）

1. 丝状体细胞分裂　2. 细胞核　3. 细胞壁　4. 螺旋状载色体　5. 蛋白核

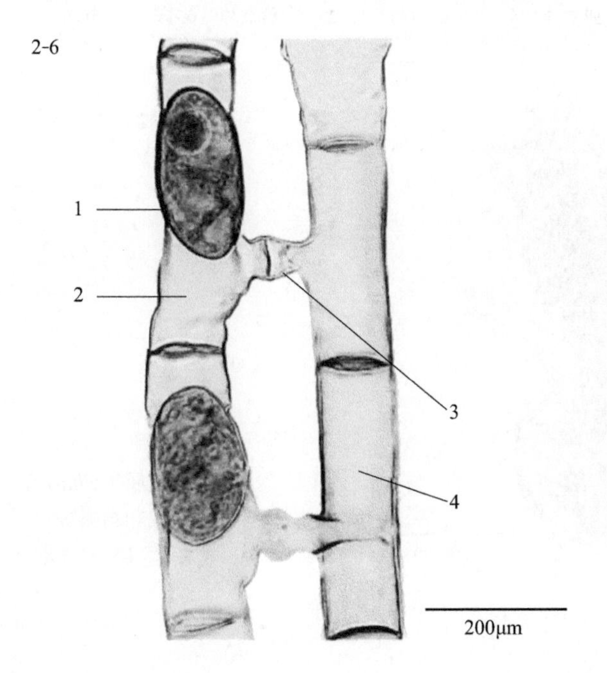

图2-6　水绵属（*Spirogyra*），示梯形接合

1. 合子　2. 雌性藻丝　3. 接合管　4. 雄性藻丝

（本页切片来自华中农业大学植物学教研室）

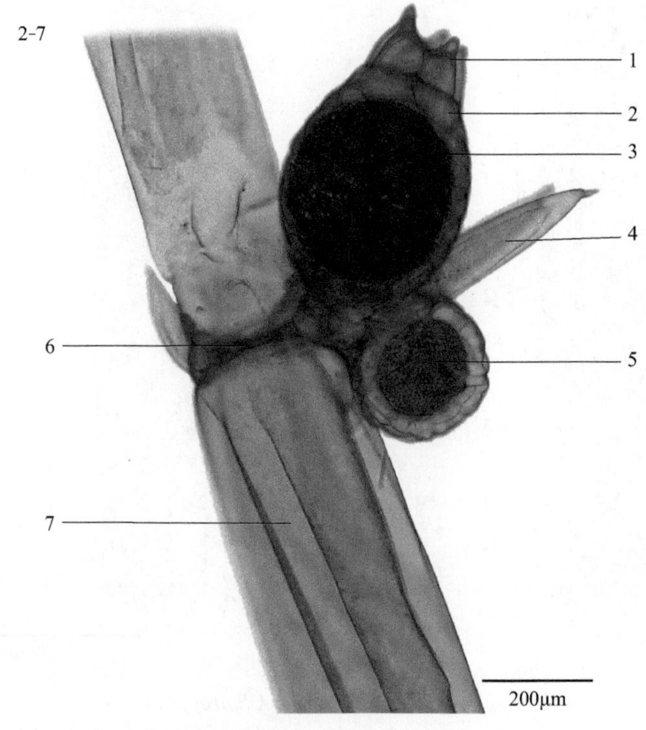

图 2-7 绿藻门轮藻属（*Chara*）

1. 冠细胞（5个） 2. 管细胞 3. 卵囊球 4. 单细胞的刺状突起 5. 精囊球 6. 节 7. 节间

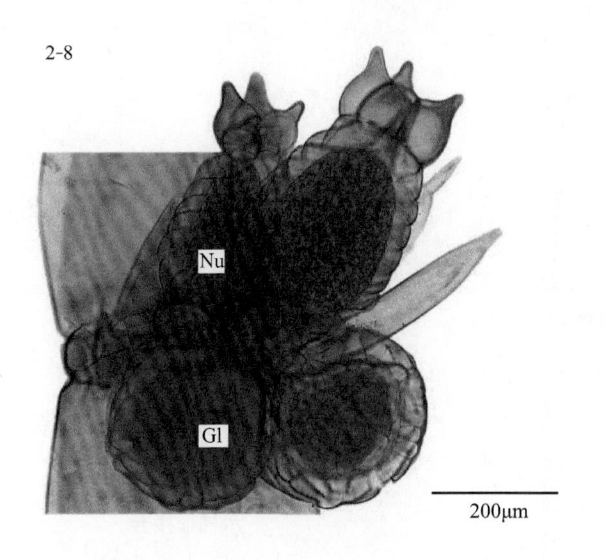

图 2-8 轮藻属（*Chara*），示卵囊球和精囊球

Nu. 卵囊球 Gl. 精囊球

（本页切片来自华中农业大学植物学教研室）

图2-9 褐藻门海带（*Laminaria japonica*），示孢子体柄部横切

1. 表皮 2. 淀粉细胞层 3. 薄壁细胞区 4. 髓

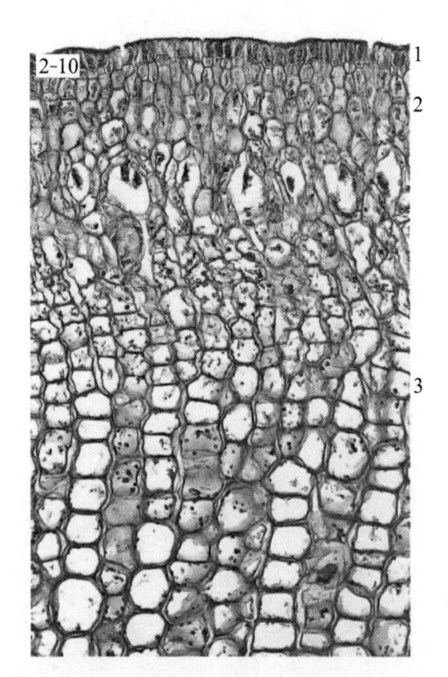

图2-10 海带（*Laminaria japonica*）柄部皮层

1. 表皮 2. 淀粉细胞层 3. 薄壁细胞区

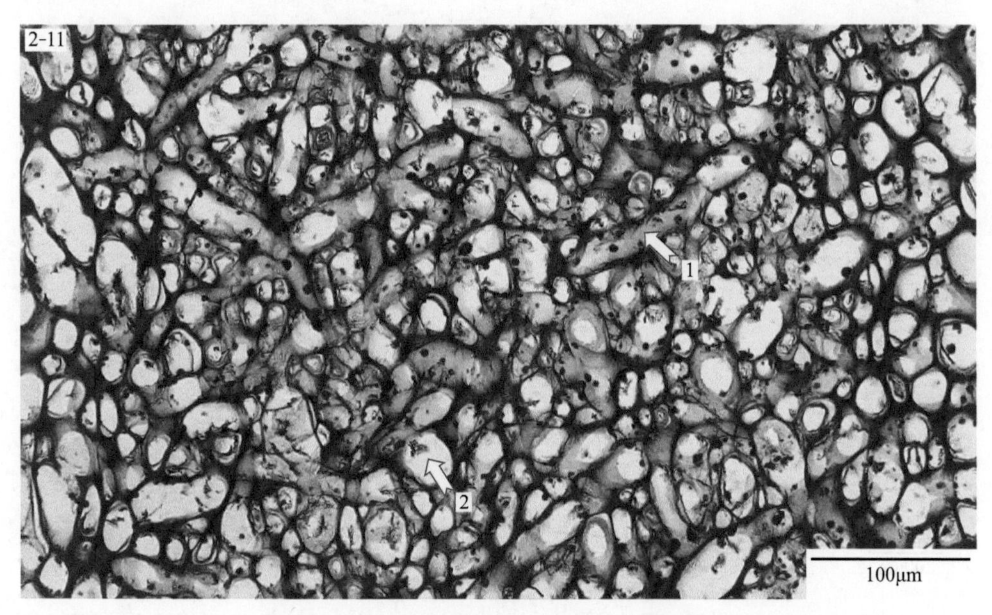

图2-11 海带（*Laminaria japonica*）柄部髓区

1. 髓丝 2. 喇叭丝

（本页切片来自华中农业大学植物学教研室）

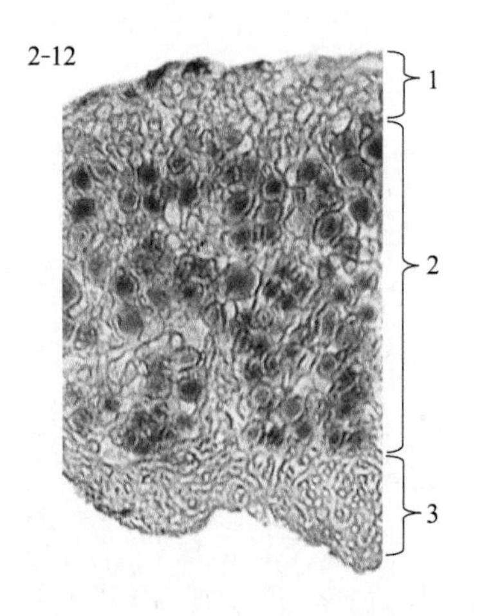

图 **2-12** 地衣（*Lichens*）横切，示同层地衣

1. 上皮层 2. 髓层 3. 下皮层

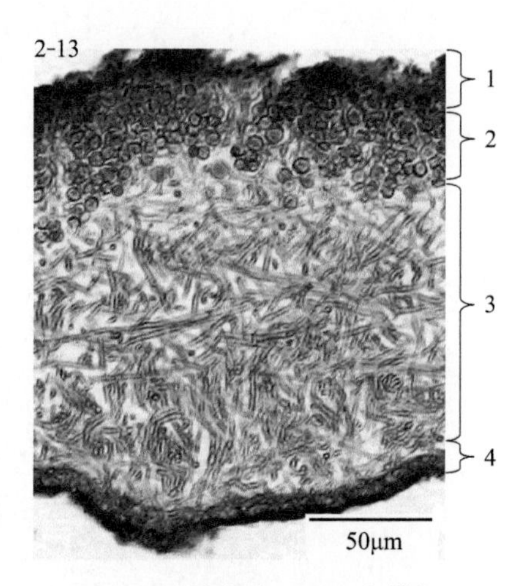

图 **2-13** 地衣（*Lichens*）横切，示异层地衣

1. 上皮层 2. 藻胞层 3. 髓层 4. 下皮层

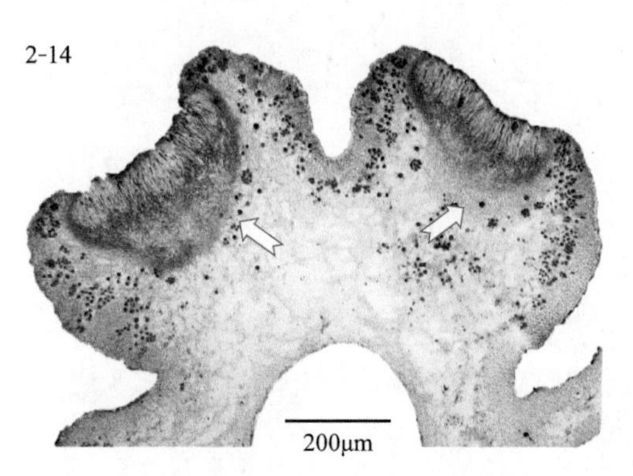

图 **2-14** 地衣（*Lichens*），示子囊盘（箭头所指）

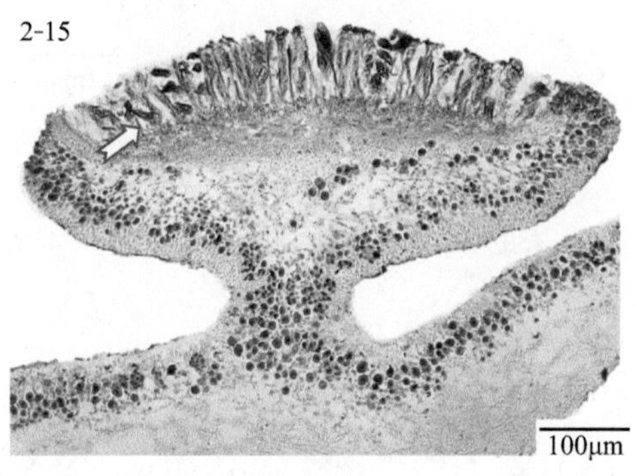

图 **2-15** 地衣（*Lichens*），示子囊盘裸子器（箭头所指）

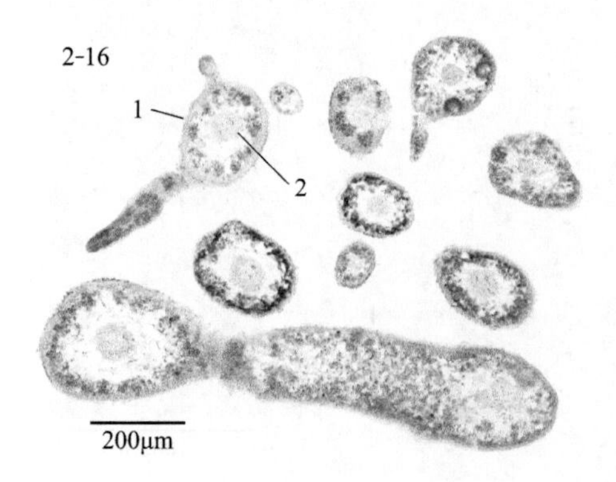

图 **2-16** 地衣（*Lichens*）横切，示枝状地衣

1. 皮层 2. 中轴型髓层

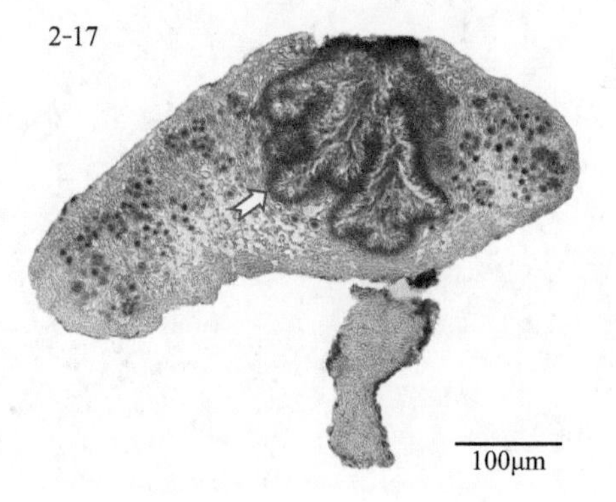

图 **2-17** 地衣（*Lichens*），示地衣与基质结合部（箭头所指）

（图 **2-13** 异层地衣切片来自福建漳州市农校生物切片厂，本页其他切片来自华中农业大学植物学教研室）

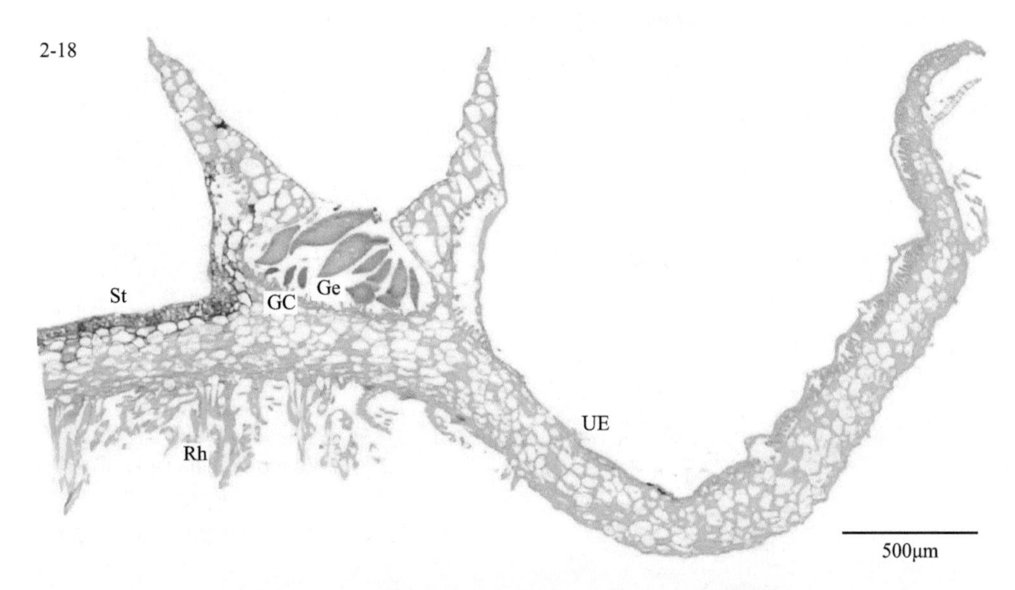

图 2-18　地钱（*Marchantia polymorpha*），示胞芽杯
St. 气孔　UE. 上表皮　Rh. 假根　GC. 胞芽杯　Ge. 胞芽

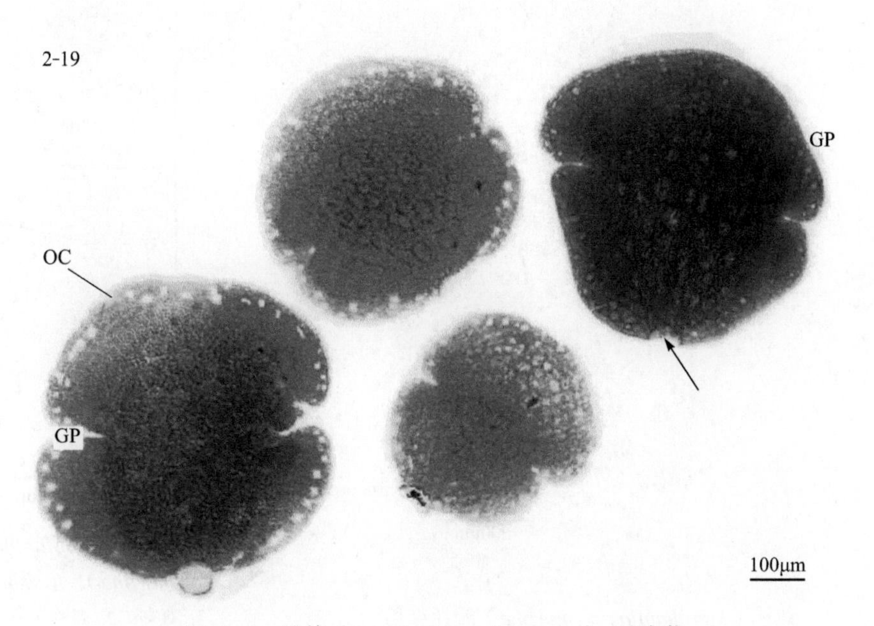

图 2-19　地钱（*Marchantia polymorpha*），示胞芽
OC. 贮油细胞　GP. 生长点

（本页切片来自华中农业大学植物学教研室）

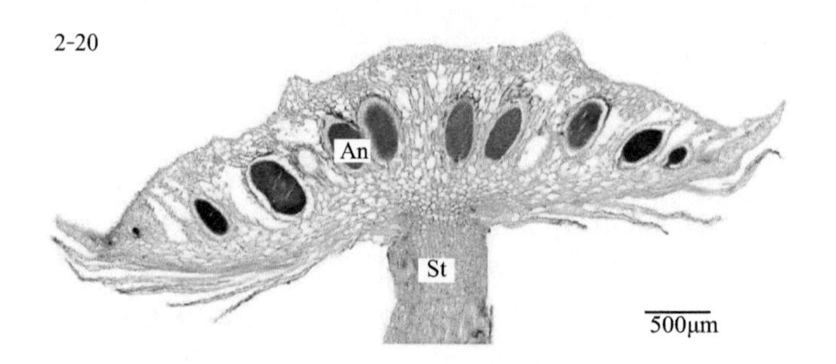

图 2-20　地钱（*Marchantia polymorpha*）雄托纵切

An. 精子器　St. 托柄

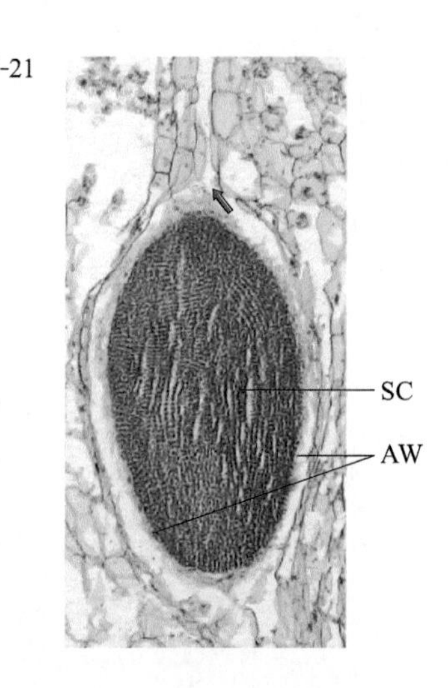

图 2-21　地钱（*Marchantia polymorpha*）精子器，箭头所指为溢精通道

AW. 精子器壁　SC. 精细胞

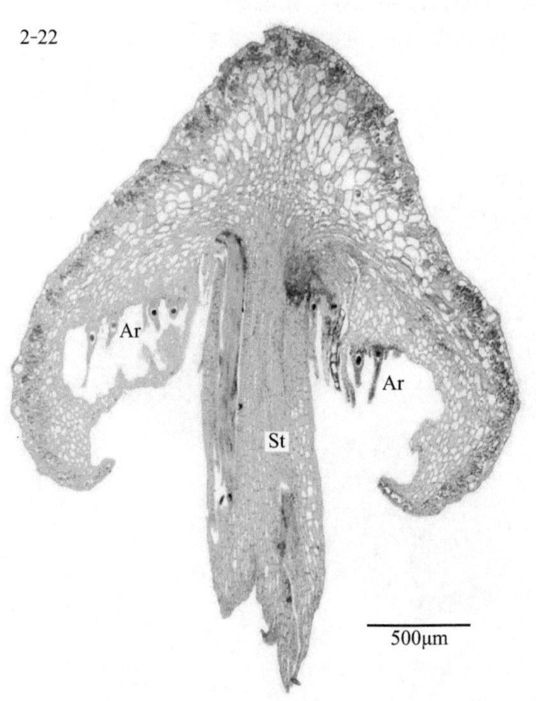

图 2-22　地钱（*Marchantia polymorpha*）雌托纵切

St. 托柄　Ar. 颈卵器

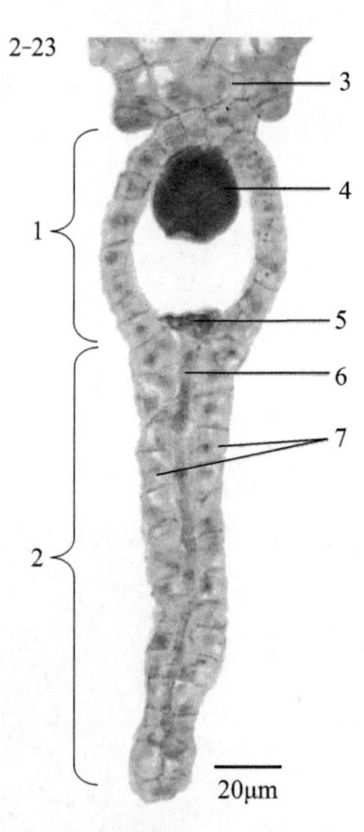

图 2-23　地钱（*Marchantia polymorpha*），示颈卵器

1. 腹部　2. 颈部　3. 柄
4. 卵细胞　5. 腹沟细胞
6. 颈沟细胞（单列细胞）
7. 颈壁细胞（单层细胞）

（本页切片来自华中农业大学植物学教研室）

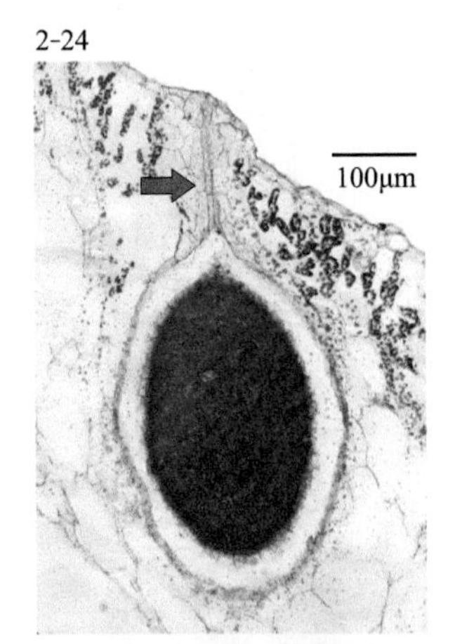

图 2-24　地钱（*Marchantia polymorpha*）精子器，示精子溢出通道（箭头所指）

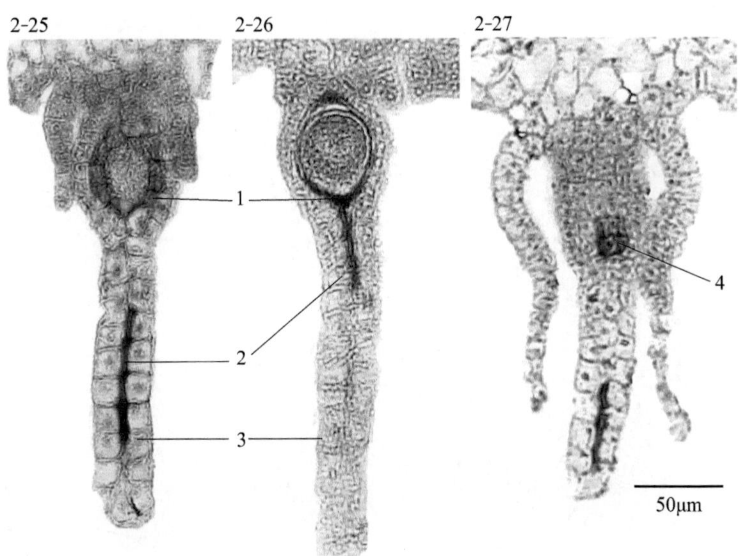

图 2-25　地钱（*Marchantia polymorpha*）颈卵器，示腹沟细胞和颈沟细胞

图 2-26　地钱（*Marchantia polymorpha*）颈卵器，示颈沟细胞

图 2-27　地钱（*Marchantia polymorpha*）受精后胚的发育

1. 颈部颈壁细胞　2. 颈沟细胞　3. 腹沟细胞　4. 胚

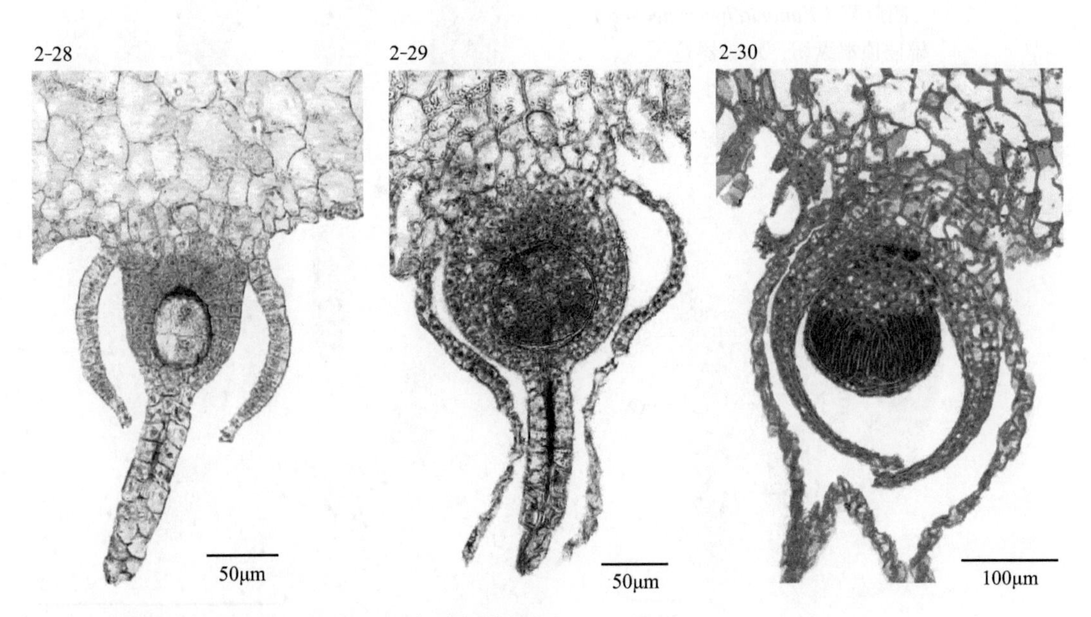

图 2-28　地钱（*Marchantia polymorpha*）多细胞幼胚

图 2-29　地钱（*Marchantia polymorpha*）胚的发育（幼孢子体）

图 2-30　地钱（*Marchantia polymorpha*）近成熟孢子体

（本页切片来自华中农业大学植物学教研室）

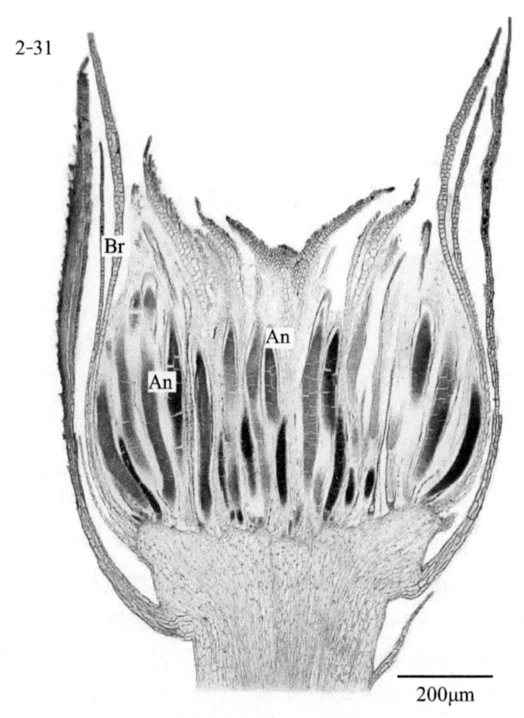

图 2-31　葫芦藓（*Funaria hygrometrica*）雄枝顶端纵切，示雄器苞

An. 精子器　Br. 苞叶

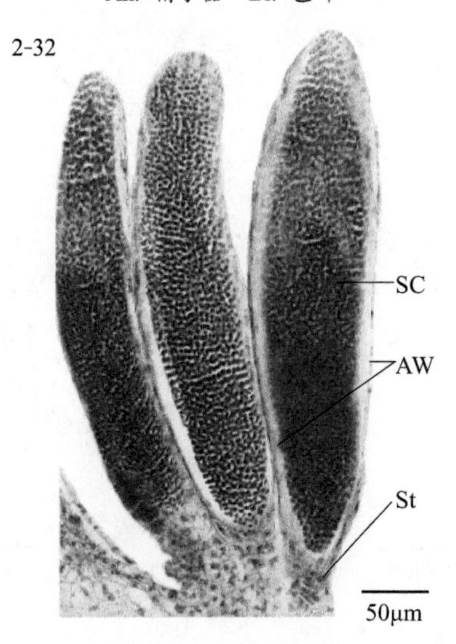

图 2-32　葫芦藓（*Funaria hygrometrica*），示精子器

AW. 精子器壁　SC. 精细胞　St. 托柄

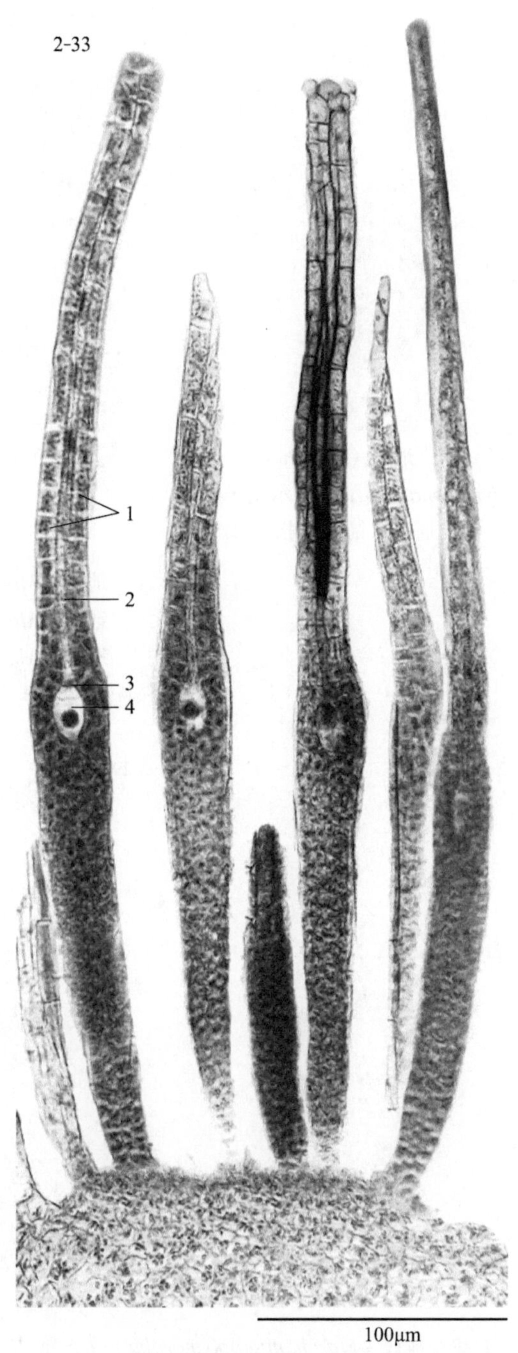

图 2-33　葫芦藓（*Funaria hygrometrica*）雌枝顶端纵切，示颈卵器

1. 颈卵器壁　2. 颈沟细胞　3. 腹沟细胞　4. 卵

（本页切片来自华中农业大学植物学教研室）

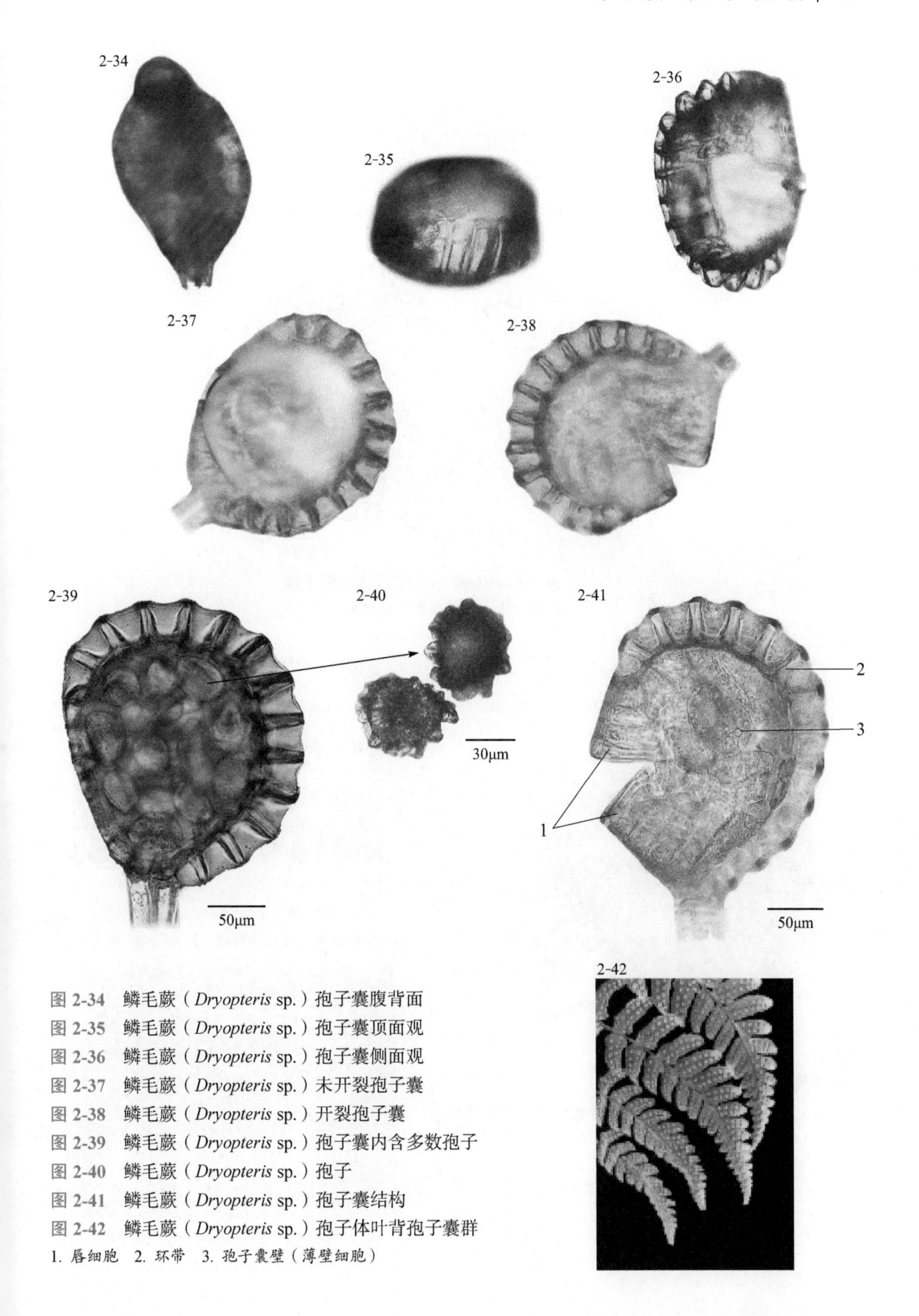

图 2-34　鳞毛蕨（*Dryopteris* sp.）孢子囊腹背面
图 2-35　鳞毛蕨（*Dryopteris* sp.）孢子囊顶面观
图 2-36　鳞毛蕨（*Dryopteris* sp.）孢子囊侧面观
图 2-37　鳞毛蕨（*Dryopteris* sp.）未开裂孢子囊
图 2-38　鳞毛蕨（*Dryopteris* sp.）开裂孢子囊
图 2-39　鳞毛蕨（*Dryopteris* sp.）孢子囊内含多数孢子
图 2-40　鳞毛蕨（*Dryopteris* sp.）孢子
图 2-41　鳞毛蕨（*Dryopteris* sp.）孢子囊结构
图 2-42　鳞毛蕨（*Dryopteris* sp.）孢子体叶背孢子囊群
1. 唇细胞　2. 环带　3. 孢子囊壁（薄壁细胞）

（本页制片来自华中农业大学冯燕妮，2020 年）

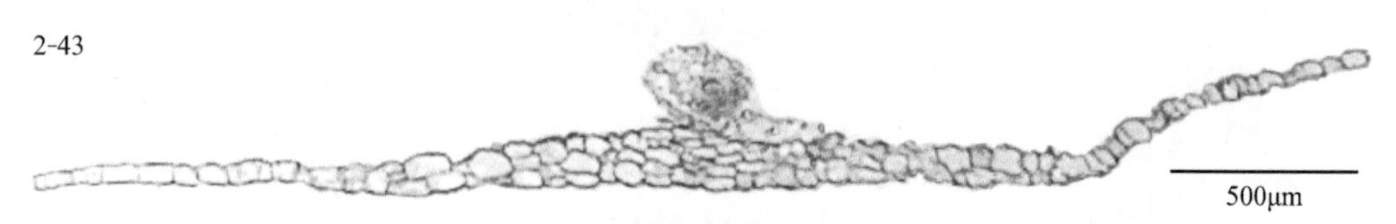

图 2-43　蕨（*Pteridium* sp.）原叶体横切

原叶体边缘只有 1 层细胞，中间为多层细胞，腹面着生假根和雌雄生殖器官

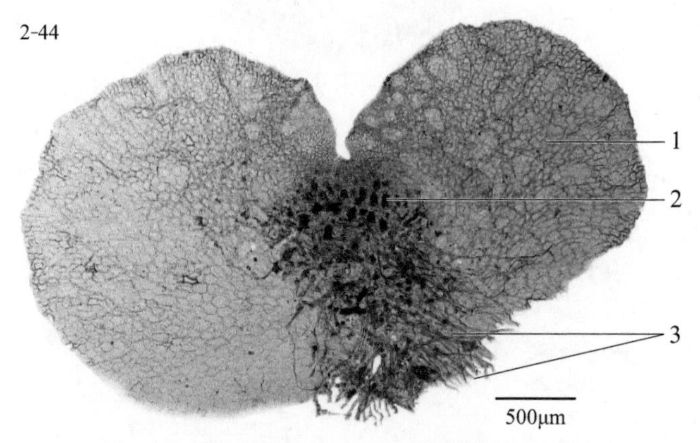

图 2-44　蕨（*Pteridium* sp.）原叶体（配子体）

1. 原叶体　2. 颈卵器　3. 假根

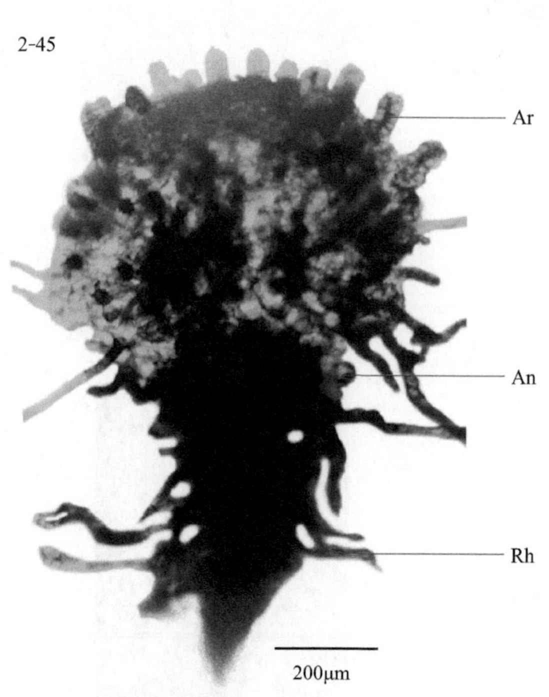

图 2-45　蕨（*Pteridium* sp.）配子体

Ar. 颈卵器　An. 精子器　Rh. 假根

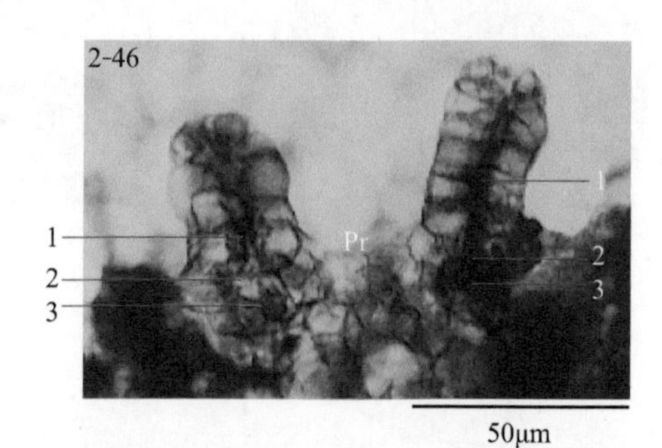

图 2-46　蕨（*Pteridium* sp.）颈卵器

1. 颈沟细胞　2. 腹沟细胞　3. 卵　Pr. 原叶体

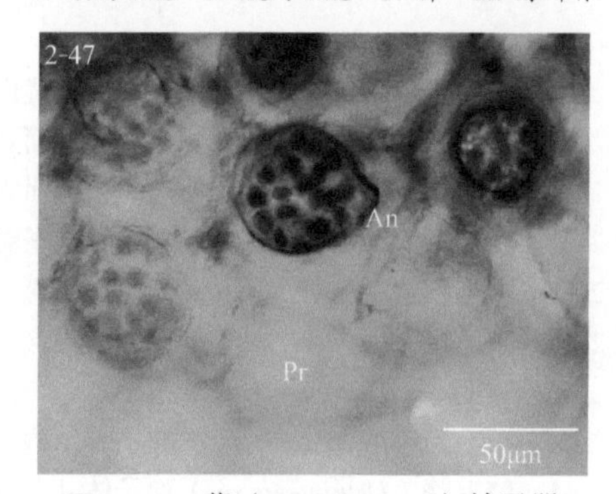

图 2-47　蕨（*Pteridium* sp.）精子器

An. 精子器　Pr. 原叶体

（本页切片来自华中农业大学植物学教研室）

2-48

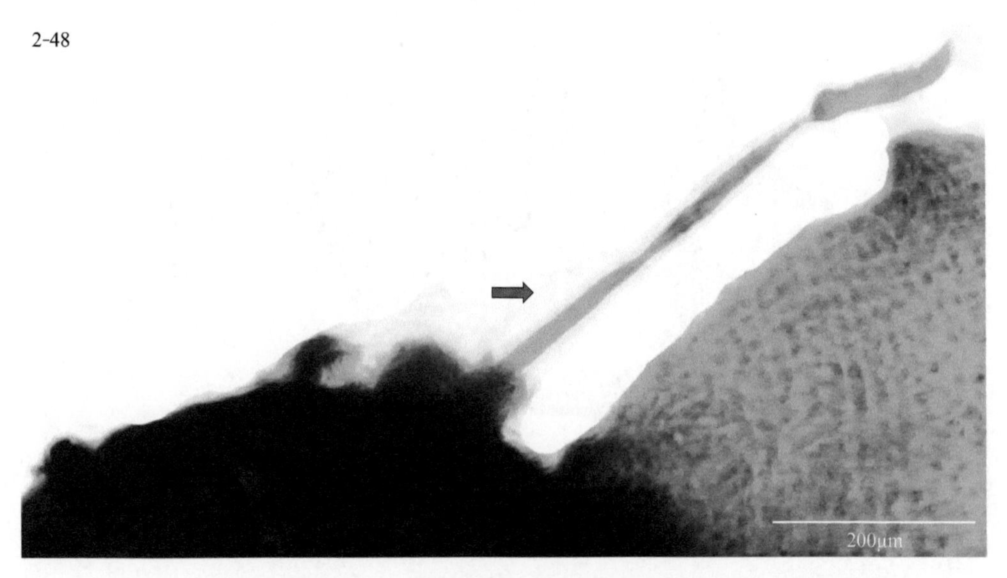

图 2-48　蕨（*Pteridium* sp.）原叶体上由颈卵器发育的幼孢子体（箭头所指）

2-49

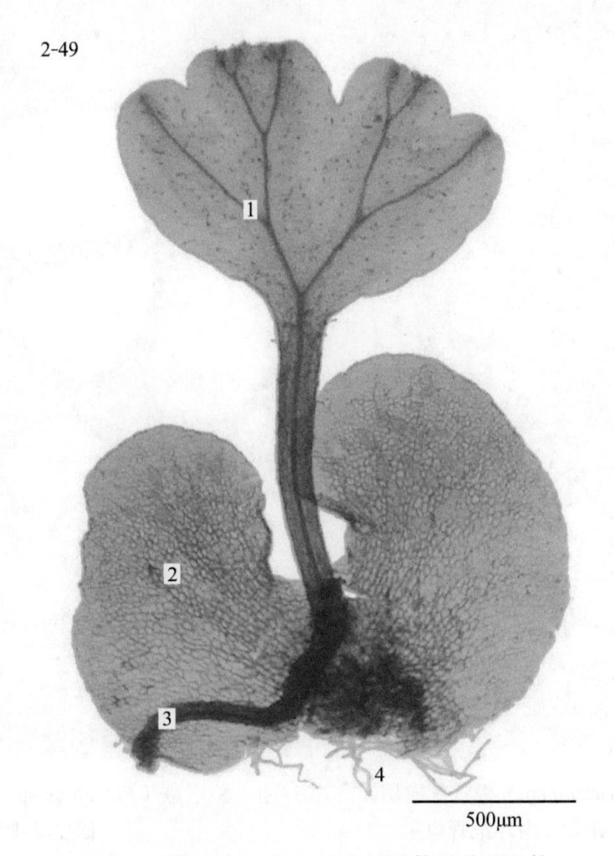

图 2-49　蕨（*Pteridium* sp.）原叶体及幼孢子体

1. 幼孢子体的第一枚叶　2. 原叶体　3. 幼孢子体胚根　4. 原叶体假根

（本页切片来自华中农业大学植物学教研室）

2-50

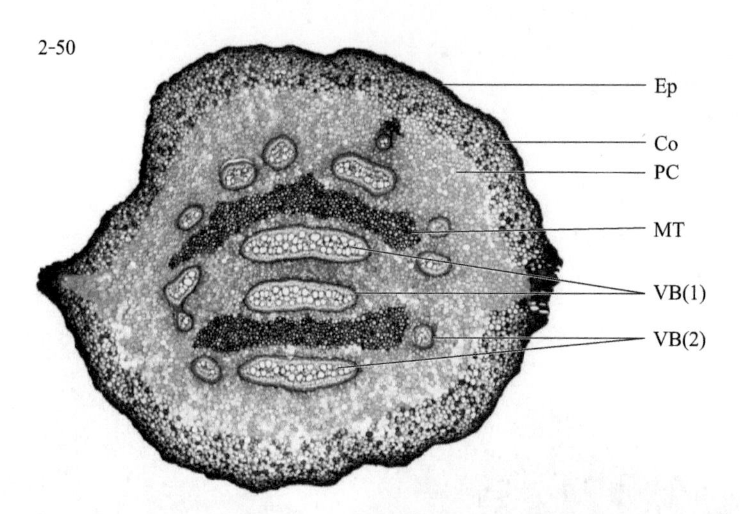

图 2-50 蕨（*Pteridium* sp.）根状茎横切，示多环网状中柱

Ep. 表皮 Co. 皮层（厚壁组织） PC. 薄壁细胞 MT. 机械组织
VB（1）. 内环维管束 VB（2）. 外环维管束

2-51

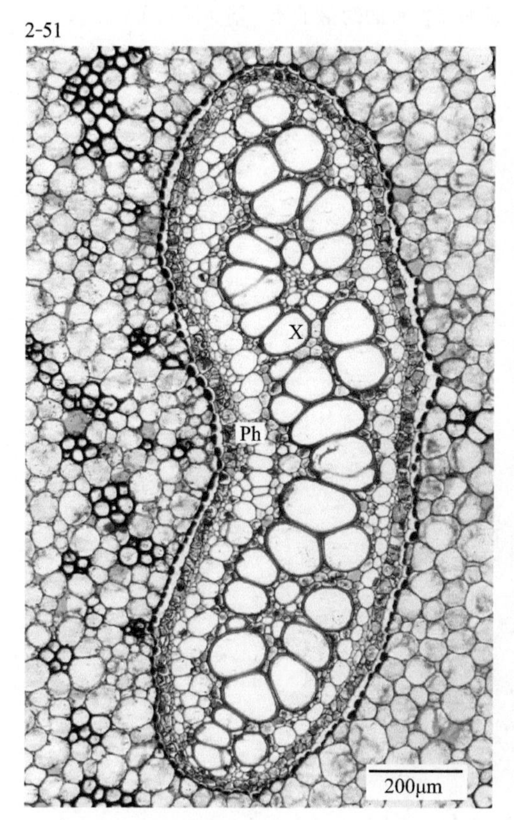

图 2-51 蕨（*Pteridium* sp.）根状茎横切，示 1 个周韧维管束（内环维管束）

X. 木质部 Ph. 韧皮部

2-52

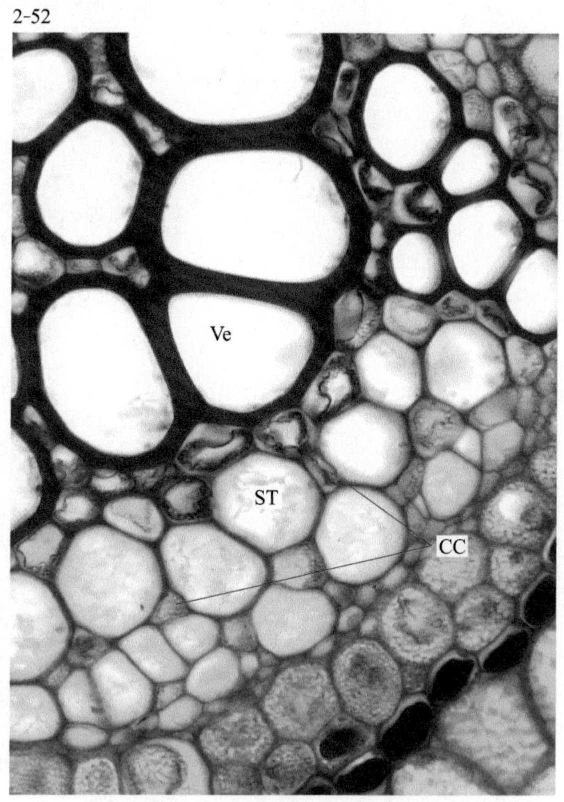

图 2-52 蕨（*Pteridium* sp.）根状茎，示维管束韧皮部细胞

ST. 筛管 CC. 伴胞 Ve. 导管

（本页切片来自华中农业大学植物学教研室）

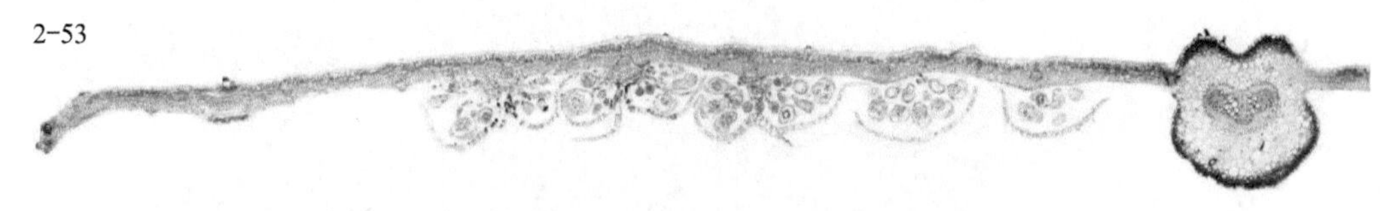

图 2-53 蕨（*Pteridium* sp.）叶背面孢子囊群

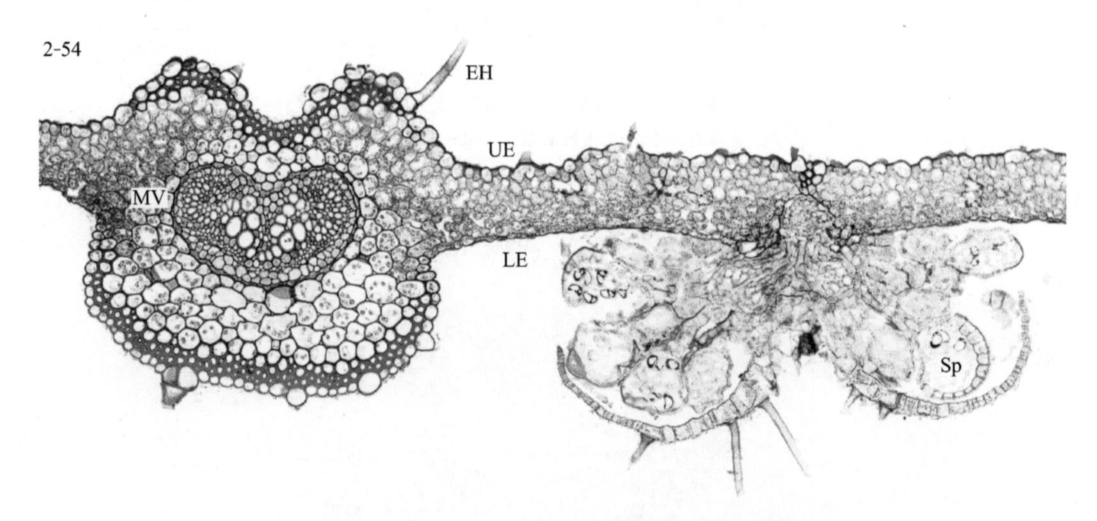

图 2-54 蕨（*Pteridium* sp.）叶横切，示孢子囊群
MV. 主脉 UE. 上表皮 LE. 下表皮 EH. 表皮毛 Sp. 孢子囊

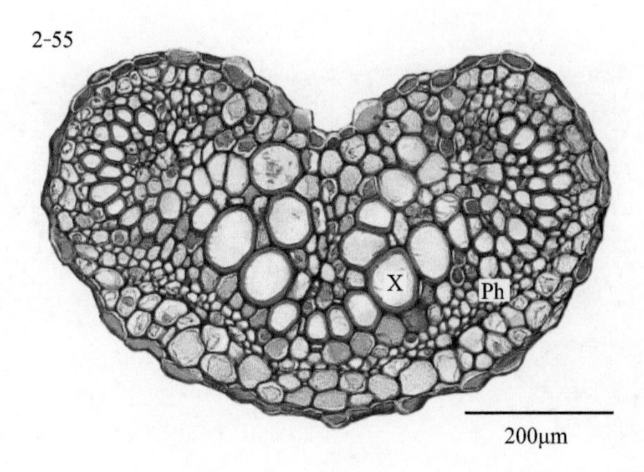

图 2-55 蕨（*Pteridium* sp.）叶横切，示主脉多环网状维管束
X. 木质部 Ph. 韧皮部

（本页切片来自福建漳州市农校生物切片厂）

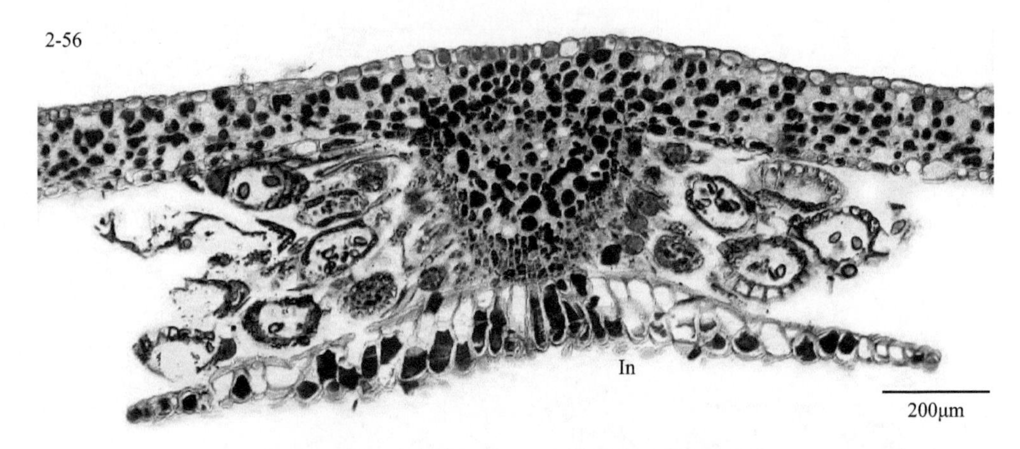

图 2-56　蕨（*Pteridium* sp.）叶横切，示孢子囊群盖

In. 囊群盖（囊群盖横切面盾形，由一层细胞构成）

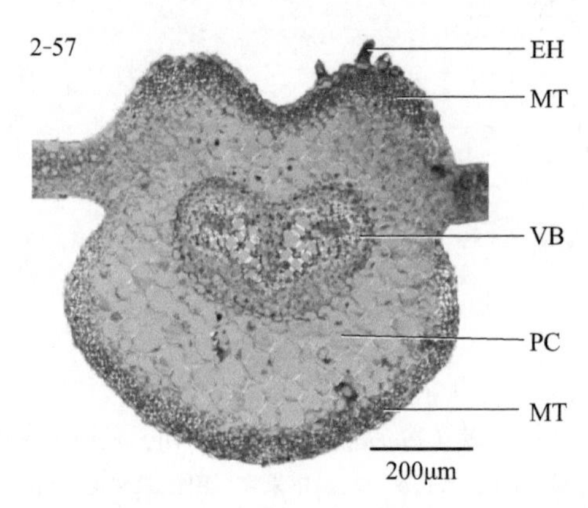

图 2-57　蕨（*Pteridium* sp.）叶横切，示主脉结构

EH. 表皮毛　MT. 机械组织（染色红色）　VB. 主脉维管束　PC. 薄壁细胞

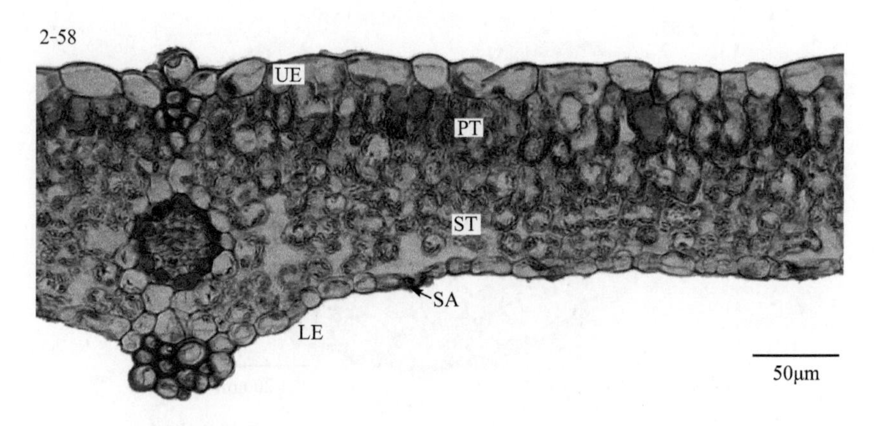

图 2-58　蕨（*Pteridium* sp.）叶横切，示侧脉及叶片结构

UE. 上表皮　LE. 下表皮　PT. 栅栏组织　ST. 海绵组织　SA. 气孔器

（本页切片来自福建漳州市农校生物切片厂）

第3篇 CHAPTER

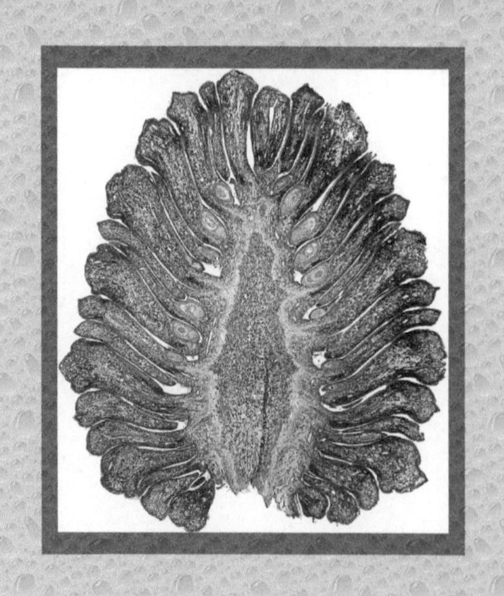

裸子植物 GYMNOSPERMAE

材料

苏铁　银杏　松　黑松　马尾松　湿地松
杉木　水杉　紫杉　池杉

前页图片：松（*Pinus*）大孢子叶球纵切（切片来自华中农业大学植物学教研室）

3-1

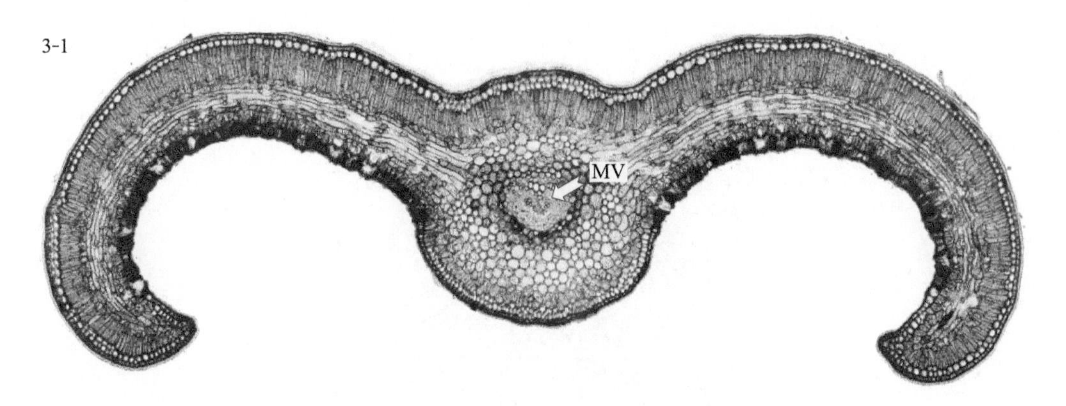

图 **3-1** 苏铁（*Cycas revoluta*）小叶横切

MV. 主脉

3-2

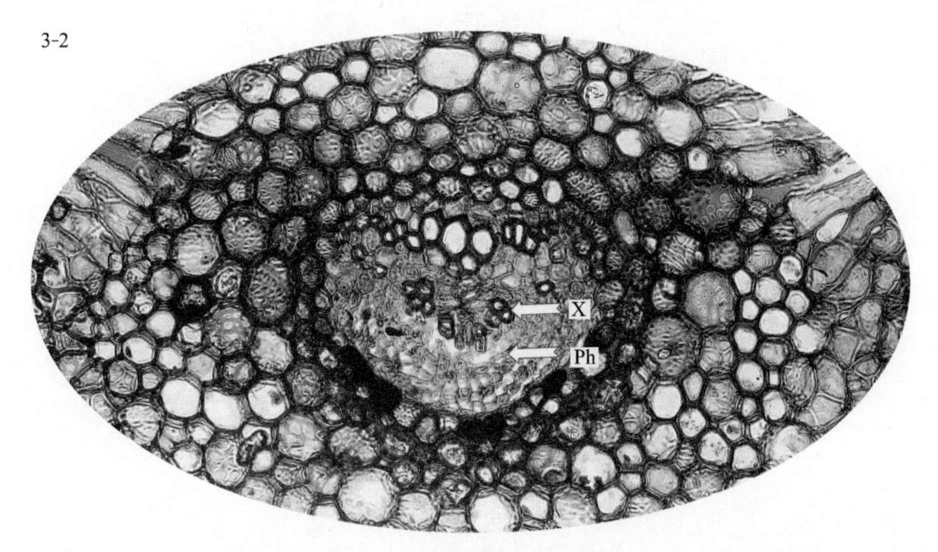

图 **3-2** 苏铁（*Cycas revoluta*）小叶横切，示裸子植物叶单一主脉结构

X. 木质部 Ph. 韧皮部

3-3

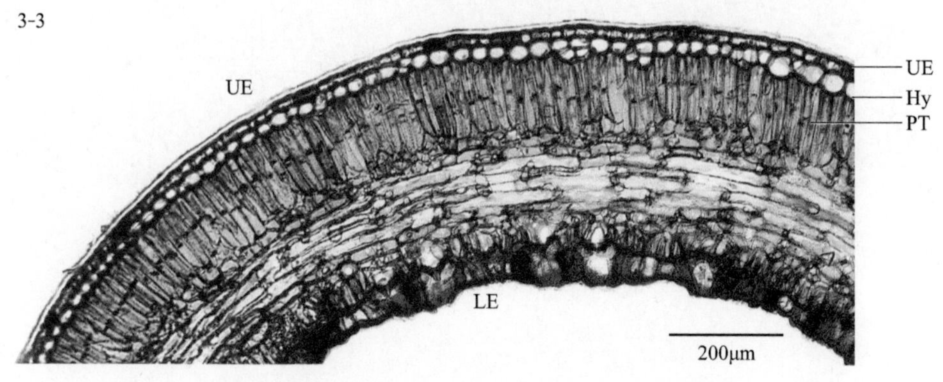

图 **3-3** 苏铁（*Cycas revoluta*）小叶横切，示叶脉结构

UE. 上表皮 Hy. 下皮 PT. 栅栏组织 LE. 下表皮

（本页切片来自华中农业大学植物学教研室）

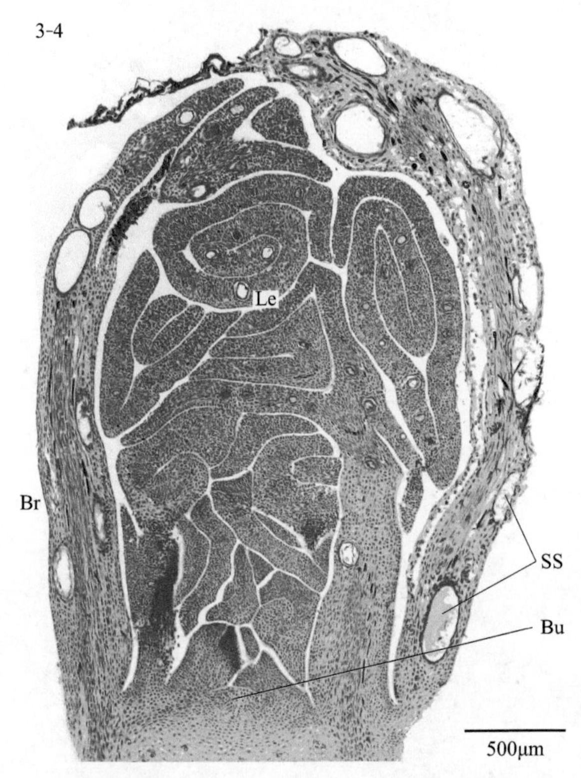

图 3-4　银杏（*Ginkgo biloba*）幼芽纵切，示幼叶折叠于生长点周围

Br. 包叶　Le. 叶（幼叶折叠）　Bu. 芽　SS. 分泌结构

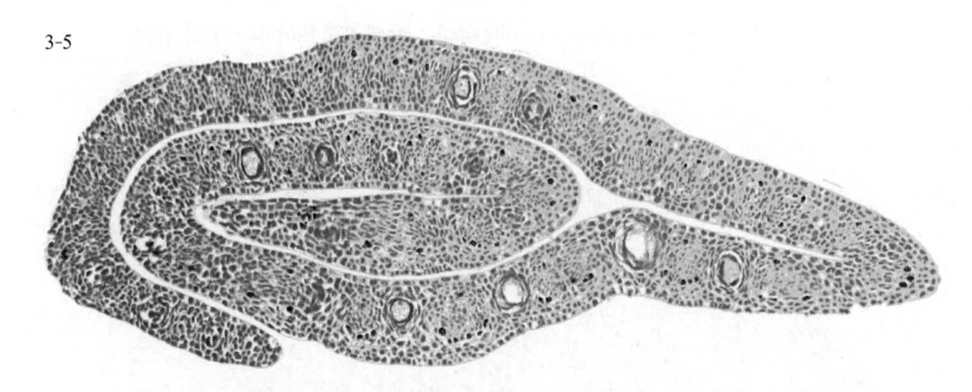

图 3-5　银杏（*Ginkgo biloba*）芽纵切，示幼叶折叠

（本页切片来自华中农业大学植物学教研室）

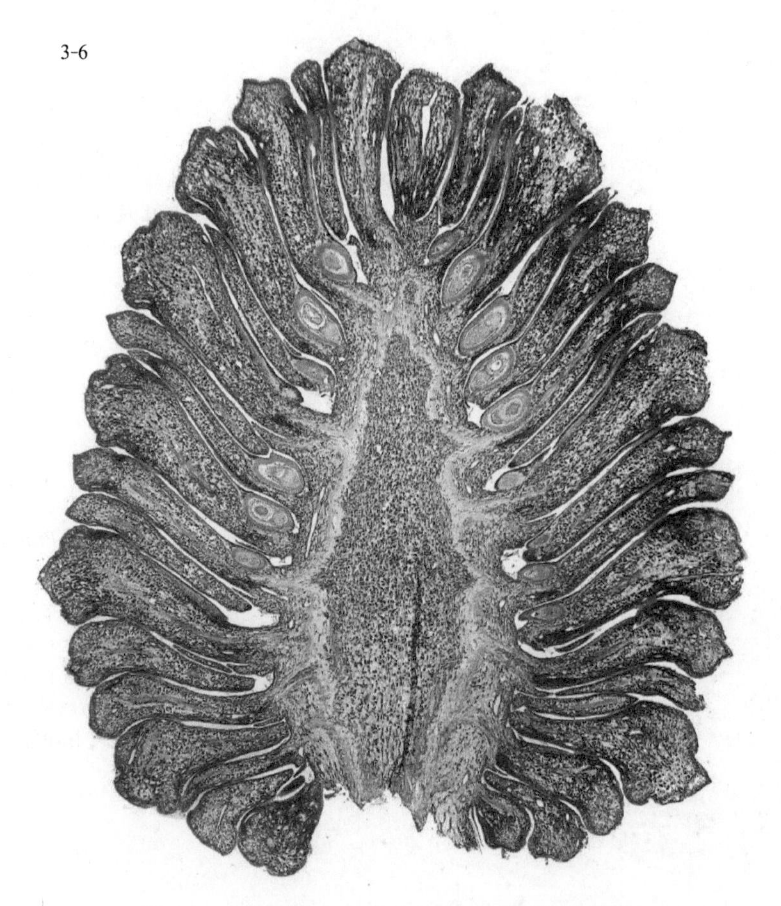

图 3-6 黑松（*Pinus thunbergii*）大孢子叶球纵切

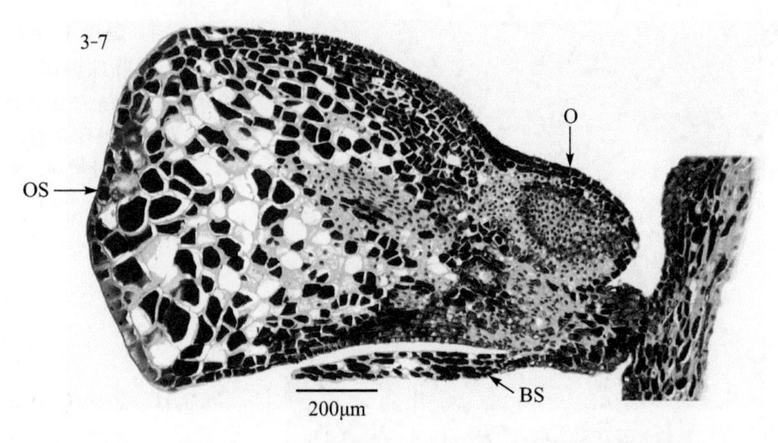

图 3-7 黑松（*Pinus thunbergii*）大孢子叶，珠鳞大，苞鳞小

O. 胚珠 BS. 苞鳞 OS. 珠鳞

（本页切片来自华中农业大学植物学教研室）

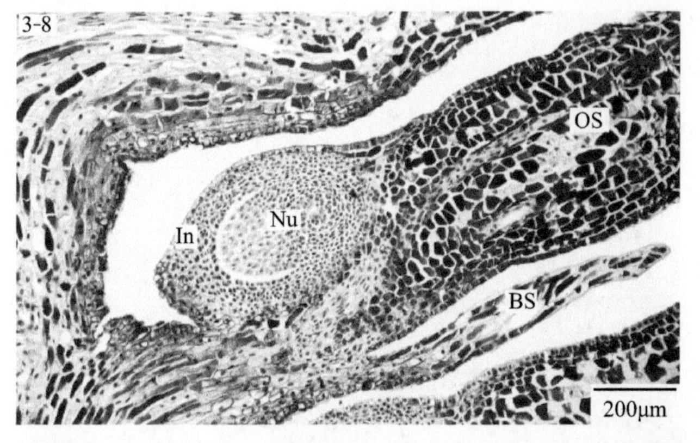

图 3-8　黑松（*Pinus thunbergii*）胚珠纵切（一）

每1珠鳞的基部近轴面着生2个胚珠，由1层珠被和珠心组成，大孢子囊（珠心）中间有1个细胞发育成大孢子母细胞

BS. 苞鳞　OS. 珠鳞

Nu. 珠心　In. 珠被

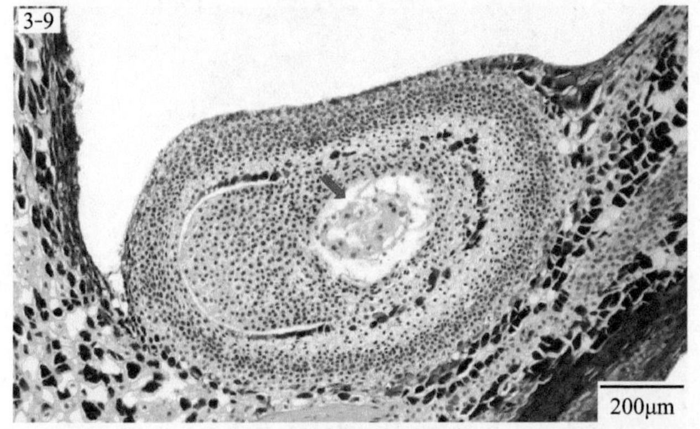

图 3-9　黑松（*Pinus thunbergii*）胚珠纵切（二）

减数分裂后，由发育大孢子形成雌配子体，它在大孢子囊（珠心）内进行游离核分裂（箭头所指），形成16～32个游离核，不形成细胞壁。当冬季到来时，雌配子体即进入休眠

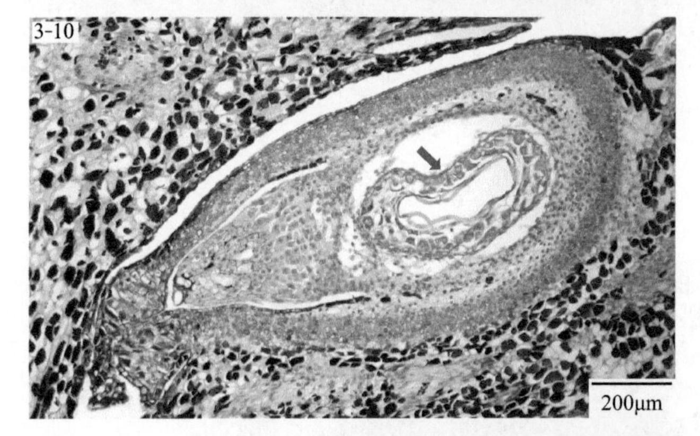

图 3-10　黑松（*Pinus thunbergii*）胚珠纵切（三）

翌年春天，雌配子体开始活跃，游离核（箭头所指）继续分裂，表现为游离核数目显著增加、体积增大

3-11

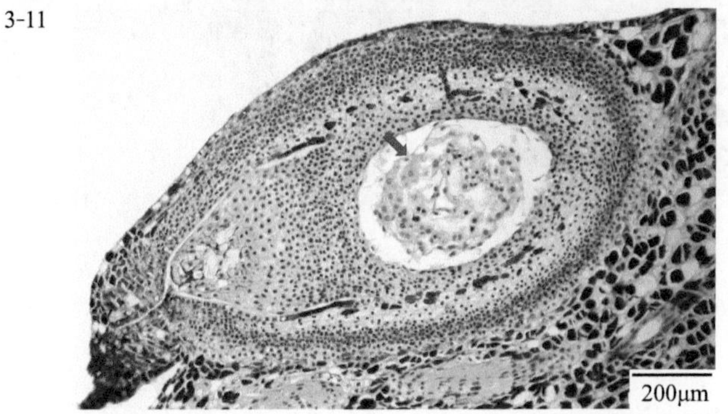

图 3-11　黑松（*Pinus thunbergii*）胚珠纵切（四）

雌配子体内的游离核周围开始形成细胞壁（箭头所指）；珠孔端有些细胞明显膨大，成为颈卵器原始细胞

（本页切片来自华中农业大学植物学教研室）

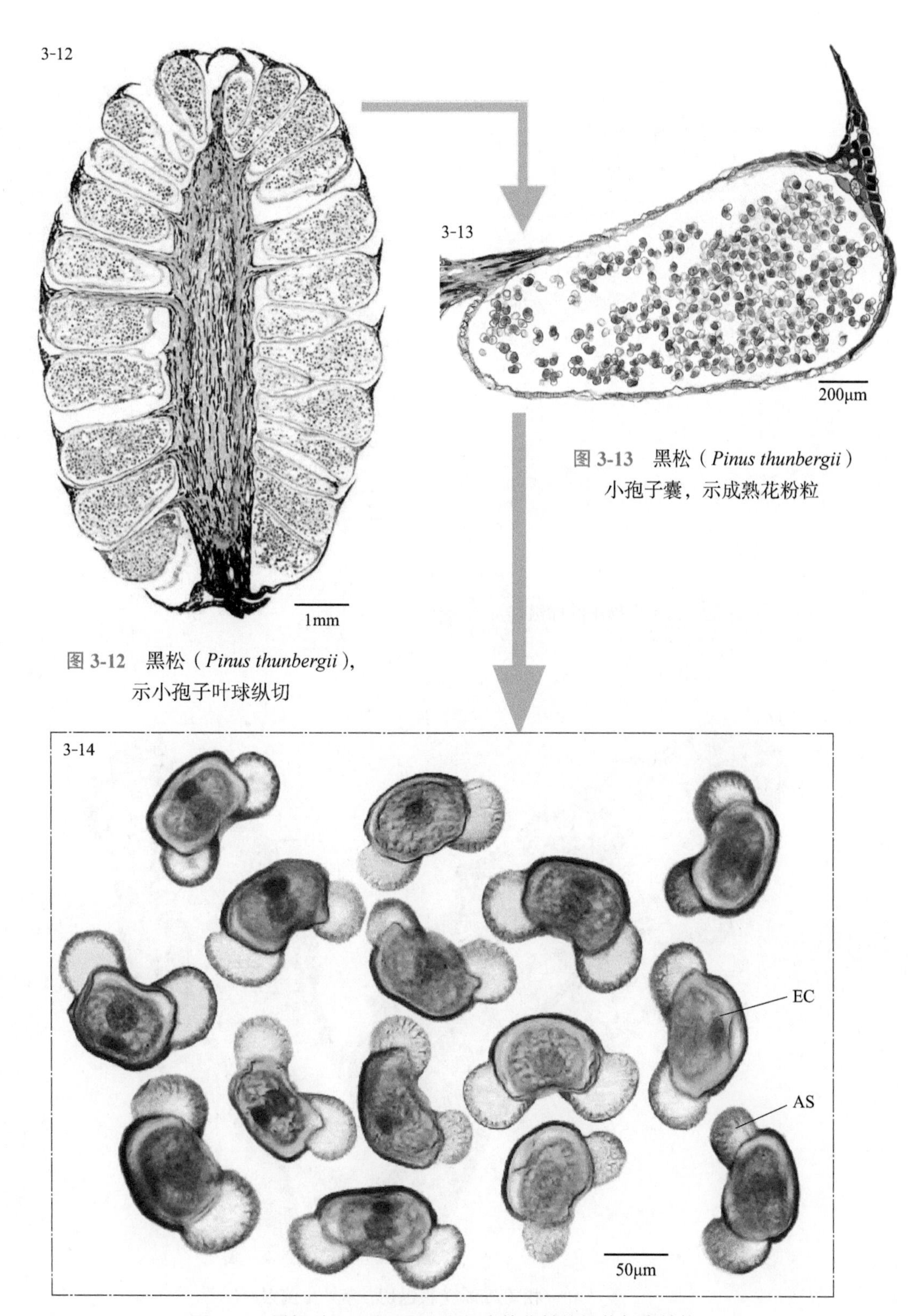

图 3-12　黑松（*Pinus thunbergii*），示小孢子叶球纵切

图 3-13　黑松（*Pinus thunbergii*）小孢子囊，示成熟花粉粒

图 3-14　黑松（*Pinus thunbergii*）成熟花粉粒翅状气囊结构

AS. 气囊　EC. 胚性细胞

（本页切片来自华中农业大学植物学教研室）

3-15

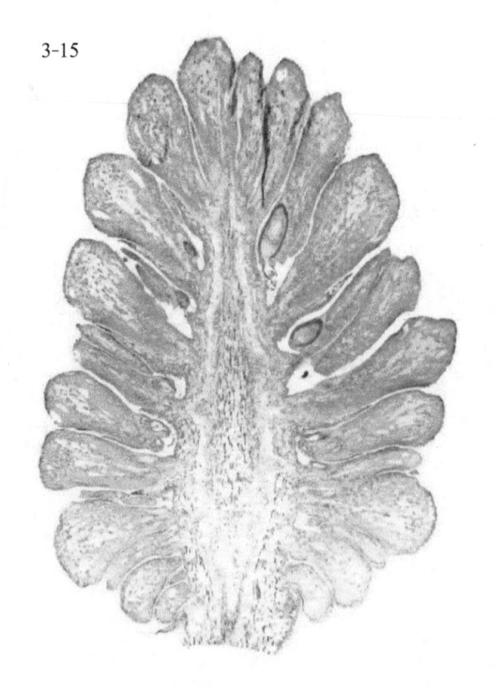

图 3-15　松（*Pinus*）大孢子叶球纵切

3-16

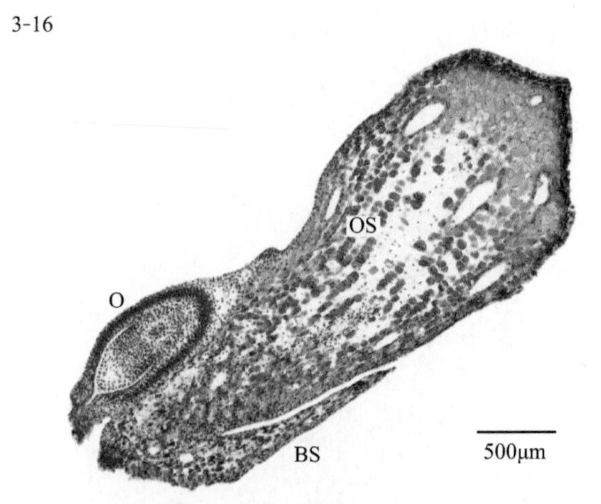

图 3-16　松（*Pinus*）大孢子叶，示苞鳞与珠鳞分离

BS. 苞鳞　OS. 珠鳞　O. 胚珠

3-17

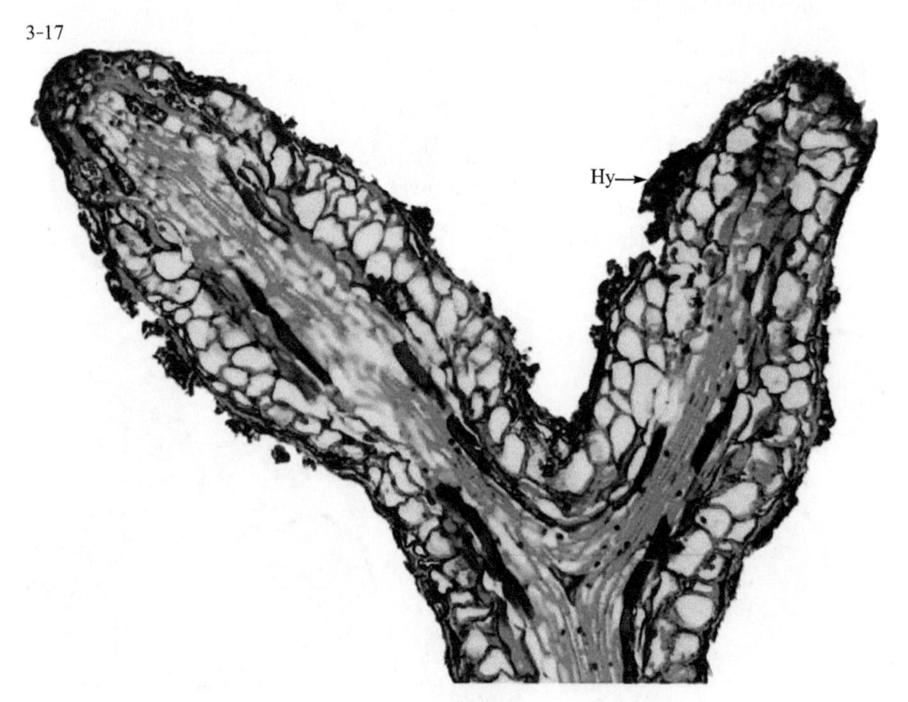

图 3-17　松（*Pinus*）根纵切，示外生菌根

Hy. 菌丝

（本页切片来自华中农业大学植物学教研室）

3-18

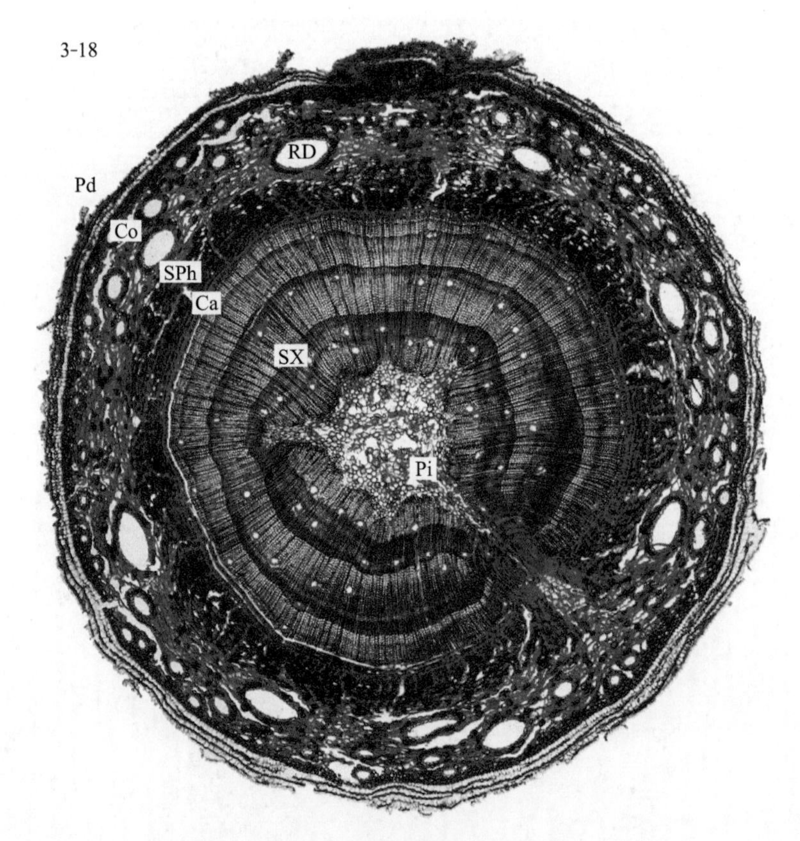

图 3-18　三年生松（*Pinus*）茎横切，示次生木质部

Pd. 周皮　Co. 皮层　SPh. 次生韧皮部　Ca. 形成层　SX. 次生木质部　Pi. 髓　RD. 树脂道

3-19

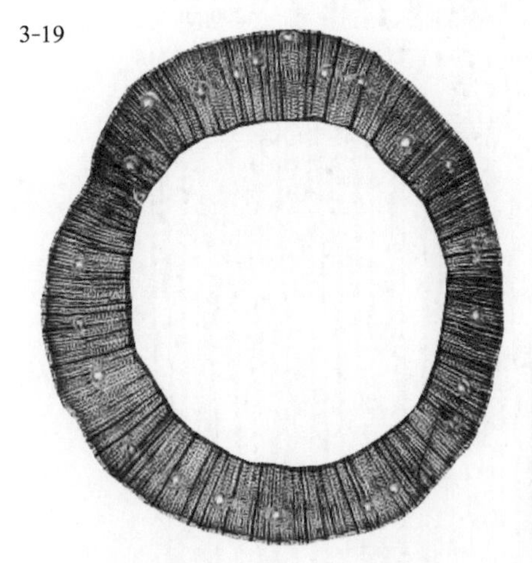

图 3-19　松（*Pinus*）茎横切，示年轮（即松树在一年中生长的次生木质部所形成的同心圆环）

3-20

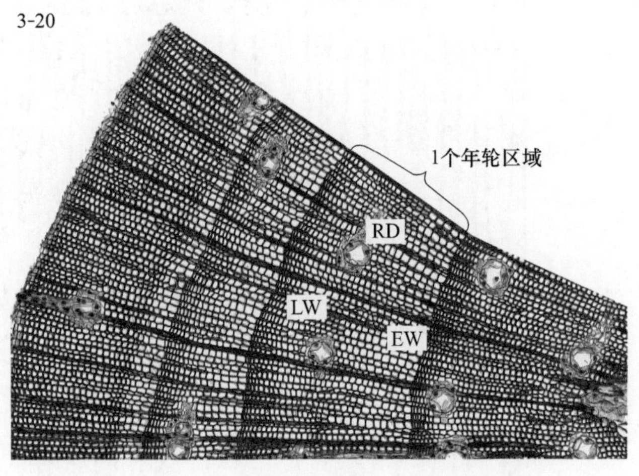

图 3-20　松（*Pinus*）茎横切，示早材与晚材

EW. 早材　LW. 晚材　RD. 树脂道

（本页切片来自华中农业大学植物学教研室）

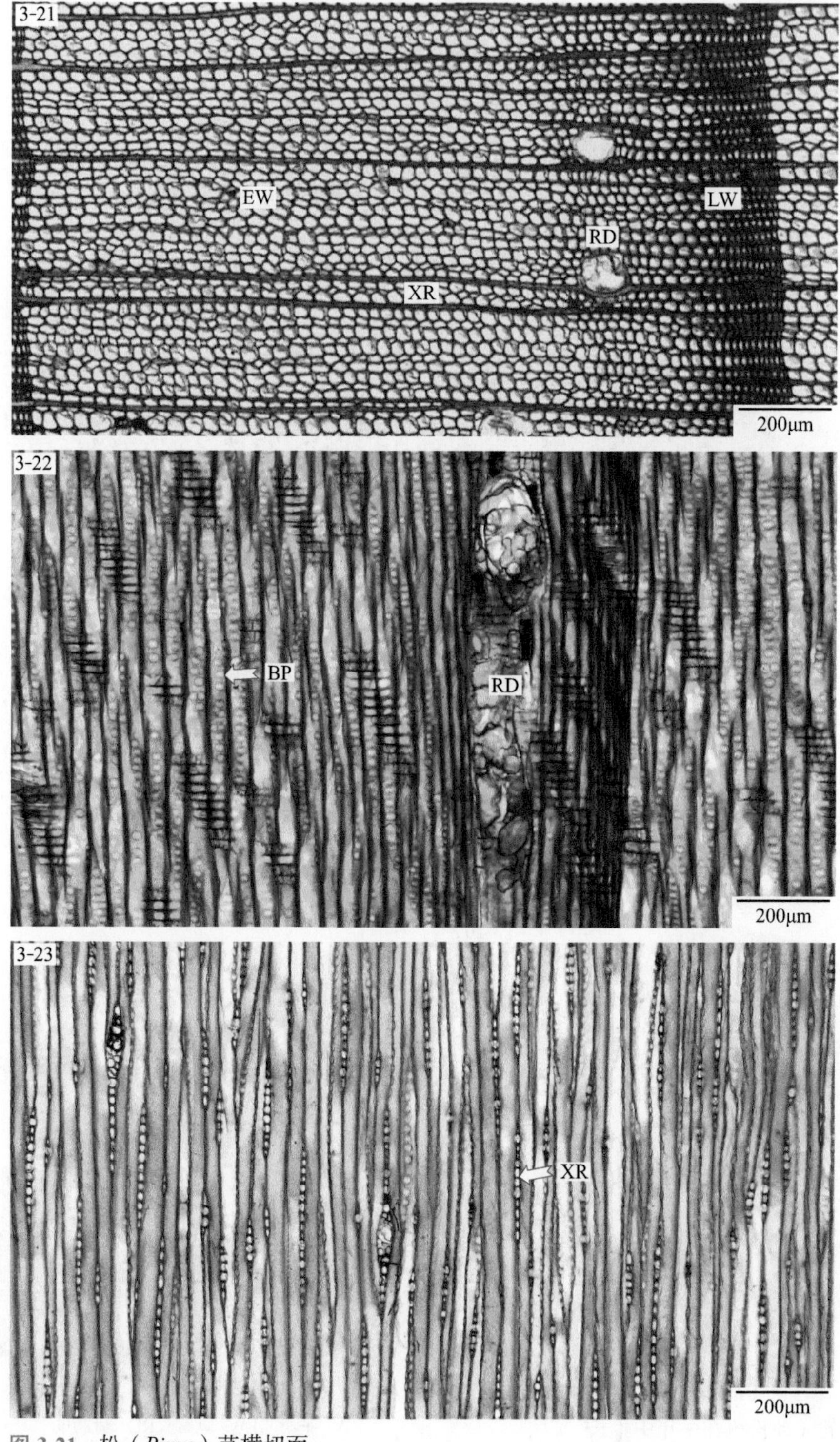

图 3-21 松（*Pinus*）茎横切面

图 3-22 松（*Pinus*）茎径向切面

图 3-23 松（*Pinus*）茎切向切面

EW. 早材 LW. 晚材 XR. 木射线 RD. 树脂道 BP. 具缘纹孔（管胞壁上）

（本页切片来自华中农业大学植物学教研室）

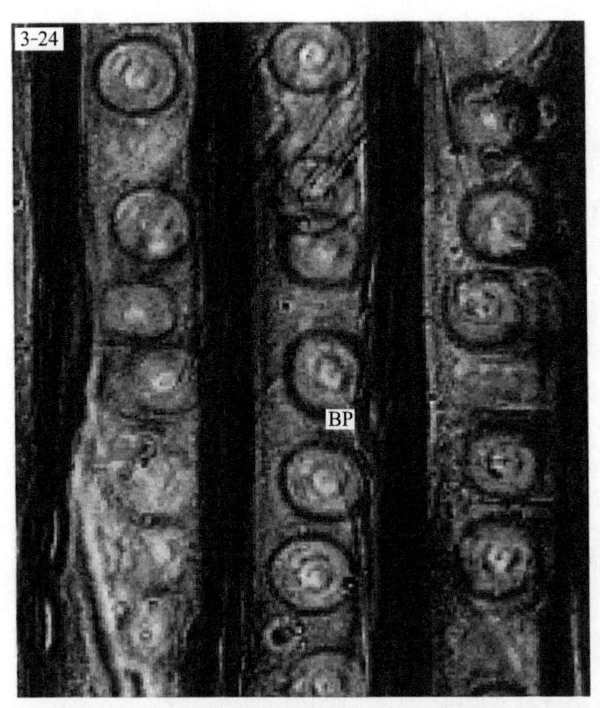

图 3-24　松（*Pinus*）茎径向切面，示管胞壁上的具缘纹孔

BP. 具缘纹孔

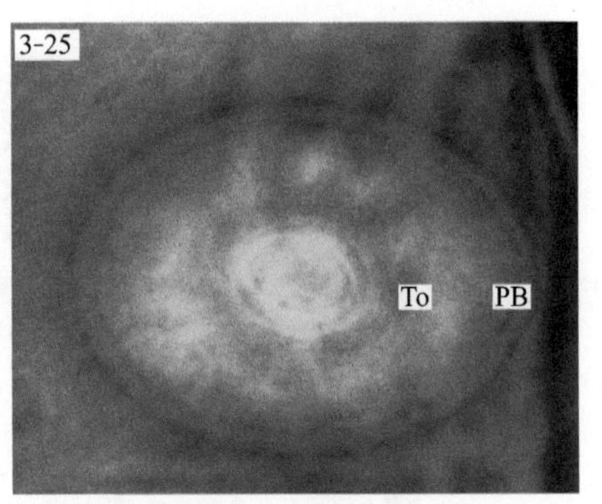

图 3-25　松（*Pinus*）茎径向切面，示 1 个具缘纹孔

To. 纹孔塞　PB. 纹孔缘

图 3-26　松（*Pinus*）茎木材离析，示管胞细胞壁木质化增厚纹饰

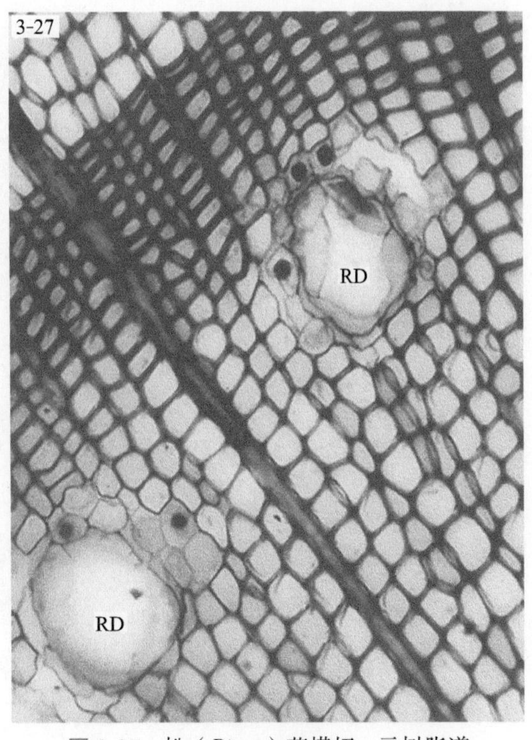

图 3-27　松（*Pinus*）茎横切，示树脂道

RD. 树脂道

（本页切片来自华中农业大学植物学教研室）

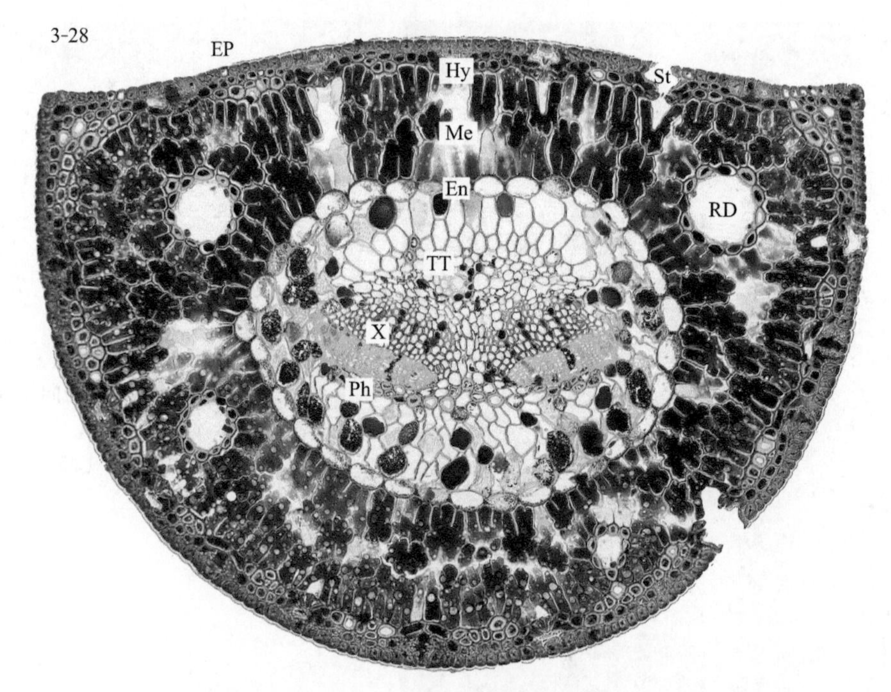

图 3-28　黑松（*Pinus thunbergii*）针叶横切，示裸子植物针叶结构

EP. 表皮　Hy. 下皮　Me. 叶肉（细胞米字形）En. 内皮层

TT. 转输组织　X. 木质部　Ph. 韧皮部　St. 气孔　RD. 树脂道

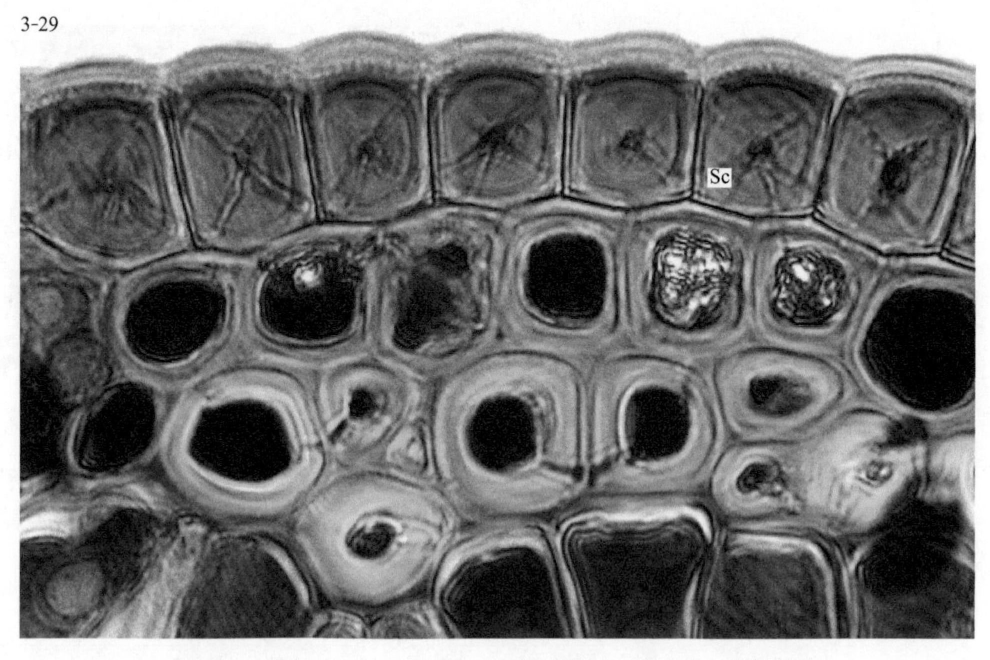

图 3-29　黑松（*Pinus thunbergii*）针叶横切，示上皮中的石细胞

Sc. 石细胞

（本页切片来自华中农业大学植物学教研室）

3-30

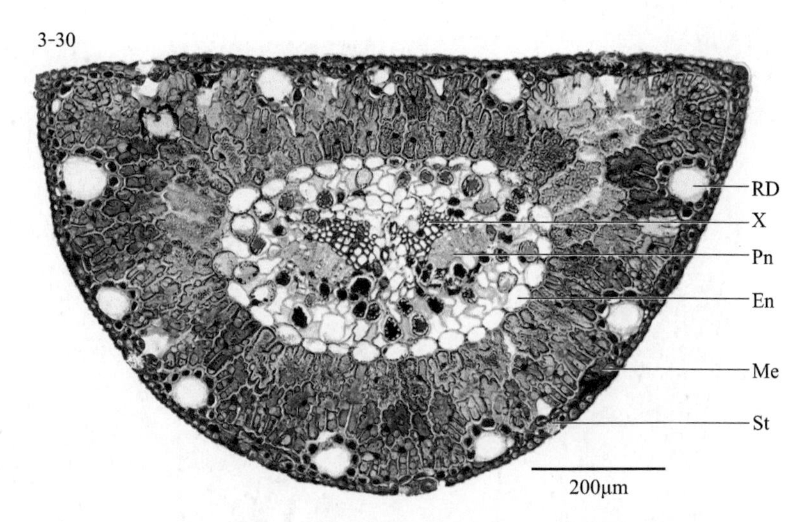

图 3-30 马尾松（*Pinus massoniana*）针叶横切，示双维管束（硬松）

RD. 树脂道（10 个） X. 木质部 Ph. 韧皮部 En. 内皮层 Me. 叶肉 St. 气孔（内陷）

3-31

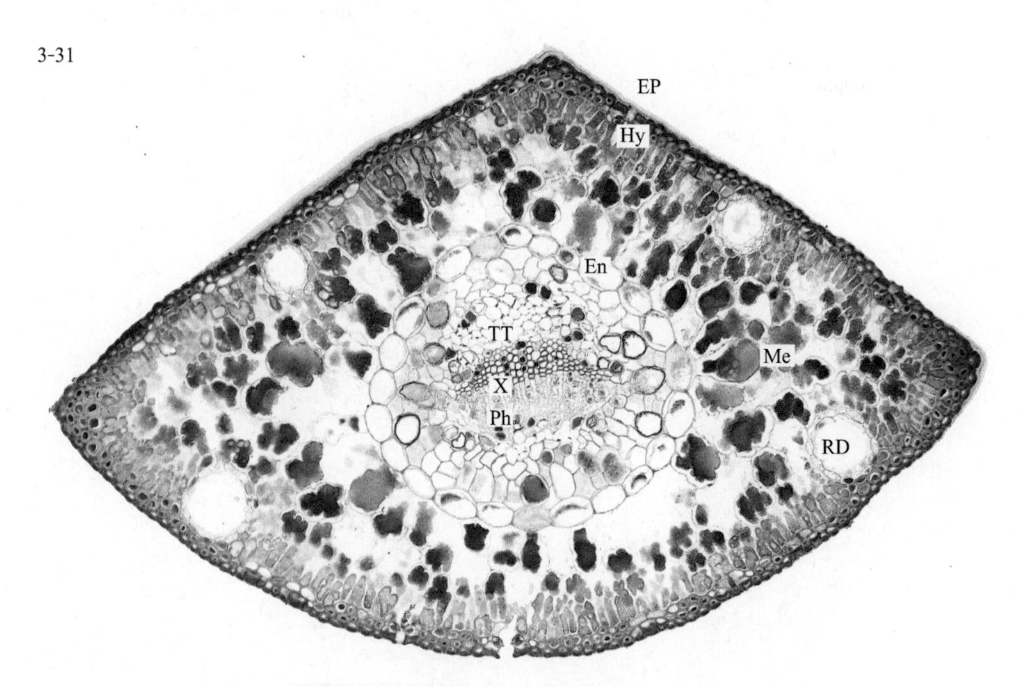

图 3-31 湿地松（*Pinus elliottii*）针叶横切，示单维管束（软松）

EP. 表皮 Hy. 下皮 En. 内皮层 TT. 转输组织 X. 木质部 Ph. 韧皮部 Me. 叶肉 RD. 树脂道

（本页切片来自华中农业大学植物学教研室）

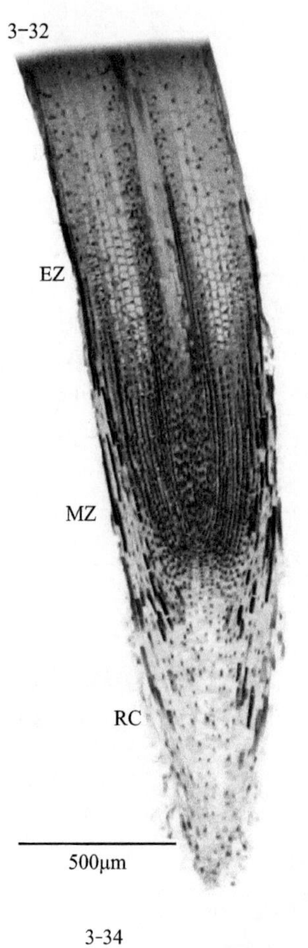

图 3-32 杉木（*Cunninghamia lanceolata*）根尖纵切，示根尖分区

RC. 根冠 MZ. 分生区 EZ. 伸长区

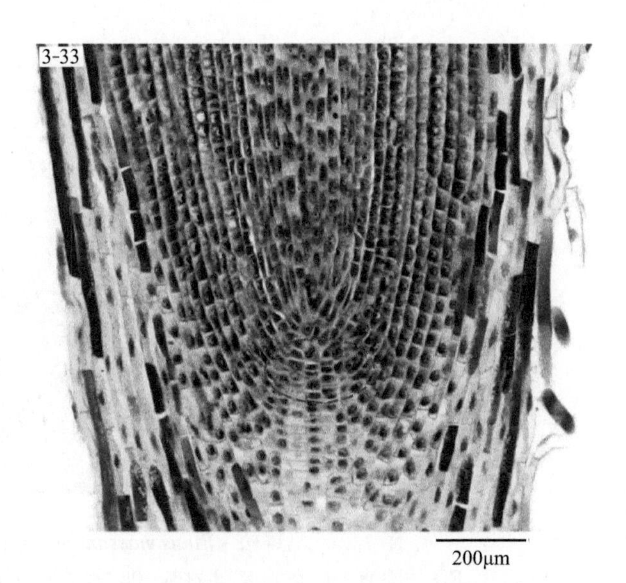

图 3-33 杉木（*Cunninghamia lanceolata*）根尖纵切，示根尖静止中心（红圈所示区域）

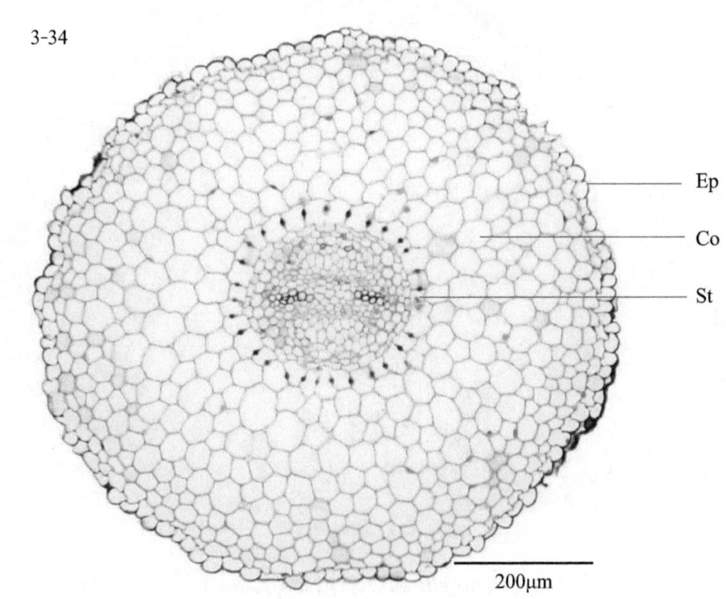

图 3-34 杉木（*Cunninghamia lanceolata*）幼根横切，示杉木根的初生结构

Ep. 表皮 Co. 皮层 St. 中柱（2 原型）

（本页切片来自华中农业大学植物学教研室）

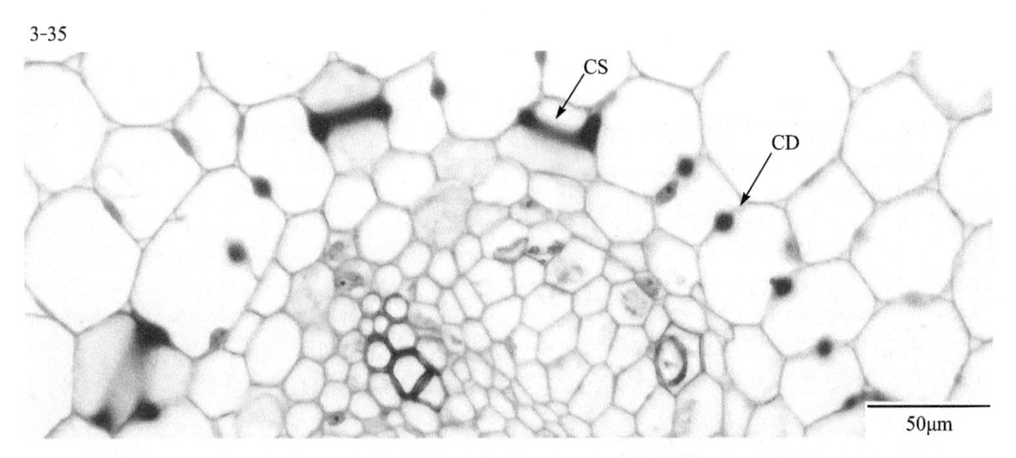

图 3-35　杉木（*Cunninghamia lanceolata*）幼根横切，示凯氏点
CS. 凯氏带　CD. 凯氏点

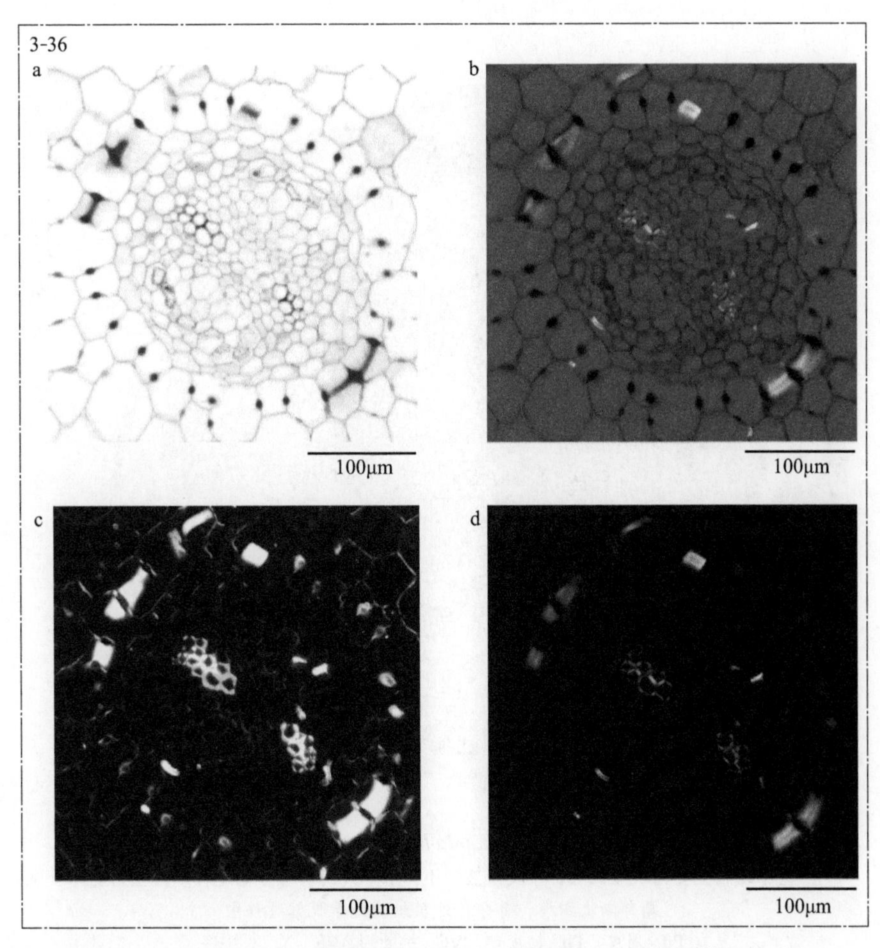

图 3-36　杉木（*Cunninghamia lanceolata*）幼根横切，示凯氏带和凯氏点
a. 明场　b. 暗场　c. DIC（较强光）d. DIC（较弱光）

（本页切片来自华中农业大学植物学教研室）

3-37

图 3-37 杉木（*Cunninghamia lanceolata*）根横切面，示一年生老根

表现为中央分解的髓区，木射线向各个方向延伸，次生木质部增粗明显。维管形成层外方是次生韧皮部，最外层是发育完整的周皮（木栓层、木栓形成层和栓内层），周皮代替原表皮起保护作用

VC. 维管形成层 SPh. 次生韧皮部

SX. 次生木质部 Pd. 周皮

3-38

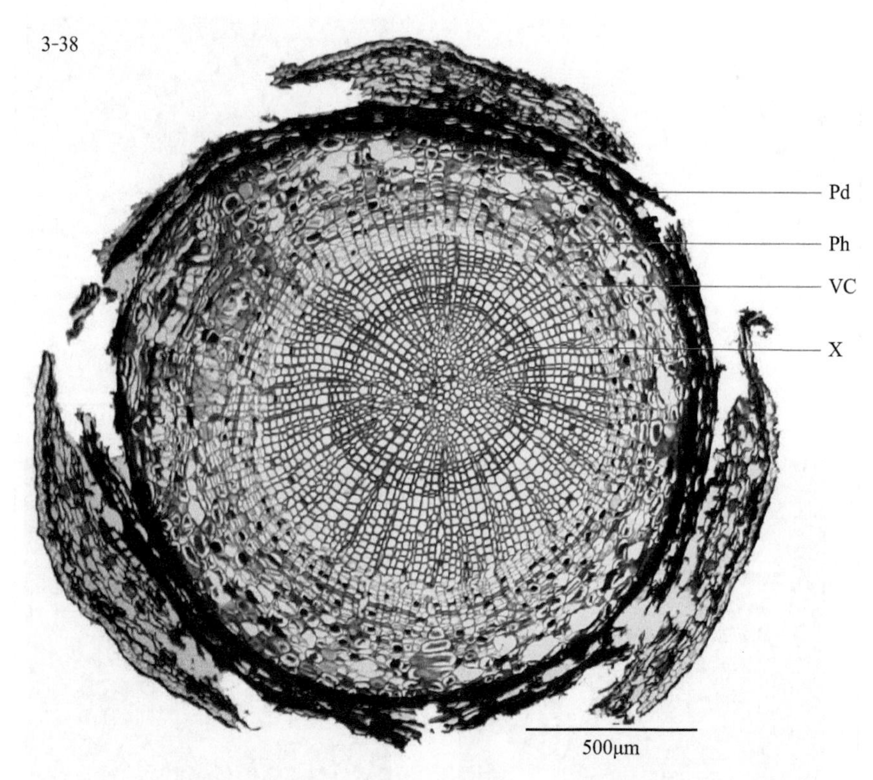

图 3-38 杉木（*Cunninghamia lanceolata*）二年生老根横切

杉老根结构主要为次生生长，中央髓区很小，木射线向各个方向延伸。次生韧皮部局部渐次增厚，部分栓外层细胞处于脱落过程中

Pd. 周皮 Ph. 韧皮部 VC. 维管形成层 X. 木质部

（本页切片来自华中农业大学植物学教研室）

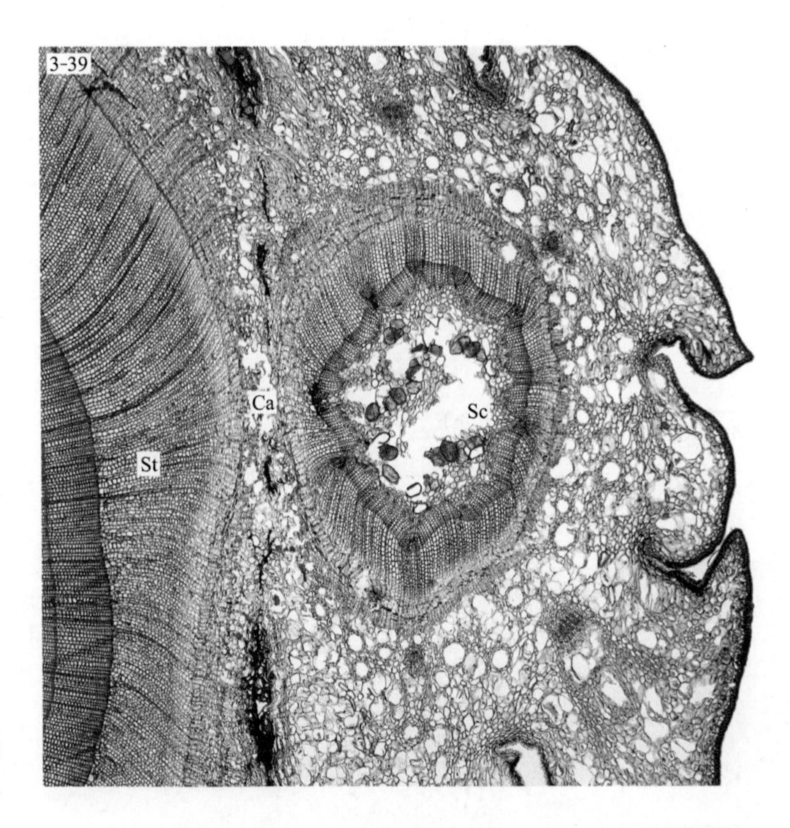

图 3-39　杉木（*Cunninghamia lanceolata*）枝接，示愈伤组织
St. 砧木　Ca. 愈伤组织
Sc. 接穗

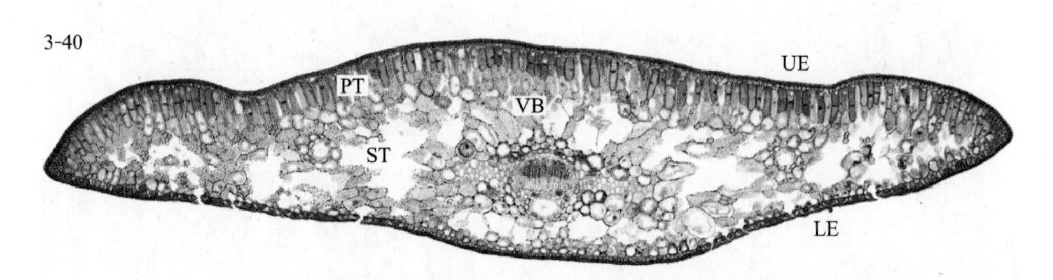

图 3-40　杉木（*Cunninghamia lanceolata*）叶横切
UE. 上表皮　PT. 栅栏组织　ST. 海绵组织　VB.（主脉）维管束　LE. 下表皮

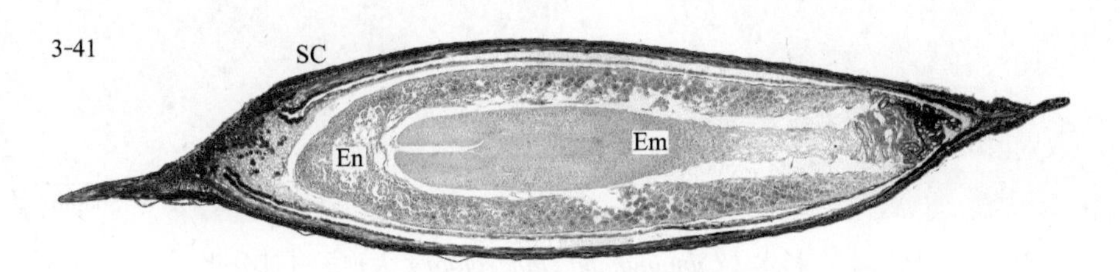

图 3-41　杉木（*Cunninghamia lanceolata*）种子纵切
SC. 种皮　Em. 胚　En. 胚乳

（本页切片来自华中农业大学植物学教研室）

3-42

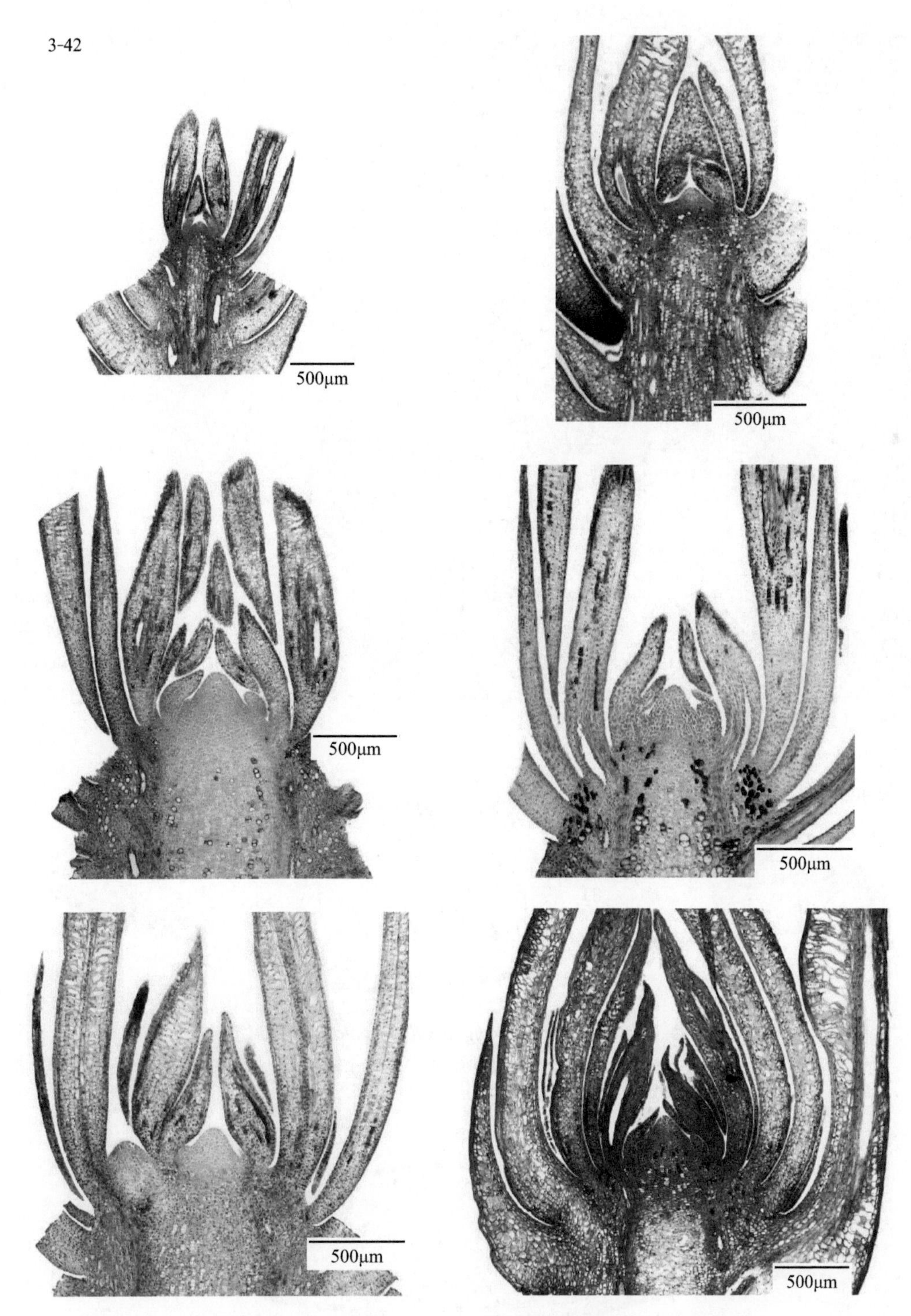

图 3-42　杉木（*Cunninghamia lanceolata*）大孢子叶球分化

杉木苞鳞与珠鳞基部合生，大孢子叶螺旋状排列，苞鳞大，珠鳞小，珠鳞腹面基部生有胚珠

（本页切片来自华中农业大学植物学教研室）

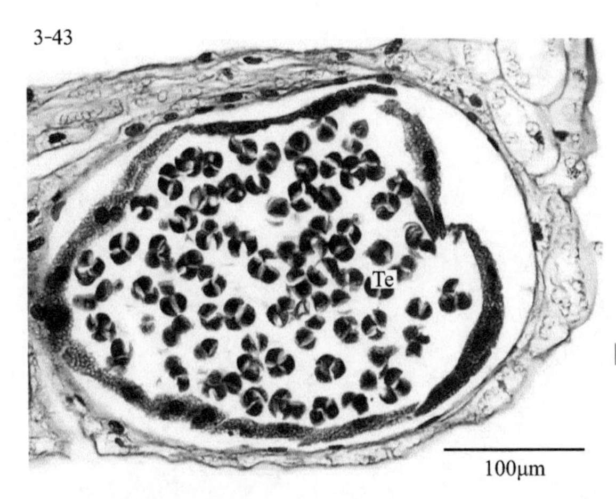

图 3-43　杉木（*Cunninghamia lanceolata*）小孢子叶纵切，示花粉母细胞减数分裂四分体时期

Te. 四分体

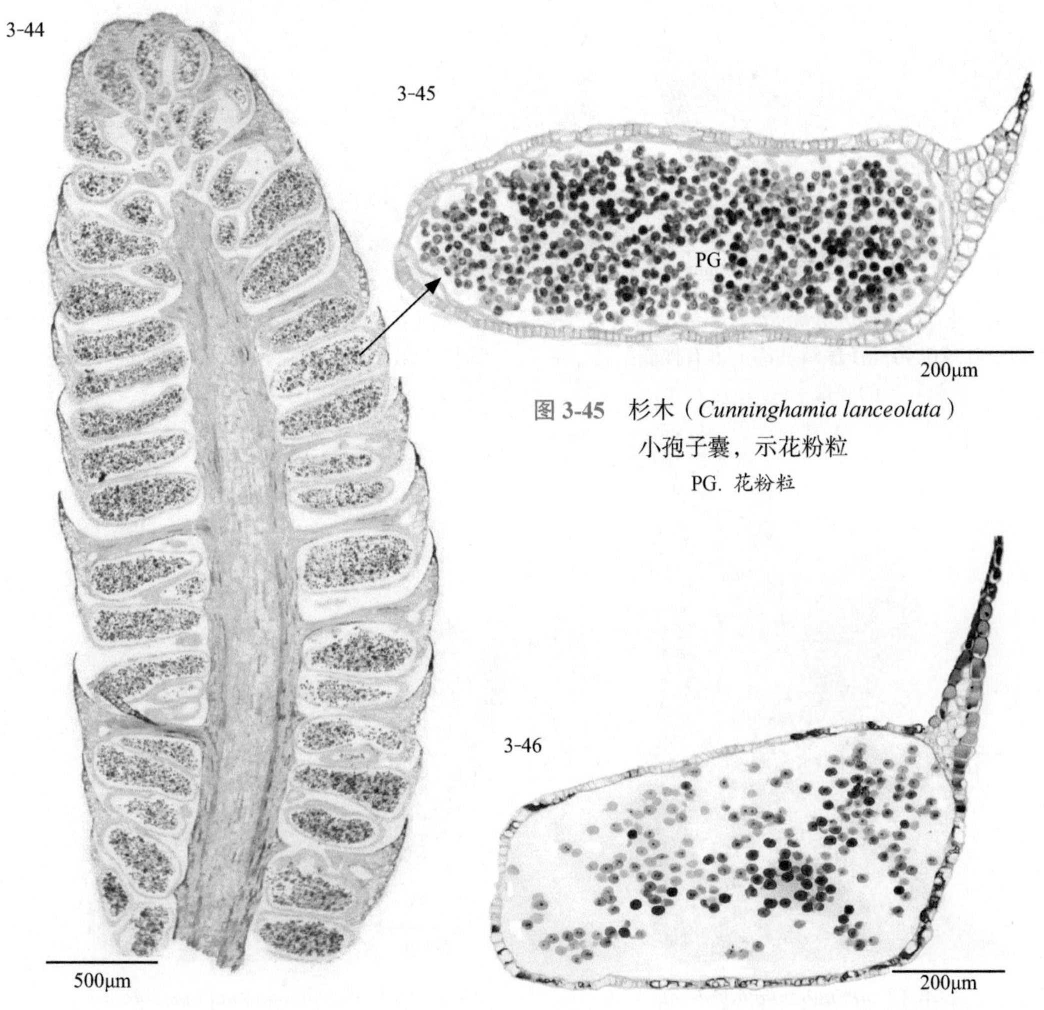

图 3-45　杉木（*Cunninghamia lanceolata*）小孢子囊，示花粉粒

PG. 花粉粒

图 3-44　杉木（*Cunninghamia lanceolata*）小孢子叶球纵切

图 3-46　杉木（*Cunninghamia lanceolata*）小孢子叶纵切，示小孢子囊单核花粉粒时期

（本页切片来自华中农业大学植物学教研室）

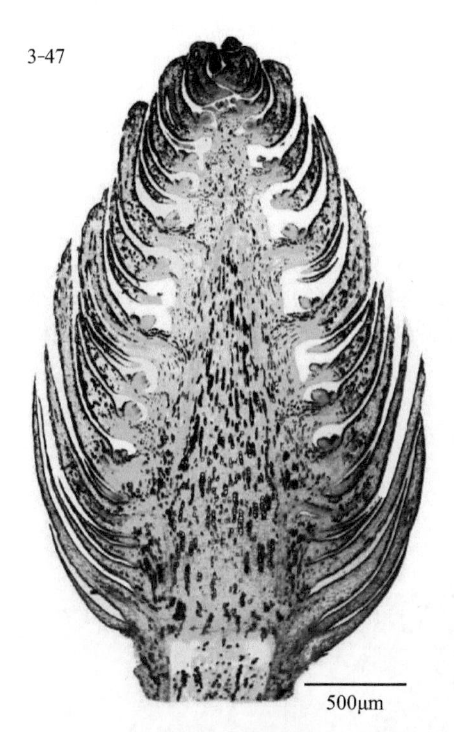

图 3-47 杉木（*Cunninghamia lanceolata*）大孢子叶球纵切，在珠鳞基部上方有裸露的胚珠

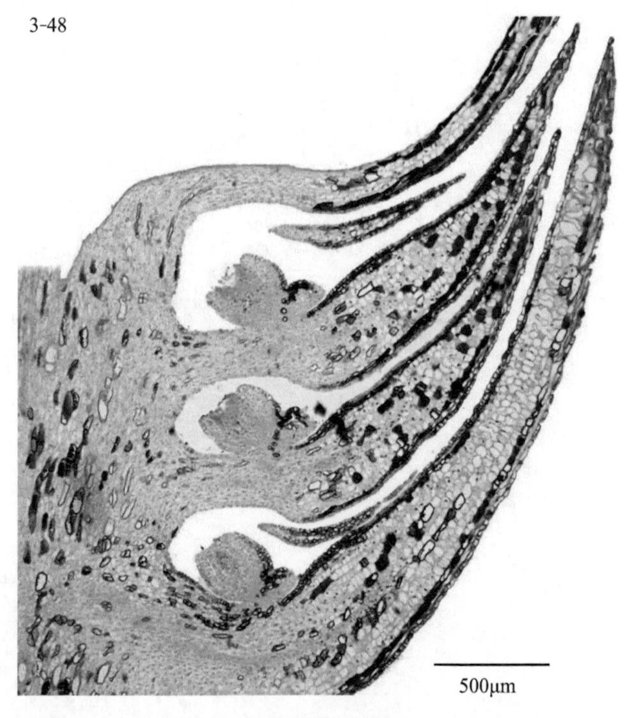

图 3-48 杉木（*Cunninghamia lanceolata*）大孢子叶球纵切，示胚珠着生在珠鳞基部近轴面

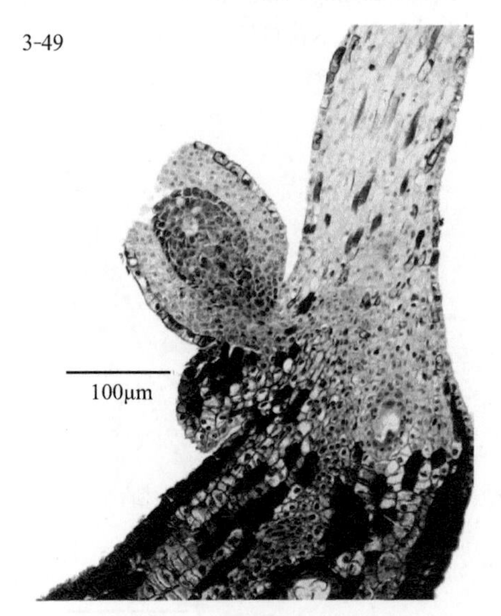

图 3-49 杉木（*Cunninghamia lanceolata*）大孢子叶球纵切，示胚珠珠心与珠被

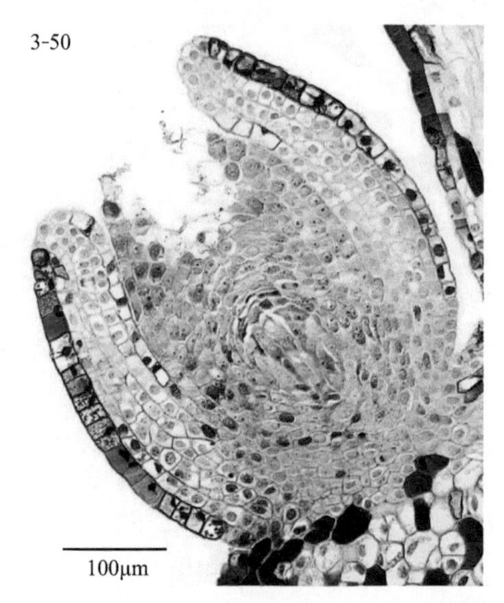

图 3-50 杉木（*Cunninghamia lanceolata*）大孢子叶球纵切，示大孢子母细胞时期

（本页切片来自华中农业大学植物学教研室）

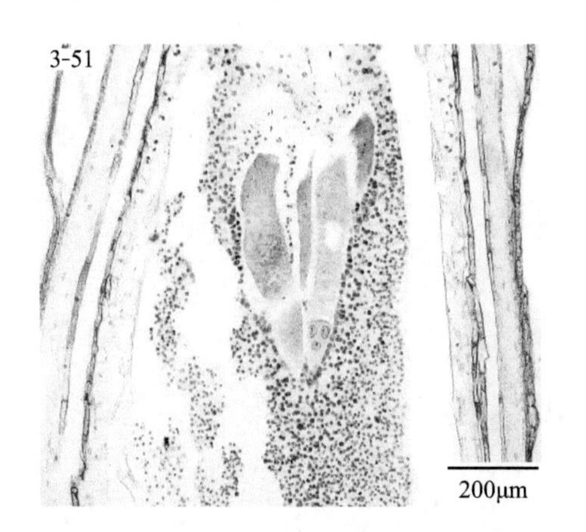

图 3-51 杉木（*Cunninghamia lanceolata*）原胚（一）

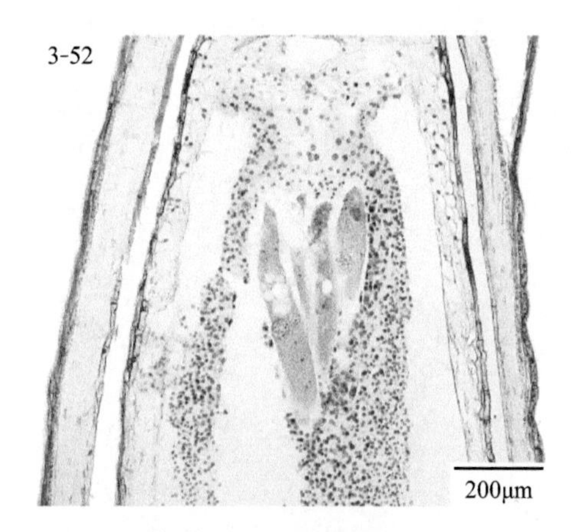

图 3-52 杉木（*Cunninghamia lanceolata*）原胚（二）

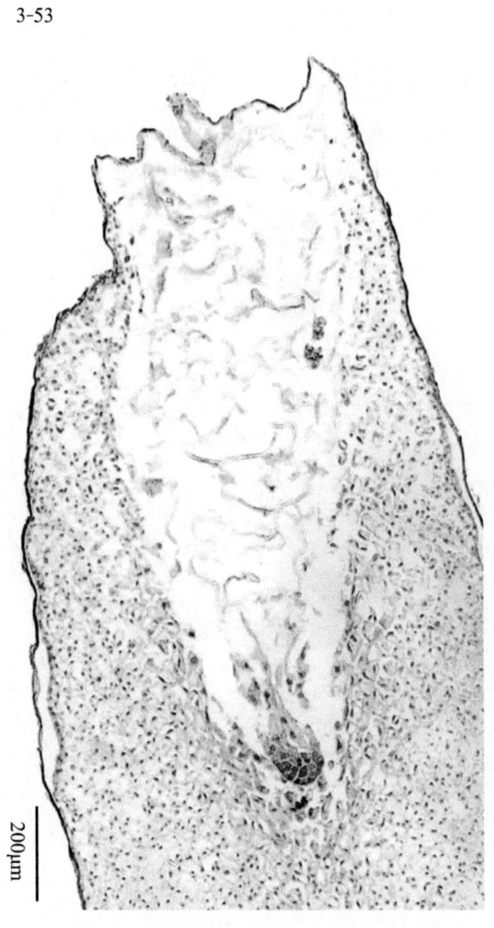

图 3-53 杉木（*Cunninghamia lanceolata*）胚及胚乳

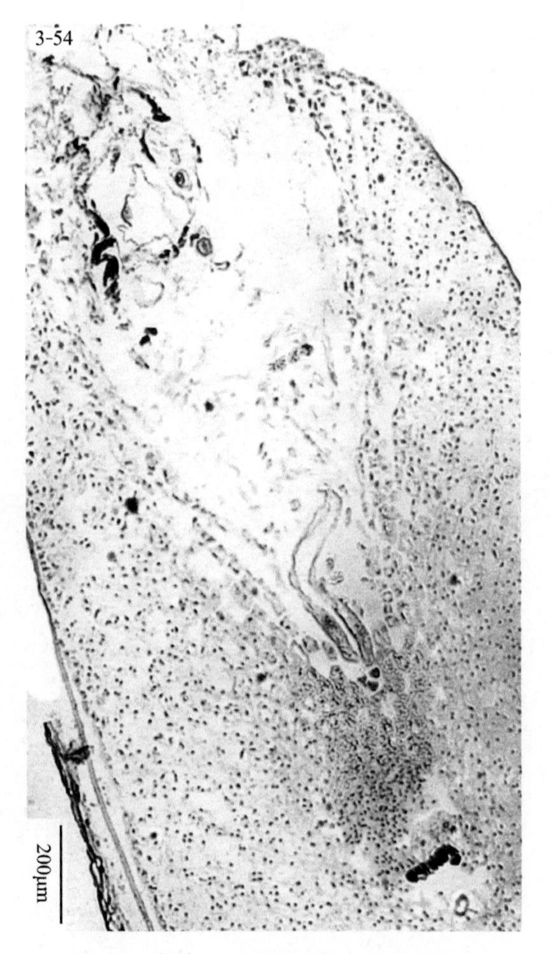

图 3-54 杉木（*Cunninghamia lanceolata*），示多胚现象

（本页切片来自华中农业大学植物学教研室）

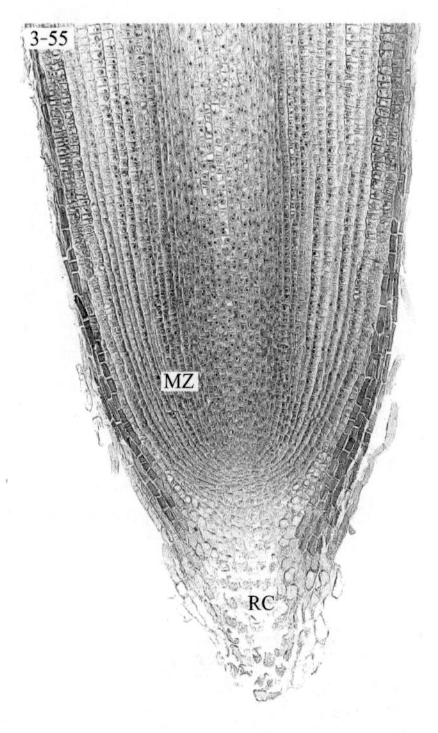

图 3-55　水杉（*Metasequoia glyptostroboides*）根尖纵切，示根冠与分生区

RC. 根冠　MZ. 分生区

图 3-56　水杉（*Metasequoia glyptostroboides*）根尖纵切，示根尖伸长区

EZ. 伸长区

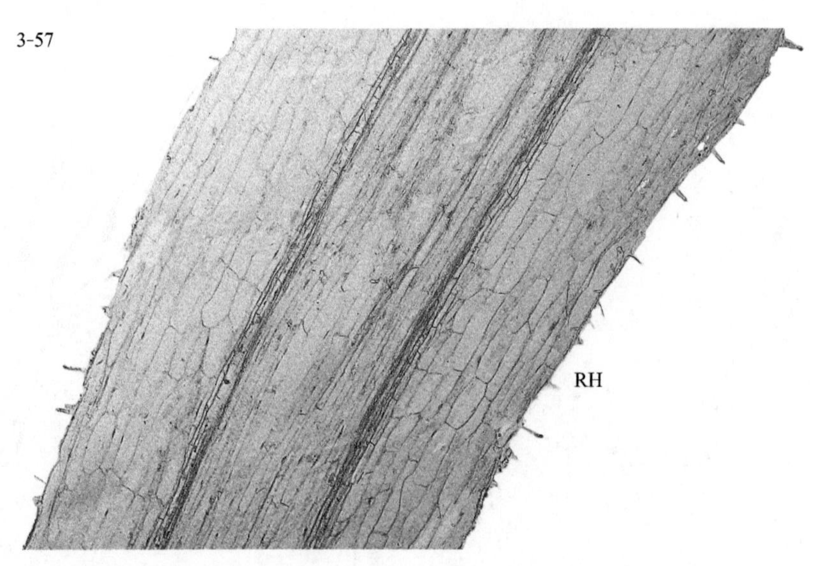

图 3-57　水杉（*Metasequoia glyptostroboides*）根尖纵切，示成熟区

RH. 根毛

（本页切片来自华中农业大学植物学教研室）

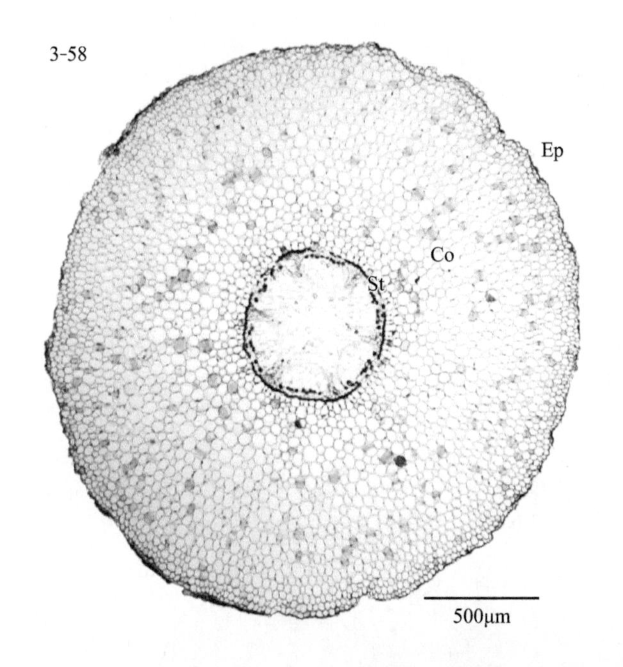

图 3-58　水杉（*Metasequoia glyptostroboides*）幼根横切，示初生木质部
Ep. 表皮　Co. 皮层　St. 中柱

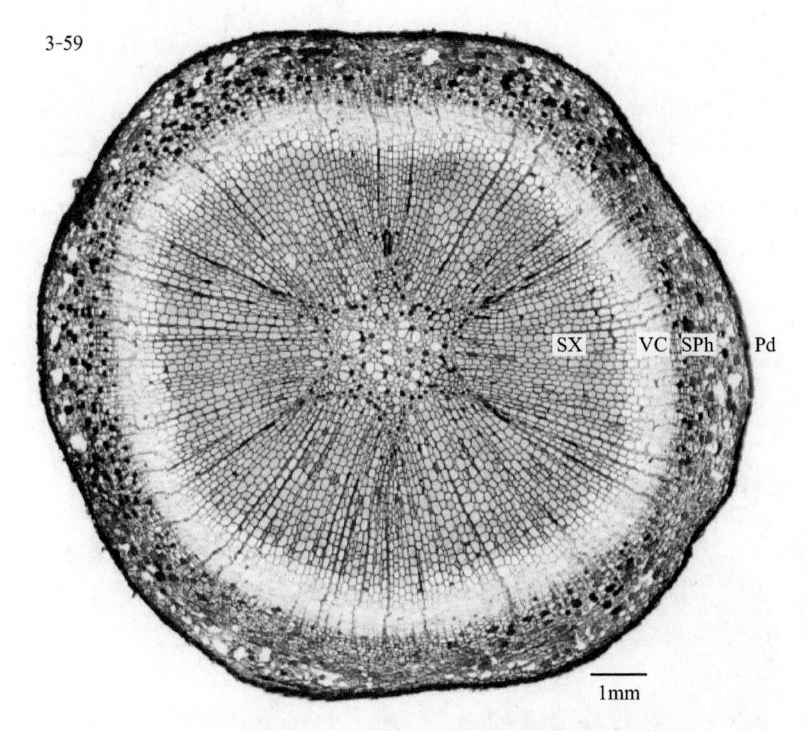

图 3-59　水杉（*Metasequoia glyptostroboides*）老根横切
VC. 维管形成层　SPh. 次生韧皮部　SX. 次生木质部　Pd. 周皮

（本页切片来自华中农业大学植物学教研室）

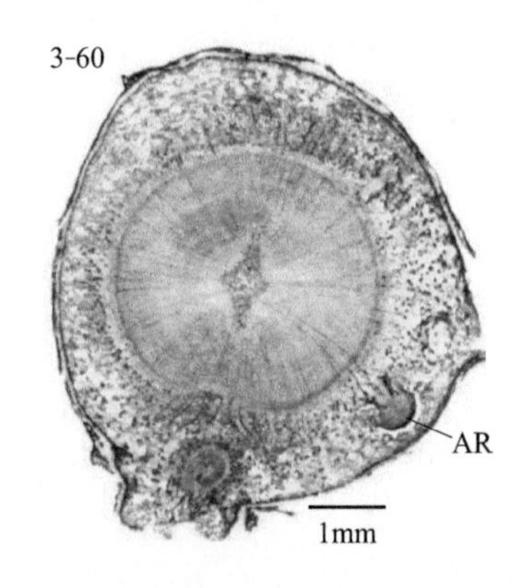

图 3-60 水杉（*Metasequoia glyptostroboides*）枝条横切 1，示枝条扦插后不定根在枝维管形成层附近发生
AR. 不定根

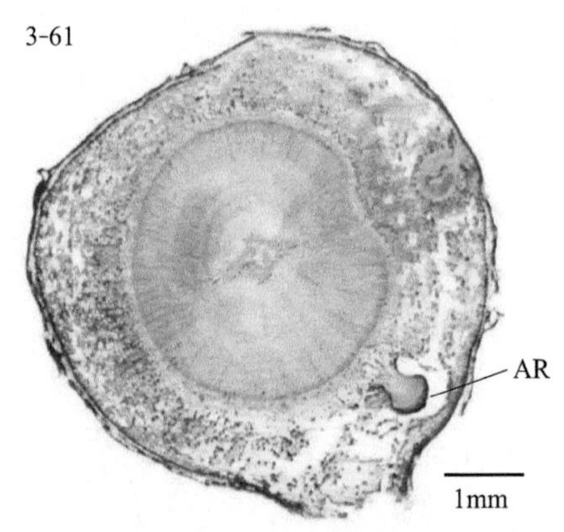

图 3-61 水杉（*Metasequoia glyptostroboides*）枝条横切 2，示枝条扦插后不定根的发生
AR. 不定根

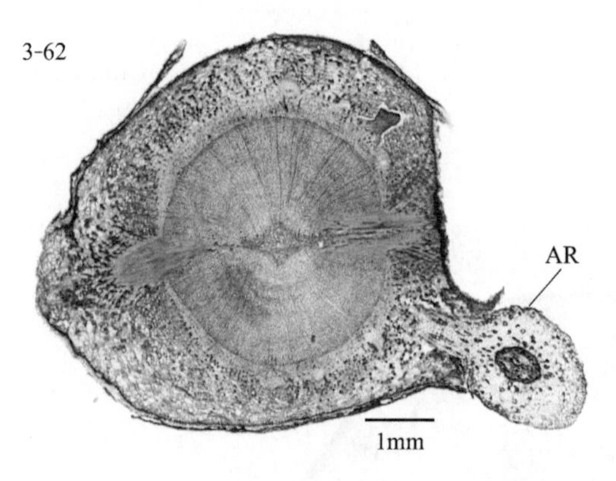

图 3-62 水杉（*Metasequoia glyptostroboides*）枝条横切 3，示枝条扦插后不定根的发生
AR. 不定根

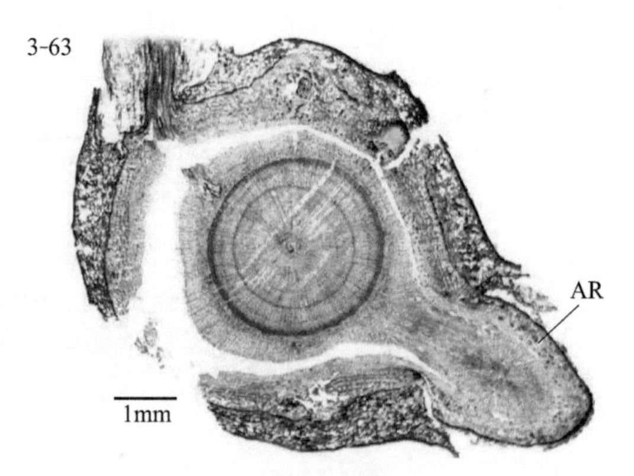

图 3-63 水杉（*Metasequoia glyptostroboides*）枝条横切 4，示枝条扦插后不定根的发生
AR. 不定根

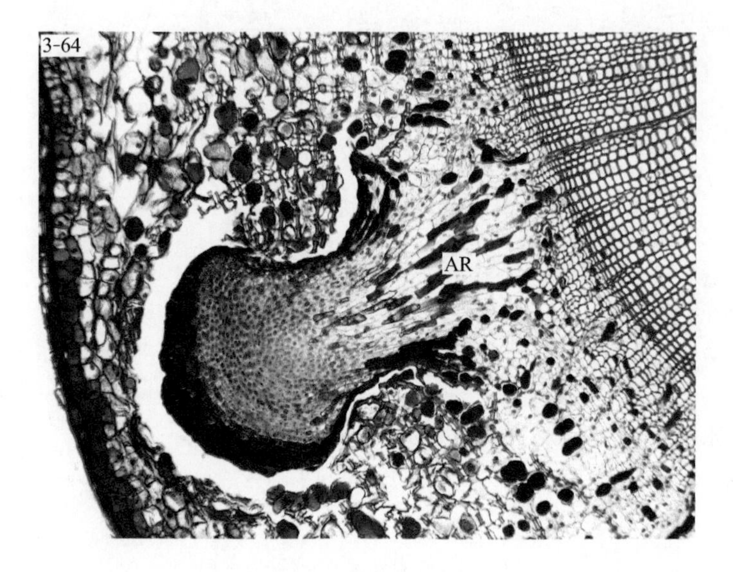

图 3-64 水杉（*Metasequoia glyptostroboides*）老茎横切，示枝条插扦后不定根的发生
AR. 不定根

（本页切片来自华中农业大学植物学教研室）

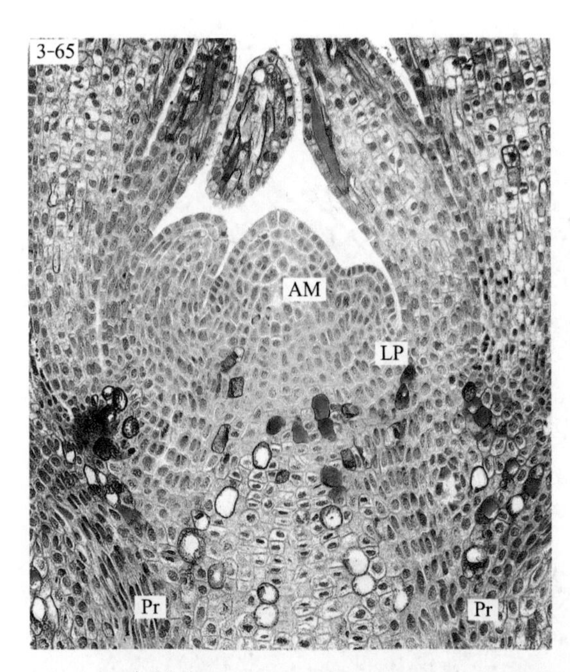

图 3-65　水杉（*Metasequoia glyptostroboides*）茎尖纵切，示顶芽结构

AM. 顶端分生组织　LP. 叶原基　Pr. 原形成层

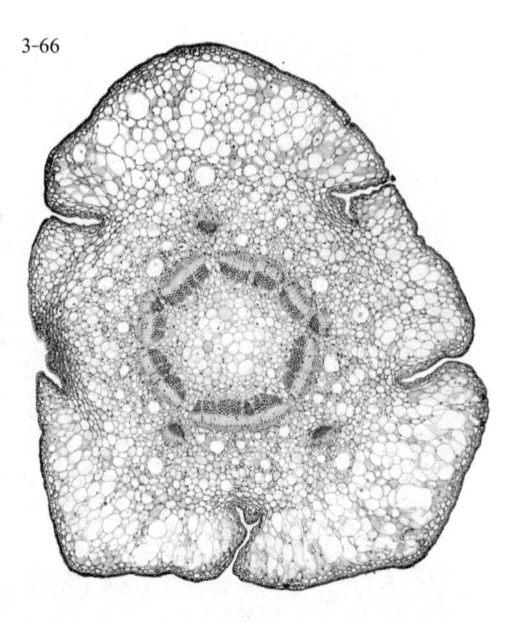

图 3-66　水杉（*Metasequoia glyptostroboides*）幼茎横切

图 3-67　三年生水杉（*Metasequoia glyptostroboides*）茎横切，示水杉茎的次生结构

Pd. 周皮　Co. 皮层　SPh. 次生韧皮部　Ca. 形成层　SX. 次生木质部　Pi. 髓

（本页切片来自华中农业大学植物学教研室）

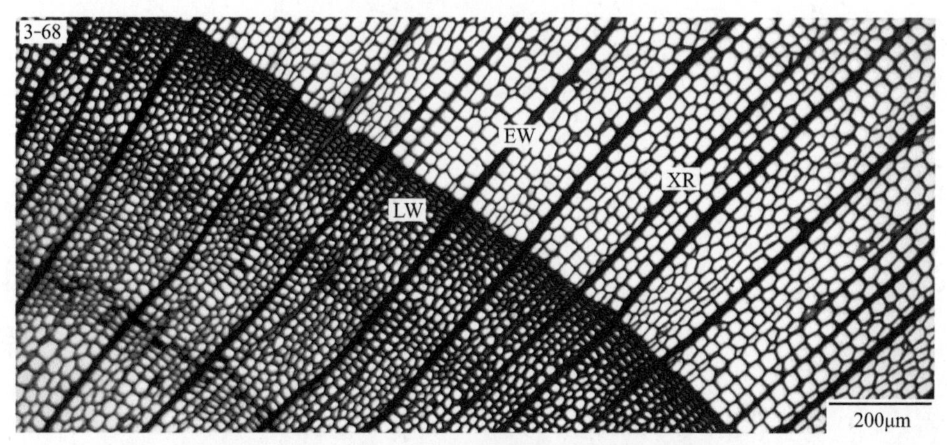

图 3-68　水杉（*Metasequoia glyptostroboides*）茎横切面

EW. 早材　LW. 晚材　XR. 木射线

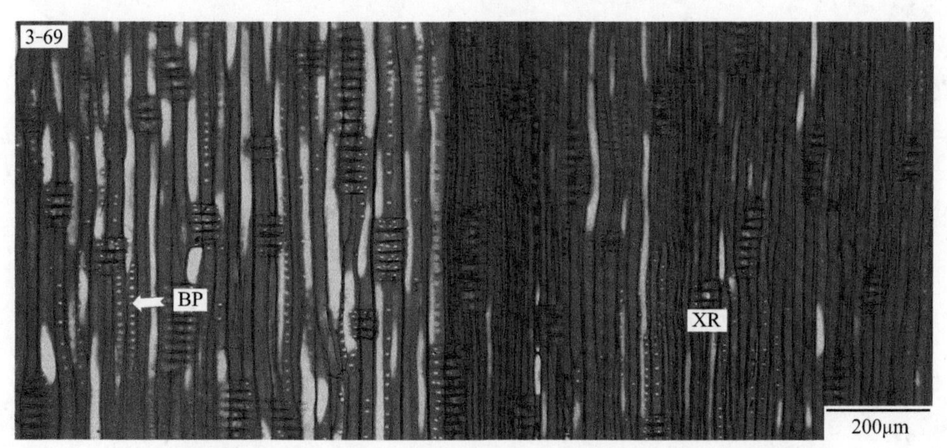

图 3-69　水杉（*Metasequoia glyptostroboides*）茎径向切面

BP.（管胞壁上的）具缘纹孔　XR. 木射线

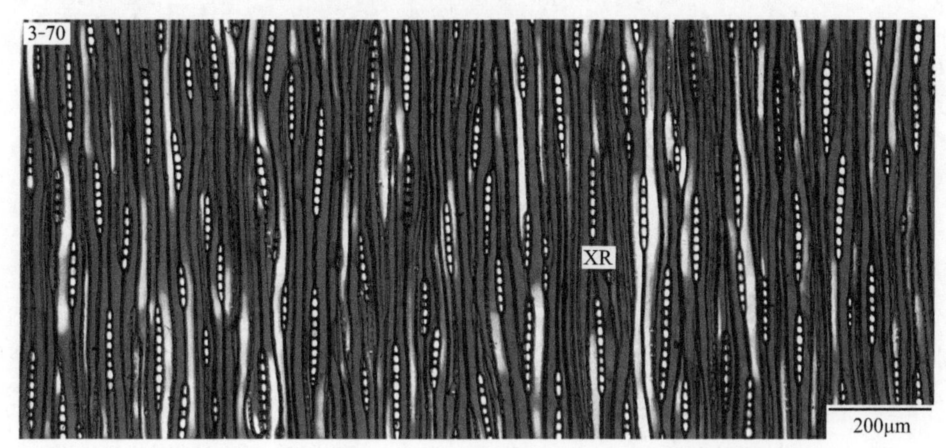

图 3-70　水杉（*Metasequoia glyptostroboides*）茎切向切面

XR. 木射线

（本页切片来自华中农业大学植物学教研室）

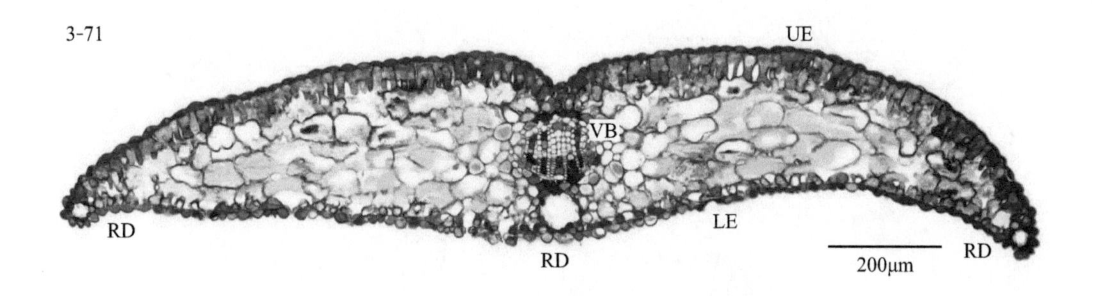

图 3-71　水杉（*Metasequoia glyptostroboides*）叶横切

UE. 上表皮　LE. 下表皮　VB.（主脉）维管束　RD. 树脂道（3 个）

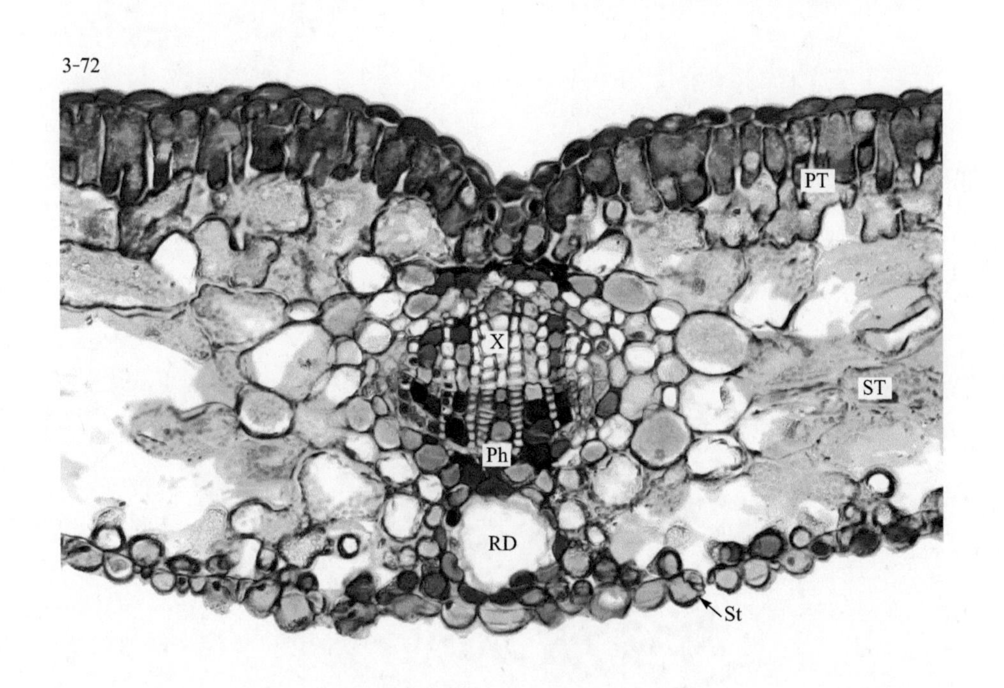

图 3-72　水杉（*Metasequoia glyptostroboides*）叶横切，示叶单一主脉维管束（没有侧脉）

PT. 栅栏组织　ST. 海绵组织　X. 木质部　Ph. 韧皮部　RD. 树脂道　St. 气孔

（本页切片来自华中农业大学植物学教研室）

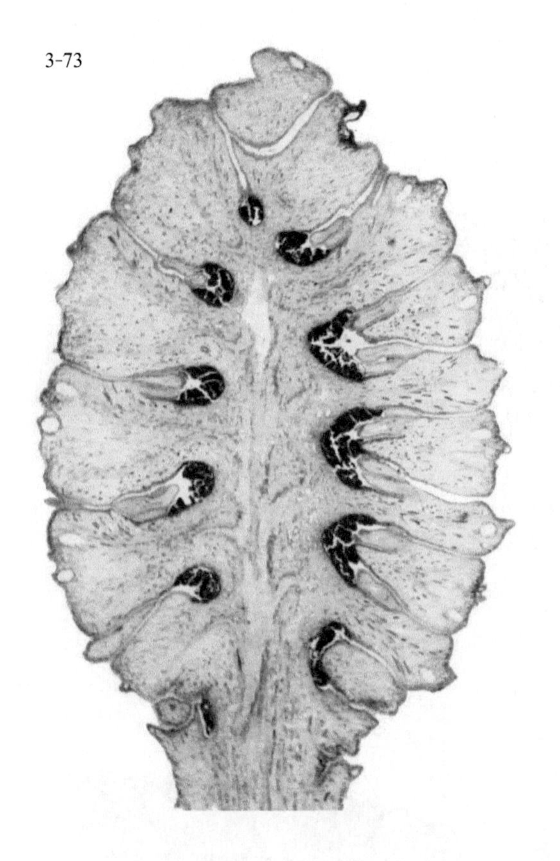

图 3-73 水杉（*Metasequoia glyptostroboides*）大孢子叶球纵切，示珠鳞对生大孢子叶
大孢子生于珠鳞腋（近轴面），苞鳞与珠鳞半合生

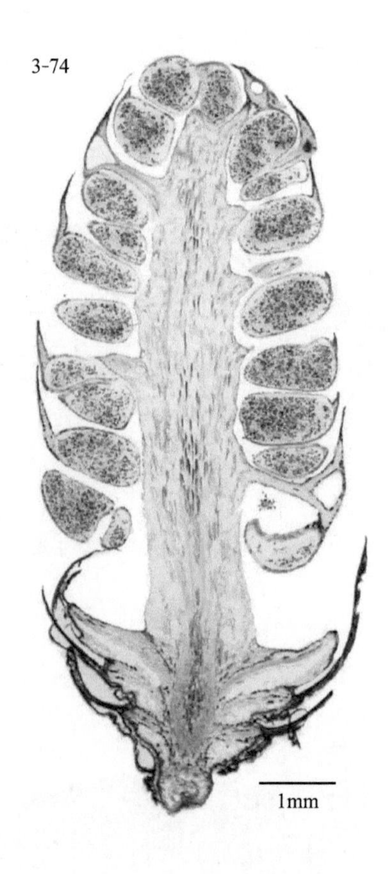

图 3-74 水杉（*Metasequoia glyptostroboides*）小孢子叶球纵切

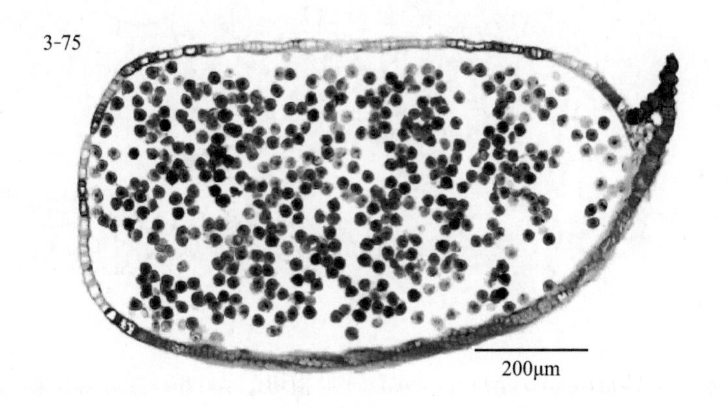

图 3-75 水杉（*Metasequoia glyptostroboides*）1 个小孢子囊（单核花粉粒时期）

（本页切片来自华中农业大学植物学教研室）

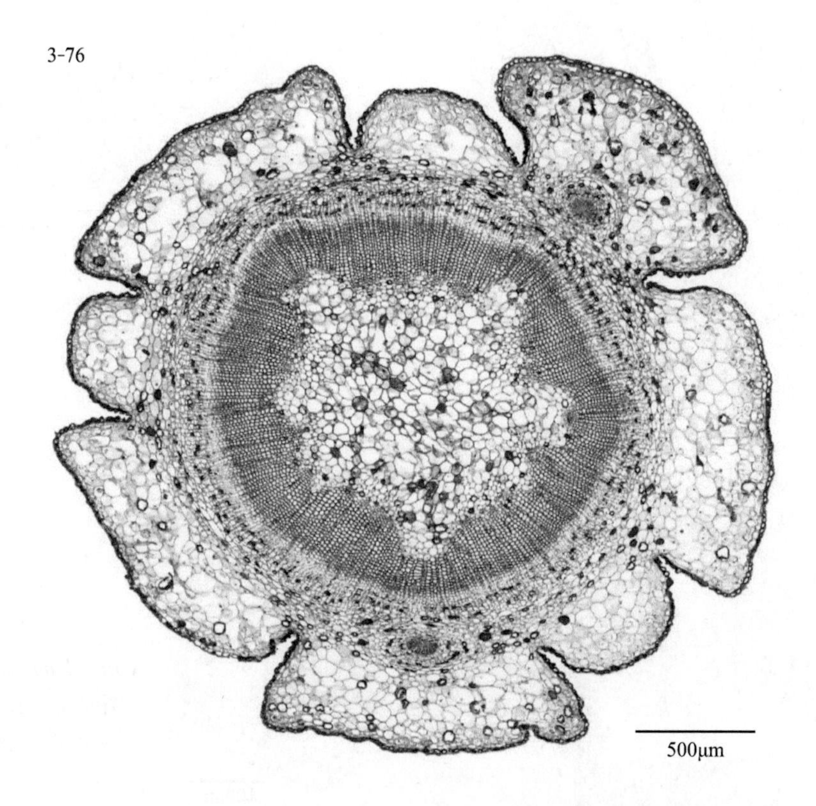

图 3-76 紫杉（*Taxus cuspidata*）茎横切，一年生茎

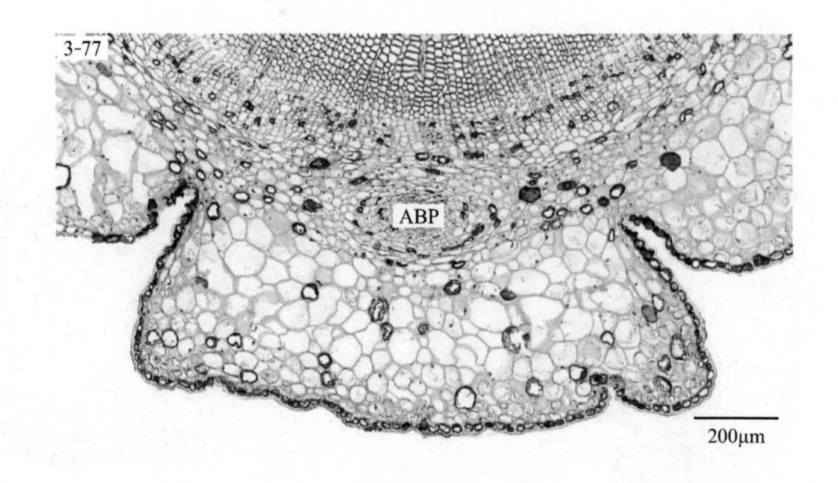

图 3-77 紫杉（*Taxus cuspidata*）茎横切，示腋芽原基

ABP. 腋芽原基

（本页切片来自华中农业大学植物学教研室）

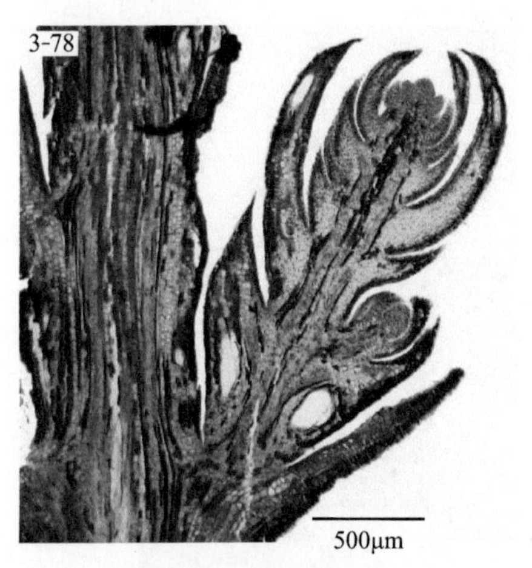

图 3-78 池杉（*Taxodium ascendens*）小孢子叶球纵切，示幼雄球花

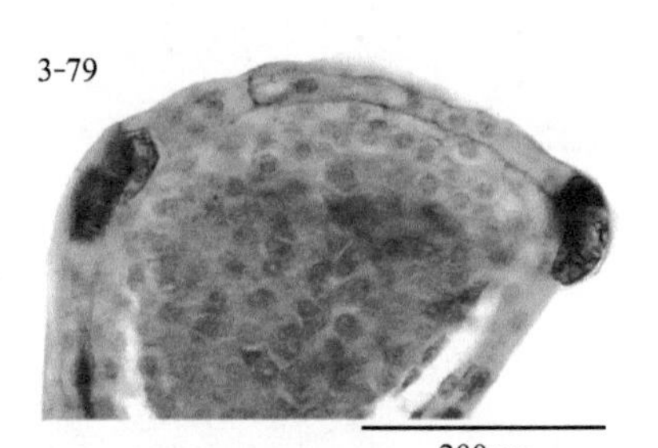

图 3-79 池杉（*Taxodium ascendens*）小孢子叶球纵切，示孢原细胞

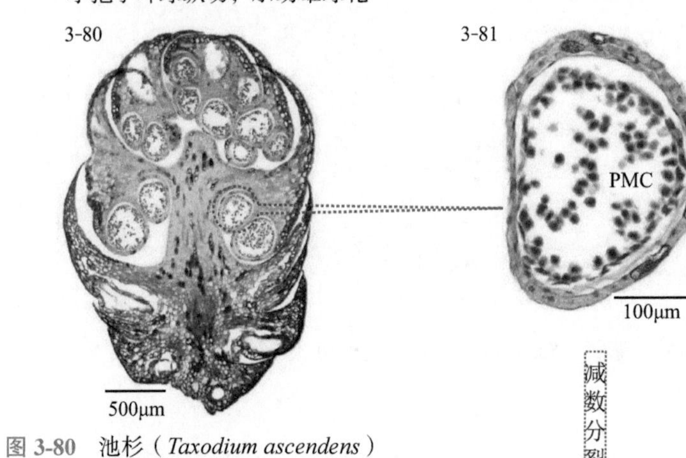

图 3-80 池杉（*Taxodium ascendens*）小孢子叶球纵切，示花粉母细胞时期

图 3-81 池杉（*Taxodium ascendens*）左图放大，示 1 个花粉囊
PMC. 花粉母细胞

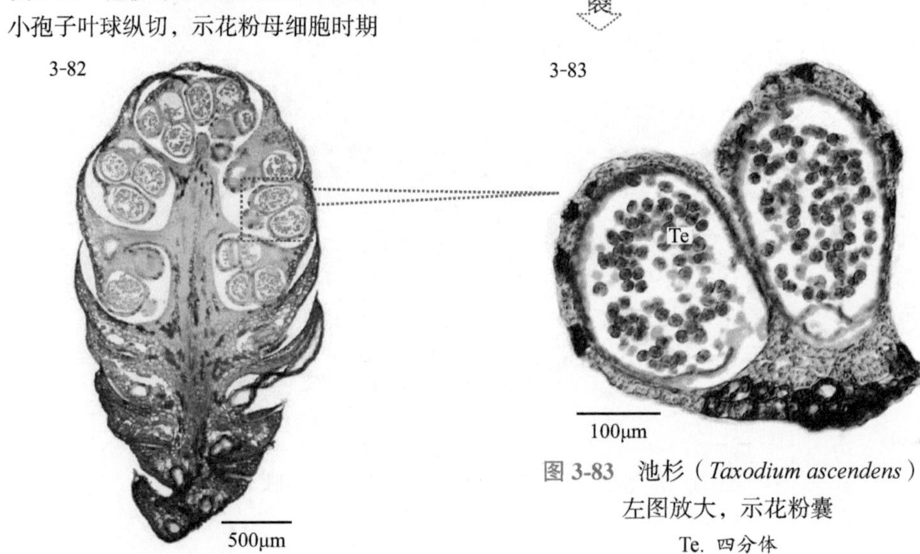

图 3-82 池杉（*Taxodium ascendens*）小孢子叶球纵切，示小孢子四分体时期

图 3-83 池杉（*Taxodium ascendens*）左图放大，示花粉囊
Te. 四分体

（本页切片来自华中农业大学植物学教研室）

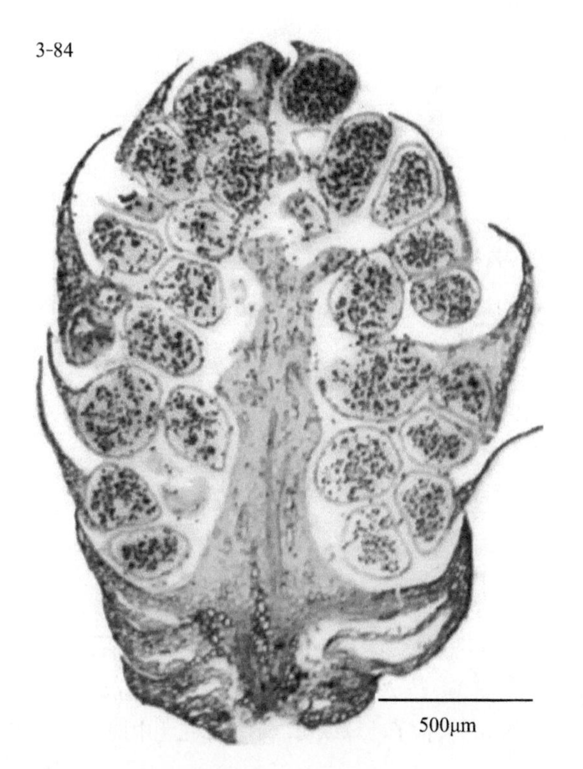

图 3-84　池杉（*Taxodium ascendens*）小孢子叶球纵切，示单核花粉粒时期

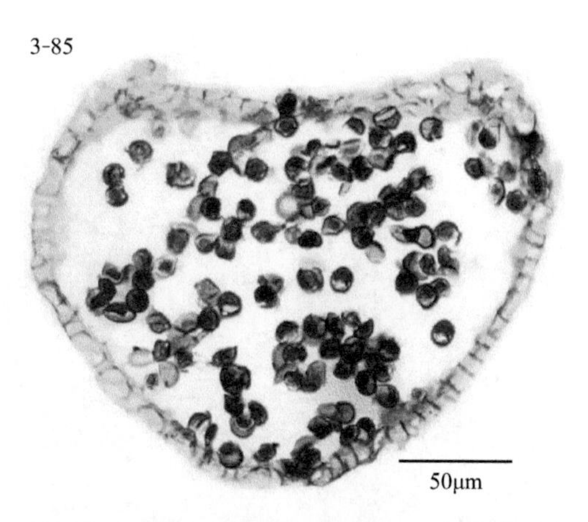

图 3-85　池杉（*Taxodium ascendens*）小孢子囊，示单核花粉粒

图 3-86　池杉（*Taxodium ascendens*）花粉粒

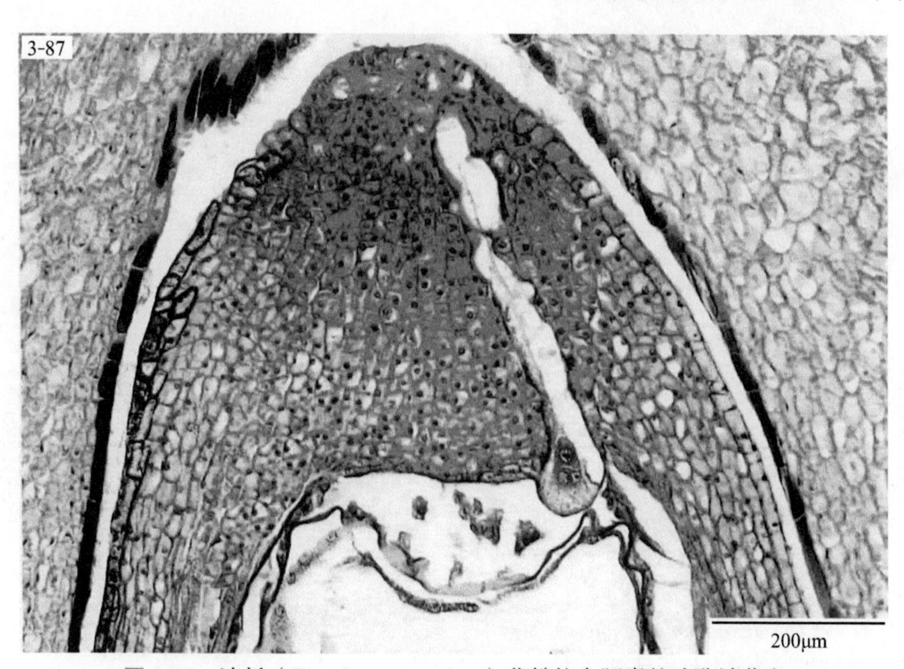

图 3-87　池杉（*Taxodium ascendens*）花粉粒在胚囊的珠孔端萌发

（本页切片来自华中农业大学植物学教研室）

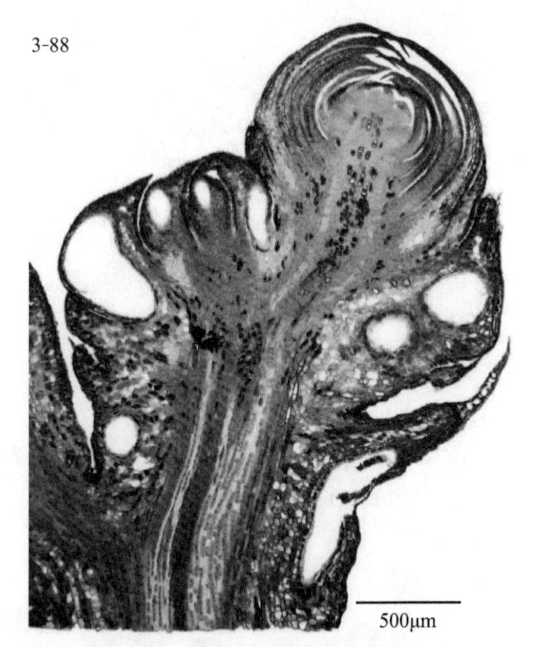

图 3-88　池杉（*Taxodium ascendens*）
大孢子叶球纵切，示雌球花顶生（幼期）

图 3-89　池杉（*Taxodium ascendens*）
大孢子叶球纵切，示雌球花（中期）

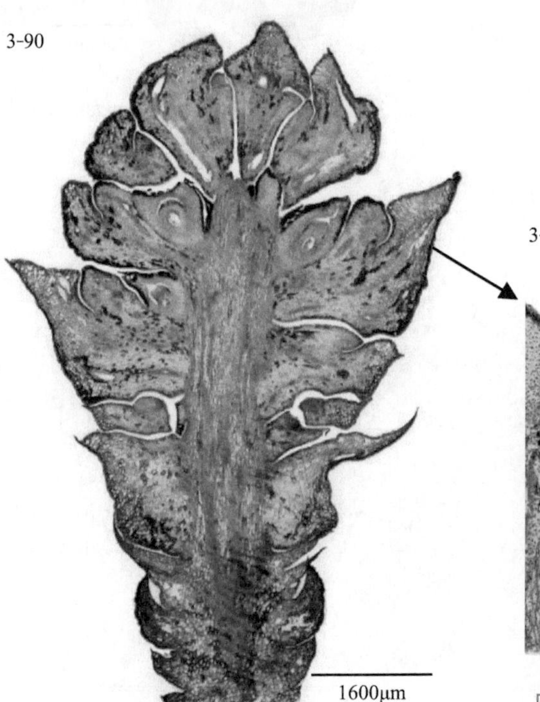

图 3-90　池杉（*Taxodium ascendens*）大孢子叶球纵切，示大孢子母细胞时期

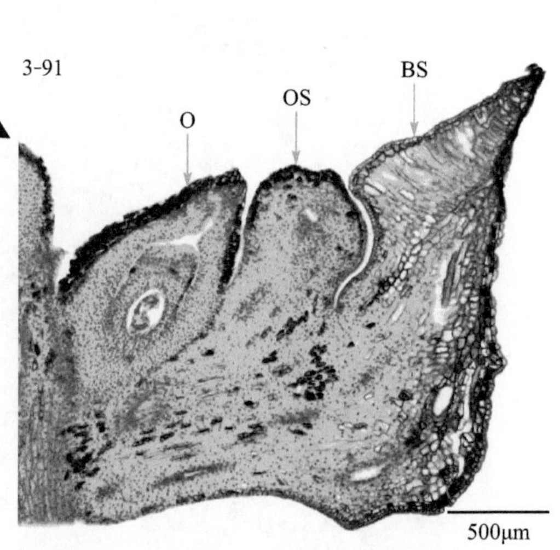

图 3-91　池杉（*Taxodium ascendens*）大孢子叶
珠鳞与苞鳞半合生（下部合生，顶端分离），
苞鳞大，珠鳞小
O. 胚珠　OS. 珠鳞　BS. 苞鳞

（本页切片来自华中农业大学植物学教研室）

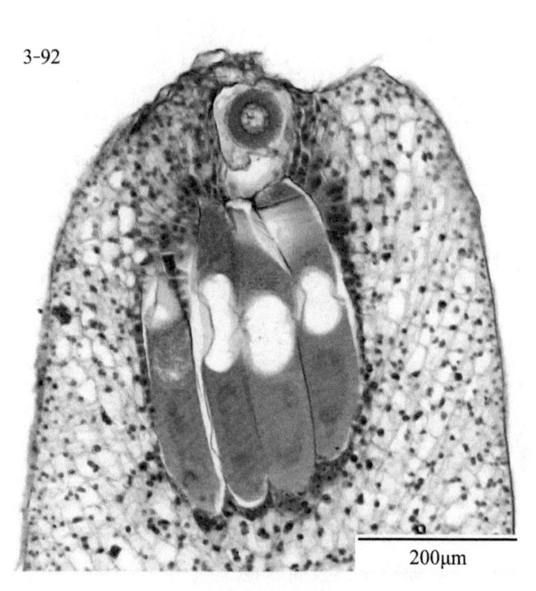

图 3-92　池杉（*Taxodium ascendens*）颈卵器原胚

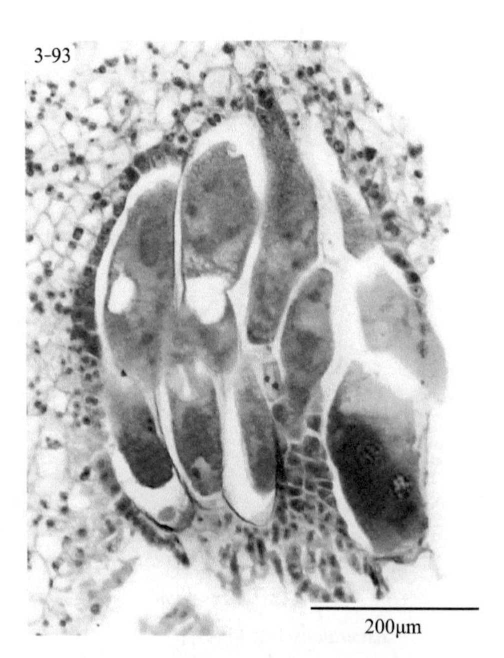

图 3-93　池杉（*Taxodium ascendens*）颈卵器无丝分裂

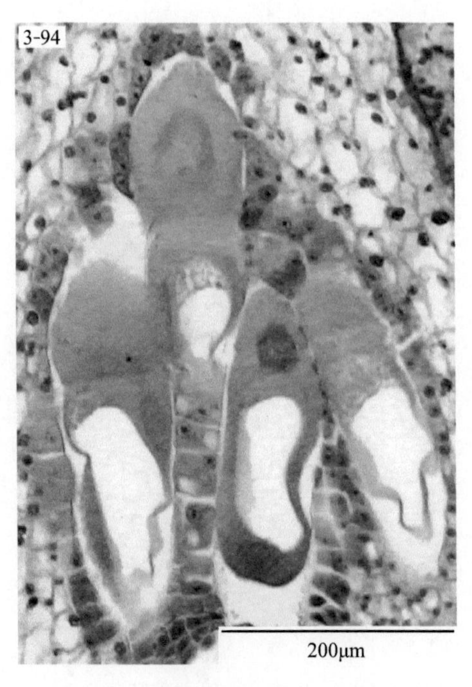

图 3-94　池杉（*Taxodium ascendens*）颈卵器原胚二核

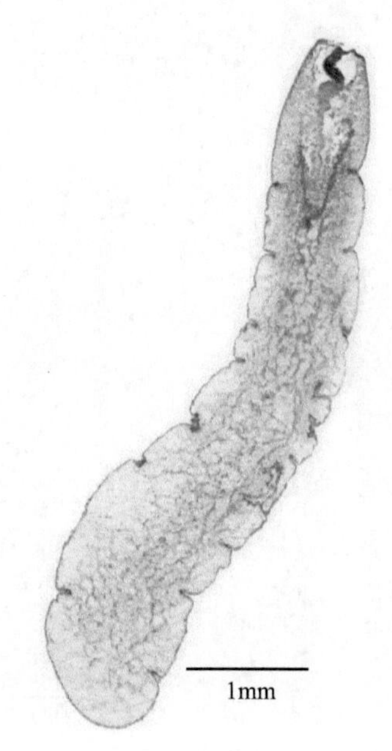

图 3-95　池杉（*Taxodium ascendens*）胚乳

（本页切片来自华中农业大学植物学教研室）

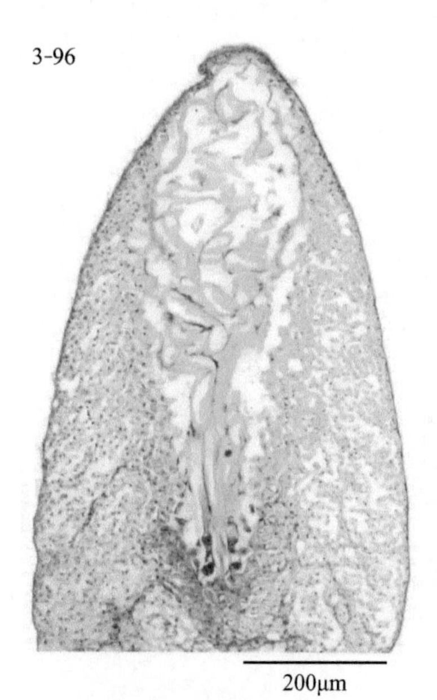

图 3-96　池杉（*Taxodium ascendens*）胚乳发育

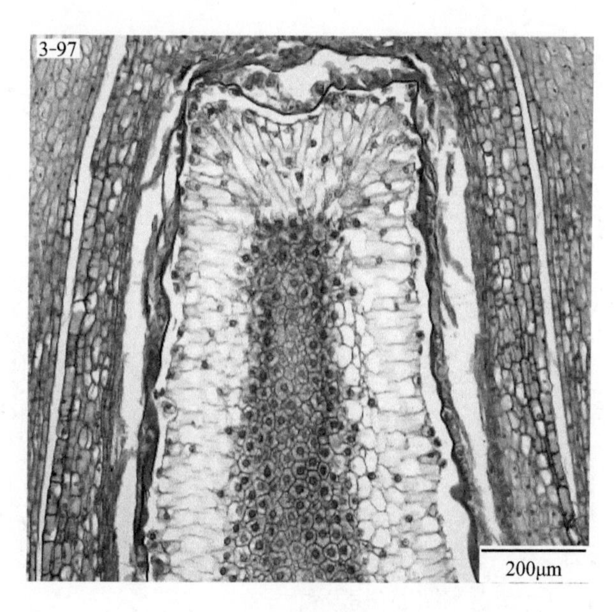

图 3-97　池杉（*Taxodium ascendens*）胚乳是由雌配子体发育来的

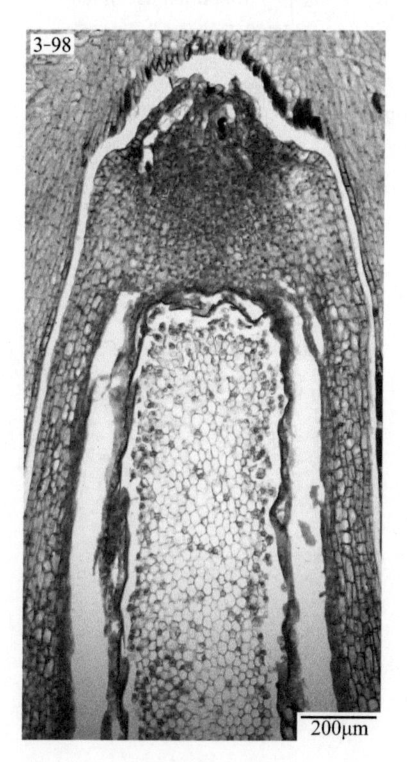

图 3-98　池杉（*Taxodium ascendens*）胚乳蜂窝状

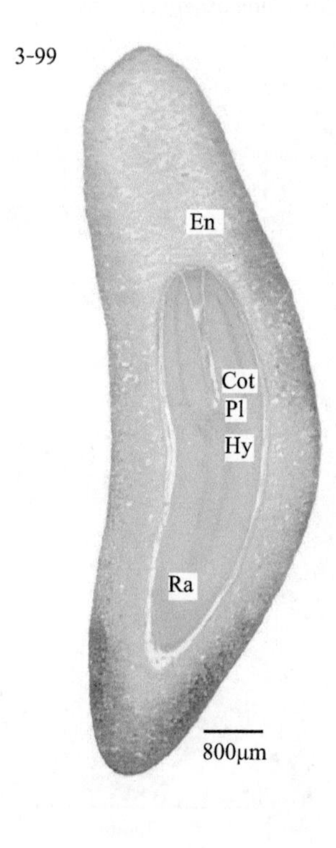

图 3-99　池杉（*Taxodium ascendens*）胚分化

Cot. 子叶　Ra. 胚根　Pl. 胚芽　Hy. 胚轴　En. 胚乳

（本页切片来自华中农业大学植物学教研室）

主要参考文献

冯燕妮. 2006. 转基因拟南芥突变体的形态解剖研究. 武汉：华中农业大学硕士学位论文：49

胡是雄，胡适宜. 1985. 棉花形态和解剖结构图谱. 北京：北京大学出版社

胡适宜. 1982. 被子植物胚胎学. 北京：人民教育出版社

胡正海. 2010. 植物解剖学. 北京：高等教育出版社

金银根. 2010. 植物学. 北京：高等教育出版社

李和平. 2009. 植物显微技术（第二版）. 北京：科学出版社

李扬汉. 1983. 植物学. 上海：上海科学技术出版社

刘保东，范亚文，于丽杰. 2010. 植物学彩色显微图说（光碟）. 北京：高等教育出版社

马炜梁. 2015. 植物学（第二版）. 北京：高等教育出版社

沈显生. 2010. 植物学拉丁文（第二版）. 合肥：中国科学技术大学出版社

万云先. 1988. 桂花花芽分化的研究. 华中农业大学学报，7（4）：364-366

王彩云，高丽萍，鲁涤非，等. 2002. '厚瓣金桂'桂花花芽形态分化的研究. 园艺学报，29（1）：52-56

王凯基. 1998. 植物生物学词典. 上海：上海科技教育出版社

王灶安. 1992. 植物学实验图说. 北京：农业出版社

徐汉卿. 1998. 植物学. 北京：中国农业出版社

杨世杰. 2010. 植物生物学（第二版）. 北京：高等教育出版社

姚家玲. 2017. 植物学实验（第三版）. 北京：高等教育出版社

詹姆斯·吉·哈里斯，米琳达·沃尔芙·哈里斯. 2001. 图解植物学词典. 王宇飞，赵良成，冯广平等译. 北京：科学出版社

中国科学院植物研究所. 1972. 中国高等植物图鉴（第一册）. 北京：科学出版社

中国科学院植物研究所. 1972. 中国高等植物图鉴（第二册）. 北京：科学出版社

中国科学院植物研究所. 1974. 中国高等植物图鉴（第三册）. 北京：科学出版社

中国科学院植物研究所. 1975. 中国高等植物图鉴（第四册）. 北京：科学出版社

中国科学院植物研究所. 1976. 中国高等植物图鉴（第五册）. 北京：科学出版社

周云龙. 2001. 植物生物学. 北京：高等教育出版社

Jill Bailey. 2008. 世界最新英汉双解植物学词典. 肖娅萍译. 西安：世界图书出版公司

Richard Crang, Sheila Lyons-Sobaski, Robert Wise.2018. Plant Anatomy. Switzerland: Springer International Publishing

附录　英汉名词对照表

abscission zone	AZ	离区
accessory cambium	AC	副形成层
adventitious bud	AB	不定芽
adventitious embryo	AE	不定胚
adventitious root	AR	不定根
air chamber	AC	气腔
air sac	AS	气囊
aleurone grain	AG	糊粉粒
aleurone layer	AL	糊粉层
amitosis	Am	无丝分裂
amoeboid tapetum	AT	变形绒毡层
anaphase	An	后期
annual ring	AR	年轮
annular vessel	AV	环纹导管
anther	An	花药
anther cell	AC	药室
antheridium	An	精子器
antheridium wall	AW	精子器壁
antipodal cell	AC	反足细胞
apical meristem	AM	顶端分生组织
aqueous tissue	AT	储水组织
archegonium	Ar	颈卵器
archesporial cell	AC	孢原细胞
axillary bud	AB	腋芽
axillary bud primordium	ABP	腋芽原基
bordered pit	BP	具缘纹孔
bract	Br	苞叶
bract scale	BS	苞鳞
branch	Br	枝
bud	Bu	芽
bud eye	BE	芽眼
bud scale	BS	芽鳞
callus	Ca	愈伤组织
calyx	Ca	花萼
calyx primordia	CaP	花萼原基
calyx tube	CaT	萼筒
cambium	Ca	形成层
carpel	Ca	心皮
casparian dots	CD	凯氏点
casparian strip	CS	凯氏带
cell wall	CW	细胞壁
central cell	CC	中央细胞
chalaza	Ch	合点
chlorenchyma	Ch	绿色组织
chloroplast	Ch	叶绿体
chromoplast	Chr	有色体
coleoptile	Co	胚芽鞘
coleorhiza	Col	胚根鞘
collenchyma	CT	厚角组织
companion cell	CC	伴胞
connecting strand	CS	联络索
connective	C	药隔
connective vascular bundle	CVB	药隔维管束
cork cambium	CC	木栓形成层
cork cell	CC	栓细胞
cork layer	CL	木栓层
corolla	Co	花冠
corpus	Co	原体
cortex	Co	皮层
cortex clerenchyma tissue	CST	皮层厚壁组织
cortex parenchyma cell	CPC	皮层薄壁细胞
cotyledon	Cot	子叶
crystal	Cr	晶体
cuticle	Cu	角质层
cystolith	Cy	钟乳体
cytoplasm	Cy	细胞质
dorsal suture	DS	背缝线
early wood	EW	早材
egg cell	EC	卵细胞
elongation zone	EZ	伸长区
embryo	Em	胚
embryo sac	Sac	胚囊
embryogenic cells	EC	胚性细胞
endocarp	En	内果皮

endodermis	En	内皮层
endosperm	En	胚乳
endosperm cell	EC	胚乳细胞
endosperm free nuclei	EN	胚乳游离核
epiblast	Ep	外胚叶
epidermis	Ep	表皮
epidermis cell	EC	表皮细胞
epidermis hair	EH	表皮毛
exine	Ex	外壁（花粉外壁）
exocarp	Ex	外果皮
exodermis	Ex	外皮层
fascicular cambium	FCa	束中形成层
fertilized egg	FE	受精卵
fiber	Fi	纤维
fiber layer	FL	纤维层
filiform apparatus	FA	丝状器
filling tissue	FT	填充组织
floral primordium	FP	小花原基
floret	Fl	小花
funiculus	Fu	珠柄
gemma	Ge	胞芽
gemma cup	GC	胞芽杯
generative cell	GC	生殖细胞
germination aperture	GA	萌发孔
glandular hair	GH	腺毛
glandular tapetum	GT	腺质绒毡层
globular embryo	GE	球形胚
globule	Gl	精囊球
ground meristem	GM	基本分生组织
ground tissue	GT	基本组织
growth cone	GC	生长锥
growth point	GP	生长点
guard cell	GC	保卫细胞
haustorium	Ha	吸器
heart-shaped embryo	HE	心形胚
hypha	Hy	菌丝
hypocotyl	Hy	胚轴
hypodermis	Hy	下皮
hypostase	Hy	承珠盘
indusium	In	囊群盖（孢子囊群盖）

inner glume	IG	内颖
inner integument	II	内珠被
inner pigment layer	IPL	色素层
integument	In	珠被
integumentary tapetum	IT	珠被绒毡层
intercalary meristem	IM	居间分生组织
interphase	In	间期
intine	In	内壁（花粉内壁）
late wood	LW	晚材
lateral root	LR	侧根
lateral vein vascular bundle	LVB	侧脉维管束
laticifer	La	乳汁管
leaf	Le	叶
leaf primordium	LP	叶原基
lemma	Le	外稃
lenticel	Le	皮孔
leucoplast	Le	白色体
light line	LL	亮线
locule	Lo	子房室
long cell	LC	长细胞
lower epidermis	LE	下表皮
lumen	Lu	细胞腔
main vein	MV	主脉
main vein vascular bundle	MVB	主脉维管束
mature embryo	ME	成熟胚
mechanical tissue	MT	机械组织
megaspore	Me	大孢子
megaspore mother cell	MMC	大孢子母细胞
meristematic zone	MZ	分生区
mesocarp	Me	中果皮
mesophyll	Me	叶肉
mesophyll cell	MC	叶肉细胞
metaphase	Me	中期
metaxylem	Me	后生木质部
micropyle	Mi	珠孔
middle layer	ML	中层
mixed bud	MB	混合芽
motor cell	MC	运动细胞
multiple epidermis	MEp	复表皮

nucellar beak	NB	珠心喙
nucellus	Nu	珠心
nucleolus	Nu	核仁
nucleus	N	细胞核
nucule	Nu	卵囊球
oil	Oi	油脂
oil storage cell	OC	贮油细胞
outer cortex	OC	外皮层
outer glume	OG	外颖
outer integument	OI	外珠被
outer pigment layer	OPL	外色素层
ovary	Ov	子房
ovary wall	OW	子房壁
ovule	O	胚珠
ovuliferous scale	OS	珠鳞
palea	Pa	内稃
palisade tissue	PT	栅栏组织
palisade tissue layer	PTL	栅栏状组织层
parenchyma cell	PC	薄壁细胞
passage cell	PC	通道细胞
pear-shaped proembryo	PP	梨形原胚
pericarp	Pe	果皮
pericycle	Pe	中柱鞘
periderm	Pd	周皮
periplasmodial tapetum	PT	周原质团绒毡层
petal	Pe	花瓣
petal primordia	PeP	花瓣原基
petiole	Pe	叶柄
phelloderm	Pld	栓内层
phloem	Ph	韧皮部
phloem fiber	PF	韧皮纤维
phloem parenchyma cell	PPC	韧皮薄壁细胞
phloem ray	PR	韧皮射线
pistil	Pi	雌蕊
pistil primordia	PiP	雌蕊原基
pit	Pit	纹孔
pit border	PB	纹孔缘
pit canal	PC	纹孔道
pith	Pi	髓
pith cavity	PiC	髓腔
pith ray	PiR	髓射线
pitted vessel	PV	孔纹导管
placenta	Pl	胎座
plasmodesma	Pl	胞间连丝
plumule	Pl	胚芽
polar nucleus	PN	极核
pollen grains	PG	花粉粒
pollen mother cell	PMC	花粉母细胞
pollen tube	PT	花粉管
primary endosperm nucleus	PEN	初生胚乳核
primary phleom	PPh	初生韧皮部
primary xylem	PX	初生木质部
procambium	Pro	原形成层
prophase	Pr	前期
protective layer	PL	保护层（近茎端）
protein	Pr	蛋白质
prothallus	Pr	原叶体
protoderm	Pr	原表皮
protoxylem	PX	原生木质部
pseudoseptum	Ps	假隔膜
quiescent center	QC	静止中心
rachis	Ra	花序轴
radicle	Ra	胚根
ray	R	射线
resin duct	RD	树脂道
reticulated vessel	RV	网纹导管
rhizobium	Rh	根瘤菌
rhizoid	Rh	假根
root	Ro	根
root cap	RC	根冠
root hair	RH	根毛
root nodule	RN	根瘤
scalariform vessel	ScV	梯纹导管
scion	Sc	接穗
sclereid	Sc	石细胞
sclerenchyma tissue	ST	厚壁组织
scutellum	Sc	盾片
secondary phloem	SPh	次生韧皮部
secondary sporogenous cell	SSC	次生造孢细胞
secondary xylem	SX	次生木质部

secretion structure	SS	分泌结构
secretory cavity	SC	分泌腔
seed	Se	种子
seed coat	SC	种皮
sepal	Se	萼片
separation layer	SL	离层
short cell	SC	短细胞
sieve plate	SP	筛板
sieve tube	ST	筛管
simple pit	SP	单纹孔
soft bark	SB	软树皮
sperm cell	SC	精细胞
sperm nuclei	SN	精核
spiral vessel	SV	螺纹导管
spongy tissue	ST	海绵组织
sporangium	Sp	孢子囊
sporogenous cell	SC	造孢细胞
stamen	St	雄蕊
stamen primordia	StP	雄蕊原基
stamen tube	ST	雄蕊管
starch grain	SG	淀粉粒
starch sheath	SS	淀粉鞘
stele	St	中柱
stem	S	茎
stigma	St	柱头
stock	St	托柄，砧木
stoma	St	气孔
stomatal apparatus	SA	气孔器
stomatal crypt	SC	气孔窝
stomatic chamber	SC	气孔室（孔下室）
stylar canal	SC	花柱道
style	Sty	花柱
subsidiary cell	SC	副卫细胞
sucker	Su	吸盘
suspensor	Su	胚柄
synergid	Sy	助细胞
syngenesious stamen	SS	聚药雄蕊
tapetum	Ta	绒毡层
telophase	Te	末期
terminal bud	TB	顶芽
tertiary phloem	TPh	三生韧皮部
tertiary xylem	TX	三生木质部
tetrad	Te	四分体
torpedo-shaped embryo	TE	鱼雷形胚
torus	To	纹孔塞
transfusion tissue	TT	转输组织
transmitting tissue	TT	引导组织
trichome	Tr	毛状体
tunica	Tu	原套
tylosis	Ty	侵填体
upper epidermis	UE	上表皮
vacuole	V	液泡
vascular bundle	VB	维管束
vascular bundle sheath	VBS	维管束鞘
vascular cambium	VC	维管形成层
vascular cylinder	VC	维管柱
vascular ray	VR	维管射线
vascular tissue	VT	维管组织
vegetative cell	VC	营养细胞
ventilating tissue	VT	通气组织
ventral suture	VS	腹缝线
vessel	Ve	导管
xylem	X	木质部
xylem fiber	XF	木纤维
xylem ray	XR	木射线
year 1 annual ring	Y1	第一年年轮
year 2 annual ring	Y2	第二年年轮
year 3 annual ring	Y3	第三年年轮
year 4 annual ring	Y4	第四年年轮
year 5 annual ring	Y5	第五年年轮
young leaves	YL	幼叶
zygote	Zy	合子
zygote embryo	ZE	合子胚

说明：单个单词取第一个字母并大写，第二个字母小写；二个以上词组，取每个单词的第一个字母并大写。

后　记

《植物显微图解》(第二版)是一本植物显微摄影图集，共有显微图片726幅，涉及57个科122种植物。全书分为三篇：第一篇被子植物用图561幅，第二篇孢子植物用图58幅，第三篇裸子植物用图107幅。本书是2013年版《植物显微图解》的修订版，新增和修改图片280余幅。

全书显微图片的拍摄来自植物制片，通过Olympus BX61正置荧光显微镜、Olympus SZX16体视显微镜、SPOT FX1520 CCD、Olympus DP74高分辩率显微数码成像系统拍摄后经图像编辑而成。本书所用切片，大部分来自华中农业大学植物学教研室几代植物学教师和工程师制作的教学与科研切片，集中体现了华中农业大学植物学教研室(实验室)老一辈植物学人万云先教授、王灶安教授、付文吾教授、丘荣熙教授、刘茹姣工程师、张友德教授、何凤仙教授、黄燕文教授等的教学经验与集体智慧。本书的再版是将切片以图片形式展现于世、饮水思源，向经典致敬的表现。因年代较久无法确认切片的具体制作者(包括本校历届研究生选修植物显微技术课程时做的切片)在书中均标注为“切片来自华中农业大学植物学教研室”。部分能确认切片的制作者在书中均标注了制作者姓名被惠许使用。还有少量切片来自南林植物组、北大生物系、福建漳州市农校生物切片厂、河南新乡雨林教育，也为本书增色不少。以上在书中均有标注，惠许使用一并致谢。

值此付梓之际，谨向关心、支持本书出版的专家、领导、老师们表示衷心的感谢！特别感谢华中农业大学生命科学技术学院张启发院士对本书的指导性建议！感谢武汉大学生科院孙蒙祥教授审阅全书并提出宝贵建议！感谢华中农业大学生命科学技术学院姚家玲教授对本书的指导性建议！感谢华中农业大学本科生院漆勇政院长、华中农业大学生命科学技术学院和希顺书记、熊立仲院长、唐铁军副院长等对本书的支持和建议！感谢龙鸿教授在图像拍摄与处理方面给予很多指导！感谢华中农业大学生命科学技术学院赵毓教授、黄涛老师、陈春丽教授校对全书并提出宝贵意见！感谢植物学教研室全体老师、生物学国家级实验教学示范中心全体老师的支持！特别感谢科学出版社的丛楠老师，没有她的不断激励和辛勤工作，本书不可能顺利出版。

本书得到国家自然科学基金(31972498)、国家转基因重大专项(2016ZX08002001-003)、华中农业大学研究生优质课程建设项目(104/11020040159)、华中农业大学教学教研与改革项目(2019)的资助，特此感谢！

本书由冯燕妮负责显微摄影与图像编辑，李和平教授负责反复、多次、仔细校对修改与文字编纂，廖玉才教授承担了被子植物中的文字修改工作，并提供了小麦系列制片的田间取样材料。由于编者水平有限，错误和不当之处在所难免，恳请同行和读者批评指正。

编者

2021年6月于武昌狮子山